"十二五"职业教育国家规划教材
经全国职业教育教材审定委员会审定

"十三五"江苏省高等学校重点教材
（2018-1-175）

# 橡胶材料与配方

## 第四版

丛后罗　侯亚合　主编
聂恒凯　主审

化学工业出版社
·北京·

## 内 容 简 介

本书全面贯彻党的教育方针，有机融入了党的二十大精神，落实立德树人根本任务。全书分为两篇共八个教学情境设计，上篇包含七个教学情境设计，主要以典型橡胶制品为载体，设置不同的学习任务，介绍各原材料的选择与使用；下篇包含一个教学情境设计，主要介绍不同性能要求的橡胶制品的原材料选择和配方设计。

本书重视理论联系实际、深入浅出、图文并茂，结合橡胶工业的发展趋势，注重环保知识的普及与推广。书中针对重、难点内容，融入了多媒体信息化资源，便于自学和拓展学习；还通过拓展阅读等栏目，融入具有橡胶专业特色的德育元素，使学习者树立专业自信和行业自豪感。

本书可作为高等职业教育高分子材料智能制造技术、橡胶智能制造技术等专业及相关专业的教材，也可作为职教本科高分子材料类专业的教材，还可供橡胶行业制品生产企业的技术人员、生产管理人员、产品研发人员学习、参考。

**图书在版编目（CIP）数据**

橡胶材料与配方/丛后罗，侯亚合主编 . —4 版 . —北京：化学工业出版社，2023.12
ISBN 978-7-122-44216-1

Ⅰ.①橡… Ⅱ.①丛… ②侯… Ⅲ.①橡胶加工-原料-高等职业教育-教材②橡胶制品-配方-高等职业教育-教材 Ⅳ.①TQ330

中国国家版本馆 CIP 数据核字（2023）第 179444 号

---

责任编辑：提 岩 于 卉 　　　　文字编辑：邢苗苗
责任校对：李雨函 　　　　　　　 装帧设计：李子姮

---

出版发行：化学工业出版社（北京市东城区青年湖南街 13 号　邮政编码 100011）
印　　装：高教社（天津）印务有限公司
787mm×1092mm　1/16　印张 20½　字数 502 千字　2023 年 12 月北京第 4 版第 1 次印刷

购书咨询：010-64518888　　　　　售后服务：010-64518899
网　　址：http://www.cip.com.cn
凡购买本书，如有缺损质量问题，本社销售中心负责调换。

---

定　价：49.80 元

前言

　　《橡胶材料与配方》2008年入选普通高等教育"十一五"国家级规划教材，2015年入选"十二五"职业教育国家规划教材，2016年荣获中国石油和化学工业优秀出版物奖（教材奖）一等奖，2018年入选"十三五"江苏省高等学校重点教材。多年来，本书受到了广大师生和社会学习者的广泛好评。

　　根据《教育部关于印发〈职业教育专业目录（2021年）〉的通知》（教职成〔2021〕2号）的要求，对标新的高分子材料智能制造技术和橡胶智能制造技术专业的人才培养方案，为达成新的课程教学目标，原来的教材内容需要修订；加之近年来高等职业教育教学改革开展得如火如荼，信息化、数字化得到广泛应用，原来的教材已经不能很好地适应和满足当今高等职业教育发展的需要。因此，编者对本书进行了修订。

　　本次修订充分落实党的二十大报告中关于"实施科教兴国战略""着力推动高质量发展""加快发展方式绿色转型"等要求，以专业能力培养为主线，突出橡胶专业教育特色，融入思政教育，弘扬劳动光荣，树立专业自信，对新标准、新知识、新技术等进行了更新和补充。全书结合典型橡胶制品，设计了八个教学情境。情境设计一至情境设计七主要依据典型橡胶制品性能特点进行任务设计，介绍橡胶原材料的结构与性能，分析原材料的选取原则。情境设计八根据不同橡胶制品的性能要求介绍配方基本知识。情境设计一主要以轮胎、胶带、输送带、密封件等橡胶制品的生胶体系选择为案例，介绍生胶的结构、性能及其应用和再生胶的选用原则及其应用领域；情境设计二主要以轮胎、胶带、密封件等的硫化体系选择为案例，介绍硫化剂、促进剂、防焦剂的使用特点、使用方法和选择原则；情境设计三主要以轮胎防护体系为案例，介绍橡胶的老化现象及防老剂的主要品种、选择和应用；情境设计四主要以不同橡胶制品对填充补强剂的性能要求为案例，介绍填充补强剂的结构、性能及其应用领域；情境设计五主要介绍不同橡胶制品使用的软化增塑剂的分类、性能特点及其使用方法；情境设计六主要介绍橡胶制品可能涉及的其他助剂；情境设计七主要介绍橡胶制品的骨架材料的基本特点和应用；情境设计八是橡胶配方设计，主要介绍配方的基本概念、配方设计的基本原理和配方成本核算的方法、橡胶配方设计的试验设计方法、常用特种橡胶配方设计的方法及典型案例分析。

　　本书在编写上力求做到从实际出发，反映现代橡胶工业的发展水平和发展方向，着力提高学生的动手能力；在内容安排上力求体现高等职业教育的特色，以实用、够用为度。每个情境设计开始都设有学习目标，最后有一定数量的依据产品选择材料的相关思考题。希望学生通过学习，能够掌握不同橡胶制品的典型案例、进行橡胶原材料的选择和橡胶的配方设计，达到既掌握基本概念、基本理论又能分析、解决实际问题的目的。书中针对重、难点内容，融入了多媒体信息化资源，便于自学和拓展学习；还通过拓展阅读等栏目，融入具有橡胶专业特色的德育元素，使学习者树立专业自信和行业自豪感。

本书由徐州工业职业技术学院丛后罗、侯亚合担任主编。其中，绪论、情境设计一，情境设计三和情境设计四由丛后罗编写；情境设计二、情境设计五和情境设计七由侯亚合编写；情境设计六由徐州徐轮橡胶有限公司韦帮风高级工程师编写；情境设计八和附录部分由徐州工业职业技术学院宋帅帅编写。全书由丛后罗统稿，徐州工业职业技术学院聂恒凯教授主审。本次修订工作还得到了四川化工职业技术学院杨宗伟教授、常州工程职业技术学院薛叙明教授、南京科技职业学院杨小燕教授、徐州工业职业技术学院朱信明教授和翁国文教授等专家的大力支持和帮助，在此深表感谢！另外，徐州工业职业技术学院的柳峰、杨慧、王国志、姚亮、杨昭等老师也参与了课程微课视频的讲解和录制，在此一并表示感谢。

由于编者水平所限，书中不足之处在所难免，恳请广大读者给予批评指正。

编者

2023 年 8 月

本书是教育部高职高专规划教材，是按照教育部对高职高专人才培养指导思想，在广泛吸取近几年高职高专人才培养经验基础上，根据 2003 年所制订的《橡胶材料与配方》编写大纲编写而成的。

本书共两篇十一章，上篇主要介绍橡胶原材料，下篇主要介绍橡胶配方原理、配方设计的方法以及特种橡胶的配方设计。

根据高职高专高分子材料类橡胶专业的培养目标，本书在编写上力求做到从实际出发，以提高学生动手能力为主，能够反映现代橡胶工业的发展水平和发展方向，内容安排上力求体现高职教育的特色，以实用和够用为目的。章前有学习目标，章后有一定数量的思考题。希望通过本课程的学习，学生既能够掌握橡胶原材料和橡胶的配方设计的基本概念、基本理论，又能够提高分析问题和解决问题的能力。

本书绪论、第一章、第六章、第十一章由聂恒凯编写，第三章、第四章、第五章由罗成杰编写，第七章、第八章、第十章、附录由丛后罗编写，第二章、第九章由侯亚合编写。全书由聂恒凯主编，朱信明主审。

参加审稿的还有杨宗伟、翁国文、潘文群等，在此致以深深的谢意。

由于笔者水平有限，书中难免存在不足之处，恳请使用本书的师生和读者给予批评指正。

编者

**2004 年 3 月**

# 第二版前言

　　本书力求体现新时期高职教育工作过程导向的任务驱动模式，材料部分根据产品要求进行典型案例分析。考虑到目前国内橡胶企业产品出口较多，教材力求考虑欧洲市场和美国市场对于橡胶助剂使用的限制及欧美标准的具体要求，适当增加了新型橡胶助剂使用性能特点，特别是不利于绿色环保的限制，尽可能地真实反映现代橡胶工业发展动态，对于从事橡胶行业的工程技术人员有很好的指导作用，使用群体得以扩大。

　　1. 本教材是按照教育部高职高专人才培养指导思想，在广泛吸取近几年高分子材料类高职高专人才培养经验基础上，根据 2007 年制订的国家"十一五"规划教材《橡胶材料与配方》编写大纲编写而成的。

　　2. 本教材对生胶的基本特性、加工与配方进行综合讲解，力求将新工艺、新材料、新方法融入教学内容中，使学生能够对橡胶企业的材料选用原则、配方设计方法有一个系统的学习，从而为学生建立起工科学生应具备的工程化概念服务。

　　3. 在第二章橡胶硫化体系中，吸取了部分典型轮胎企业对于环境友好型硫化体系所选用的硫化助剂，同时从具体案例、项目分析入手，采用边讲边练方式。其他章节增加一些纳米材料、偶联剂等新材料的应用。

　　4. 根据高职高专职业教育特点，对于部分反应机理等进行了淡化处理，严格按照教育部高职高专人才培养方案制订原则意见所要求的人才培养必须以工作过程为导向的目标，以"必需、够用"为基本出发点，密切结合橡胶生产过程，为后续典型产品生产案例分析和生产过程方案的制订提供有力保障。

　　5. 本书配备一定数量的实践性思考题，部分思考题与书中所讲授的内容形成了互补关系；还有些开放型思考题，对理解课程内容有很大帮助，并且对今后从事橡胶配方设计、橡胶制品开发、成本核算等有实用价值。本教材力求在能力目标中注重学生职业素养的培养，同时也注意培养学生生产实际中分析问题和解决问题的能力。

　　此次修订主要由聂恒凯在第一版的基础上完成，不足之处欢迎指正。

编者

2009 年 3 月

本次教材的再版与第二版相比，注重典型橡胶制品的材料选择，将目前橡胶工业高速发展的汽车用橡胶制品、耐热性橡胶制品作为案例，结合国内橡胶制品发展，按照橡胶制品配方设计的原材料的选择与论证方法，增加了橡胶制品的性能指标，并指导学生按照性能指标的要求进行原材料的性能对比，从而选择满足橡胶制品性能要求的各种配合剂；与此同时增添了部分新型的橡胶助剂和目前发展速度较快的热塑性弹性体的内容，使教材更加贴近生产实际需要，为从事本专业的学生和工程技术人员提供很好的帮助。

本书共两篇八个教学情境设计，上篇主要依据典型橡胶制品介绍橡胶原材料，下篇主要根据不同橡胶制品介绍橡胶配方原理、配方设计的方法以及特种橡胶的配方设计。

根据高职高专高分子材料类橡胶工程技术专业的培养目标，本书在编写上力求做到从实际出发，以提高学生动手能力为主，能够反映现代橡胶工业的发展水平和发展方向，内容安排上力求体现高职教育的特色，以实用和够用为目的。每个教学情境设计开始都有学习目标，后面都有一定数量的依据产品选择材料的相关思考题，希望通过本课程的学习，学生既能够通过教学情境设计掌握不同橡胶制品典型案例进行橡胶原材料的选择和橡胶的配方设计，又可以达到掌握基本概念、基本理论，并且提高分析问题和解决问题的能力的目的。

本书绪论、情境设计一、情境设计六由徐州工业职业技术学院聂恒凯编写，情境设计二、情境设计七由徐州工业职业技术学院侯亚合编写，情境设计三、情境设计四由四川化工职业技术学院黄勇编写，情境设计五、附录部分由威海职业技术学院滕进丽编写，情境设计八由徐州工业职业技术学院宋帅帅编写。全书由聂恒凯、侯亚合主编，徐州工业职业技术学院朱信明、韦帮风主审。

参加审稿的还有四川化工职业技术学院的杨宗伟、徐州工业职业技术学院的翁国文、常州工程职业技术学院的薛叙明、南京化工职业技术学院的杨小燕、威海职业技术学院的王书忠等，在此一并致以深深的谢意。

由于笔者水平有限，书中可能存在不足之处，恳请读者给予批评指正。

本书电子资源可登录化学工业出版社教学资源网 www.cipedu.com.cn 上下载。

编者
2015 年 5 月

# 目录

## 上篇　橡胶原材料

# 下篇　橡胶配方设计

# 附录 —————————————————————————————— 297

# 参考文献 —————————————————————————————— 314

# 二维码资源目录

# 绪论

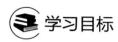

## 学习目标

主要了解橡胶工业在国民经济中的应用，了解橡胶工业的发展史，掌握本课程包括的主要内容和学习方法。

## 一、橡胶工业在国民经济中的作用

橡胶工业是国民经济的重要组成部分。橡胶工业是配套工业，它在交通运输、建筑、电子、航天、石油化工、军事、水利、机械、农业、医药及信息产业等都得到了广泛的应用。随着中国加入世界贸易组织，汽车工业飞速发展。一辆汽车需要 240kg 橡胶制品，一艘万吨轮船需要 60～70t 橡胶，一架飞机需要 600kg 橡胶，一门高射炮需 86kg 橡胶等。

近年来，橡胶工业新技术发展迅速，换代非常快，对橡胶制品要求越来越高，正向功能化方向发展。产品结构设计方面不断出现新的构思，轮胎朝着扁平化、小型化、无内胎化方向发展，胶管重点发展钢丝编织类，胶鞋要求美观、舒适、卫生。

## 二、橡胶工业的发展简史

11 世纪，南美人就已经发现和利用橡胶，用天然胶乳做成游戏的球、套鞋、盛水器皿或载人橡皮舟等。直到哥伦布在海地发现当地居民玩橡胶球，之后将其带到欧洲，欧洲人才开始认识天然橡胶。1735 年，法国科学家 Condamine 赴南美考察，详细记录当地人利用橡胶的情况，并将样品寄回巴黎。

橡胶工业的研究起始于 19 世纪初。1823 年英国建立了第一个橡胶厂，制造雨衣，1826 年 Hancock 发明了开炼机，为橡胶的加工奠定了基础。1839 年美国人固特异（Goodyear）发现了硫黄硫化。1888 年英国人邓录普（J. Dunlop）发明了充气轮胎。1904 年发现某些金属氧化物（如氧化铅、氧化镁等）有促进硫化的作用。1906 年发现苯胺有促进硫化的作用。1919 年开始大量应用噻唑类促进剂。1920 年炭黑作为橡胶补强剂被大量使用。

1914～1918 年第一次世界大战期间德国生产了甲基橡胶。1932 年苏联大规模生产了丁钠橡胶。20 世纪 30 年代，德国合成了丁苯橡胶和丁腈橡胶。20 世纪 50 年代中期，齐格勒（Ziegler）和纳塔（Natta）创立了定向聚合法，从而生产了一代崭新的合成橡胶。20 世纪 60 年代，合成橡胶的产量已超过了天然橡胶。20 世纪 70 年代以来，进入了橡胶分子设计时期。

近年来，橡胶工业又出现了新的突破。液体橡胶、热塑性橡胶及粉末橡胶的开发和利用，为橡胶工业的发展开辟了崭新的远景。

我国的橡胶工业仅有百余年的历史，1917 年在广州建立了第一个规模甚小的胶鞋工厂。

随后，在上海、天津、青岛等地相继营建了一些橡胶厂，早期以生产胶鞋为主，规模较小、技术落后、劳动条件恶劣，且所需原材料、设备甚至半成品都靠进口。

中华人民共和国成立后，我国橡胶工业有了迅速发展。1950～1951年先后在海南岛、云南地区开辟了天然橡胶种植园。目前我国已经连续多年橡胶工业规模居于世界第一，2016年消耗生胶达到1345.4万吨，其中天然橡胶735万吨，合成橡胶610.4万吨。

近几十年来，我国橡胶工业发生了革命性的巨变。生胶、炭黑和其他原材料及橡胶机械设备不断提升技术含量和自动化水平，自动控制加料系统、自动炼胶系统、自动成型加工系统设备不断涌现，已形成了自己初具规模的橡胶工业体系。但也应该清醒地看到，中国的橡胶工业与世界先进水平相比还有一定差距。

### 三、橡胶原材料与配方包括的主要内容

典型橡胶制品原材料的选择主要有生胶（包括天然橡胶和合成橡胶），为橡胶的母体材料或称为基体材料；硫化体系（包括硫化剂、促进剂、活性剂、防焦剂）与橡胶大分子进行化学反应，使橡胶由线型大分子交联成空间网状结构；防护体系的作用是延缓橡胶的老化，延长制品的使用寿命；填充补强剂（炭黑、矿质填料、短纤维）的作用是提高橡胶的力学性能，改善胶料的加工工艺性能，降低成本；软化增塑剂（操作油系列、松焦油系列、煤焦油系列、合成酯类）可降低混炼胶的黏度，改善加工性能，降低制品硬度；其他配合剂主要是一些特殊配合剂（例如发泡剂、阻燃剂、磁性材料、抗静电剂和着色剂等），赋予橡胶特殊性能和橡胶骨架材料。典型橡胶制品配方设计包括配方设计的方法、设计原则、不同橡胶制品配方用量、材料品种、型号选用原则以及特殊要求橡胶制品的配方设计。

### 四、本课程的学习方法

学生通过本课程的学习，应该能够系统地掌握橡胶制品生产的各种原材料主要品种、结构组成、性质性能、相互间的作用机理和应用方法、用量等，掌握配方设计的基础知识和一般原理，使学生具有一般产品的配方设计能力。

本课程的内容结合橡胶工业发展的最新动态，密切联系生产实际，教学上除了进行课堂讲授外还应该结合现场教学，必要的综合实训、实验，安排一定的课堂练习和课外作业，提倡在老师指导下的自学能力的培养，紧紧抓住学习目标，运用讨论法、比较法、验证法等进行学习，在理解和掌握理论、基本原理的基础上，不断扩大专业知识面，努力提高理论联系实际的能力、动手能力、分析和解决实际问题的能力，从而圆满完成本课程的学习。

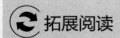

拓展阅读

#### 中国橡胶百年历史

1915年第一家橡胶厂——中国第一家广东兄弟树胶公司成立，标志着中国橡胶工业的开始。

1949年新中国成立之前的橡胶工业在内部剥削和外部压迫的夹缝中艰难生存，当年国内的耗胶量只有2.3万吨，全国507家橡胶厂只有1000台炼胶机。

1950 年橡胶工业开始纳入轻工业部管理，全国各地政府迅速对橡胶工业接手并进行盘活，橡胶工业步入恢复期。

1959 年化工部成立橡胶司，治理橡胶工业跃进中出现的混乱局面。

1964 年，中央决定试行工业"托拉斯"，橡胶工业成为十个试点产业之一，中国橡胶工业公司一跃成为世界八大橡胶生产企业中的一员。

1978 年，改革开放为橡胶工业注入了前所未有的活力。同年 7 月，新的化工部橡胶司成立，着手对经历风雨的橡胶企业进行全面整顿。

1980 年，轮胎、炭黑检测中心相继成立，全国掀起一场狠抓质量风暴，橡胶产品质量飞速提升。

1984 年，十二届三中全会召开，"有计划的商品经济"概念被正式提出，橡胶工业迈入计划经济为主、市场调节为辅的阶段，进一步拓宽了对内搞活、对外开放的发展思路。

1985 年，中国橡胶工业协会成立，以民间组织的形式为橡胶行业服务，市场主导力量进一步加强，橡胶工业迈入 30 年辉煌发展时期。

1986～1987 年，以五大轮胎企业为龙头，国内橡胶企业自发横向组织橡胶企业联合公司，回力、双钱、中北、黄海、东风共吸纳了 122 家企业参与联合，轮胎产量占全国的 86%，集体所有制企业飞速发展。

1992 年，橡胶工业全面转入市场经济，以青岛乳胶厂为代表的 10 家大中型企业开始股份化；自中策公司开始的合资潮席卷全国；此后五六年间，三资企业数量急剧增多。

1993 年，橡胶司撤销，中联橡胶总公司成立。化工部在生产协调司内设立橡胶处，着重管理全国橡胶工业生产技术。

1994 年，世界轮胎十强企业开始进军中国大陆市场，各地小轮胎厂大量涌现，民营橡胶厂遍地开花，井喷式发展的 10 年到来。

2003 年，我国橡胶消耗量 280 万吨，超过美国成为世界第一。

2006 年，我国轮胎产量达到 2.85 亿条，超过美国成为世界第一。

2010 年，中国第一次赶超德国，成为全球最大塑料橡胶机械生产国，在全球塑料橡胶机械的产值中占 23.5%。

## 我国轮胎生产的"六个第一"

第一条汽车轮胎　1934 年 10 月，上海大中华橡胶厂在生产自行车轮胎的基础上开始试生产汽车轮胎。先是采购日本的设备在神户试车生产，翌年转回国内正式建立车间，生产出国内第一条汽车轮胎，定名为"双钱"。产品有两种规格，日产量 7～9 条。

第一条全钢子午胎　1964 年，上海大中华橡胶厂在试制钢丝斜交轮胎成功之后，开始探索研制全钢子午线轮胎。在既无资料又无现成设备的情况下，技术人员凭借一张子午线轮胎成型鼓的照片，自行设计和试制子午线轮胎的成型鼓，一边试制，一边不断改进。经过多次试验和改进，终于试制成功中国第一条"双钱"牌全钢子午线轮胎。

第一条轿车子午胎　1982 年，上海正泰橡胶厂从德国麦兹勒引进的年产 50 万条乘用子午线轮胎二手设备生产线。在北京橡胶工业研究设计院等单位的大力支持下，"回力"牌轿车子午线轮胎成功投产，并顺利通过认证，为上海大众汽车厂的桑塔纳轿车配套。

第一条工程子午胎　2002 年，上海轮胎橡胶（集团）股份有限公司双钱载重轮胎公司借鉴载重子午线轮胎的技术，自主研发出第一条"双钱"牌工程机械子午线轮胎14.00R24-20PR（无内胎），开国产工程机械子午线轮胎的先河。

第一条大型农业子午胎 1999 年，天津轮胎公司根据市场需求，研发大型农业子午线轮胎，采用国内技术，经过近一年的攻关试制，第一条"海豚"牌 12.4R28 农业子午线轮胎成功下线，为国内农业轮胎子午化闯出了一条新路。到 2014 年，全国生产农业子午线轮胎的企业约 4 家，产量达 37000 条。

第一条航空子午胎 2008 年 1 月，我国首条"三环"牌航空子午线轮胎成功通过国家标准规定的各项动态试验，达到装机要求，我国成为世界上第 4 个有能力研发、制造、试验航空子午线轮胎的国家。同年 10 月，装配该规格轮胎的国产飞机首飞成功。

橡胶原材料

# 情境设计一
# 生胶的选择

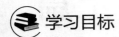 学习目标

依据任务要求，查阅汽车轮胎、耐热输送带、密封件等制品国家标准的要求，学会选用合适的生胶材料，进而掌握天然橡胶和通用合成橡胶的结构、性能特点，并可以根据产品合理地选用各种橡胶，了解生胶在其他橡胶制品中的应用。

生胶是一种高弹性高聚物材料，是制造橡胶制品的基础材料，一般情况下不含有配合剂（但有时也含有某些配合剂）。生胶一般情况下多呈块状、片状，也有颗粒状和黏稠液体状及粉末状。

## 一、橡胶的基本特点

什么是橡胶？ASTM D1566 中定义是：橡胶是一种材料，它在大的形变下能迅速而有力恢复其形变，能够改性。

橡胶的独特加工工艺是通过"硫化"将线型高分子通过化学交联反应变成三维网状高分子的过程，也就是将各种生胶的混炼胶转化为硫化胶。近年来由于不需要硫化的热塑性弹性体橡胶的出现使硫化橡胶这一名词名不副实，为此将热塑性弹性体橡胶统称为弹性体。

橡胶的最大特征是弹性模量非常小，仅为 2～4MPa，约为钢铁的 1/30000，而伸长率则高达钢铁的 300 倍；同塑料相比，伸长率虽然接近，但弹性模量只有其 1/30。橡胶的拉伸强度为 5～40MPa，破坏时伸长率可达 100%～800%。在 350% 的范围内伸缩，回弹率能达到 85% 以上，即永久变形在 15% 以内。橡胶最宝贵的性能是在 −50～+130℃ 的广泛温度范围内均能保持正常的弹性。

橡胶以及弹性体的第二大特征，是它具有相当好的耐透气性以及耐各种化学介质和电绝缘的性能。某些特种合成橡胶具备良好的耐油性及耐温性，能抵抗脂肪油、润滑油、液压油、燃料油以及溶剂油的溶胀；耐寒可低达 −50～−80℃，耐热可高达 180～350℃。橡胶还耐各种屈挠弯曲变形，因为滞后损失小，往复 20 万次以上仍无裂口现象。

橡胶的第三大特征在于它能与多种材料物质并用、共混、复合，由此进行改性，以得到良好的综合性能。橡胶用炭黑等填料进行补强时，能使耐磨性能提高 5～10 倍，对非结晶性的合成橡胶（如丁苯橡胶、硅橡胶）能使力学强度提高 10～50 倍。不同橡胶品种之间的互相并用，以及橡胶同多种塑料的共混，可使橡胶的性能得到进一步的改进与提高。橡胶与纤维、金属材料的复合，更能最大限度地发挥橡胶的特性，形成各式各样

的复合材料和制品。

## 二、橡胶的分类方法

目前橡胶（包括塑料改性的弹性体）的种类已不下100种之多。如果按牌号估算，实际上已超过1000种。其分类大致如下。

（1）按制取来源与方法分类 分为天然橡胶与合成橡胶两大类。其中天然橡胶的消耗量占1/3，合成橡胶的消耗量占2/3。

（2）按橡胶的外观表征分类 分为固态橡胶（又称干胶）、乳状橡胶（简称胶乳）、液体橡胶和粉末橡胶四大类。其中固态橡胶的产量占85%～90%。

（3）按应用范围及用途分类 分为通用橡胶、专用橡胶和特种橡胶。合成橡胶可分为通用合成橡胶、半通用合成橡胶、专用合成橡胶和特种合成橡胶。天然橡胶为最典型的通用橡胶，同时，也有经改性的特种橡胶；而通用及半通用的合成橡胶既有部分天然橡胶的通用性能，也有专用橡胶的性能。

（4）按化学结构分类 根据橡胶分子链上有无双键存在，分为不饱和橡胶和饱和橡胶两大类，前者有二烯类及非二烯类的硫化型橡胶，后者有非硫化型橡胶及其他弹性体之分。饱和橡胶进而又分为主链含亚甲基的橡胶（乙丙橡胶、氯化聚乙烯橡胶、氯磺化聚乙烯橡胶、丙烯酸酯橡胶以及氟橡胶等），主链含硫的橡胶（聚硫橡胶），主链含氧的橡胶（氯醚橡胶），主链含硅的橡胶（硅橡胶）及主链含碳、氧、氮的橡胶（聚氨酯橡胶）等。

除天然橡胶之外，属于不饱和类的橡胶，还有量大面广的丁苯橡胶、顺丁橡胶、异戊橡胶、氯丁橡胶、丁腈橡胶、丁基橡胶等合成橡胶，它们同亚甲基型的橡胶一样，都可以进行化学改性，如羟基化、氯化、氯磺化、羧基化等。还有用二烯类等预交联的橡胶。

（5）按照橡胶中填充材料的种类分类 在通用及半通用橡胶方面有充油橡胶、充炭黑橡胶以及充油充炭黑橡胶。其充油量以12.5份为基数，分为25份、37.5份、50份等档。

（6）按单体组分分类 合成橡胶分为均聚物、共聚物以及带有第三组分的共聚物（亦称三聚物）。共聚物视单体排列顺序，又分为无规型橡胶、嵌段型橡胶、交替型橡胶以及接枝型橡胶。

（7）按聚合方法分类 合成橡胶有本体聚合、悬浮聚合、乳液聚合及溶液聚合四种。乳液聚合有冷聚和热聚之分，溶液聚合有阴离子聚合与阳离子聚合之分。阴离子聚合多为定向聚合，可以合成各种有规立构橡胶。有规立构橡胶从微观结构观察，有顺式1,4-橡胶和反式1,4-橡胶之分。前者又可细分为高顺式橡胶、低顺式橡胶和中顺式橡胶。乳液聚合常为无规任意形橡胶，以丁苯橡胶、氯丁橡胶为代表，微观呈顺式1,4-结构、反式1,4-结构、1,2-结构、3,4-结构等的混合型。

（8）按橡胶的工艺加工特点分类 橡胶视穆尼黏度（分子量）的高低，分为标准穆尼黏度（40～50）、低穆尼黏度（30～40）、高穆尼黏度（70～80）及特高穆尼黏度（80～90）以及超高穆尼黏度（100以上）几种。随着穆尼黏度的增高，混合加工难度变大，力学性能提高。低黏度橡胶多用于海绵以及与其他橡胶并用改性。高黏度橡胶主要用来制造胶黏剂，并可进行高填充，以降低成本。

合成橡胶按稳定剂的种类还可分为非污染型（NST）、污染型（ST）和无污染型

（NIL）三种。

（9）按橡胶的性能分类　橡胶还可分成自补性强的橡胶与自补性弱的橡胶，前者又称为结晶性橡胶（如天然橡胶、氯丁橡胶），后者又分为微结晶性橡胶（如丁基橡胶）和非结晶性橡胶（如丁苯橡胶等）。

此外，根据橡胶最终交联的性质，还可分为硫黄硫化、无硫（有机硫化物）硫化、过氧化物交联、醌肟交联、金属氧化物交联以及树脂交联等多种。硫化和交联形式对橡胶的耐热、耐压缩变形、耐老化等性能有较大影响。

橡胶按耐热及耐油性等功能可分为：普通橡胶、耐热橡胶、耐油橡胶、耐热耐油橡胶以及耐气候老化橡胶、耐特种化学介质橡胶等。

按橡胶的软硬程度可分为：一般橡胶、硬橡胶、半硬质橡胶、硬质胶、微孔胶、海绵胶、泡沫橡胶等。

# 任务一　汽车轮胎用生胶材料的选择应用

汽车轮胎用橡胶的性能要求：很好的耐磨性、高定伸应力，很高的弹性和抗撕裂性，优异的耐刺扎性和较低的生热性，高温和长时间老化后仍具有良好的性能保持率，抓着性好、良好的抗湿滑性，自黏互黏性好；作为气密层和内胎，要求具有良好的气密性，较低的定伸应力，较高的弹性和抗撕裂性能，较高的弹性保持率和永久变形小等。

## 一、天然橡胶

天然橡胶（NR）是从天然植物中获取的以异戊二烯为主要成分的天然高分子化合物。主要含有顺式异戊二烯为主的天然橡胶和含反式异戊二烯为主的天然橡胶。在工业上，也包括以天然橡胶为基础，用各种化学药剂处理的改性天然橡胶。

2022 年，天然橡胶的消费量在世界上已超过 1400 万吨。从品种上说，约 90% 以上为固态橡胶，其余 10% 左右为胶乳和液体天然橡胶。固态橡胶中，主要以天然橡胶为主。

在合成橡胶大量出现之前，天然橡胶曾是橡胶工业及其制品的万能原料，有"褐色黄金"之称。2022 年，全球合成橡胶总产量达 2235 万吨，但天然橡胶仍被公认为是性能最好的通用橡胶，在轮胎、医疗卫生用品等领域仍然是主导的原料橡胶。

在世界上，含橡胶的植物，包括乔木、灌木、藤木及草本等科在内，多达 800 余种。而品质好、有经济价值、现今大量种植发展的只有赫薇亚系的三叶橡胶树一种。近年来，野生的银色橡胶菊经过品系的不断改良，也开始步入实用阶段。

橡胶树是生长在热带地区的含胶植物，原产于巴西。1876 年开始人工种植，经伦敦移植到斯里兰卡和新加坡。一个多世纪以来，天然橡胶一直集中在东南亚和中非一带地区的国家生产。其中，马来西亚、印度尼西亚和泰国三家的生产量均分别超过 100 万吨，我国天然橡胶种植主要集中在海南、云南等地，2017 年产量达到 100 万吨。

### （一）天然橡胶的来源和采集

天然橡胶是从天然植物中采集并经加工而得到的一种高弹性材料。自然界中含有橡胶成分的植物不下两千种。但含胶量多、产量大、质量好、采集容易的要首推巴西橡胶树。因此，目前全世界天然橡胶总产量的 98％ 以上都来自巴西橡胶树。

巴西橡胶树原产于南美巴西亚马孙河流域，是热带乔木，高达 10～20m，20 年后径粗达 25～40cm，叶子成长圆形，三个一组，故也称三叶橡胶树。20 世纪初巴西橡胶树已从原产地移植到东南亚地区，主要是马来西亚、印度尼西亚、新加坡及斯里兰卡等地栽培种植。现在东南亚地区已经成为全世界天然橡胶的集中产地。长期以来，人们一致认为橡胶树只能生长在高温、多湿、静风、沃土的南纬 5° 到北纬 5° 之间的地带。从 20 世纪 50 年代开始，我国广东省的海南岛和雷州半岛等地着手研究适于我国自然条件生长的橡胶树，终于实现了"南胶北移"。使橡胶树可以在北纬 18°～24° 大面积种植。现在我国的植胶地区遍布于海南、广东、广西、云南、福建和台湾等地，主要集中于海南岛、雷州半岛和西双版纳地区。

通常，橡胶呈乳液状态——胶乳贮存于橡胶树的根、茎、叶、花、果以及种子等器官的乳管中，其中树干下半部及根部的皮层中分布的乳管最多。在橡胶园内，每逢割胶季节，割胶工人每天凌晨去胶园割胶。割胶就是用锋利的割胶刀在距地面 1m 左右高的树干上，按一定倾斜角度先切去树皮，再深入割口，将真皮层中的乳管割破，胶乳因受内压作用迅速排出，沿割口流入下面的接胶杯内。排胶 1～2h 后，由于胶树内压下降，胶乳排出的速度减慢，流量逐渐减少，胶乳最终滞留在割口上。当胶乳中的部分水分蒸发以及胶乳凝固酶作用，胶乳产生自然凝固，形成一条胶线，自动封闭乳管割口，此时排胶完全停止。目前，多采用半树周（半螺旋线）隔日割一次的割胶制度。通过割胶收集起来的胶乳还必须经过一定的加工才能使用。

天然橡胶除来源于巴西橡胶树外，还有银叶橡胶菊和杜仲树。银叶橡胶菊主要分布在墨西哥的荒漠地区，是一种多年生干旱性的产胶植物。野生的银叶橡胶菊是矮小的灌木，经培育的植株可高达 5～6m，可从其根茎中提取橡胶。第二次世界大战期间，美国在加利福尼亚州大规模栽培了银叶橡胶菊。1951 年他们从银叶橡胶菊中提取橡胶，并制成轮胎，经苛刻的道路试验，与巴西橡胶制成的轮胎同样坚固。20 世纪 70 年代，他们试用 2-(3,4-二氯苯氧基) 三乙胺刺激银叶橡胶菊，促使其增产橡胶 1～2 倍，甚至 5 倍。这一成果为进一步促进第二种天然橡胶资源的崛起开辟了新的途径。近年来，我国也开始引种银叶橡胶菊，这对开发和利用我国干旱荒漠的广大地区无疑有着重要的经济意义。

杜仲树则主要生长于我国的长江流域和马来半岛，是一种灌木，可从其枝叶和根茎中提取橡胶。但这种橡胶与巴西橡胶和银叶橡胶菊为同分异构体，是反式 1,4-聚异戊二烯，在室温下为坚硬而具有韧性的结晶橡胶。中国称其为杜仲胶或古塔波胶。利用杜仲胶结构较紧、耐水性和电绝缘性好的特点，可用于制造海底电缆、电工材料、耐酸碱制品等。

**（二）天然胶乳的组成**

天然胶乳是一种黏稠的乳白色液体，外观像牛奶，它是橡胶粒子在近中性介质中的乳状水分散体。在空气中由于氧和微生物的作用，胶乳酸度增加，2～12h 即能自然凝固。为防止自然凝固，需加入一定量的氨溶液作为保存剂。

天然胶乳的主要成分如表 1-1 所示。

表 1-1　天然胶乳的主要成分

| 成　　分 | 含量/% | 成　　分 | 含量/% |
|---|---|---|---|
| 水分 | 52～70 | 树脂 | 1.0～1.7 |
| 橡胶烃 | 27～40 | 糖类 | 0.5～1.5 |
| 蛋白质 | 1.5～1.8 | 无机盐类 | 0.2～0.9 |

从表 1-1 的数据可知，胶乳除橡胶烃和水之外，大约有 10％的非橡胶成分，这些物质对胶乳及固体橡胶的性能均有很重要的影响。

### （三）固体天然橡胶的品种、制法及分级

#### 1. 固体天然橡胶的品种及制法

固体天然橡胶（常称天然生胶）是指胶乳经加工制成的干胶。用于橡胶工业生产的天然生胶品种很多，最主要的品种有烟胶片和绉胶片以及后来发展起来的标准马来西亚橡胶。

（1）烟胶片　是天然生胶中有代表性的品种，产量和耗量较大，因生产设备比较简单，适用于小胶园生产。

烟胶片为表面带有菱形花纹的棕黄色片状橡胶。由于烟胶片是以新鲜胶乳为原料，并且在熏烟干燥时，烟气中含有的一些有机酸和酚类物质，对橡胶具有防腐和防老化的作用，因此使烟胶片的胶片干、综合性能好、保存期较长，是天然橡胶中力学性能最好的品种，可用来制造轮胎及其他高级橡胶制品。但由于制造时耗用大量木材，生产周期长，因此成本较高。

（2）绉胶片　由于制造时使用原料和加工方法的不同，可分为胶乳绉胶片和杂胶绉胶片两类。

① 胶乳绉胶片是以胶乳为原料制成的，有白绉胶片和浅色绉胶片，还有一种低级的乳黄绉胶片。

用分级凝固法制得的白绉胶片颜色洁白，而用全乳凝固法制得的浅色绉胶片颜色浅黄。与烟胶片相比，前两者含杂质均少，但力学性能稍低，成本更高（尤其是白绉胶片），适用于制造色泽鲜艳的浅色及透明制品。

在用分级凝固法制得白绉胶片的同时，还可得到乳黄绉胶片，但因其橡胶烃含量低，为低级绉胶片，通常用作制造杂胶绉胶片的原料。

② 杂胶绉胶片共分为胶园褐绉胶片、混合绉胶片、薄褐绉胶片（再炼胶）、厚毡绉胶片（琥珀绉胶片）、平树皮绉胶片和纯烟绉胶片六个品种。

杂胶绉胶片的各个品种之间质量相差很大。其中胶园褐绉胶片是使用胶园中新鲜胶杯凝胶和其他高级胶园杂胶制成，因此质量较好。而混合绉胶片、薄褐绉胶片、厚毡绉胶片等，因制造原料中掺有烟胶片裁下的边角料、湿胶或皮屑胶，因此质量依次降低。平树皮绉胶片是用包括泥胶在内的低级杂胶制成，因此杂质最多，质量最差。

总之，杂胶绉胶片一般色深，杂质多，性能低，但价格便宜，可用于制造深色的一般或较低级的制品。

（3）颗粒胶或标准马来西亚橡胶　颗粒胶是天然生胶中的一个新品种。它是由马来西亚于 20 世纪 60 年代首先生产的，所以被命名为"标准马来西亚橡胶"，并以 SMR 作为代号。标准马来西亚橡胶的生产是以提高天然橡胶与合成橡胶的竞争能力为目的的，打破了传统的

烟胶片和绉胶片的制造方法和分级方法，具有生产周期短，成本较低，有利于大型化、连续化生产，分级方法较少、质量均匀等一系列优点。为此，颗粒胶生产发展极快，目前其产量已超过传统产品烟胶片、风干胶片和绉胶片的总和。中国从 1970 年推广生产颗粒胶以来，目前产量占天然生胶总产量的 80% 以上。

颗粒胶的原料有两种：一种是以鲜胶乳为原料，制成高质量的产品；另一种是以胶杯凝胶等杂胶为原料，生产中档和低档质量的产品。

颗粒胶的用途与烟胶片相同。比起烟胶片，颗粒胶胶质较软，更易加工，但耐老化性能稍差。

（4）其他品种　除烟胶片、绉胶片及颗粒胶外，固体天然橡胶还有其他一些品种，如风干胶片、恒黏（CV）和低黏（LV）橡胶等。

① 风干胶片是以胶乳为原料，其生产工艺与烟胶片的不同之处仅仅在于用热空气干燥取代熏烟干燥，其他工序则完全相同。因此，风干胶片颜色较浅，质量较好，用于制造轮胎胎侧和其他浅色制品。

② 恒黏和低黏橡胶是颗粒胶的新品种。其中，恒黏橡胶是一种黏度恒定的天然生胶。它是在胶乳凝固前先加入羟胺类化学药剂，使之与橡胶分子链上的醛基作用，使醛基钝化，从而抑制生胶在贮存中的硬化作用，保持生胶的黏度在一个稳定的范围。

低黏橡胶是在恒黏橡胶制造的基础上加入占干胶量 4% 的环烷油，从而使生胶的穆尼黏度进一步降低。

目前主要的 SMR-5 有 CV 和 LV 系列品种，如表 1-2 所示。恒黏橡胶和低黏橡胶，因黏度都较低，通常都不必进行烘胶和塑炼，这不仅可以减少炼胶过程中分子链的断裂，而且可节省炼胶能量 35% 左右。但由于它们都经过了一定的改性处理，故力学性能比相应的颗粒胶稍低，且硫化速度稍慢。

表 1-2　恒黏橡胶和低黏橡胶的规格

| 恒黏橡胶系列 | 穆尼黏度（$ML_{1+4}^{100}$） | 低黏橡胶系列 | 穆尼黏度（$ML_{1+4}^{100}$） |
|---|---|---|---|
| CV50 | 45～55 | LV45 | 40～50 |
| CV55 | 50～60 | LV | 45～55 |
| CV | 55～65 | LV55 | 50～60 |
| CV65 | 60～70 | LV60 | 55～65 |
| CV70 | 65～75 | LV65 | 60～70 |

若将恒黏橡胶和低黏橡胶与有效硫化体系相结合，则所得硫化胶生热性低、耐屈挠性和耐磨性都好，是制造高速轮胎的重要原料。

此外，天然生胶品种还有胶清橡胶以及某些专用天然橡胶，如易操作橡胶、充油天然橡胶、轮胎橡胶、接枝橡胶、填料橡胶、纯化橡胶、难结晶橡胶等。天然橡胶经化学处理后，还可制备许多天然橡胶的衍生物，分别具有不同的特性。

2. 天然生胶的分级方法

（1）国际天然橡胶分级法　该分级方法按照生胶制造方法及外观质量或按照理化性能指标分为两种。

① 烟胶片（简称 RSS）分为 NO.1X、NO.1、NO.2、NO.3、NO.4、NO.5 及等外七个等级，其质量按顺序依次降低。

② 绉胶片是以胶乳为原料生产的白绉胶片和浅色绉胶片，共分为十个等级。其中包括

薄白绉胶片 NO.1X、NO.1；浅色绉胶片（薄、厚）分为两类，各有 NO.1X、NO.1、NO.2、NO.3 之分，号数越大，黄色越深。

以杂胶为原料生产的胶园褐绉胶片（薄、厚）分为两类，各有 NO.1X、NO.2X、NO.3X 等六个等级，号数越大，褐色越深，质量越差。

③ 马来西亚标准橡胶分级法。这种分级方法是以天然生胶的理化性能为分级依据，能较好地反映生胶的内在质量和使用性能，现已被采用为国际标准天然橡胶分级法。其中以机械杂质含量和塑性保持率（$PRI$）为分级的重要指标。塑性保持率是表示生胶的氧化性能和耐高温操作性能的一项指标，其数值等于生胶经过 $140℃×30min$ 热处理后的平均塑性值与原塑性值的百分比，所以又称为抗氧指数。$PRI$ 值大的生胶抗氧化性能较好，但在塑炼时可塑性增加得快。

标准马来西亚橡胶的主要品种规格及分级指标如表 1-3 所示。

表 1-3　标准马来西亚橡胶的主要品种规格及分级指标

| 指　　标 | | SMR-EQ | SMR-5L | SMR-5 | SMR-10 | SMR-20 | SMR-50 |
|---|---|---|---|---|---|---|---|
| 机械杂质($44\mu m$ 筛孔)/% | ≤ | 0.02 | 0.05 | 0.05 | 0.10 | 0.20 | 0.50 |
| 灰分/% | ≤ | 0.50 | 0.60 | 0.60 | 0.75 | 1.00 | 1.50 |
| 氮含量/% | ≤ | 0.65 | 0.65 | 1.65 | 0.65 | 0.65 | 0.65 |
| 挥发物/% | ≤ | 1.00 | 1.00 | 1.00 | 1.00 | 1.00 | 1.00 |
| $PRI$ 值/% | ≥ | 60 | 60 | 60 | 50 | 40 | 30 |
| 华莱士可塑度初值($P_0$) | ≥ | 30 | 30 | 30 | 30 | 30 | 30 |
| 颜色限度 | | 3.5 | 6.0 | — | — | — | — |

（2）中国天然生胶分级法　国产天然生胶主要有烟胶片、风干胶片、绉胶片和颗粒胶。分级方法有两种，即片状的分级方法和天然生胶理化性能分级法。

根据生胶的外观质量，烟胶片分为一、二、三、四、五级及等外六个等级；白绉胶片和浅色绉胶片共分为六个等级，即薄白绉胶片特一级、一级和薄浅色绉胶片特一级、一级、二级、三级；风干胶片分为一、二级及等外三个等级；颗粒胶分为 5 号、10 号、20 号和 50 号四个等级。

### （四）天然橡胶的成分

天然橡胶是由胶乳制造的，因此胶乳中的一些非橡胶成分就留在固体天然橡胶中。一般固体天然橡胶中橡胶烃含量有 92%～95%，非橡胶成分占 5%～8%。烟胶片、风干胶片和颗粒胶片的化学组成见表 1-4。制法不同、品种不同，非橡胶烃含量不同，非橡胶成分对固体天然橡胶的性能有以下影响。

表 1-4　烟胶片、风干胶片和颗粒胶片的化学组成

| 组分/% | 烟胶片 | 风干胶片 | 颗粒胶片 | 组分/% | 烟胶片 | 风干胶片 | 颗粒胶片 |
|---|---|---|---|---|---|---|---|
| 橡胶烃 | 92.8 | 92.4 | 94.0 | 灰分 | 0.2 | 0.5 | 0.2 |
| 蛋白质类 | 3.0 | 3.3 | 3.1 | 水溶物 | 0.2 | 0.2 | 0.2 |
| 丙酮抽出物 | 3.5 | 3.2 | 2.2 | 水分 | 0.3 | 0.4 | 0.3 |

（1）水分　生胶水分过多，贮存过程中容易发霉，而且还影响橡胶的加工性能，例如混炼时配合剂结团不易分散，压延、压出过程中易产生气泡，硫化过程中产生气泡或海绵等。1%以内的水分在橡胶加工过程中可以除去。

（2）灰分　在胶乳凝固过程中，大部分灰分留在乳清中而被除去，仅少部分转入干胶中。灰分是一些无机盐类物质，主要成分为钙、镁、钾、钠、铁、磷等，除了吸水性较大会降低制品的电绝缘性以外，还会因含微量的铜、锰等变价离子，使橡胶的老化速度大大加快。因此，必须严格控制铜、锰含量。

（3）蛋白质　天然橡胶中的含氮化合物都属于蛋白质类。蛋白质有防老化的作用，如除去蛋白质，则生胶老化过程会加快。蛋白质中的碱性氮化物及醇溶性蛋白质有促进硫化的作用。但是，蛋白质在橡胶中易腐败变质而产生臭味，且由于蛋白质的吸水性而使制品的电绝缘性下降。蛋白质含量较高时，会导致硫化胶硬度较高，生热加大。

（4）丙酮抽出物　它是一些树脂状物质，主要是一些高级脂肪酸和固醇类物质。高级脂肪酸是一种硫化活性剂，可促进硫化，并能增加胶料的塑性。而固醇类及某些还原性强的物质则具有防老化的作用。

（5）水溶物　它主要是糖类及酸性物质。它们对生胶的可塑性及吸水性影响较大。因此，对于耐水制品和绝缘制品要注意水溶物的作用。

**（五）天然橡胶的结构、性能及应用**

1. 天然橡胶的结构

现代科学研究证明，普通的天然橡胶有 97% 以上是异戊二烯的顺式 1,4-加成结构（含少量的异戊二烯的 3,4-加成结构），其分子结构式为：

$$
\begin{array}{c}
CH_3 \\
| \\
+\!CH_2-\!C\!=\!CH-\!CH_2\!+_n
\end{array}
$$

天然橡胶和其他高分子化合物一样，具有多分散性，即分子链有长有短，分子量有大有小。其平均分子量约为 70 万，相当于平均聚合度在 1 万左右。分子量分布范围是较宽的，分子量绝大多数是在 3 万~1000 万，分子量分布指数 $HI$ 在 2.8~10。天然橡胶的分子量分布曲线如图 1-1 所示。

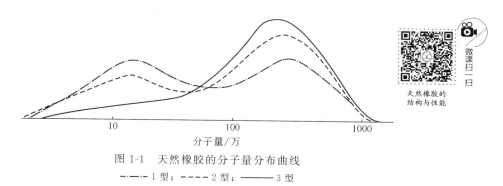

图 1-1　天然橡胶的分子量分布曲线

— · — 1 型；- - - - 2 型；——— 3 型

2. 天然橡胶的性能

（1）化学性质　天然橡胶是不饱和的橡胶，每一个链节都含有一个双键，能够进行加成反应。此外，因双键和甲基取代基的影响，使双键附近的 $\alpha$-亚甲基上的氢原子变得活泼，易发生取代反应。由于天然橡胶上述的结构特点，所以容易与硫化剂发生硫化反应（结构化反应），与氧、臭氧发生氧化、裂解反应，与卤素发生氯化、溴化反应，在催化剂和酸作用下发生环化反应等。

但由于天然橡胶是高分子化合物，所以它具有烯类有机化合物的反应特性，如反应速度慢，反应不完全、不均匀，同时具有多种化学反应并存的现象，如氧化裂解反应和结构化反应等。

在天然橡胶的各类化学反应中，最重要的是氧化裂解反应和结构化反应。前者是生胶进行塑炼加工的理论基础，也是橡胶老化的原因所在；后者则是生胶进行硫化加工制得硫化胶的理论依据。而天然橡胶的氯化、环化、氢化等反应，则可应用于天然橡胶的改性方面。

（2）良好的综合力学性能　天然橡胶在常温下具有很好的弹性。这是由于天然橡胶分子链在常温下呈无定形状态、分子链柔性好的缘故。密度为 $0.913g/cm^3$，其弹性模量为 $2\sim4MPa$，约为钢铁的三万分之一，而伸长率为钢铁的 300 倍，最大可达 1000%。在 $0\sim100℃$，天然橡胶的回弹率可达到 $50\%\sim85\%$。

天然橡胶分子结构规整性好，外力作用下可以发生结晶，为结晶橡胶，具有自补强性。纯胶硫化胶的拉伸性能仅次于聚氨酯橡胶，可以达到 $17\sim25MPa$，经过炭黑补强后可达 $25\sim35MPa$，300% 定伸应力可以达到 $6\sim10MPa$，500% 定伸应力为 12MPa 以上，撕裂强度可以达到 95kN/m，在高温（93℃）下强度损失为 35% 左右。

（3）热性能　天然橡胶常温为高弹性体，玻璃化转变温度为 -72℃，受热后缓慢软化，在 $130\sim140℃$ 开始流动，200℃ 左右开始分解，270℃ 剧烈分解。

（4）耐介质性能　介质是指油类、液态的化学物质等。若橡胶与介质之间没有化学反应、又不相容，则橡胶就耐这种介质。天然橡胶为非极性物质，易溶于非极性溶剂和非极性油，因此天然橡胶不耐环己烷、汽油、苯等介质，不溶于极性的丙酮、乙醇等，不溶于水，耐 10% 的氢氟酸、20% 的盐酸、30% 的硫酸、50% 的氢氧化钠等。不耐浓强酸和氧化性强的高锰酸钾、重铬酸钾等。

（5）电性能　天然橡胶是非极性物质，是一种较好的绝缘材料。绝缘体的体积电阻率在 $10^{10}\sim10^{20}\Omega\cdot cm$，天然橡胶生胶一般为 $10^{15}\Omega\cdot cm$，而纯化天然橡胶为 $10^{17}\Omega\cdot cm$。天然橡胶硫化后，因引进极性因素，绝缘性下降。

（6）良好的加工工艺性能　天然橡胶由于分子量高、分子量分布宽，分子中 $\alpha$-甲基活性大，分子链易于断裂，再加上生胶中存在一定数量的凝胶成分，因此很容易进行塑炼、混炼、压延、压出、成型等，并且硫化时流动性好，容易充模。

（7）其他性能　天然橡胶还具有很好的耐屈挠疲劳性能，纯胶硫化胶屈挠 20 万次以上才出现裂口。原因是滞后损失小，多次变形生热低。耐磨性、耐寒性较好，具有良好的气密性，渗透系数为 $2.969\times10^{-12}H_2/(s\cdot Pa)$，同时具有良好的防水性、电绝缘性和绝热性。

3. 天然橡胶的应用

天然橡胶主要应用于轮胎、胶带、胶管、电线电缆和多数橡胶制品，是应用最广的橡胶。

## 二、异戊橡胶

### （一）概述

聚异戊二烯橡胶简称异戊橡胶（IR），因为其结构与天然橡胶相似，因此又称为"合成天然橡胶"。1954 年由美国 Goodrich 公司首先用齐格勒引发剂合成，即钛系异戊橡胶。1955 年，Firestone 轮胎橡胶公司用锂引发剂合成了异戊橡胶，中国于 20 世纪 70 年代合成了稀土异戊橡胶，顺式含量可以达到 94％。可以大量地使用于轮胎、医疗、食品、日用橡胶制品和运动器材等。

### （二）异戊橡胶的结构与性能

#### 1. 异戊橡胶的结构

$$\left[\!\!\!\begin{array}{c} CH_3 \\ | \\ CH_2-C=CH-CH_2 \end{array}\!\!\!\right]_n$$

异戊橡胶的微观结构和宏观结构如表 1-5 所示。

表 1-5　异戊橡胶的结构

| 催化体系 | 微 观 结 构 | | | | 宏 观 结 构 | | | | |
|---|---|---|---|---|---|---|---|---|---|
| | 顺式 1,4-结构含量/％ | 反式 1,4-结构含量/％ | 1,2-结构含量/％ | 3,4-结构含量/％ | 重均分子量/万 | 数均分子量/万 | 分子量分布指数 | 支化 | 凝胶含量/％ |
| 天然橡胶 | 98 | 0 | 0 | 2 | 100～1000 | | 0.89～2.54 | 支化 | 15～30 |
| 钛系 | 96～97 | 0 | 0 | 2～3 | 71～135 | 19～41 | 0.4～3.9 | 支化 | 7～30 |
| 锂系 | 93 | 0 | 0 | 7 | 122 | 62 | 0 | 线型 | 0 |
| 稀土系 | 94～95 | 0 | 0 | 5～6 | 250 | 110 | <2.8 | 支化 | 0～2 |

#### 2. 异戊橡胶的物理性质

异戊橡胶为透明弹性体，比天然橡胶纯净，凝胶含量少，无杂质，相对密度 0.91，玻璃化温度为 $-70℃$，体积电阻率为 $10^{15}\Omega\cdot cm$，易溶于苯、甲苯等有机溶剂。

#### 3. 硫化胶的特性

① 质量均一，纯度高，硫化速度稳定。

② 塑炼时间短，混炼加工简便。

③ 无色透明，适用于浅色配方和药用配方。

④ 膨胀和收缩小。

⑤ 流动性好。在注压或传递模压成型过程中，异戊橡胶的流动性优于天然橡胶，特别是锂胶表现出良好的流动性。

异戊橡胶的缺点表现为纯胶胶料的强伸性能低，异戊橡胶屈服强度、拉伸强度比天然橡胶低，挺性差，半成品存放过程中容易变形，造成装模困难，给加工带来了一定的困难。天然橡胶与异戊橡胶混炼胶的应力-应变曲线如图 1-2 所示。

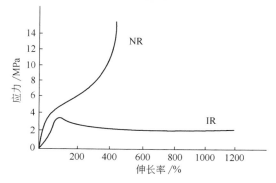

图 1-2　天然橡胶与异戊橡胶混炼胶的应力-应变曲线

NR 配方（份）：SMR-SL 100，S 2，M 0.75，
ZnO 5，SA 3，HAF 45，防老剂 1

IR 配方（份）：异戊橡胶除 M 为 1.75
外，其余同天然橡胶的配方

（测试温度为 25℃）

异戊橡胶能基本代替天然橡胶，用于轮胎、胶带、胶管、胶鞋和其他工业制品。尤适于制造食品用制品、医药卫生制品及橡胶丝、橡皮筋等日用制品。

## 三、丁苯橡胶

### （一）概述

丁苯橡胶（SBR）是最早工业化的合成橡胶。1933 年德国 I. G. Farben 公司采用乙炔合成路线首先研制出乳液聚合丁苯橡胶（简称乳聚丁苯橡胶），并于 1937 年开始工业化生产，商品名为 Bunas。美国则以石油为原料，于 1942 年生产了丁苯橡胶，称为 GR-S。苏联于 1949 年也开始了丁苯橡胶的生产。以上均是高温（50℃）下的共聚物，称为高温丁苯橡胶。

20 世纪 50 年代初，出现了性能优异的低温丁苯橡胶。目前，低温乳聚丁苯橡胶约占整个乳聚丁苯橡胶的 80%。20 世纪 60 年代中期，随着阴离子聚合技术的发展，溶液聚合丁苯橡胶（简称溶聚丁苯橡胶）开始问世。

随着合成橡胶技术的不断发展，自 1951 年出现充油丁苯橡胶后，又出现了丁苯橡胶炭黑母炼胶、充油丁苯橡胶炭黑母炼胶、高苯乙烯丁苯橡胶、羧基丁苯橡胶和液体丁苯橡胶等品种。

目前，丁苯橡胶（包括胶乳）的产量约占整个合成橡胶生产量的 55%，约占天然橡胶和合成橡胶总产量的 34%。在合成橡胶中，丁苯橡胶仍是产量和消耗量最大的胶种。

直到 1950 年，乳液聚合的丁苯橡胶主要采用水溶性引发剂（如过硫酸钾），在以脂肪酸皂为乳化剂的乳液体系中进行自由基聚合。采用硫醇调节分子量，聚合温度为 50℃，单体转化率约 72%。目前大量生产的低温乳聚丁苯橡胶采用氧化-还原引发体系，还原剂是硫酸亚铁和甲醛合次硫酸氢钠，氧化剂是烷基过氧化氢，聚合温度 5～8℃，单体转化率约 60%。凝聚前，填充油或炭黑所制得的橡胶，分别称充油丁苯橡胶、丁苯橡胶炭黑母炼胶（湿法者又称丁苯橡胶炭黑共沉胶）和充油丁苯橡胶炭黑母炼胶。

为了提高丁苯橡胶的生胶强度，以适应子午线轮胎工艺的需要，通过改性，研制了生胶强度高的丁苯橡胶。

### （二）丁苯橡胶的分类

丁苯橡胶品种很多，通常根据聚合方法和条件、填料品种、苯乙烯单体含量不同进行分类，见表 1-6。

表 1-6　丁苯橡胶的主要品种及特点

| 品　　种 | 特　　点 |
| --- | --- |
| 高温丁苯橡胶（1000 系列） | 聚合度较低，凝胶含量大，支链较多，性能较差 |
| 低温丁苯橡胶（1500 系列） | 聚合度较高，分子量分布比天然橡胶稍窄，凝胶含量较少，支化度较低，性能较高。其中 1500 是代表性品种，加工性能与力学性能均较好，可用于轮胎胎面胶、合成工业制品等。1502 为非污染的品种，1507 为低黏度的品种，可用于传递成型（移模法）和注压成型 |
| 低温充炭黑丁苯橡胶（1600 系列） | 将一定量炭黑分散到低温丁苯胶乳中，并可加油 14 份或 14 份以下，经共凝聚制得。可缩短混炼时间，加工性能良好，力学性能稳定，抗撕裂、耐屈挠性能得到改善 |
| 低温充油丁苯橡胶（1700 系列） | 将乳状非挥发的环烷油或芳香油（12.5 份、25 份、37.5 份或 50 份）掺入聚合度较高的丁苯胶乳中，经凝聚制得。加工性能好，多次变形下生热小，耐寒性提高，成本低。1712 为充高芳烃油 37.5 份，1778 为充环烷油 37.5 份的品种 |

续表

| 品　种 | 特　点 |
|---|---|
| 低温充油充炭黑丁苯橡胶（1800系列） | 充一定量炭黑，并充油14份以上者。缩短混炼时间，炼焦时生热小，焦烧危险性小，压延、压出性能好，硫化胶综合性能好 |
| 高苯乙烯丁苯橡胶 | 将含70%以上的高苯乙烯树脂与含23.5%苯乙烯的丁苯橡胶乳液状混合，经过凝聚制得。苯乙烯含量为50%～60%，使用于耐磨和硬度高的制品，且耐酸碱。但弹性差，永久变形大 |

（1）**按聚合方法和条件分**　根据聚合方法不同可以分为乳液聚合丁苯橡胶和溶液聚合丁苯橡胶；而乳液聚合丁苯橡胶又可以分为高温乳液聚合丁苯橡胶和低温乳液聚合丁苯橡胶，后者应用较广，而前者趋于淘汰。

（2）**按填料品种分**　可以分为充炭黑丁苯橡胶、充油丁苯橡胶和充炭黑充油丁苯橡胶。

（3）**按苯乙烯含量分**　丁苯橡胶-10、丁苯橡胶-30、丁苯橡胶-50等，其中数字为苯乙烯聚合时的含量（质量分数），最常用的是丁苯-30。

### （三）丁苯橡胶的结构与性能

#### 1. 丁苯橡胶的结构

丁苯橡胶是以丁二烯与苯乙烯为单体，在乳液或溶液中经催化共聚得到的高聚物弹性体，其结构为：

$$+CH_2—CH=CH—CH_2\frac{}{}_x(CH_2—CH)_y(CH_2—CH)_z$$

式中，$x$，$y$，$z$分别表示丁二烯加成的1,4-结构、1,2-结构和苯乙烯加成结构的链节数目。

丁苯橡胶分子结构的不规整性，首先表现在丁二烯和苯乙烯两种单体在分子链内的结合顺序有很多种形式，既有两种单体的相间排列，又有一种单体数目不整的连续排列。其中丁二烯有顺式1,4-结构、反式1,4-结构和1,2-结构三种加成结构。丁二烯的各种结构含量随聚合条件的变化有很大不同，表1-7对不同类型的丁苯橡胶的结构特征作了对比。

表 1-7　不同类型丁苯橡胶的结构特征

| SBR 类型 | 宏观结构 | | | | 微观结构 | | | |
|---|---|---|---|---|---|---|---|---|
| | 歧化 | 凝胶 | $\overline{M}_n/(×10^4)$ | $\overline{M}_w/\overline{M}_n$ | 苯乙烯/% | 丁二烯(顺式)/% | 丁二烯(反式)/% | 乙烯基/% |
| 高温乳聚丁苯 | 大量 | 多 | 10 | 7.5 | 23.4 | 16.6 | 46.3 | 13.7 |
| 低温乳聚丁苯 | 中等 | 少量 | 10 | 4～6 | 23.5 | 9.5 | 55 | 12 |
| 溶聚无规丁苯 | 较少 | — | 15 | 1.5～2.0 | 25 | 24 | 31 | 20 |

从表1-7可知，低温乳聚丁苯橡胶的主体结构为反式1,4-结构，结构类型的单一性较强。这是低温丁苯橡胶性能优于高温丁苯橡胶的重要原因之一。

低温乳聚丁苯橡胶有如下结构特点。

① 因分子结构不规整，在拉伸和冷冻条件下不能结晶，为非结晶性橡胶。

② 与天然橡胶一样，也为不饱和碳链橡胶。但与天然橡胶相比，双键数目较少，且不存在甲基侧基及其推电子作用，双键的活性也较低。

③ 分子主链上引入了庞大苯基侧基，并存在丁二烯 1,2-结构形成的乙烯侧基，因此空间位阻大，分子链的柔性较差。

④ 平均分子量较低，分子量分布较窄。

**2. 低温乳聚丁苯橡胶的物理性质**

低温乳聚丁苯橡胶为浅褐色或白色（非污染型）弹性体，微有苯乙烯气味，杂质少，质量较稳定。其密度因生胶中苯乙烯含量不同而异，如丁苯-10 的密度为 0.919g/cm$^3$，丁苯-30 为 0.944g/cm$^3$，能溶于汽油、苯、甲苯、氯仿等有机溶剂中。

**3. 低温丁苯橡胶的力学性能**

① 由于是不饱和橡胶，因此可用硫黄硫化，与天然顺丁橡胶等通用橡胶的并用性能好。但因不饱和程度比天然橡胶低，因此硫化速度较慢，而加工安全性提高，表现为不易焦烧、不易过硫、硫化平坦性好。

② 由于分子结构较紧，特别是庞大苯基侧基的引入，使分子间力加大，所以其硫化胶比天然橡胶有更好的耐磨性、耐透气性，但也导致弹性、耐寒性、耐撕裂性（尤其是耐热撕裂性）差，多次变形下生热大，滞后损失大，耐屈挠龟裂性差（指屈挠龟裂发生后的裂口增长速度快）。

③ 由于是碳链橡胶，取代基属非极性基团范畴，因此是非极性橡胶，耐油性和耐非极性溶剂性差。但由于结构较紧密，所以耐油性和耐非极性溶剂性、耐化学腐蚀性、耐水性均比天然橡胶好。又因含杂质少，所以电绝缘性也比天然橡胶稍好。

④ 由于是非结晶橡胶，因此无自补强性，纯胶硫化胶的拉伸强度很低，只有 2～5MPa。必须经高活性补强剂补强后才有使用价值，其炭黑补强硫化胶的拉伸强度可达 25～28MPa。

⑤ 由于聚合时控制了分子量在较低范围，大部分低温乳聚丁苯橡胶的初始穆尼黏度值较低，在 50～60，因此可不经塑炼，直接混炼。但由于分子链柔性较差，分子量分布较窄，缺少低分子级分的增塑作用，因此加工性能较差。表现在混炼时，对配合剂的湿润能力差，升温高，设备负荷大；压出操作较困难，半成品收缩率或膨胀率大；成型贴合时自黏性差等。

**4. 溶聚丁苯橡胶**

溶聚丁苯橡胶（S-SBR）是以丁二烯、苯乙烯为单体，烷基锂为催化剂，在有机溶剂中进行阴离子共聚的产物。由于聚合条件的不同，可使苯乙烯和丁二烯的结合方式不同，分为无规型、嵌段型和并存型三大类。无规型为通用型溶聚丁苯橡胶，可用于轮胎、鞋类和工业橡胶制品；嵌段型属热塑性弹性体；无规与嵌段并存型是新型溶聚丁苯橡胶，乙烯基含量高，其特点是滚动阻力小，且抗湿滑性小。此外，还有充油、充炭黑溶聚丁苯橡胶，以及反式 1,4-丁苯橡胶和锡偶联溶聚丁苯橡胶等特殊品种。

无规型溶聚丁苯橡胶与低温乳聚丁苯橡胶相比，其橡胶烃含量较高，支链少，分子量分布较窄，而且在微观结构上丁二烯的顺式 1,4-结构、1,2-结构含量比例增多，反式 1,4-结构比例减少。因此这种无规型的溶聚丁苯橡胶，适于填充大量的炭黑，硫化胶的耐磨性好，弹性、耐寒性、永久变形等都介于低温乳聚丁苯橡胶之间，故适用于轮胎生产。

丁苯橡胶是合成橡胶的老产品，品种齐全，应用广泛，加工技术比较成熟。大部分丁苯橡胶用于轮胎工业。其他产品有汽车零件、工业制品、电线和电缆包皮、胶管、胶带和鞋类等。

## 四、顺丁橡胶

顺丁橡胶（BR）是顺式1,4-聚丁二烯橡胶的简称。它是由丁二烯单体在催化剂作用下通过溶液聚合制得的有规立构橡胶。

### （一）品种类型

丁二烯单体在聚合反应中可能生成顺式1,4-结构、反式1,4-结构以及1,2-结构等三种结构。这三种结构的比例会因催化剂类型和反应条件的不同而有所区别。表1-8概括了不同催化剂类型制得的典型聚丁二烯橡胶的结构。

表1-8 聚丁二烯橡胶的结构

| 类 型 | 催 化 体 系 | 宏 观 结 构 | | | 微 观 结 构 | | |
|---|---|---|---|---|---|---|---|
| | | $\overline{M}_w$ /($\times 10^4$) | 分子量分布 | 歧化 | 顺式1,4-结构/% | 反式1,4-结构/% | 1,2-结构/% |
| 钴型聚丁二烯橡胶 | 一氯烷基铝-二氯化钴 | 37 | 较窄 | 较少 | 98 | 1 | 1 |
| 镍型聚丁二烯橡胶 | 三烷基钴-环烷酸镍-三氟化硼 | 38 | 较窄 | 较少 | 97 | 1 | 2 |
| 钛型聚丁二烯橡胶 | 三烷基铝-四碘化钛-碘-氯化钛 | 39 | 窄 | 少 | 94 | 3 | 3 |
| 锂型聚丁二烯橡胶 | 丁基锂 | 28～35 18.5 | 很窄 很窄 | 很少 — | 35 20 | 57.5 31 | 7.5 49 |

从表1-8可知，采用钛型、钴型、镍型等定向催化剂时，聚合物的顺式1,4-结构含量一般可控制在90%以上，称为有规立构橡胶，有较优异的性能。聚合物的性能与顺式1,4-结构含量的关系归纳于表1-9中。

聚丁二烯橡胶按照顺式1,4-结构含量的不同，可分为高顺式（顺式含量96%～98%）、中顺式（顺式含量90%～95%）和低顺式（顺式含量40%以下）三种类型。

高顺式聚丁二烯橡胶的力学性能接近于天然橡胶，某些性能还超过了天然橡胶。因此，目前各国都以生产高顺式聚丁二烯橡胶为主。

低顺式聚丁二烯橡胶中，含有较多的乙烯基（即1,2-结构）的中乙烯基丁二烯橡胶。它具有较好的综合平衡性能，并克服了高顺式丁二烯橡胶的抗湿滑性差的缺点，最适宜制造轮胎，目前正在发展中。

中顺式聚丁二烯橡胶，由于力学性能和加工性能都不及高顺式聚丁二烯橡胶，故趋于淘汰。

表1-9 聚丁二烯橡胶性能与顺式1,4-结构含量的关系

| 性 能 | 结构:随顺式1,4-结构含量的降低 | 性 能 | 结构:随顺式1,4-结构含量的降低 |
|---|---|---|---|
| 工艺性能 | 好→差 | 拉断伸长率 | 大→小 |
| 弹性 | 高→低 | 撕裂强度 | 高→低 |
| 生热性能 | 小→大 | 耐寒性能 | 好→差 |
| 耐磨性能 | 好→差 | 抗湿滑性 | 差→好 |
| 拉伸强度 | 高→低 | | |

### (二) 高顺式聚丁二烯橡胶 (顺丁橡胶) 的结构特点

顺丁橡胶有着与天然橡胶非常相似的分子构型, 只是在丁二烯链节中双键一端的碳原子上少了甲基取代基, 其分子结构式:

$$-\!\!-\!CH_2-CH\!=\!CH-CH_2-\!\!\!\!-_n$$

顺丁橡胶有以下的结构特点。

① 结构规整、无侧基的碳链橡胶。可以结晶、无极性、分子间作用力较小、分子链柔顺性好, 非极性橡胶。

② 每个结构单元上存在一个双键的不饱和橡胶, 但是因为双键一端没有甲基的推电子性而使得双键活性没有天然橡胶的大。

③ 平均分子量比较低, 分子量分布也比较窄。

### (三) 顺丁橡胶的性质、性能特点和应用

顺丁橡胶的性质、性能特点如下。

① 由于分子链非常柔顺、分子量分布较窄, 因此具有比天然橡胶还要高的回弹性, 其弹性是目前橡胶中最好的; 滞后损失小, 动态生热低。此外, 还具有极好的耐寒性 (玻璃化温度为 $-105\,^\circ\!C$), 是通用橡胶中耐低温性能最好的。

② 由于结构规整性好、无侧基、摩擦系数小, 所以耐磨性特别好, 非常适用于耐磨的橡胶制品, 但是抗湿滑性差。

③ 由于是不饱和橡胶, 易使用硫黄硫化, 也易发生老化。但因所含双键的化学活性比天然橡胶稍低, 故硫化反应速度较慢, 介于天然橡胶和丁苯橡胶之间, 而耐热氧老化性能比天然橡胶稍好。

④ 由于分子链非常柔顺, 且化学活性较天然橡胶低, 因而耐屈挠性能优异, 表现为制品的耐动态裂口生成性能好。

⑤ 由于分子链柔性好, 湿润能力强, 因此可比丁苯橡胶和天然橡胶填充更多的补强填料和操作油, 从而有利于降低胶料成本。

⑥ 由于分子间作用力小, 分子链非常柔顺, 分子链段的运动性强, 所以顺丁橡胶虽属结晶性橡胶, 但在室温下仅稍有结晶性, 只有拉伸到 $300\% \sim 400\%$ 的状态下或冷却到 $-30\,^\circ\!C$ 以下, 结晶才显著增加。因此, 在通常的使用条件下, 顺丁橡胶无自补强性。其纯胶硫化胶的拉伸强度低, 仅有 $1 \sim 10MPa$。通常须经炭黑补强后才有使用价值 (炭黑补强硫化胶的拉伸强度可达 $17 \sim 25MPa$)。此外, 顺丁橡胶的撕裂强度也较低, 特别在使用过程中, 胶料会因老化而变硬变脆, 弹性和伸长率下降, 导致其出现裂口后的抗裂口展开性特别差。

⑦ 由于是非极性橡胶, 分子间作用力又较小, 分子链因柔性好使分子间空隙较多, 因此顺丁橡胶的耐油、耐溶剂性差。且由于分子量较低, 分子量分布较窄, 分子链间的物理缠结点少, 故胶料贮存时具有冷流性, 但硫化时的流动性好, 特别适于注射成型。

⑧ 由于分子链非常柔顺, 在机械力作用下胶料的内应力易于重新分配, 以柔克刚, 且分子量分布较窄, 分子间力较小, 因此加工性能较差。表现在塑性不易获得; 开炼机混炼时, 辊温稍高就会产生脱辊现象 (这是由于顺丁橡胶的拉伸结晶熔点为 $65\,^\circ\!C$ 左右, 超过其熔点温度, 结晶消失, 胶片会因缺乏强韧性而脱辊); 成型贴合时, 自黏性差。

　　利用顺丁橡胶上述性能的优点，特别是优异的弹性、耐磨性、耐寒性以及生热低，广泛地用于轮胎制造。所制出的轮胎胎面，在苛刻的行驶条件下，如高速、路面差、气温很低时，可以显著地改善耐磨耗性能，提高轮胎使用寿命。顺丁橡胶还可以用来制造其他耐磨制品，如胶鞋、胶管、胶带、胶辊等，以及各种耐寒性要求较高的制品。

　　顺丁橡胶性能上的缺点，诸如抗湿滑性差、撕裂强度低、抗裂口展开性差、加工困难、冷流性大等，可以通过与其他橡胶并用以及通过配方和工艺的改进而得到改善。

　　由于制造顺丁橡胶的原料来源丰富，价格低廉，以及顺丁橡胶的优异性能，所以它是合成橡胶中发展较快的一种橡胶，在全世界合成橡胶的产量和耗量上仅次于丁苯橡胶，居第二位。

## 五、丁基橡胶

### （一）概述

　　丁基橡胶（IIR）是由异丁烯单体与少量异戊二烯共聚合而成。1937 年由美国 Standard oil 公司的 R. M. Thomas 和 W. J. Sparks 研究开发成功，1939 年中间试验装置生产，1943 年工业化生产，称 GR-I。现代号为 IIR。加拿大 Polysar 公司采用美国技术于 1944 年建厂投产。1959 年后，法国、英国、美国、比利时、日本等国先后建厂生产。1955 年美国 Goodrich 公司首先对丁基橡胶进行改性研究，开发成功溴化丁基橡胶。1965 年加拿大 Polysar 公司又在此基础上进一步完善工艺，于 1971 年实现了溴化丁基橡胶的工业化生产。在此期间，美国 Esso 化学公司于 1960 年研制成功并商品化生产氯化丁基橡胶，又于 1971 年在英国建厂工业生产。1979 年加拿大 Polysar 公司也同时生产氯化丁基橡胶。苏联 1965 年后，也采用干法溴化方法生产溴化丁基橡胶。

　　我国于 1966 年开始对丁基橡胶的研究，并先后进行过以烃类溶剂合成和淤浆法合成丁基橡胶的中间试验。目前全世界有 9 套丁基橡胶生产装置，总生产能力（包括卤化丁基橡胶）1991 年已达 75 万吨。

### （二）丁基橡胶的分类品种

　　丁基橡胶通常按不饱和程度的大小分为五级，其不饱和度分别为 0.6%～1.0%、1.1%～1.5%、1.6%～2.0%、2.1%～2.5%、2.6%～3.3%。而每级中又可依据穆尼黏度的高低和所用防老剂有无污染性分为若干牌号。

　　不饱和度对丁基橡胶的性能有着直接影响，随着橡胶不饱和程度的增加，规律如下：

① 硫化速度加快，硫化度增加；

② 因硫化程度充分，耐热性提高；

③ 耐臭氧性、耐化学药品侵蚀性下降；

④ 电绝缘性下降；

⑤ 黏着性和相容性好转；

⑥ 拉伸强度和拉断伸长率逐渐下降，定伸应力和硬度不断提高。

　　生胶穆尼黏度值的高低，影响胶料可塑性及硫化胶的强度。弹性穆尼黏度值增大，分子量亦大，硫化胶的拉伸强度提高，压缩变形减小，低温复原性更好，但工艺性能恶化，使压延、压出困难。

### （三）丁基橡胶的结构、性能及应用

**1. 丁基橡胶的结构特点**

$$\text{+(CH}_2\text{-}\overset{\overset{\displaystyle CH_3}{|}}{\underset{\underset{\displaystyle CH_3}{|}}{C}}\text{)}_x\text{(CH}_2\text{-C=CH-CH}_2\text{)}_y\text{(CH}_2\text{-}\overset{\overset{\displaystyle CH_3}{|}}{\underset{\underset{\displaystyle CH_3}{|}}{C}}\text{)}_z$$

① 丁基橡胶是首尾结合的线型分子，结构规整，为结晶性橡胶。

② 分子主链主要由 C—C 单键组成，可极化的双键数目极少，取代基对称、无极性。因此基本属饱和橡胶（不饱和程度极低，仅为天然橡胶的 1/50），结构稳定性很强，并且是较典型的非极性橡胶。

③ 在分子主链上，每隔一个亚甲基就有两个甲基侧基围绕着主链呈螺旋形式排列，等同周期为 1.86nm。因此，空间阻碍大，分子链柔性差，结构紧密。

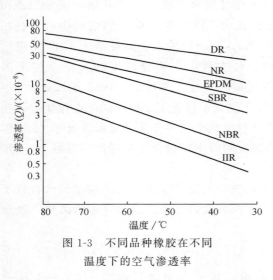

图 1-3　不同品种橡胶在不同
温度下的空气渗透率

**2. 丁基橡胶的性质、性能特点**

丁基橡胶为白色或灰白色半透明弹性体，密度 $0.91\sim0.92g/cm^3$。其性能特点如下。

① 丁基橡胶因分子链柔性差，结构紧密，其气密性为橡胶之首。如在常温下丁基橡胶的透气系数约为天然橡胶的 1/20、顺丁橡胶的 1/45、丁苯橡胶的 1/8、乙丙橡胶的 1/13、丁腈橡胶的 1/2。各种橡胶的空气渗透率见图 1-3。

② 丁基橡胶有极好的耐热、耐气候、耐臭氧老化和耐化学药品腐蚀性能，经恰当配合的丁基硫化胶，在 $150\sim170℃$ 下能较长时间使用，耐热极限可达 200℃。丁基橡胶制品长时间暴露在日光和空气中，其性能变化很小，特别是抗臭氧老化性能比天然橡胶要好 $10\sim20$ 倍。丁基橡胶对除了强氧化性浓酸以外的酸、碱及氧化-还原溶液均有极好的抗耐性，在醇、酮及酯类等极性溶剂中溶胀很小。以上特性是由丁基橡胶的不饱和程度极低、结构稳定性强和非极性所决定的。

③ 由于丁基橡胶典型的非极性和吸水性小（在常温下的吸水速率比其他橡胶低 $10\sim15$ 倍）的特点，其电绝缘性和耐电晕性均比一般合成橡胶好，其介电常数只有 2.1，而体积电阻率可达 $10^{16}\Omega\cdot cm$ 以上，比一般橡胶高 $10\sim100$ 倍。

④ 丁基橡胶分子链的柔性虽差，但由于等同周期长，低温下难以结晶，所以仍保持良好的耐寒性，其玻璃化温度仅高于顺丁橡胶、乙丙橡胶、异戊橡胶和天然橡胶，于 $-50℃$ 低温下仍能保持柔软性。

⑤ 丁基橡胶在交变应力下，因分子链内阻大，使振幅衰减较快，所以吸收冲击或震动的效果良好，它在 $-30\sim150℃$ 温度范围内能保持良好的减震性，见图 1-4。

⑥ 丁基橡胶纯胶硫化胶有较高的拉伸强度和拉断伸长率，这是由于丁基橡胶在拉伸状

态下具有结晶性所决定的。这意味着不加炭
黑补强的丁基硫化胶已具有较好的强度，故
可用来制造浅色制品。

　　但是，丁基橡胶也有不少缺点：a. 硫化
速度很慢，需要采用超速促进剂和高温、长
时间才能硫化；b. 加工性能较差，尤其是自
黏和互黏性极差，常需借助胶黏剂或中间层
才能保证相互间的黏合，但结合强力也不
高；c. 常温下弹性低，永久变形大，滞后损
失大，生热较高；d. 耐油性差；e. 与炭黑
等补强剂的湿润性及相互作用差，故不易获
得良好的补强效果。最好对炭黑混炼胶进行
热处理，以进一步改善对炭黑的湿润性及补

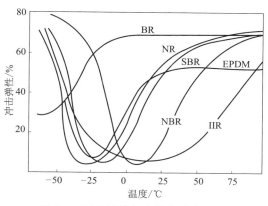

图 1-4　丁基橡胶与其他橡胶在不同
温度下冲击弹性的对比

强性能；f. 与天然橡胶和其他合成橡胶（三元乙丙橡胶除外）的相容性差，其共硫化性差，
难与其他不饱和橡胶并用。

　　⑦ 卤化改性。为克服丁基橡胶硫化速度慢、黏着性差、与其他橡胶难以并用的缺点，
可以在丁基橡胶分子结构中引入卤素原子来进行改性，这样便得到卤化（通常为氯化或溴
化）丁基橡胶。其分子结构式为：

$$\sim\sim CH_2-\underset{\underset{Cl}{|}}{C}-CH+CH_2-\underset{\underset{CH_3}{|}}{\overset{\overset{CH_3}{|}}{C}}-CH_2-\underset{\underset{Cl}{|}}{\overset{\overset{CH_2}{\|}}{C}}-CH-CH_2\sim\sim$$

　　卤化丁基橡胶主要利用烯丙基氯及双键活性点进行硫化。丁基橡胶的各种硫化系统均适
用于卤化丁基橡胶，但卤化丁基橡胶的硫化速度较快。此外，卤化丁基橡胶还可用硫化氯丁
橡胶的金属氧化物如氧化锌 3～5 份硫化，但硫化较慢。

　　因丁基橡胶具有突出的气密性和耐热性，所以其最大用途是制造充气轮胎的内胎和无内
胎轮胎的气密层，其耗量约占丁基橡胶总耗量的 70% 以上。又由于丁基橡胶的化学稳定性
高，还用于制造水胎、风胎和胶囊。用丁基橡胶制造轮胎外胎时，吸收震动好、行车平稳、
无噪声，对路面抓着力大，牵引与制动性能好。

　　丁基橡胶还可用于制造耐酸碱腐蚀制品及化工耐腐蚀容器衬里，并极适宜制作各种电绝
缘材料，高、中、低压电缆的绝缘层及包皮胶。此外，丁基橡胶还可用于制造各种耐热、耐
水的密封垫片、蒸汽软管和防震缓冲器材。此外，丁基橡胶还可用于防水建材、道路填缝、
蜡添加剂和聚烯烃改性剂等。

# 任务二　输送带用橡胶材料的选择应用

　　输送带要求硫化胶有良好的力学强度、抗撕裂性、耐磨性，作为特种要求的输送带要求
有良好的抗静电性、阻燃性或者耐热性，使用场所不同要求有所不同。

## 一、阻燃输送带用氯丁橡胶

### (一) 氯丁橡胶的结构

氯丁橡胶（CR）是氯丁二烯（学名 2-氯-1,3-丁二烯）经过乳液聚合而得，称为聚氯丁二烯橡胶，简称氯丁橡胶，代号 CR。氯丁橡胶是合成胶中最早研究开发的胶种之一，首先由美国 Du Pont 公司于 1931 年开发成功，目前，该公司是世界上氯丁橡胶产量最大者，几乎占世界氯丁橡胶总生产能力的 1/3。其后，日本、俄罗斯、德国、英国、法国先后建厂投产。我国于 1950 年开始研究，1953 年建成中间试验工厂。1958 年正式在四川长寿化工厂建厂投产，继而又在山西大同和青岛各建 0.5 万 t/a 生产装置，并先后投产，现都已扩建为 0.7 万 t/a 的规模。

2-氯-1,3-丁二烯在聚合时，可以生成 $\alpha$、$\beta$、$\mu$、$\omega$ 四种不同的聚合物。其中 $\alpha$ 型是分子链为线型的聚合物，结构比较规整，具有可塑性；$\beta$ 型为环状结构的聚合物；$\mu$ 型为有支链和桥键的聚合物，无可塑性，类似于硫化橡胶；$\omega$ 型为高度网状或体型结构的分子。通常所生产的固体氯丁橡胶当属 $\alpha$ 型聚合体，它在受热、光、氧作用而老化后，其直链分子产生歧化或交联，即转化为 $\mu$ 型聚合体。为防止氯丁橡胶由 $\alpha$ 型向 $\mu$ 型聚合体转化，一般都在其中混入一定的防老剂。

至于氯丁橡胶分子的微观结构，则大部分是反式-1,4-加成结构（约占 85%），还有顺式-1,4-加成结构（约占 10%），以及少量的 1,2-加成结构（约占 1.5%）和 3,4-加成结构（约占 1.0%）。氯丁橡胶分子中，反式-1,4-加成结构的生成量与聚合温度有关。聚合温度越低，反式-1,4-加成结构含量越高，聚合物分子链排列越规则，机械强度越高。而 1,2-加成结构和 3,4-加成结构使聚合物带有侧基，且侧基上还有双键，这些侧基能阻碍分子链的运动，对聚合物的弹性、强度、耐老化性等都有不利影响，并易引起歧化和生成凝胶。不过由于 1,2-结构的化学活性较高，因此它是 CR 的交联中心。

### (二) 氯丁橡胶的分类

氯丁橡胶可以分为通用型（硫黄调节型和硫醇调节型）和专用型（粘接型和其他特殊用途型）。

#### 1. 硫黄调节型 (G 型)

这类氯丁橡胶是以硫黄作分子量调节剂，秋兰姆作稳定剂。分子量约为 10 万，分子量分布较宽。由于结构比较规整，可供一般橡胶制品使用，故属于通用型。商品牌号有 GN、GNA 等，国产氯丁橡胶 CR 1212 型与 GNA 型相当。

此类橡胶的分子主链上含有多硫键（80～110 个），由于多硫键的键能远低于 C—C 键能，在一定条件下（如光、热、氧的作用）容易断裂，生成新的活性基团，导致发生歧化、交联而失去弹性，所以贮存稳定性差。但此类橡胶塑炼时，易在多硫键处断裂，形成硫醇基（—SH）化合物，使分子量降低，故有一定的塑炼效果。此类橡胶力学性能良好，尤其是回弹性、撕裂强度和耐屈挠龟裂性均比 W 型好，硫化速度快，用金属氧化物即可硫化，加工中弹性复原性较低，成型黏合性较好，但易焦烧，并有粘辊现象。

#### 2. 非硫调节型 (W 型)

氯丁橡胶在聚合时，用十二硫醇作分子量调节剂，故又称硫醇调节型氯丁橡胶。此类橡胶分子量为 20 万左右，分子量分布较窄，分子结构比 G 型更规整，1,2-结构含量较少。商品牌号有 W、WD、WRT、WHV 等，国产氯丁橡胶 CR 2322 型则属于此类，相当于 W 型。由于该类分子主链中不含多硫链，故贮存稳定性较好。与 G 型相比，该类橡胶的优点是加工过程中不易焦烧，不易粘辊，操作条件容易掌握，硫化胶有良好的耐热性和较低的压缩变形性。但结晶性较大，成型时黏性较差，硫化速度慢。

3. 粘接型氯丁橡胶

粘接型氯丁橡胶广泛地用作胶黏剂。此类与其他类型的氯丁橡胶主要区别是聚合温度低（5～7℃），因而提高了反式 1,4-结构的含量，使分子结构更加规整，结晶性大，内聚力高，所以有很高的粘接强度。

4. 其他特殊用途型氯丁橡胶

其他特殊用途型氯丁橡胶是指专用于耐油、耐寒或其他特殊场合的氯丁橡胶。如氯苯橡胶，是 2-氯-1,3-丁二烯和苯乙烯的共聚物，引入苯乙烯是为了使聚合物获得优异的抗结晶性，以改善耐寒性（但并不改善玻璃化温度），用于耐寒制品。又如氯丙橡胶，是 2-氯-1,3-丁二烯和丙烯腈的非硫调节型共聚物，丙烯腈掺聚量有 5％、10％、20％、30％不等，引入丙烯腈以增加聚合物的极性，从而提高耐油性。

**（三）氯丁橡胶的结构特点**

氯丁橡胶分子链的空间结构主要为反式结构，其结构式为：

微课扫一扫

氯丁橡胶的
结构与性能

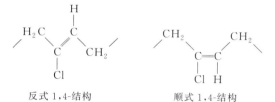

反式 1,4-结构　　　　顺式 1,4-结构

反式 1,4-加成含量约占 85％，顺式 1,4-加成含量约占 15％。

首先，氯丁橡胶的主链虽然由碳链所组成，但由于分子中含有电负性较大的氯原子，而使其成为极性橡胶，从而增加了分子间力，使分子结构较紧，分子链柔性较差。又由于氯丁橡胶结构规整性较强，因而比天然橡胶更易结晶。其次，由于氯原子连接在双键一侧的碳原子上，诱导效应的结果，使双键和氯原子的活性大大降低，不饱和程度大幅度下降，从而提高了氯丁橡胶的结构稳定性。通常已不把氯丁橡胶列入不饱和橡胶的范畴内。

**（四）氯丁橡胶的性质、性能**

氯丁橡胶为浅黄色乃至褐色的弹性体，密度较大，为 $1.23g/cm^3$，能溶于甲苯、氯代烃、丁酮等溶剂中，在某些酯类（如乙酸乙酯）中可溶，但溶解度较小，不溶于脂肪烃、乙醇和丙酮。

氯丁橡胶的结构特点，决定了其在具有良好的综合力学性能的前提下，还具有耐热、耐臭氧、耐气候老化、耐燃、耐油、黏合性好等特性，所以它被称为多功能橡胶。

① 由于氯丁橡胶有较强的结晶性，自补强性大，分子间作用力大，在外力作用下分子间不易产生滑脱，因此氯丁橡胶有与天然橡胶相近的力学性能。其纯胶硫化胶的拉伸强度、拉断伸长率甚至还高于天然橡胶，炭黑补强硫化胶的拉伸强度、拉断伸长率则接近于天然橡胶（见表1-10）。其他力学性能也很好，如回弹性、抗撕裂性仅次于天然橡胶，而优于一般

合成橡胶，并接近于天然橡胶的耐磨性。

表 1-10  氯丁橡胶与天然橡胶、丁苯橡胶性能对比

| 橡胶品种 | 纯胶配合 | | 炭黑配合 | |
|---|---|---|---|---|
| | 拉伸强度/MPa | 拉断伸长率/% | 拉伸强度/MPa | 拉断伸长率/% |
| 天然橡胶 | 17.2～24 | 780～850 | 24～30.9 | 550～650 |
| 氯丁橡胶 | 20.6～27.5 | 800～900 | 20.6～24 | 500～600 |
| 丁苯橡胶 | 1.4～2.1 | 400～600 | 17.2～24 | 500～600 |

② 由于氯丁橡胶的结构稳定性强，因此有很好的耐热、耐臭氧、耐气候老化性能。其耐热性与丁腈橡胶相当，能在150℃下短期使用，在90～110℃下能使用四个月之久。耐臭氧、耐气候老化性仅次于乙丙橡胶和丁基橡胶，而大大优于通用型橡胶。此外，氯丁橡胶的耐化学腐蚀性、耐水性优于天然橡胶和丁苯橡胶，但对氧化性物质的抗耐性差。

③ 由于氯丁橡胶具有较强的极性，因此氯丁橡胶的耐油、耐非极性溶剂性好，仅次于丁腈橡胶，而优于其他通用橡胶。除芳香烃和卤代烃油类外，在其他非极性溶剂中都很稳定，其硫化胶只有微小溶胀。

④ 由于氯丁橡胶的结构紧密，因此气密性好，在通用橡胶中仅次于丁基橡胶，比天然橡胶的气密性好。

⑤ 由于氯丁橡胶在燃烧时放出氯化氢，起阻燃作用，因此遇火时虽可燃烧，但切断火源即自行熄灭。氯丁橡胶的耐延燃性在通用橡胶中是最好的。

⑥ 氯丁橡胶的粘接性好，因而被广泛用作胶黏剂。氯丁橡胶系胶黏剂占合成橡胶类胶黏剂的80%。其特点是粘接强度高，适用范围广，耐老化、耐油、耐化学腐蚀，具有弹性，使用简便，一般无需硫化。

⑦ 由于氯丁橡胶分子结构的规整性和极性，内聚力较大，限制分子的热运动，特别在低温下热运动更困难。因此，因低温结晶，使橡胶拉伸变形后难以恢复原状而失去弹性，甚至发生脆折现象，耐寒性不好。氯丁橡胶的玻璃化温度为-40℃，使用温度一般不低于-30℃。

⑧ 氯丁橡胶因分子中含有极性氯原子，所以绝缘性差，体积电阻率为$10^{10}\sim10^{12}\Omega\cdot cm$，仅适用于600V以内的较低压使用。

⑨ 由于极性氯原子的存在，使氯丁橡胶在加工时对温度的敏感性强，当塑、混炼温度超出弹性态温度范围（弹性态温度G型为常温～71℃，W型为常温～79℃，而天然橡胶则为常温～100℃），会产生粘辊现象，造成操作困难，G型氯丁橡胶尤甚。

此外，由于氯丁橡胶的结晶倾向大，胶料经长期放置后，会慢慢硬化，致使黏着性下降，造成成型困难，尤其是W型氯丁橡胶。

⑩ 由于氯丁橡胶在室温下也具有从$\alpha$型聚合体向$\mu$型聚合体转化的性质，因此贮存稳定性较差。经长期贮存后，出现塑性下降、硬度增大、焦烧时间缩短、硫化速度加快等现象，在加工中则表现为流动性差、黏合性低劣、压出胶坯粗糙、易焦烧，严重时导致胶料报废。

由于氯丁橡胶不仅具有耐热、耐老化、耐油、耐腐蚀等特殊性能，并且综合力学性能良好，所以，它是一种能满足高性能要求、用途极为广泛的橡胶材料。

⑪ 一般加工性能。氯丁橡胶的加工性能主要决定于未硫化胶的黏弹行为，其黏弹性随

温度的变化如表 1-11 所示。未硫化氯丁橡胶的弹性状态在室温～79℃，而天然橡胶在室温～100℃。氯丁橡胶黏流态在 93℃以上，而天然橡胶在约 135℃。硫黄调节型氯丁橡胶用低温塑炼可取得可塑性，但非硫调节型的塑炼作用不大。氯丁橡胶的炼胶温度应比天然橡胶低，否则剪切力不够，配合剂分散不开。但氯丁橡胶炼胶生热高，所以要注意冷却，加 MgO 时温度约 50℃为宜，如温度太低 MgO 易结块。氯丁橡胶炼胶易粘辊，加一些如石蜡、凡士林等润滑剂有助于解决。硫化剂、ZnO 及促进剂应在混炼后期加入，若在密炼机加入，排料温度应在 105～110℃。氯丁橡胶最宜硫化温度为 150℃，但因它硫化不返原，所以可以采用 170～230℃的高温硫化、高温连续硫化，如加热室硫化、高压蒸气硫化、流体床硫化、固体滚动床硫化等。

表 1-11　氯丁橡胶不同温度下的状态

| 状　态 | 氯　丁　橡　胶 | | 天　然　橡　胶 |
| --- | --- | --- | --- |
| | 硫黄调节型 | 非硫调节型 | |
| 弹性态 | 室温～71℃ | 室温～79℃ | 室温～100℃ |
| 粒状态 | 71～93℃ | 79～93℃ | 100～120℃ |
| 塑性态 | 93℃以上 | 93℃以上 | 约 135℃ |

⑫ 贮存稳定性。氯丁橡胶贮存变质是一个独特的问题，在 30℃的自然条件下，硫黄调节型氯丁橡胶可存放 10 个月，非硫调节型可存放 40 个月。随存放时间增长，生胶变硬、塑性下降、焦烧时间缩短、加工黏性下降、流动性下降、压出表面不光滑，逐渐失去了加工性。其根本原因在于生胶从线型的 α 型向支化及交联的 μ 型变化，也就是说生胶的自然存放就产生了自发的交联。交联到一定程度，橡胶完全失去加工性，即到了生胶的存放期。

其防止的办法应该是精制氯丁二烯并在惰性气体中贮存及聚合，严格控制聚合转化率，加入防老剂，生胶贮存温度低一些，尽量减少热历史。

⑬ 氯丁橡胶与其他橡胶的并用。氯丁橡胶可以与天然橡胶并用改进加工性能、提高粘接强度以及改善耐屈挠和耐撕裂性能；氯丁橡胶与丁苯橡胶并用可以降低成本，提高耐低温性能，但是耐臭氧性能、耐油性、耐候性随之降低，因此需要加入抗臭氧剂，硫化体系采用无硫和硫黄硫化体系；氯丁橡胶与丁腈橡胶并用，可以提高耐油性，改进粘辊性，便于压延和压出成型；为了改进氯丁橡胶的粘辊性能，提高压延压出的工艺性能，可以采用氯丁橡胶与顺丁橡胶并用，同时弹性、耐磨性和压缩生热可以得到改善，但耐油性、抗臭氧性和强度降低；为了进一步提高氯丁橡胶的抗臭氧性能，可以将氯丁橡胶与乙丙橡胶并用，同时可以改善耐热性能。

氯丁橡胶可用来制造轮胎胎侧、耐热阻燃运输带、耐油及耐化学腐蚀的胶管、容器衬里、垫圈、胶辊、胶板、汽车和拖拉机配件、电线、电缆包皮胶、门窗密封胶条、橡胶水坝、公路填缝材料、建筑密封胶条、建筑防水片材、止水带、某些阻燃橡胶制品及胶黏剂等。

## 二、耐热输送带用乙丙橡胶

### （一）概述

乙丙橡胶是以乙烯和丙烯为基础单体合成的共聚物。橡胶分子链中依据单体单元组成不同，有二元乙丙橡胶和三元乙丙橡胶之分。前者为乙烯和丙烯的共聚物，代号为 EPM；后者为乙烯、丙烯和少量非共轭二烯烃第三单体的共聚物，代号为 EPDM，统称为乙丙橡胶（EPR）。齐格勒-纳塔催化剂的发现，使乙烯-丙烯聚合物的合成制造成为可能。纳塔于 1954～1955 年合成了乙丙橡胶，1958 年意大利 Montedison 集团公司建立中试装置，以工业规模生产了二元乙丙橡胶，商品名为 C23。美国 Exxon 化学公司于 1961 年生产出工业规模的二元乙丙橡胶，商品名为 EPR-404，1963 年生产出以双环戊二烯（DCPD）为第三单体的三元乙丙橡胶，美国 Du Pont 公司又于 1963 年建成投产以 1,4-己二烯为第三单体的三元乙丙橡胶，商品名为 Nordel。同年意大利 Montedison 集团公司开发建成溶液法生产二元乙丙橡胶和以双环戊二烯（DCPD）为第三单体的三元乙丙橡胶。其后，美国、荷兰、日本、德国等国多家公司先后相继建厂投产。1967 年美国 Union Carbide 公司开发成功以 1,1-亚乙基降冰片烯为第三单体的三元乙丙橡胶，并于 1968 年工业化生产。1971 年意大利 Montedison 集团公司和美国 Goodrich 公司共同开发成功悬浮法生产技术并投产。

我国于 1960 年由北京化工研究院开始研究开发，并中试成功二元乙丙橡胶、双环戊二烯型和 1,1-亚乙基降冰片烯型三元乙丙橡胶。1972 年在兰化公司合成橡胶厂建成 2000t/a 的生产装置，并投入商品生产，目前主要生产的是三元乙丙橡胶。

### （二）乙丙橡胶的品种与分类

乙丙橡胶是以乙烯、丙烯或乙烯、丙烯以及少量的非共轭二烯类为单体经过催化剂的作用进行溶液聚合或悬浮聚合而得到的无规共聚弹性体。

乙丙橡胶包括二元乙丙橡胶（EPM）和三元乙丙橡胶（EPDM）两类。

二元乙丙橡胶的分子结构可以表示为：

$$\{CH_2-CH_2\}_x\{CH_2-CH\}_y$$
$$\qquad\qquad\qquad\qquad CH_3$$

由于其分子链中不含有双键，所以不能用硫黄硫化，而必须采用过氧化物硫化。

而三元乙丙橡胶则是在乙烯、丙烯共聚时，再引入一种非共轭双烯类物质作第三单体，使之在主链上引入含双键的侧基，以便能采用传统的硫黄硫化方法，因此是目前的主要开发对象。依据第三单体种类的不同，三元乙丙橡胶又有 E 型、D 型、H 型之分。它们的分子结构式如下。

E 型（ENB-EPDM），第三单体为 1,1-亚乙基降冰片烯：

D 型（DCPD-EPDM），第三单体为双环戊二烯：

H 型

$$+CH_2-CH_2 \xrightarrow{}_x (CH_2-CH)_y (CH_2-CH)_z$$

（原图为结构式，侧基为 $CH_3$、$CH_2$、$CH=CH-CH_3$）

以上三种类型的三元乙丙橡胶中 D 型价格较便宜。当用硫黄硫化时，E 型硫化速度快，硫化效率高，D 型硫化速度慢。而当用过氧化物硫化时，D 型硫化速度最快，E 型次之。

此外，二元乙丙橡胶和三元乙丙橡胶的各个类别又按乙烯/丙烯组成比、穆尼黏度及第三单体引入量和是否充油等而分成若干牌号。

乙丙橡胶可看作是在聚乙烯的基础上，引入了丙烯单体［引入量一般为 $25\%\sim50\%$（摩尔分数）不等］，从而破坏了原聚乙烯的结晶性，使之具有橡胶性能。因此乙丙橡胶的性能直接受乙烯/丙烯组成比的影响。一般规律是随乙烯含量的增高，生胶和硫化胶的力学强度提高，软化剂和填料的填充量增加，胶料可塑性高，压出性能好，半成品挺性和形状保持性好。但当乙烯含量超过 $70\%$（摩尔分数）时，由于乙烯链段出现结晶，使耐寒性下降。因此，一般认为乙烯含量在 $60\%$（摩尔分数）左右时，乙丙橡胶的加工性能和硫化胶的力学性能均较好。

三元乙丙橡胶第三单体的引入量通常以碘值（$I_2$ g/EPDM 100g）来表示。不同牌号的三元乙丙橡胶，其碘值一般在 $6\sim30$。一般随碘值的增大，硫化速度提高，硫化胶的力学强度提高，耐热性稍有下降。碘值 $6\sim10$ 的三元乙丙橡胶硫化度慢，可与丁基橡胶并用；碘值 $25\sim30$ 的三元乙丙橡胶，为超速硫化型，可以任意比例与高不饱和的二烯类橡胶并用。

### （三）乙丙橡胶的结构与性能

1. 结构特点

① 乙丙橡胶是乙烯和丙烯的无规共聚物，为非结晶性橡胶。

② 分子主链上无双键，三元乙丙橡胶虽然引入了少量双键，但却位于侧基上，活性较小，对主链性质没有多大影响，因此属饱和橡胶。

③ 甲基的空间阻碍小，且无极性，主链又呈饱和态，因此是典型的非极性橡胶，分子链柔性好。

2. 物理性质

乙丙橡胶为白-浅黄色半透明弹性体，密度为 $0.85\sim0.86$ g/cm$^3$。

3. 乙丙橡胶的性能

其结构特点决定了它具有比丁基橡胶还要好的耐老化性、电绝缘性等，又具有接近天然橡胶的弹性和很好的耐寒性。但同时也将丁基橡胶的某些缺点和非结晶性橡胶必须补强的问题集于一身。其优缺点如下。

① 耐老化性优异，在现有通用型橡胶中是最好的。乙丙橡胶的抗臭氧性能特别好，当臭氧含量为 $100\times10^{-6}$ 时，乙丙橡胶 2430h 仍不龟裂，而丁基橡胶 534h、氯丁橡胶 46h 即产生大裂口。在耐臭氧性方面，以 DCPD-EPDM 为最好。

乙丙橡胶的耐气候性能也非常好，能长期在阳光、潮湿、寒冷的自然环境中使用。含炭黑的乙丙橡胶硫化胶在阳光下暴晒三年后未发生龟裂，力学性能变化也很小。在耐候性方面，EPM 优于 DCPD-EPDM，更优于 ENB-EPDM。

乙丙橡胶的耐热性能优异。在150℃下，一般可长期使用，间歇使用可耐200℃高温。在耐热性方面，ENB-EPDM优于DCPD-EPDM。

② 绝缘性能和耐电晕性能超过丁基橡胶。又因吸水性小，所以浸水后的抗电性能也很好。

③ 对各种极性化学药品和酸碱（浓强酸除外）的抗耐性好，长时间接触后性能变化不大。

④ 具有良好的弹性和抗压缩变形性。特别是非结晶性，使低温状态下的弹性保持性好，冷冻到-57℃才变硬，到-77℃变脆。

⑤ 易容纳补强剂、软化剂，可进行高填充配合，并且由于密度小，可降低制品成本。

⑥ 纯胶强力低，必须通过补强才有使用价值。

⑦ 耐油性差。

⑧ 硫化速度慢，比一般合成橡胶慢3～4倍。与不饱和橡胶不能并用，共硫化性能差。

⑨ 自黏和互黏性都很差，给加工工艺带来困难。

根据乙丙橡胶的性能特点，主要应用于要求耐老化、耐水、耐腐蚀、电气绝缘几个领域，如用于屋顶单层防水卷材、耐热运输带、电缆、电线、防腐衬里、密封垫圈、门窗密封条、家用电器配件、塑料改性等。也极适用于码头缓冲器，桥梁减震垫，各种建筑用防水材料，道枕垫及各类橡胶板、保护套等。也是制造电线、电缆包皮胶的良好材料，特别适用于制造高压、中压电缆绝缘层。它还可以制造各种汽车零件，如垫片、玻璃密封条、散热器胶管等。由于它具有高动态性能和良好的耐温、耐气候、耐腐蚀及耐磨性，也可用于轮胎胎侧、水胎等的制造，但需解决好黏合问题。

# 任务三　汽车橡胶配件用生胶的选择

汽车橡胶制品性能要求具有良好的耐油性、较好的耐热性、较高的低压缩永久变形性和较好的力学性能和耐磨性。

## 一、丁腈橡胶

丁腈橡胶（NBR）是由丁二烯和丙烯腈两种单体经乳液或溶液聚合而制得的一种高分子弹性体。工业上所使用的丁腈橡胶大都是由乳液法制得的普通丁腈橡胶，其分子结构是无规的，化学结构式为：

$$\left[ \left( CH_2-CH=CH-CH_2 \right)_x \left( CH_2-CH \right)_y \right]_n$$
$$| \atop CN$$

其中，丁二烯链节以反式1,4-结构为主，还有顺式聚合制得的含28%结合丙烯腈的橡胶，其微观结构的反式1,4-结构含量为77.6%；1,2-结构含量为10%。如在28℃以下时丁二烯顺式1,4-结构含量为12.4%。

### （一）丁腈橡胶的分类品种

乳聚丁腈橡胶种类繁多，通常依据丙烯腈含量、穆尼黏度、聚合温度等分为几十个品种，而根据用途不同，又可分为通用型和特种型两大类。特种型中又包括羧基丁腈橡胶、部分交联型丁腈橡胶、丁腈和聚氯乙烯共沉胶、液体丁腈橡胶以及氢化丁腈橡胶等。通常，丁腈橡胶依据丙烯腈含量可分成以下五种类型：①极高丙烯腈丁腈橡胶，丙烯腈含量 43％以上；②高丙烯腈丁腈橡胶，丙烯腈含量 36％～42％；③中高丙烯腈丁腈橡胶，丙烯腈含量31％～35％；④中丙烯腈丁腈橡胶，丙烯腈含量 25％～30％；⑤低丙烯腈丁腈橡胶，丙烯腈含量 24％以下。

国产丁腈橡胶的丙烯腈含量大致有三个等级，即相当于上述的高、中、低丙烯腈含量等级。对每个等级的丁腈橡胶，一般可根据穆尼黏度值的高低分成若干牌号。穆尼黏度值低的（45 左右），加工性能良好，可不经塑炼直接混炼，但力学性能，如强度、回弹性、压缩永久变形等则比同等级黏度值高的稍差。而穆尼黏度值高的，则必须先塑炼，方可混炼。

按聚合温度可将丁腈橡胶分为热聚丁腈橡胶（聚合温度 25～50℃）和冷聚丁腈橡胶（聚合温度 5～20℃）两种。热聚丁腈橡胶的加工性能较差，表现为可塑性获得较难，吃粉也较慢。而冷聚丁腈橡胶，由于聚合温度的降低，提高了反式 1,4-结构的含量，凝胶含量和歧化程度得到降低，从而使加工性能得到改善，表现为加工时动力消耗较低，吃粉较快，压延、压出半成品表面光滑、尺寸较稳定，在溶剂中的溶解性能较好，并且还提高了力学性能。

国产丁腈橡胶的牌号通常以四位数字表示。前两位数字表示丙烯腈含量，第三位数字表示聚合条件和污染性，第四位数字表示穆尼黏度。如 NBR-2626，表示丙烯腈含量为 26％～30％，是软丁腈橡胶，穆尼黏度为 65～80；NBR-3606，表示丙烯腈含量为 36％～40％，是硬丁腈橡胶，有污染性，穆尼黏度为 65～79。

### （二）丁腈橡胶的结构特点

① 分子结构不规整，是非结晶性橡胶。

② 由于分子链上引入了强极性的氰基，而成为极性橡胶。丙烯腈含量越高，极性越强，分子间力越大，分子链柔性也越差。

③ 因分子链上含有双键，因而为不饱和橡胶。但双键数目随丙烯腈含量的提高而减少，即不饱和程度随丙烯腈含量的提高而下降。

④ 分子量分布较窄。如中高丙烯腈含量的丁腈橡胶分子量分布指数为 4.1。

### （三）丁腈橡胶的性质、性能与应用

丁腈橡胶为浅黄至棕褐色、略带胺臭味的弹性体，密度随丙烯腈含量的增加为 0.945～0.999g/cm³ 不等，能溶于苯、甲苯、酯类、氯仿等芳香烃和极性溶剂。其性能和丙烯腈含量的关系如表 1-12 所示。

表 1-12    丙烯腈含量与丁腈橡胶性能的关系

| 性　　能 | 丙烯腈含量由低到高 | 性　　能 | 丙烯腈含量由低到高 |
|---|---|---|---|
| 加工性能（流动性） | →良好 | 气密性 | →增大 |
| 硫化速度 | →加快 | 抗静电性 | →升高 |
| 密度 | →增大 | 绝缘性 | →降低 |
| 定伸应力,拉伸强度 | →提高 | 耐磨性 | →增大 |
| 硬度 | →增大 | 弹性 | →降低 |
| 耐热性 | →提高 | 自黏互黏性 | →下降 |
| 耐臭氧性能 | →提高 | 生热性能 | →增大 |
| 溶度参数 | →增大 | 包辊性能 | →降低 |
| 耐油性 | →增强 | 玻璃化温度 | →升高 |

现将丁腈橡胶的优缺点简述如下。

① 丁腈橡胶的耐油性仅次于聚硫橡胶和氟橡胶，而优于氯丁橡胶。由于氰基有较高的极性，因此丁腈橡胶对非极性和弱极性油类基本不溶胀，但对芳香烃和氯代烃油类的抵抗能力差。

② 丁腈橡胶因含有丙烯腈结构，不仅降低了分子的不饱和程度，而且由于氰基的较强吸电子能力，使烯丙基位置上的氢比较稳定，故耐热性优于天然、丁苯等通用橡胶，如图 1-5 所示。选择适当配方，最高使用温度可达 130℃，在热油中可耐 150℃高温。

③ 丁腈橡胶的极性，增大了分子间力，从而使耐磨性提高，其耐磨性比天然橡胶高30%～45%。

④ 丁腈橡胶的极性以及反式 1,4-结构，使其结构紧密，透气率较低，它和丁基橡胶同属于气密性良好的橡胶。

⑤ 丁腈橡胶因丙烯腈的引入而提高了结构的稳定性，因此耐化学腐蚀性优于天然橡胶，但对强氧化性酸的抵抗能力较差。

⑥ 丁腈橡胶是非结晶性橡胶，无自补强性，纯胶硫化胶的拉伸强度只有 3.0～4.5MPa。因此，必须经补强后才有使用价值，炭黑补强硫化胶的拉伸强度可达 25～30MPa，而优于丁苯橡胶。

⑦ 丁腈橡胶由于分子链柔性差和非结晶性所致，使硫化胶的弹性、耐寒性、耐屈挠性、抗撕裂性差，变形生热大。丁腈橡胶的耐寒性比一般通用橡胶都差，脆性温度为−10～−20℃。

⑧ 丁腈橡胶的极性导致其成为半导橡胶，不易作电绝缘材料使用，其体积电阻率只有 $10^8～10^9\Omega\cdot cm$，介电系数为 7～12，为电绝缘性最差的橡胶。

⑨ 丁腈橡胶因具有不饱和性而易受到臭氧的破坏，加之分子链柔性差，使臭氧龟裂扩展速度较快。尤其制品在使用中与油接触时，配合时加入的抗臭氧剂易被油抽出，造成防护臭氧破坏的能力下降，如图 1-6 所示。

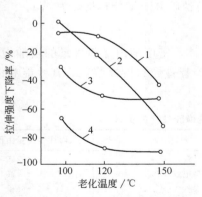

图 1-5 各种橡胶耐热氧老化性能
1—丁腈橡胶；2—氯丁橡胶；
3—丁苯橡胶；4—天然橡胶

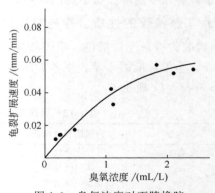

图 1-6 臭氧浓度对丁腈橡胶
（聚丙烯腈）龟裂扩展速度的影响

⑩ 丁腈橡胶因分子量分布较窄，极性大，分子链柔性差以及本身特定的化学结构，使之加工性能较差。表现为塑炼效果低，混炼操作较困难，塑混炼加工中生热高，压延、压出

的收缩率和膨胀率大，成型时自黏性较差，硫化速度较慢等。

⑪ 丁腈橡胶属于高价格橡胶之一，因此生产成本高于氯丁橡胶。

### （四）氢化丁腈橡胶

氢化丁腈硫化胶比氯丁橡胶、氯磺化聚乙烯、丙烯酸酯橡胶具有更优异的耐油性能，而耐热性能介于氯磺化聚乙烯、氯醚橡胶和三元乙丙橡胶之间，优于普通丁腈橡胶（约高40℃），低温性能优于丙烯酸酯橡胶。耐胺性和耐蒸汽性优于氟橡胶，与三元乙丙橡胶相似，压缩永久变形性接近乙丙橡胶，压出性能优于氟橡胶。

氢化丁腈橡胶主要用于油气井、汽车工业方面。近年来，油气井深度越来越深，井下环境和温度条件日益苛刻。在高温和高压下，丁腈橡胶和氟橡胶受硫化氢、二氧化碳、甲烷、柴油、蒸汽和酸等的作用很快破坏，而氢化丁腈橡胶在上述介质中的综合性能优于丁腈橡胶和氟橡胶。

由于丁腈橡胶既有良好的耐油性，又保持有较好的橡胶特性，因此广泛用于各种耐油制品。高丙烯腈含量的丁腈橡胶一般用于直接与油类接触、耐油性要求比较高的制品，如油封、输油胶管、化工容器衬里、垫圈等。中丙烯腈含量的丁腈橡胶一般用于普通耐油制品，如耐油胶管、油箱、印刷胶辊、耐油手套等。低丙烯腈含量的丁腈橡胶用于耐油性要求较低的制品，如低温耐油制品和耐油减震制品等。

其次，由于丁腈橡胶具有半导性，因此可用于需要导出静电，以免引起火灾的地方，如纺织皮辊、皮圈、阻燃运输带等。

丁腈橡胶还可与其他橡胶或塑料并用以改善各方面的性能，最广泛的是与聚氯乙烯并用，以进一步提高它的耐油、耐候性和耐臭氧老化性能。

## 二、硅橡胶

硅橡胶（Q）是由各种二氯硅烷经过水解、缩聚而得到的一种元素有机弹性体，其分子结构通式可以表示如下：

$$\begin{array}{c} R \\ | \\ +\!\!Si\!\!-\!\!O\!\!+_{n} \\ | \\ R \end{array}$$

式中，R 可以是相同或不同的烃基或其他元素。

### （一）硅橡胶的发展与分类

#### 1. 硅橡胶的发展

1940 年 G. Rochow 发明了用硅和氯甲烷直接合成甲基氯硅烷的方法，开始了从实验室向工业生产的转化。1944 年最早由美国 General Electric 公司合成制得聚二甲基硅氧烷。同时美国 Dow Corning 公司研究硅橡胶的合成技术，于 1945 年以商品硅橡胶 SR-73 和 SR-74 问世，但该产品质量差，至 1948 年 J. E. Nyde 等得到高质量的聚合物将其取代。接着，使用气相法白炭黑为补强填料，有机过氧化物作硫化催化剂，得到了强韧的实用硅橡胶，从而使二甲基硅橡胶的性能达到实用阶段。

1948 年甲基乙烯基硅橡胶研制成功。1951 年又开发成功苯基硅橡胶，该橡胶能在－100℃下使用。随之又研究开发出室温硫化的硅橡胶，从而使硅橡胶在技术上趋于完善。

此后又相继研制开发成功腈硅橡胶、氟硅橡胶等。1966 年又成功地研制出聚碳硼烷硅氧烷橡胶，可在约 400℃下使用。

### 2. 硅橡胶的分类

硅橡胶"家族"

硅橡胶的分类一般可按硫化方式和化学结构来划分。通常是按硫化温度和使用特征分为高温硫化或热硫化（HTV）和室温硫化（RTV）两大类。前者是高分子量的固体胶，成型硫化的加工工艺和普通橡胶相似。后者是分子量较低的有活性端基或侧基的液体胶，在常温下即可硫化成型。也可分为双组分 RTV 硅橡胶（简称 RTV-2）和单组分 RTV 硅橡胶（简称 RTV-1）。

按化学结构分类是根据聚硅氧烷橡胶引入有机侧基的不同划分的。引入侧基可显著地改进其力学性能、耐温性能和加工性能。主要有二甲基硅橡胶、甲基乙烯基硅橡胶、甲基苯基乙烯基硅橡胶和三氟丙基甲基乙烯基硅橡胶等。

中国硅橡胶纯胶的品种牌号以英文字母和数字组合而成。英文字母组合表示硅橡胶的组成，后缀数字第一位表示硫化温度：1 为热硫化（HTV），3 为室温硫化（RTV）；对 HTV 硅橡胶，第二位数字表示侧基种类，0 为甲基，1 为乙烯基，2 为苯基，3 为氰乙基，4 为氟烷基；后两位数字表示牌号；RTV 硅橡胶的第二位数字，1 表示单组分 RTV 硅橡胶，2 表示双组分 RTV 硅橡胶。见表 1-13。

表 1-13　国产硅橡胶牌号

| 品种牌号 | 平均分子量 /（×10⁴） | 基团含量 /%（摩尔分数） | 品种牌号 | 平均分子量 /（×10⁴） | 基团含量 /%（摩尔分数） |
|---|---|---|---|---|---|
| MQ 1010 | 40～70 | | MNVQ 1302 | ＞50 | β-氰乙基硅氧链节 20～25 |
| MVQ 1101 | 35～65 | 乙烯基 0.07～0.12 | FMVQ 1401 | 40～60 | 乙烯基硅氧链节 0.3～0.5（为氟硅橡胶） |
| MVQ 1102 | 36～65 | 乙烯基 0.13～0.22 | FMVQ 1402 | 60～90 | 乙烯基硅氧链节 0.3～0.5（为氟硅橡胶） |
| MVQ 1103 | 40～65 | 乙烯基 0.13～0.22 | | | |
| MPVQ 1201 | 45～80 | 苯基硅氧链节约 7 | FMVQ 1403 | 90～130 | 乙烯基硅氧链节 0.3～0.5（为氟硅橡胶） |
| MPVQ 1202 | 40～80 | 苯基硅氧链节约 20 | | | |

注：Q 表示聚硅氧烷橡胶代号，M 为甲基，V 为乙烯基，P 为苯基，N 为氰乙基，F 为氟烷基。

## （二）热硫化型硅橡胶主要品种

### 1. 二甲基硅橡胶

$$\begin{array}{c} CH_3 \\ | \\ -\!\!\left(\!Si\!-\!O\!\right)_{\!n} \\ | \\ CH_3 \end{array}$$

二甲基硅橡胶简称甲基硅橡胶，是硅橡胶中最老的品种，在 -60～250℃温度范围内能保持良好弹性。由于其硫化活性低，工艺性能差，厚壁制品在二段硫化时易发泡，高温压缩变形大等缺点，目前除少量用于织物涂覆外，已被甲基乙烯基硅橡胶所取代。

### 2. 甲基乙烯基硅橡胶

$$\begin{array}{cc} CH_3 & CH_3 \\ | & | \\ -\!\!\left(\!Si\!-\!O\!\right)_{\!x}\!\left(\!Si\!-\!O\!\right)_{\!y} \\ | & | \\ CH_3 & CH\!=\!CH_2 \end{array}$$

甲基乙烯基硅橡胶简称乙烯基硅橡胶，是由二甲基硅氧烷与少量乙烯基硅氧烷共聚而成，乙烯基含量一般为 0.1%～0.3%（摩尔分数）。少量不饱和乙烯基的引入使它的硫化工艺及成品性能，特别是耐热老化性和高温抗压缩变形有很大改进。甲基乙烯基硅氧烷单元的含量对硫化作用和硫化胶耐热性有很大影响，含量过少则作用不显著，含量过大〔达 0.5%（摩尔分数）〕会降低硫化胶的耐热性。在硅橡胶生产中，甲基乙烯基硅橡胶是产量最大、应用最广、品种牌号最多的。

3. 甲基乙烯基苯基硅橡胶

$$\left(Si\!-\!O\right)_x \left(Si\!-\!O\right)_y \left(Si\!-\!O\right)_z$$

甲基乙烯基苯基硅橡胶简称苯基硅橡胶，它是在乙烯基硅橡胶的分子链中引入二苯基硅氧烷链节（或甲基苯基硅氧烷链节）而制成的。这是通过引入大体积的苯基来破坏二甲基硅氧烷结构的规整性，降低聚合物的结晶温度和玻璃化温度。当苯基含量在 5%～10% 时（苯基与硅原子比）通称低苯基硅橡胶，此时，橡胶的玻璃化温度降到最低值（−115℃），使它具有最佳的耐低温性能，在 −100℃ 下仍具有柔曲弹力。随着苯基含量的增加，分子链的刚性增大，其结晶温度反而上升。苯基含量在 15%～25% 时通称中苯基硅橡胶，具有耐燃特点。苯基含量在 30% 以上时，通称高苯基硅橡胶，具有优良的耐辐射性能。苯基硅橡胶应用在要求耐低温、耐烧蚀、耐高能辐射、隔热等场合。

4. 甲基乙烯基三氟丙基硅橡胶

$$\left(Si\!-\!O\right)_x \left(Si\!-\!O\right)_y$$

甲基乙烯基三氟丙基硅橡胶简称氟硅橡胶（MFQ），它是在乙烯基硅橡胶的分子链中〔乙烯基含量一般为 0.3%（摩尔分数）左右〕引入氟代烷基（一般为三氟丙基），主要特点是具有优良的耐油、耐溶剂性能（比乙烯基硅橡胶好得多），例如它对脂肪族、芳香族和氯化烃类溶剂、石油基的各种燃料油、润滑油、液压油以及某些合成油（如二酯类润滑油、硅酸酯类液压油）在常温和高温下的稳定性都很好。氟硅橡胶的耐温性能较乙烯基硅橡胶要差一些，工作温度范围为 −50～250℃。

5. 腈硅橡胶

$$\left(Si\!-\!O\right)_x \left(Si\!-\!O\right)_y \left(Si\!-\!O\right)_z$$

腈硅橡胶（MNQ）主要是在分子链中含有甲基-$\beta$-氰乙基硅氧链节或甲基-$\gamma$-氰丙基硅氧链节的一种弹性体，其主要特点与氟硅橡胶相似，即耐油、耐溶剂，并具有良好的耐低温性能。

按不同特性分成下列几大类。

(1) 通用型（一般强度型） 采用乙烯基硅橡胶与补强剂等组成，硫化胶力学性能属中等强度，拉伸强度为 4.9～6.9MPa，伸长率为 200%～300%，是用量最多、通用性最大的一种类型的胶料。

(2) 高强度型 采用乙烯基硅橡胶或低苯基硅橡胶，以比表面积较高的气相白炭黑或经过改性处理的白炭黑作补强剂，并加入适宜的加工助剂和特殊添加剂等综合性配合改进措施，改进交联结构（产生"集中交联"），提高撕裂强度。这种胶料的拉伸强度为 7.8～9.81MPa，拉断伸长率为 500%～1000%，撕裂强度为 29.4～49kN/m。

(3) 耐高温型 采用乙烯基硅橡胶或低苯基硅橡胶，补强剂的种类和耐热添加剂经适当选择，可制得耐 300～350℃高温的硅橡胶。

(4) 低温型 主要采用低苯基硅橡胶，脆性温度达 -120℃，在 -90℃时不丧失弹性。

(5) 低压缩永久变形型 主要采用乙烯基硅橡胶，以乙烯基专用的有机过氧化物作硫化剂，当压缩率为 30% 时，在 150℃下压缩 24～72h 后的压缩永久变形为 7.0%～15%（普通硅橡胶为 20%～30%）。

(6) 电线、电缆型 主要采用乙烯基硅橡胶，选用电绝缘性能良好的气相白炭黑为补强剂，具有良好的压出工艺性能。

(7) 耐油耐溶剂型 主要采用腈硅橡胶，一般分为通用型和高强度型两大类。

(8) 阻燃型 采用乙烯基硅橡胶，添加含卤或铂化合物作阻燃剂组成的胶料，具有良好的阻燃性。

(9) 导电性硅橡胶 采用乙烯基硅橡胶，以乙炔炭黑或金属粉末作填料，选择高温硫化或加成型硫化方法，可得到体积电阻率为 $2.0～10^2\Omega\cdot cm$ 的硅橡胶。

(10) 热收缩型 乙烯基硅橡胶中加入具有一定熔融温度或软化温度的热塑性材料，硅橡胶胶料的热收缩率可达 35%～50%。

(11) 不用二段硫化型 采用乙烯基含量较高的乙烯基硅橡胶，通过控制生胶和配合剂的 pH 值，加入特殊添加剂等制得。据 Dow Corning 公司资料介绍，胶料可分为高抗撕、低压缩变形以及电线、电缆用等几种。它的硫化胶（一段）之压缩永久变形和普通二段硫化胶的压缩永久变形相似，耐热老化性能亦相同。普通硅橡胶不经二段硫化，压缩永久变形为 80%～100%，而经二段硫化后降为 10%～50%（250℃×24h）。

(12) 海绵硅橡胶 在乙烯基硅橡胶中加入亚硝基化合物、偶氮和重氮化合物等有机发泡剂，可制得发孔均匀的海绵。

### （三）硅橡胶的性能及应用

① 卓越的耐高、低温性能。工作温度范围 -100～350℃。

② 优异的耐臭氧老化、耐氧老化、耐光老化和耐气候老化性能。硅橡胶硫化胶在自由状态下置于室外数年性能无变化。

③ 优良的电绝缘性能。硅橡胶硫化胶的电绝缘性能在受潮、频率变化或温度升高时的变化较小，燃烧后生成的二氧化硅仍为绝缘体，此外，硅橡胶分子结构中碳原子少，而且不用炭黑作填料，所以在电弧放电时不易发生焦烧，因而在高压场合使用它十分可靠。它的耐电晕性和耐电弧性极为良好，耐电晕寿命是聚四氟乙烯的 1000 倍，耐电弧寿命是氟橡胶的 20 倍。

④ 特殊的表面性能和生理惰性。硅橡胶的表面能比大多数有机材料低，因此，它具有低吸湿性，长期浸于水中其吸水率仅 1％左右，力学性能不下降，防霉性能良好；此外，它对许多材料不粘，可起隔离作用。硅橡胶无味、无毒，对人体无不良影响，与机体组织反应轻微，具有优良生理惰性和耐生理老化性。

⑤ 高透气性。硅橡胶和其他高分子材料相比，具有极为优越的透气性，室温下对氮气、氧气和空气的透过量比天然橡胶高 30～40 倍，此外，它还具有对气体渗透的选择性能，即对不同气体（例如氧气、氮气和二氧化碳等）的透过性差别较大，如对氧气的透过率是氮气的一倍左右，对二氧化碳透过率为氧气的 5 倍左右。

硅橡胶具有独特的综合性能，使它能成功地用于其他橡胶用之无效的场合，解决了许多技术问题，满足现代工业和日常生活的各种需要。硅橡胶可以用于汽车配件、电子配件、宇航密封制品、建筑工业的粘接缝、家用电器密封圈、医用人造器官、导尿管等。

在纺织高温设备以及在碱、次氯酸钠和双氧水浓度较高的设备上作密封材料也取得良好的效益。综上所述，可以预见，在以能源、电子、新材料和生命科学为技术革新的先导和核心的 21 世纪，硅橡胶将以其可贵特性展示重要前景，造福于人类。

## 三、氟橡胶

氟橡胶（FPM）是指主链或侧链的碳原子上含有氟原子的一种合成高分子弹性体。这种橡胶具有耐高温、耐油及耐多种化学药品侵蚀的特性，是现代航空、导弹、火箭、宇宙航行等尖端科学技术及其他工业方面不可缺少的材料。

中国从 1958 年开始发展了好几种氟橡胶，主要为聚烯烃类氟橡胶，例如 23 型、26 型、246 型以及亚硝基类氟橡胶，最近几年又发展了较新品种的四丙氟橡胶、全氟醚橡胶、氟化磷腈橡胶。这些氟橡胶品种都是先从航空、航天等国防军工配套需要出发，逐渐推广应用到民用工业部门的，其需要量也随着国防事业和国民经济的发展而日益增长。

### （一）氟橡胶的主要品种与结构特点

1. 品种

（1）26 型氟橡胶

$$\left[\left(CH_2-CF_2\right)_x\left(CF_2-\underset{\underset{CF_3}{|}}{\overset{\overset{F}{|}}{C}}\right)_y\right]_n$$

它是目前最常用的氟橡胶品种，系偏氟乙烯与六氟丙烯的乳液共聚物。其共聚比分别为 4：1（国产氟橡胶 26-41）。

（2）246 型氟橡胶

$$\left[\left(CH_2-CF_2\right)_x\left(CF_2-CF_2\right)_y\left(CF_2-\underset{\underset{CF_3}{|}}{CF}\right)_z\right]_n$$

246 型氟橡胶是偏氟乙烯、四氟乙烯与六氟丙烯的共聚物，三种单体的比例（摩尔比）：偏氟乙烯为 65～70；四氟乙烯为 14～20，六氟丙烯为 15～16。国产氟橡胶 246G 与美国 Vi-tonB 相当。

（3）23 型氟橡胶

$$\{(CH_2-CF_2)_x(CF_2-CF)_y\}_n$$
$$\qquad\qquad\qquad\ \ |$$
$$\qquad\qquad\qquad\ Cl$$

23 型氟橡胶是由偏氟乙烯与三氟氯乙烯在常温及 3.2MPa 左右压力下，用悬浮法聚合制得的一种橡胶状共聚物，为较早开始工业生产的氟橡胶品种。但由于加工困难，价格昂贵，发展受到限制。

2. 结构

（1）不饱和的 C═C 键结构　由于聚烯烃类氟橡胶（26 型氟橡胶，23 型氟橡胶）和亚硝基氟橡胶中，主链上都没有不饱和的 C═C 键结构，减少了由于氧化和热解作用在主链上产生降解断链的可能。

（2）—CH₂—基团的作用　偏氟乙烯中亚甲基基团对聚合物链的柔软性起着相当重要的作用，例如氟橡胶 23-21 和氟橡胶 23-11 是分别由偏氟乙烯和三氟氯乙烯按 7∶3 和 5∶5 的比例组成，显然，前者比后者柔软。

（3）共聚物的结构　无论是偏氟乙烯和三氟氯乙烯，或者前者和六氟丙烯的共聚物以及它们和四氟乙烯的三聚物，都可以是以晶态为主或无定形态为主。这取决于当一个单体为共聚物的主要链段时，另一个单体介入的含量。电子衍射研究指出，在偏氟乙烯链段中六氟丙烯含量达 7%（摩尔分数），或者在三氟氯乙烯的链段中偏氟乙烯的含量达 16%（摩尔分数）时，这两种共聚物仍具有和其相当的均聚物的晶体结构。但是，当前者的六氟丙烯增加到 15%（摩尔分数）以上，或者后者的偏氟乙烯增加到 25%（摩尔分数）以上时，晶格就被大幅度破坏，导致它们具有橡胶性能为主的无定形结构。这是由于第二单体引入量的增加，破坏了其原有分子链的规整性。

**（二）氟橡胶的性能**

氟橡胶具有独特的性能，它们的硫化胶各项性能分别叙述如下。

（1）一般力学性能　氟橡胶一般具有较高的拉伸强度和硬度，但弹性较差。26 型氟橡胶的摩擦系数（0.80）较丁腈橡胶摩擦系数（0.90～1.05）小，一般说，耐磨性较好，但在光滑金属表面上的耐磨性较差。这是因为此时有较大的运动速度，产生较高的摩擦生热，从而导致橡胶的力学强度降低。

（2）耐热和耐温性能　在耐老化方面，氟橡胶可以和硅橡胶相媲美，优于其他橡胶。

26 型氟橡胶可在 250℃ 下长期工作，在 300℃ 下短期工作，23 型氟橡胶经 200℃×1000h 老化后，仍具有较高的强力，也能承受 250℃ 短期高温的作用。四丙氟橡胶的热分解温度在 400℃ 以上，能在 230℃ 下长期工作。

应当指出，氟橡胶在不同温度下性能变化大于硅橡胶和通用的丁基橡胶，其拉伸强度和硬度均随温度的升高而明显下降，其中拉伸强度的变化特点是：在 150℃ 以下，随温度的升高而迅速降低，在 150～260℃，则随温度的升高而下降较慢。

（3）耐腐蚀性能　氟橡胶的特点之一是具有极优越的耐腐蚀性能。一般说来，它对有机液体（燃料油、溶剂、液压介质等）、浓酸（硝酸、硫酸、盐酸）、高浓度过氧化氢和其他强氧化剂作用的稳定性方面，均优于其他各种橡胶。

23 型氟橡胶耐强氧化性酸（发烟硝酸和发烟硫酸等）的能力比 26 型氟橡胶好，但在耐芳香族溶剂、含氯有机溶剂、燃料油、液压油以及润滑油（特别是双酯类、硅酸酯类）和沸水性能方面，较 26 型差。

（4）耐过热水与蒸汽的性能　氟橡胶对热水作用的稳定性，不仅取决于生胶本身的性质，而且还决定于胶料的配合。对氟橡胶来说，这种性能主要取决于它的硫化体系。过氧化物硫化体系比胺类、双酚 AF 类硫化体系好。26 型氟橡胶采用胺类硫化体系的硫化胶性能比通用耐热橡胶如乙丙橡胶、丁基橡胶还差。文献报道，采用过氧化物硫化体系的 G 型氟橡胶，其硫化胶的交联键较胺类、双酚 AF 类硫化胶的交联键对水解稳定性要好。G 型过氧化物硫化体系的氟橡胶具有优良的耐高温蒸汽性，如图 1-7、图 1-8 和图 1-9 所示。

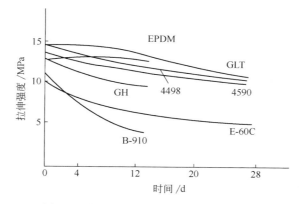

图 1-7　在 204℃蒸汽中老化后的拉伸强度

GLT—耐低温氟橡胶；EPDM—三元乙丙橡胶；B-910—胺类硫
化 246 型氟橡胶；E-60C—双酚 AF 硫化 26 型氟橡胶；
4498、4590、GH—过氧化物硫化 G 型氟橡胶

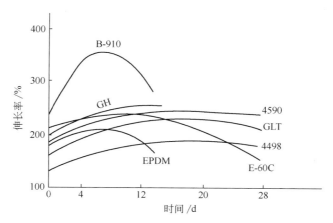

图 1-8　在 204℃蒸汽中老化后的伸长率

GLT—耐低温氟橡胶；EPDM—三元乙丙橡胶；B-910—胺类硫
化 246 型氟橡胶；E-60C—双酚 AF 硫化 26 型氟橡胶；
4498、4590、GH—过氧化物硫化 G 型氟橡胶

（5）压缩永久变形性能　它是作为密封制品必须控制的一个重要性能。26 型氟橡胶的压缩永久变形性能较其他氟橡胶都好，这是它获得广泛应用的原因之一。在 200～300℃的温度范围内其压缩永久变形显得很大。但在 20 世纪 70 年代美国 Du Pont 公司对其进行了改

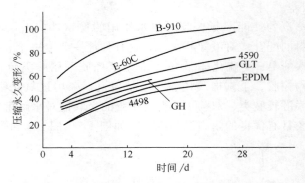

图 1-9　在 204℃ 蒸汽中老化后的压缩永久变形性能
GLT—耐低温氟橡胶；EPDM—三元乙丙橡胶；B-910—胺
类硫化 246 型氟橡胶；E-60C—双酚 AF 硫化 26 型氟橡胶；
4498、4590、GH—过氧化物硫化 G 型氟橡胶

进，发展了一种低压缩永久变形胶料（Viton E-60C），它是从生胶品种（Viton A 改进为 Viton E-60）和硫化体系选择上（从胺类硫化改进为双酚 AF 硫化）进行改进的，这就使氟橡胶在 200℃ 高温下长期密封时的压缩永久变形性较好，氟橡胶在 149℃ 长期存放的条件下，其密封保持率在各类橡胶中处于领先的地位，如图 1-10、图 1-11 所示。

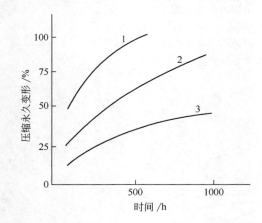

图 1-10　热空气 200℃ 下，长时间三种不同
胶料的压缩永久变形性能比较
1—Viton A 胶料（六亚甲基二胺硫化）；
2—Viton E-60 胶料（对苯二酚＋Super 6#）；
3—Viton E-60C 胶料（双酚 AF＋甲基三苯基氯化磷）

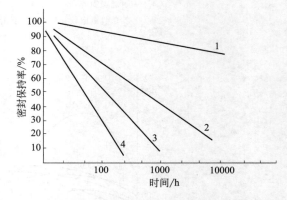

图 1-11　在 149℃ 下几种橡胶的密封保持率
1—氟橡胶；2—硅橡胶；3—丙烯酸酯橡胶；4—丁腈橡胶

　　（6）耐寒性能　26 型氟橡胶的耐寒性能较差，它能保持橡胶弹性的极限温度为 -15～-20℃。温度降低会使它的收缩加剧，变形增大。所以，当用作密封件时，往往会出现低温密封渗漏问题。但是，氟橡胶硫化胶的拉伸强度却随温度降低而增大，即它在低温下是强韧的。因此，其脆性温度随试样厚度而变化。例如 26 型氟橡胶在厚度为 1.87mm 时，其脆性温度是 -45℃，厚度为 0.63mm 时是 -53℃，厚度为 0.25mm 时是 -69℃。它的标准试样 26 型氟橡胶的脆性温度是 -25～-30℃，246 型氟橡胶的脆性温度为 -30～-40℃，23 型

氟橡胶的脆性温度为 $-45 \sim -60 \,^{\circ}\mathrm{C}$。

（7）透气性能　氟橡胶的透气性是橡胶中较低的，与丁基橡胶、丁腈橡胶相近。填料的加入能使硫化胶的透气性变小，其中硫酸钡的效果较中粒子热裂法炭黑（MT）显著。

氟橡胶的透气性随温度升高而增大，气体在氟橡胶中的溶解度较大，但扩散速度很小，这有利于在真空条件下应用，但在加工时易产生"卷气"的麻烦。

（8）耐气候、耐臭氧性能　氟橡胶对日光、臭氧和气候的作用十分稳定。例如其硫化胶经过 10 年自然老化后，还能保持较好的性能。拉伸 25% 的 Viton 型氟橡胶试样，在 0.01% 臭氧的空气中，经受 45d 作用后，未产生任何明显的龟裂。在日光中暴晒 2 年后，也未发现龟裂。氟橡胶对微生物的作用也是稳定的。

（9）耐辐射性能　氟橡胶是属于耐中等剂量辐射的材料。高能射线的辐射作用能引起氟橡胶产生裂解和结构化。有人认为，高能射线对 26 型氟橡胶的主要作用能产生结构化，表现为硬度增加，伸长率下降，对 23 型氟橡胶则以裂解为主，表现为硬度、强力和伸长率均下降。

（10）耐燃性能　橡胶的耐燃性取决于分子结构中卤素的含量，卤素含量愈多，耐燃性愈好。氟橡胶与火焰接触能够燃烧，但离开火焰后就自动熄灭，所以氟橡胶属于自熄型橡胶。

（11）电性能　26 型氟橡胶的电绝缘性能不是太好，只适于低频、低电压场合应用。温度对其电性能影响很大，即随温度升高，绝缘电阻明显下降，因此，氟橡胶不能作为高温下使用的绝缘材料。填料种类和用量对电性能影响较大，沉淀碳酸钙赋予硫化胶较高的电性能，其他填料则稍差，填料的用量增加，电性能则随之下降。23 型氟橡胶由于吸水较低，其电性能较 26 型氟橡胶好。

（12）耐高真空性能　氟橡胶具有极佳的耐真空性能。这是由于氟橡胶在高温、高真空条件下具有较小的放气率和极小的气体挥发量。26 型、246 型氟橡胶能够应用于 $133 \times 10^{-9} \sim 133 \times 10^{-10}\,\mathrm{Pa}$ 的超高真空场合，是宇宙飞行器中的重要橡胶材料。

氟橡胶可以与丁腈橡胶、丙烯酸酯橡胶、乙丙橡胶、硅橡胶、氟硅橡胶等进行并用，以降低成本，改善力学性能和工艺性能。

由于氟橡胶具有耐高温、耐油、耐高真空及耐酸碱、耐多种化学药品的特点，使它在现代航空、导弹、火箭、宇航、舰艇、核能等尖端技术及汽车、造船、化学、石油、电信、仪表、机械等工业部门中获得了应用。

## 四、氯醚橡胶

氯醚橡胶（CO，ECO）是由含环氧基的环醚化合物（环氧氯丙烷、环氧乙烷）经开环聚合而制得的聚氯醚弹性体。氯醚橡胶在结构上与二烯类或碳氢化合物系列聚合物不同，其主链呈醚型结构，无双键存在，它的侧链一般含有极性基团或不饱和键，或二者都有。

### （一）氯醚橡胶的结构

均聚醚橡胶（CO）和共聚醚橡胶（ECO）的结构如下：

$$\begin{array}{cc} \left[\!\!\begin{array}{c} \mathrm{H_2C-CH-O} \\ | \\ \mathrm{CH_2Cl} \end{array}\!\!\right]_n & \left[\!\!\begin{array}{c} \mathrm{CH_2-CH-O-CH_2-CH_2-O} \\ | \\ \mathrm{CH_2Cl} \end{array}\!\!\right]_n \end{array}$$

从结构式可见，氯醚橡胶是主链含有醚键（—C—C—O—），侧链含氯甲基（—CH₂Cl）

的饱和脂肪族聚醚。这种特有的化学结构，决定了它具有很多特殊的性能。主链的醚键使之具有良好的耐热老化性和耐臭氧性，极性侧链氯甲基使之具有优异的耐油性和耐透气性。但是，这两种结构单元对耐寒性却起着不同的作用，即醚键的存在，赋予聚合物以低温屈挠性，而氯甲基的内聚力却起着损害低温性能的作用。因此以两者等量组成的均聚物的低温性能并不理想，仅相当于高丙烯腈含量的丁腈橡胶。而共聚物由于是与环氧乙烷共聚，醚键的数量约为氯甲基的两倍，因此具有较好的低温性能。

　　均聚型氯醚橡胶是耐热、耐油、耐候、耐透气性良好的橡胶，共聚型氯醚橡胶是耐油、耐寒、耐候、耐热性良好的橡胶。

### （二）氯醚橡胶的性能

　　(1) 耐热性　氯醚橡胶的耐热老化性受聚合物的组成和硫化体系的影响很大。环氧氯丙烷和环氧乙烷的组成比对耐热性的影响如下。改进了耐寒性的共聚型橡胶，其耐热性比均聚型稍有降低。当环氧氯丙烷与环氧乙烷按等摩尔比组成时，含有第三单体（AGE）的共聚型氯醚橡胶，其硫化胶因主链含有醚键的氯醚橡胶，特别是共聚型橡胶老化后变软（即属于软化型老化），和丁腈橡胶、丙烯酸酯橡胶的老化行为明显不同，含有不饱和键的氯醚橡胶对软化老化有一定抑制作用。由此可见，氯醚橡胶的耐热性，介于丙烯酸酯橡胶（ACM）和中高丙烯腈丁腈橡胶（NBR-MH）之间，优于氯丁橡胶（CR）或丁腈橡胶与聚氯乙烯（NBR/PVC）的共混料，和氯磺化聚乙烯橡胶（CSM）具有大致相等的耐热水平。

　　均聚型氯醚橡胶在150℃下经50d老化，几乎不发生软化。均聚型比共聚型的最高使用温度高10～20℃。

　　(2) 耐油性和耐寒性　耐油性好的橡胶一般耐寒性较低。因此在评判橡胶耐油性好坏时，往往和耐寒性一起进行综合评定。

　　聚合物的耐寒性由主链和侧链的运动性来决定，耐油性则取决于油与油、油与橡胶及橡胶与橡胶之间作用力的平衡。因此耐油性和耐寒性具有很强的相关性，但这种相关性随聚合物不同而有所差别。以碳-碳键为主链的典型耐油橡胶——丁腈橡胶，其中丁二烯链段提供耐寒性，丙烯腈链段赋予耐油性，增大丁二烯含量则耐寒性提高，但是却使耐油性降低。

　　氯醚橡胶的聚醚主链与二烯系和烯烃系橡胶的碳-碳主链相比，耐油和耐寒的平衡性显著提高。均聚型氯醚橡胶虽然具有聚醚主链，但由于侧链的氯甲基比氰基的耐油、耐寒性差，因此其耐油、耐寒的平衡性和丁腈橡胶是同等的。共聚型氯醚橡胶由于氯甲基较少，所以其耐油、耐寒的平衡性远优于传统的二烯类和烯烃类橡胶。随环氧乙烷共聚比例的增大，耐油性基本不变，而耐寒性却进一步提高。由此可见，共聚型氯醚橡胶和具有同等耐油性的丁腈橡胶相比，脆性温度约低20℃。

　　(3) 耐臭氧性　臭氧和有机物质的反应，以和碳-碳双键的反应速度最快，和硫、氮、氧等的反应速度次之，和烷基等的反应速度很慢。因此，主链含有双键的聚合物，受空气中微量臭氧的作用，将迅速产生臭氧龟裂，主链为醚或硫醚的聚合物，基本上不产生臭氧龟裂，而具有饱和碳-碳键的聚合物，则完全不发生臭氧龟裂。所以，共聚型氯醚橡胶的耐臭氧性优于二烯类橡胶，但比烯烃类橡胶差。

　　实际上均聚型或共聚型氯醚橡胶的耐臭氧性已经达到很好的地步，只有在高臭氧浓度、高伸长的试验条件下才能见到臭氧龟裂现象。

　　(4) 耐透气性　均聚氯醚橡胶的耐透气性优异，和典型的耐透气性橡胶——丁基橡胶相比，其气密性约为后者的 3 倍，气体透过量则为后者的 1/3。利用这种特性，可将其用作无内胎轮胎的气密层和各种气体胶管。另外，均聚氯醚橡胶的汽油透过性也比丁腈橡胶小（见图 1-12），液化石油气透过量也少。共聚氯醚橡胶的耐透气性和丁腈橡胶大致相等。

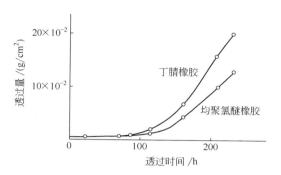

图 1-12　丁腈橡胶和均聚氯
醚橡胶的汽油透过性

胶料配方：聚合物 100，炭黑 40
丁腈胶片厚 2.14mm，均聚氯醚胶片厚
1.96mm，汽油为日石高芳烃 25，温度 40℃

（5）耐燃性　均聚氯醚橡胶因含有氯而具有耐燃性，但因同时含有氧，耐燃性又受到一定损害。因此氯含量减少，氧含量增多的共聚氯醚橡胶（CHR 氯含量 38%，氧含量 17%；CHC 氯含量 26%，氧含量 23%）配合 50 份炭黑的硫化胶，其耐燃性就不够好。当需要良好的耐燃性时，还必须添加氧化锑等耐燃助剂。

（6）动态性能　氯醚橡胶的动态性能比丁腈橡胶好，在 Goodrich 屈挠生热实验中，丁腈橡胶的压缩永久变形和生热随时间变化较大，而氯醚橡胶基本保持不变。

（7）焦烧性　氯醚橡胶硫化体系的焦烧性能均较差，为改进焦烧性能，可采取如下三种措施：

① 使用硫化速度较慢的硫化剂；

② 在硫脲类硫化体系中，并用二硫化四甲基秋兰姆及四硫化双五亚甲基秋兰姆等多硫化秋兰姆，其中前者效果最好，金属氧化物若采用氧化镁，效果会更好；

③ 使用防焦剂。

（8）压缩永久变形　氯醚橡胶在通常的硫化时间内，往往硫化反应并未结束，因此在 100℃下的压缩永久变形还受进一步硫化反应的影响。可以预计，在高温下的压缩永久变形受后硫化反应和老化反应的影响较大。为改进该性能，应充分进行二次硫化或尽量提高硫化速度。加有硫黄的硫化胶，拉伸强度得以提高，但压缩永久变形显著增大。采用三嗪类硫化剂的硫化胶压缩永久变形较小，不用二次硫化压缩永久变形也较低。

（9）耐水性、导电性　均聚氯醚橡胶与丁腈橡胶具有相近的耐水性，共聚氯醚橡胶的耐水性介于丁腈橡胶和丙烯酸酯橡胶之间。配方对耐水性有较大影响，$Pb_3O_4$ 的胶料耐水性较好，含 MgO 的耐水性明显变差，提高硫化程度可改进耐水性。

均聚型氯醚橡胶的导电性与丁腈橡胶相当或稍大，共聚型氯醚橡胶的导电性则比丁腈橡胶大 100 倍以上。

氯醚橡胶作为一种特种橡胶，由于其综合性能较好，故用途较广。可用作汽车、飞机及各种机械的配件，如垫圈、密封圈、O 形圈、隔膜等，也可用作耐油胶管、印刷胶辊、胶板、衬里、充气房屋及其他充气制品等。

## 五、聚硫橡胶

### （一）聚硫橡胶的结构

聚硫橡胶（T）有固态橡胶、液态橡胶和胶乳三种类型，是一种饱和橡胶。主链结构中主要含有 C—S 或 S—S 键，主要以甲醛或二氯化合物和多硫化钠为基本原料经过缩合反应而制得。由于结构的特殊性使得它有良好的耐油性、耐溶剂性、耐老化性和低透气性以及良好的低温屈挠性和对其他材料的粘接性。聚硫橡胶的结构如下：

$$-(R-S_x)_n$$

### （二）固体聚硫橡胶的性能

（1）力学性能　拉伸强度一般为 5～10MPa，伸长率为 300%～500%，此类橡胶压缩变形性较差，JLG-150、JLG-111、ST 等型橡胶在制造时加入了一定量的化学交联剂，改善了抗压缩变形性能。

（2）耐溶剂性　良好的耐溶剂性是聚硫橡胶的特性之一，有时也把聚硫橡胶和其他橡胶并用来改善其他橡胶的耐溶剂性。含硫量较高，制造时化学交联剂用量较多的聚硫橡胶耐溶剂性比较好。

（3）耐大气、氧、臭氧老化性及透气性和电性能　聚硫橡胶主链是饱和的，并且又含有相当量的硫原子，致使这种橡胶具有良好的耐大气、氧、臭氧老化性。其制品的一般使用寿命在 10 年以上，近年来已发现这种橡胶对紫外线及高能辐射也有一定的抵抗能力，如在通常的老化条件下（70℃×144h），JLG-150 橡胶的拉伸强度老化系数为 0.91，伸长率的老化系数为 1.10。它们的老化性能也与配方有很大关系，用二氧化锰、二氧化铅硫化的制品耐老化性能就比用对醌二肟的好。

耐氧、耐臭氧老化性和透气性与这种橡胶生胶的含硫量也有一定关系，较高的含硫量对耐氧、耐臭氧老化性和透气性有一定好处。

其制品的电性能与填料的关系比较大，如采用碳酸钙，其制品的体积电阻率为 $10^{10}$～$10^{11}\Omega\cdot cm$，表面电阻 $10^{12}$～$10^{13}\Omega$，介电常数 3～7。

（4）应用　不干性密封腻子用于飞机、汽车、建筑业和地下铁道中的密封填料和填缝材料；用来制造需要高耐油性的制品如油工业用大型汽油槽的衬里材料、耐油胶管及制品，又因其有低的水渗透率，也用作地下和水下电缆的包覆层，也可用作硫黄水泥和耐酸砖的增韧剂和路标漆等；用作硫黄水泥的增塑剂作为耐介质的防腐材料，用作飞机整体油箱的内衬、铆钉、螺钉连接的密封材料、各种耐油密封圈、模压制品、薄膜制品和热喷漆输送导管的内衬里。

## 六、氯磺化聚乙烯橡胶

### （一）氯磺化聚乙烯的性能

氯磺化聚乙烯（CSM）弹性体是一种强度低、有黏性的聚合物。其密度为 $1.1g/cm^3$。易溶于芳香烃及氯代烃，在酮、酯、环醚中的溶解度较低，不溶于酸、脂肪烃、一元醇及二元醇。氯磺化聚乙烯弹性体虽然可以在潮湿的热空气中贮存半年左右，但在 121℃ 或更高的温度下连续加热数小时，亚磺酰氯基即发生裂解，使硫化胶的力学性能降低，因此，生胶最好贮存在干燥环境中，且贮存温度不宜过高，以防止聚合物吸湿及其亚磺酰氯基裂解，从而影响加工性能。

氯磺化聚乙烯分子结构的特点在于它是一种以聚乙烯作主链的饱和型弹性体。因而与其他饱和型弹性体一样，耐日光老化、耐臭氧及耐化学药品性远优于含双键的不饱和型弹性体。另外，由于氯的引入而使其具备难燃和耐油性能。同时，由于引入亚磺酰氯作交联点，更使之像通用橡胶那样易于硫化，这一点是极有利于使其弹性充分发挥出来的。

与其他不饱和型橡胶相比，氯磺化聚乙烯有如下突出性能。

① 抗臭氧性能优异。制成的橡胶制品，不需要添加任何抗臭氧剂。在含量为 $100 \times 10^{-6}$ 的臭氧中，试验 100h 以上无龟裂。

② 耐热老化性能优良。氯磺化聚乙烯的耐热温度可达 150℃，但这时应配用适当的防老剂。对于在 120℃ 以下使用的制品，宜用防老剂 BA（丁醛-苯胺缩合物）2 份；用于 120℃ 以上使用的制品时，宜用 2 份防老剂 BA 与 1 份防老剂 NBC 并用。

③ 耐日光暴晒下的自然老化性优越。氯磺化聚乙烯的耐候性能优良，特别是配用了适当的紫外线遮蔽剂（如二氧化钛、炭黑等）的制品，可在大气中曝晒三年以上。

④ 低温性能较差。氯磺化聚乙烯的耐低温性能接近氯丁橡胶，在 −30℃ 下能保持一定的屈挠性能，在 −56℃ 下发脆。但如与天然橡胶、顺丁橡胶或丁苯橡胶并用，而且加入酯类增塑剂，能提高耐寒性能，不过拉伸强度下降，伸长率也下降。不饱和型橡胶并用量一般为 20%。

⑤ 力学性能良好。氯磺化聚乙烯弹性体不用炭黑补强就具有 17.7MPa 的拉伸强度。氯磺化聚乙烯弹性体适于制造浅色的耐自然老化的制品。加入白色填充剂是为了改善胶料的工艺性能及某些力学性能。

⑥ 耐燃性能良好。由于氯磺化聚乙烯结构中含有氯原子，故能起防止延燃的作用，是一种仅次于氯丁橡胶的耐燃橡胶。

⑦ 耐化学药品性能良好。

⑧ 氯磺化聚乙烯的耐油性能次于丁腈橡胶和氯丁橡胶。

⑨ 加工性好。氯磺化聚乙烯比天然橡胶、丁苯橡胶及其他橡胶有较大的热塑性，因此，可以用普通的橡胶设备进行加工，且不必进行塑炼。氯磺化聚乙烯还具有与各种橡胶并用、使后者的耐老化性能提高的特点。

### （二）氯磺化聚乙烯的应用

氯磺化聚乙烯可用于白胎侧、阻燃运输带、耐酸胶管、碾米胶辊、汽车部件、自动扶梯的扶手及核能反应堆中同时要求承受热、水分或射线的橡胶件、电线、电缆和电气零件，还可用来制作鞋底、汽车火花塞护套、阀隔膜、O 形圈、泵叶轮、垫圈、垫片和化工用槽、管、阀、泵的衬里以及冷藏箱、洗衣机、胶布制品、汽车门窗的密封嵌条。氯磺化聚乙烯的硬质胶适于制造工具手柄、电气器皿、方向盘等。由于氯磺化聚乙烯微孔胶料具有低定伸应力、高拉伸、耐压缩、耐候、颜色稳定等优点，使其在室内装置和汽车制造中具有广泛用途。在宇航领域中也有氯磺化聚乙烯的踪迹，例如，美国曾以氯磺化聚乙烯作为宇航员用的聚氨酯泡沫躺椅的保护层。另外，氯磺化聚乙烯还可以作为屋顶铺设材料的涂覆层。

## 七、丙烯酸酯橡胶

丙烯酸类橡胶（AR）是指有丙烯酸烷基酯单体与少量具有交联活性基团单体的共聚物。聚合物主链是饱和型，且含有极性的酯基，从而赋予聚丙烯酸酯橡胶以耐氧化性和耐臭氧性，并具有突出的耐烃类油溶胀性。耐热性比丁腈橡胶高。

丙烯酸乙酯或其他丙烯酸酯与少量能促使硫化的单体共聚所得共聚物，代号为 ACM。丙烯酸乙酯或其他丙烯酸酯与丙烯腈的共聚物，代号为 ANM。

## (一) 组成和品种

### 1. 组成

(1) 丙烯酸酯　丙烯酸酯种类需根据橡胶耐油、耐寒和加工性能综合平衡确定，随酯基碳原子数的增加，有利于打乱聚合物分子链排布，减少分子间的作用力，增大内部塑性，降低脆化温度和玻璃化温度，这一趋势直至正辛基。聚丙烯酸正辛酯的脆化温度为－65℃，继续增长酯基链长，因链节内转动的空间位阻增大造成的不利影响超过了它对极性基的屏蔽效应，使净效果相反。此外，随酯基增大，聚合物耐水性提高，但因降低了内聚能密度，增大了碳氢组分，因而耐油性能降低，同时耐热性能、拉伸强度受到损失，硬度下降，而且因生胶黏度下降使炼胶时显得过软、过黏，影响工艺操作。综上所述，酯基不宜超过丁酯，实际上多采用丙烯酸乙酯和丙烯酸丁酯。以丙烯酸乙酯为基础的橡胶耐油、耐热性能较好，以丙烯酸丁酯为基础的橡胶耐寒性能较好，通过两种单体的并用，可调节上述性能，得到介于两者之间的橡胶。图 1-13 为烷基酯中碳原子数与脆性温度的关系。

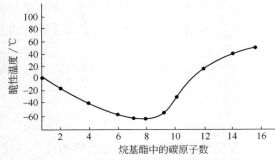

图 1-13　烷基酯中碳原子数与脆性温度的关系

丙烯酸酯橡胶的缺点之一是低温下变硬，并丧失弹性，若能改进其低温特性，使用价值必将倍增。研究证明，在多碳酯基中引入硫醚或氧醚键等极性基团，可在保持良好的耐烃类介质性能的同时，改进低温性能。例如由甲氧基乙基丙烯酸酯、乙氧基乙基丙烯酸酯、乙基硫代乙基丙烯酸酯等单体制备的橡胶，可使耐油与耐寒性能得到极好的平衡。为照顾实用上对应力-应变性质的要求，这类单体需与一般烷基丙烯酸酯并用，最宜含量占单体总量的 25%～40%。此外，一系列的 $\omega$-氰基硫代烷基丙烯酸酯也都可以使用，由此制备的共聚物耐油性极佳，耐寒性能可达丙烯酸丁酯橡胶水平；选择和调整丙烯酸酯的品种和用量，例如恰当选择丙烯酸乙酯、丙烯酸丁酯、甲氧基乙基丙烯酸酯的用量，可使橡胶在耐低温、耐油、力学性能几方面获得极好的平衡。

(2) 交联单体　均聚丙烯酸酯橡胶难以交联，需与提供交联反应的单体共聚以解决硫化问题。较早使用的交联单体为 2-氯乙基乙烯醚和丙烯腈，但由于 2-氯乙基乙烯醚的氯原子和丙烯腈的氰基活性低，硫化困难，需用活性大的烷基多胺作硫化剂，造成了加工上一系列困难。近年来逐步开发了一些反应活性高的交联单体，主要有四种类型：①烯烃环氧化物，如烯丙基缩水甘油醚、缩水甘油丙烯酸酯、缩水甘油甲基丙烯酸酯等；②含活性氯原子的化合物，如氯乙酸乙烯酯、氯乙酸丙烯酸酯；③酰胺类化合物，主要有 N-烷氧基丙烯酰胺、羟甲基丙烯酰胺；④含非共轭双烯烃单体，如二环戊二烯、甲基环戊二烯及其二聚体、1,1-亚乙基降冰片烯等。

含不同交联单体的丙烯酸酯橡胶，硫化体系不同，其加工特性也随之变化，成为丙烯酸酯橡胶的分类基础。丙烯酸酯橡胶侧链上引入环氧基作为交联点，可在羧酸铵盐等物质作用下，打开环氧基，使分子间发生交联反应。引入活性很高的氯化物，可用金属皂/硫黄等多种硫化体系进行硫化。以酰胺类化合物为交联单体可获得一种与通常橡胶具有不同硫化特性的自交联型丙烯酸酯橡胶，即在一定的温度条件下，橡胶本身产生交联反应。带有双键的丙烯酸酯橡胶，利用共聚物上的双键，可像普通三元乙丙橡胶一样，用硫黄-促进剂体系硫化。

新交联单体的应用，极大地改进了丙烯酸酯橡胶的硫化特性，推动了丙烯酸酯橡胶应用的发展。

（3）其他组分　除上述两种主要成分外，为改进某些性能，有时引入少量其他单体。如前所述，提高丙烯酸高级烷基酯比例，可改善橡胶耐寒性能，但同时因聚合物黏度降低，严重影响炼胶等工艺性能，若聚合时引入 0.5 份二乙烯单体或多官能单体（如二甲基丙烯酸乙烯酯、羟甲基丙烯酰胺、丙烯基丙烯酸酯等）使聚合物产生轻度交联，可有效地解决这一问题。其他单体如苯乙烯可降低吸湿性，提高耐水性，改善耐电、耐寒性能；丙烯腈可赋予硫化胶较高的硬度、扭转模量和耐油性能，乙烯基三烷基硅烷或乙烯基三烷氧基硅烷可提高耐热老化性能。

## 2. 丙烯酸酯橡胶的品种

丙烯酸酯橡胶商品牌号很多，如前所述，含不同的交联单体的丙烯酸酯橡胶，加工时硫化体系亦不相同，由此可将丙烯酸酯橡胶划分为含氯多胺交联型、不含氯多胺交联型、羧酸铵盐交联型、自交联型、皂交联型五类，此外，还有特种丙烯酸酯橡胶。

（1）含氯多胺交联型　是丙烯酸乙酯与 2-氯乙基乙烯醚的共聚物，为改善耐寒性能可部分引进丙烯酸丁酯，通常以含氯多胺类化合物为交联剂，亦可用硫脲（促进剂 NA-22）与铅丹并用体系硫化。该橡胶耐油和耐热氧老化性能最好，耐候、耐臭氧和耐紫外线性能也突出，虽然加工性能与耐寒性能差，目前仍广泛使用。

（2）不含氯多胺交联型　不含氯多胺交联型为丙烯酸丁酯与丙烯腈共聚物，若引入部分丙烯酸乙酯，可改善硫化胶耐油及耐热氧老化性能，但耐寒和耐水性能稍有降低。中国研制的 BA 型丙烯酸酯橡胶即属于这一类型，是 88 份丙烯酸丁酯与 12 份丙烯腈的共聚物。

以上两类多胺交联型丙烯酸酯橡胶的加工性能差，特别是硫化速度慢成为加工应用的主要问题。

（3）羧酸铵盐交联型　这一类型橡胶以羧酸铵盐（主要是苯甲酸铵）为硫化剂，其加工性能良好，交联速度快，抗压缩变形性优良。缺点是硫化时易粘模，污染模型，并放出有味气体，耐热老化性能比多胺交联型差，但优于皂交联型。

（4）自交联型　自交联型为多元共聚物，是依靠聚合物内部活性基团间在一定温度条件下相互反应实现交联的，不加硫化剂即可硫化。虽然如此，它在生胶贮存、加工安全性、硫化速度几方面都令人满意。生胶在室温下贮存 10 个月或 60℃下贮存六周性能变化很少，图 1-14 表明它在 150℃的温度作用下开始产生焦烧，而在 120℃左右相当安全。

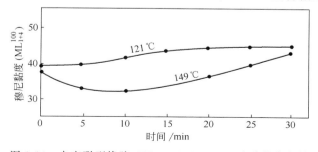

图 1-14　自交联型橡胶（Hycar 2121×58）生胶热稳定性

（5）皂交联型　皂交联型丙烯酸酯橡胶所含交联单体活性低，可用多种物质硫化，其中金属皂/硫黄硫化体系因硫化速度快，加工性能良好，且价廉、无毒而受到重视，但皂交联型橡胶是耐热氧老化性能最差的一种。

### （二）丙烯酸酯橡胶的特性

丙烯酸酯橡胶结构的饱和性以及带有极性酯基侧链决定了它的主要应用性质，即耐热氧老化性能和耐油性能优异，而耐寒、耐水、耐溶剂性能差。

（1）耐热氧老化和耐油性能　丙烯酸酯橡胶主链由饱和烃组成，且有羧基，比主链上带有双键的二烯烃橡胶稳定，特别是耐热氧老化性能好，比丁腈橡胶使用温度可高出 30～60℃，最高使用温度为 180℃，断续或短时间使用可达 200℃ 左右，在 150℃ 热空气中老化数年无明显变化。几种橡胶经 8h 老化，拉伸强度降低 25% 的温度（炭黑配合）对比如下：

| 硅橡胶 | 279℃ | 丁苯橡胶 | 134℃ |
| 丙烯酸酯橡胶 | 218℃ | 天然橡胶 | 102℃ |
| 氯丁橡胶 | 155℃ | | |

丙烯酸酯橡胶的极性酯基侧链，使其溶度参数与多种油，特别是矿物油相差甚远，因而表现出良好的耐油性，这是丙烯酸酯橡胶的重要特性。室温下其耐油性能大体上与中高丙烯腈含量的丁腈橡胶相近，优于氯丁橡胶、氯磺化聚乙烯、硅橡胶。但在热油中，其性能远优于丁腈橡胶，见表 1-14。丙烯酸酯橡胶长期浸渍在热油中，因臭氧、氧被遮蔽，因而性能比在热空气中更为稳定。可以建立这样一个概念，在低于 150℃ 温度的油中，丙烯酸酯橡胶具有近似氟橡胶的耐油性能；在更高温度的油中，仅次于氟橡胶；此外，耐动植物油、合成润滑油、硅酸酯类液压油性能良好。

表 1-14　丙烯酸酯橡胶与丁腈橡胶耐热油性能对比　（重油 149℃，浸渍 70h）

| 性能变化情况 | 丁腈橡胶 | 丙烯酸酯橡胶 | 性能变化情况 | 丁腈橡胶 | 丙烯酸酯橡胶 |
| --- | --- | --- | --- | --- | --- |
| 拉伸强度保持率/% | 0 | 65 | 体积变化率 | +1.6 | +9.4 |
| 拉断伸长率保持率/% | 2 | 71 | 180°弯曲 | 开裂 | 合格 |
| 硬度变化（邵氏 A） | +20 | +17 | | | |

近年来，极压型润滑油应用范围不断扩大，即在润滑油中添加 5%～20% 以氯、硫、磷化合物为主的极压剂，以便在苛刻工作条件下在金属件表面形成润滑膜，以防止油因受热等而引起烧结。随各类机械设备性能的不断提高及轻型化，极压剂也利用到液压传动器油、蜗轮油及液压油中。带有双键的丁腈橡胶在含极压剂的油中，当温度超过 110℃ 时，即发生显著的硬化与变脆，此外，硫、氯、磷化合物还会引起橡胶解聚，影响使用。丙烯酸酯橡胶对含极压剂的各种油十分稳定，使用温度可达 150℃，间断使用温度可更高些，这是丙烯酸酯橡胶最重要的特征。

应当指出，丙烯酸酯橡胶耐芳烃油性较差，也不适于在与磷酸酯型液压油、非石油基制动油接触的场合使用。

（2）耐寒、耐水、耐化学药品性能　丙烯酸酯橡胶的酯基侧链损害了低温性能，标准的含氯多胺交联型与不含氯多胺交联型的脆化温度分别为 -12℃ 及 -24℃，经努力，一些新型丙烯酸酯橡胶的耐寒性有了较大的改进，但是仍然只有 -40℃，比一般合成橡胶差。

由于酯基易于水解，使丙烯酸酯橡胶在水中的膨胀大，BA 型橡胶在 100℃ 沸水中经 72h 后增重 15%～25%，体积膨胀 17%～27%，耐蒸汽性能更差。另外，它在芳香族溶剂、醇、酮、酯以及有机氯等极性较强的溶剂和无机盐类水溶液中膨胀显著，在酸碱中不稳定。

（3）力学性能　丙烯酸酯橡胶具有非结晶性，自身强度低，经补强后拉伸强度最高可达12.8～17.3MPa，低于一般通用橡胶，但高于硅橡胶等。

温度对丙烯酸酯橡胶的影响与一般合成橡胶相同，在高温下强度下降是不可避免的，但弹性显著上升，这一特点，对于作密封圈及在其他动态条件下使用的配件非常有利。在150℃下丙烯酸酯橡胶的许多力学性能，如拉伸强度、拉断伸长率、弹性等均显示了与硅橡胶大体相同的水平。

（4）其他性能　丙烯酸酯橡胶的稳定性还表现在对臭氧有很好的抵抗能力，抗紫外线变色性也很好，可着色范围宽广，适于作浅色涂覆材料，此外还有优良的耐候老化、耐屈挠和割口增长、耐透气性，但电性能较差。

### （三）丙烯酸酯橡胶的应用

丙烯酸酯橡胶广泛用于耐高温、耐热油的制品中。由于硅橡胶耐油性差，丁腈橡胶耐热性较差，在耐热和耐油综合性能方面，丙烯酸酯橡胶仅次于氟橡胶，在生胶品种中占第二位，在制造180℃高温下使用的橡胶油封、O形圈、垫片和胶管中特别适用。在使用条件不十分苛刻，而用氟橡胶又不经济的情况下，丙烯酸酯橡胶可被选用。

国际上，以丙烯酸酯橡胶作汽车各类密封配件占绝对优势，被人们称为车用橡胶。在美国每辆汽车平均耗用1kg丙烯酸酯橡胶，主要是作高温油封。丙烯酸酯橡胶作为适宜于高温极压润滑油的材料应用迅速扩大，成为汽车工业上不可缺少的材料之一。丙烯酸酯橡胶在汽车上用量最大的是变速箱密封、活塞杆密封，其次是火花塞帽、散热器或加热器软管、阀门杆挡油器以及软木垫的胶黏剂、海绵胶垫等。它与硅橡胶和丁腈橡胶相比较，可概括为表1-15的内容。在汽车用油封材料中，目前国外约有70%仍使用丁腈橡胶，有30%使用丙烯酸酯橡胶，这主要是由于丙烯酸酯橡胶加工困难，以及性能方面压缩变形大、低温性能不好等缘故。

**表1-15　丙烯酸酯橡胶、丁腈橡胶和硅橡胶在汽车上应用的对比**

| 应用方面 | 丁腈橡胶 | 丙烯酸酯橡胶 | 硅橡胶 | 应用方面 | 丁腈橡胶 | 丙烯酸酯橡胶 | 硅橡胶 |
|---|---|---|---|---|---|---|---|
| 变速箱密封 | 部分应用 | 最多 | 其少 | 旋转轴密封 | 其少 | 部分应用 | 最多 |
| 垫片 | 最多 | 其少 | 部分应用 | 火花塞护套 | 其少 | 部分应用 | 最多 |
| 胶管 | 最多 | 部分应用 | 其少 | 活塞杆密封 | 部分应用 | 最多 | 其少 |
| 垫圈 | 最多 | 其少 | 部分应用 | | | | |

除汽车工业外，丙烯酸酯橡胶所具有的许多优良特性如耐臭氧、气密性、耐屈挠与耐日光老化等，使它具有很大的应用潜力，如用于海绵、耐油密封垫、隔膜、特种胶管及胶带、容器衬里、深井勘探用橡胶制品等。在电气工业中部分取代价昂的硅橡胶，用于高温条件下与油接触的电线、电缆的护套，电器用垫圈、套管等。在这方面的应用将随丙烯酸酯橡胶耐寒性能的改进而不断扩大。此外，由于丙烯酸酯橡胶的透明性及与织物的黏着性良好等，因而在贴胶及涂覆材料方面的应用也逐渐增加。此外，还用作输送特种液体的钢管衬里、减震器缓冲垫等。该胶在航空工业、火箭、导弹等尖端科学部门也有应用，如用于制备固体燃料的胶黏剂等。丙烯酸酯橡胶还适于制备耐油的石棉-橡胶制品。

## 八、聚氨酯橡胶

聚氨酯橡胶（PUR）是聚合物主链上含有较多的氨基甲酸酯基团的系列弹性体，实际应该是聚氨基甲酸酯橡胶，简称聚氨酯橡胶或聚氨酯弹性体。聚合物链除含有氨基甲酸酯基团外，还含有酯基、醚基、脲基、芳基和脂肪链等。通常是由低聚物多元醇、多异氰酸酯和扩链剂反应而成。聚氨酯橡胶随使用原料和配比、反应方式和条件等的不同，形成不同的结构和品种类型。

### （一）聚氨酯橡胶的组成

聚氨酯是在催化剂存在下由二元醇、二异氰酸酯和链扩展剂的反应产物。因其分子中含有氨基甲酸酯（ $-\overset{H}{N}-\overset{O}{C}-O-$ ）这一基本结构单元，所以称为聚氨基甲酸酯。不同的二元醇和不同的二异氰酸酯可以合成出不同的弹性体，而同一种二元醇和同一种二异氰酸酯，若改变其合成条件，也可以得到不同的弹性体。其结构式如下：

$$HO-R\overset{}{\underset{}{\left(O-\overset{O}{C}-NH-A-NH-\overset{O}{C}-O\right)}}_n R-OH$$

或

$$OCN\overset{}{\underset{}{\left(A-NH-\overset{O}{C}-O-R-O-\overset{O}{C}-NH-A\right)}}_n NCO$$

式中，R 为聚醚或聚酯链段；A 为芳香烃或脂肪烃；n 为正整数。

假若二元醇过量，得到的聚合物端基为羟基；假若二异氰酸酯过量，得到的聚合物端基则为异氰基。这些材料的性能和用途都不尽一致。

低分子量的二醇或二胺类化合物常用来作为聚氨酯橡胶的扩链剂，若用二醇作扩链剂，反应后生成的是聚氨基甲酸酯链段。若用二胺类化合物作为扩链剂，则反应后生成脲基。

### （二）聚氨酯橡胶的分类

聚氨酯可以制成橡胶、塑料、纤维及涂料等。它们的差别主要取决于链的刚性、结晶度、交联度及支化度等。混炼型橡胶的刚性和交联度都是较低的，浇注型橡胶的交联度比混炼型橡胶要高，但刚性和结晶度等都远比其他聚氨酯材料低，因而它们有橡胶的宝贵弹性。但聚氨酯橡胶和其他通用橡胶相比，其结晶度和刚性远高于其他橡胶。

聚氨酯橡胶传统的分类是按加工方法来划分的，分为浇注型聚氨酯橡胶、混炼型聚氨酯橡胶和热塑型聚氨酯橡胶。由于使用的原料、合成和加工方法不同，又出现了反应注射型聚氨酯橡胶（RIMPU）和溶液分散型聚氨酯橡胶。按形成的形态则分为固体体系和液体体系。也有按原料化学组成来分的，低聚物多元醇一般有聚酯类或聚醚类之别，因而有聚醚类聚氨酯橡胶和聚酯类聚氨酯橡胶，为便于叙述，采用按原料的化学组成来划分。

### （三）聚氨酯橡胶的结构

聚氨酯橡胶虽然种类很多，具有不同的化学结构，但可以被看作是柔性链段和刚性链段组成的嵌段聚合物。其中聚酯、聚醚或聚烯烃部分是柔性链段，而苯核、萘核、氨基甲酸酯基以及扩链后形成的脲基等是刚性链段。

其次，聚氨酯橡胶的交联结构与一般橡胶不同，它不仅含有由交联剂而构成的一级交联结构（化学交联），而且由于结构中存在着许多内聚能较大的基团（如氨基甲酸酯基、脲基等），它们可通过氢键、偶极的相互作用，在聚氨酯橡胶线型分子之间形成晶区的二级交联（物理交联）作用也是非常重要的，即一级交联和二级交联并存（完全线型的热塑性聚氨酯橡胶则只存在二级交联作用），如表 1-16 所示。

**表 1-16　不同聚氨酯的性能特点**

| 项　　目 | 混　炼　型 | 浇　注　型 | 热　塑　型 |
|---|---|---|---|
| 加工方法 | 混炼→高温硫化 | 浇注成型→高温硫化 | 注射成型或模压成型 |
| 性状 | 一般为固体 | 黏稠液体 | 一般为固体颗粒状 |
| 端基 | —OH(基本为线型,分子量较低,为 2 万～3 万的聚合物) | —NCO(预聚体) | —OH(线型或轻度交联的聚合物) |
| 交联剂或扩链剂 | 交联剂:硫黄、过氧化物、多异氰酸酯 | 链延伸剂:水、多元胺、醇胺类、多元醇类等 | |
| 产品性能 | 力学强度较低,硬度变化范围窄 | 力学强度高,硬度变化范围宽 | 力学强度较高,永久变形大,耐腐蚀性较差 |

### （四）聚氨酯橡胶的性能

聚氨酯橡胶的结构特性不仅决定了它具有宝贵的综合力学性能，而且也使聚氨酯橡胶可通过改变原料的组成和分子量以及原料配比来调节橡胶的弹性、耐寒性以及模量、硬度和力学强度等性能。其通性如下。

① 具有很高的拉伸强度（一般为 28～42MPa，甚至可高达 70MPa 以上）和撕裂强度；

② 弹性好，即使硬度高时，也富有较高的弹性；

③ 拉断伸长率大，一般可达 400%～600%，最大可达 1000%；

④ 硬度范围宽，最低为 10（邵氏 A），大多数制品具有 45～95（邵氏 A）的硬度，当硬度高于 70（邵氏 A）时，拉伸强度及定伸应力都高于天然橡胶，当硬度达 80～90（邵氏 A）时，拉伸强度、撕裂强度和定伸应力都相当高；

⑤ 耐油性良好，常温下对多数油和溶剂的抗耐性优于丁腈橡胶；

⑥ 耐磨性极好，其耐磨性比天然橡胶高 9 倍，比丁苯橡胶高 3 倍；

⑦ 气密性好，当硬度高时，气密性可接近于丁基橡胶；

⑧ 耐氧、臭氧及紫外线辐射作用性能佳；

⑨ 耐寒性能较好。

但是，由于聚氨酯橡胶的二级交联作用在高温下被破坏，所以其拉伸强度、撕裂强度、耐油性等都随温度的升高而明显下降。聚氨酯橡胶长时间连续使用的温度界限一般只为 80～90℃，短时间使用的温度可达 120℃。其次，聚氨酯橡胶虽然富于弹性，但滞后损失较大，多次变形下生热量高。

聚氨酯橡胶的耐水性差，也不耐酸碱，长时间与水作用会发生水解。但聚醚型的耐水性优于聚酯型。

与其他橡胶相比，聚氨酯橡胶的力学性能是很优越的，所以一般都用于一些性能需求高的制品，如耐磨制品，高强度耐油制品和高硬度、高模量制品等。像实心轮胎、胶辊、胶带、各种模制品、鞋底、后跟、耐油及缓冲作用密封垫圈、联轴节等都可用聚氨酯橡胶来制造。

此外，利用聚氨酯橡胶中的异氰酸酯基与水作用放出二氧化碳的特点，可制得比水轻30多倍的泡沫橡胶，具有良好的力学性能，绝缘、隔热、隔声、防震效果良好。

# 任务四 橡胶循环利用

## 一、胶粉

胶粉指废旧橡胶制品经粉碎加工处理而得到的粉末状橡胶材料。

1. 胶粉的分类

按不同的方法可有不同的分类，如表 1-17 所示。按制法分为常温胶粉、冷冻胶粉、超微细胶粉和精细胶粉；按原料来源可分为载重胎胶粉、乘用车胎胶粉以及鞋胶粉等；按活化与否可分为活化胶粉及未活化胶粉；按粒径的大小分超细胶粉和一般胶粉。

微课扫一扫
胶粉

表 1-17 不同制法胶粉的尺寸及表面情况

| 粉碎方法 | 粒 径 | | 表 面 情 况 |
| --- | --- | --- | --- |
| | μm | 目 | |
| 常温胶粉 | 300~1400 | 12~47 | 凹凸不平,有毛刺,利于与胶结合 |
| 冷冻胶粉 | 75~300 | 47~200 | 较平滑 |
| 超微细胶粉 | 75 以下 | 200 以上 | |

2. 胶粉的性能

从粉体工程上讲，胶粉是一种粉粒状材料。所以对胶粉来说粒子尺寸（比表面积）、表面形态及基团和本身的成分对于它的使用性能将有重要影响。

胶粉越细，其性能越好。例如冷冻方法粉碎的不同粒径胶粉在丁苯橡胶与顺丁橡胶并用比为 75/25 的胶料中配入 40 份，143℃×40min 硫化制取的硫化胶性能列于表 1-18。越细的胶粉其硫化胶的拉伸强度、伸长率和磨耗等越接近于未加胶粉的。而耐疲劳性、抗裂口增长等性能均比未加胶粉的高，越细的提高幅度越大。

表 1-18 冷冻法粉碎的不同粒径胶粉对胶料性能的影响

| 性 能 | 无胶粉 | <63pm 200目 | <100pm 120目 | <140pm 90目 | <160pm 80目 | <200pm 60目 | <250pm 50目 |
| --- | --- | --- | --- | --- | --- | --- | --- |
| 300%定伸强度/MPa | 12.5 | 12.2 | 12.1 | 12.0 | 11.4 | 11.2 | 11.0 |
| 拉伸强度/MPa | 18.7 | 18.5 | 18.0 | 17.8 | 17.5 | 17.1 | 6.8 |
| 拉断伸长率/% | 485 | 475 | 470 | 465 | 465 | 465 | 460 |
| 撕裂强度/(kN/m) | 55 | 65 | 63 | 62 | 62 | 60 | 58 |
| 硬度(TM-2) | 64 | 66 | 66 | 66 | 65 | 64 | 64 |
| 回弹率/% | 32 | 31 | 32 | 32 | 32 | 32 | 32 |
| 拉伸疲劳(150%)/千次 | 9.1 | 30.5 | 26.4 | 24 | 22 | 17.4 | 15 |

续表

| 性　能 | 无胶粉 | <63pm 200目 | <100pm 120目 | <140pm 90目 | <160pm 80目 | <200pm 60目 | <250pm 50目 |
|---|---|---|---|---|---|---|---|
| 弯曲疲劳/千次 | 100 | 300 | 240 | 180 | 113 | 100 | 90 |
| 抗裂口增长/千次 | 36.5 | 105 | 90 | 85 | 74 | 58 | 48 |

注：配方为丁苯橡胶75，顺丁橡胶25，冷冻法胎面胶粉40，硫化条件为143℃×40min。

### 3. 胶粉的应用

一般胶粉主要在低档制品中大量掺用，也可以少量地用于胎面以减少轮胎的动态生热寿命，例如鞋的中底掺100份甚至更多。在建材中应用，如铺设运动场地、铺设轨道床基、减震减噪声等场合。在沥青产品中高温下加胶粉混匀用于铺路面和屋顶防水层效果均很好。在高档产品中有时可用少量超细胶粉，超细胶粉由于能提高撕裂、疲劳等性能，所以在某些制品中还特别要求掺用。例如，在胎面胶中掺入10份细度100目以上的胶粉能提高轮胎的行驶里程。表面活化的胶粉比未活化的胶粉性能还会有进一步的提高，应用将进一步扩大。

## 二、再生胶

再生胶是指废旧硫化橡胶经过粉碎、加热、机械处理等物理化学过程，使其从弹性状态转变成具有塑性和黏性的、能够再硫化的橡胶，简称再生胶。

### 1. 再生胶的生产工艺方法

再生胶的生产，中国目前主要采用水油法、油法和高温动态脱硫法。

（1）油法　工艺简单，厂房无特殊要求，建厂投资低，生产成本少，无污水污染。但再生效果差，再生胶性能偏低，对胶粉粒度要求较小（28～30目），适合于胶鞋和杂胶品种及中小规模生产。

（2）水油法　工艺复杂，厂房为楼房，有特殊要求，生产设备多，建厂投资大，胶粉粒度要求较小，生产成本较高。有污水排放，所以应有污水处理设施。但再生效果好，再生胶质量高且较稳定，特别对含天然橡胶成分多的废胶能生产出优级再生胶。适合于轮胎类、胶鞋类、杂胶类等废胶品种和中大规模生产。

（3）高温动态脱硫法　废胶不需粉碎很细，一般20目左右即可。适用胶种广，天然橡胶、合成橡胶的废胶均可脱硫，且脱硫时间短，生产效益好。纤维含量可达10%，高温时可全部炭化。没有污水排放，对环境污染小，再生胶质量好，生产工艺较简单等。但设备投资较油法大，脱硫工艺条件要求严格，适合于各类废胶品种和中大规模生产。

另外，快速脱硫法、化学处理法和微波法的研究都取得了进展，并且在一些厂投入生产。

不论采用何种再生方法，再生胶的制造工艺都分为废胶分类、切胶、洗胶、粉碎、再生精炼等工段或工序。切胶、洗胶、粉碎等为前道工序也称废胶处理工段，其目的是制造出胶粉。再生工段是关键工段，目的是使硫化胶粉再生获得塑性，所谓"再生"即由此而来。捏炼、滤胶、精炼是最后工序，也称精炼工段，其目的是对再生后的胶粉进行精制加工制成再生胶成品。

### 2. 再生胶的再生机理

再生胶的主要反应过程叫"脱硫"（或再生）。脱硫原系指从硫化橡胶中把结合硫黄脱出而成为未硫化状态，也是一个与硫化相反的过程。然而，这在实际生产中是不可能的。真实的情况只能使硫化胶发生部分降解，破坏原有的网状结构，从而使废旧硫化胶的可塑性得到一定的恢复。

再生作用的实质是热、氧、机械力和化学再生剂的综合降解作用。通过这些降解作用促使硫化胶分子在交联点及交联点间的分子主链处发生不规则的断裂。这种不规则的断裂，导致了再生胶中包括两部分物质，即可溶于三氯甲烷的溶胶部分与不溶于三氯甲烷的凝胶部分。由于交联键和分子链降解，溶胶部分脱离开了硫化胶的总网络，它们的分子量可从几千到几百万。凝胶部分则仍保持硫化胶的三维空间结构，只是由于降解而呈非常疏松的结构状态。

### 3. 影响硫化胶再生的主要因素

影响硫化胶再生的主要因素有机械力、热氧、软化剂和再生活化剂四个方面。

（1）机械力的作用　机械力可使硫化胶的网状结构破坏，发生于 C—C 键或 C—S 键上，而机械作用的研磨又能使橡胶分子在其与炭黑粒子表面的缔合处分开。所有这些断裂大多数是在比较低的温度下发生的，断裂程度与温度密切相关。

（2）热氧的作用　热能促使分子运动加剧，导致分子链的断裂。在大约 80℃ 时，热裂解明显，到 150℃ 左右，热裂解速度加快，然后每升高 10℃ 热裂解速度大约加快 1 倍。裂解后的自由基停留在裂解分子的末端，呈现不稳定状态，并具有再结合的能力。若没有其他物质存在，随着自由基浓度的不断增加，裂解速度会逐渐减慢。但氧的存在会使裂解的自由基进一步被氧化生成橡胶分子的过氧化氢物等，高温下过氧化氢物的生成占优势。由于过氧化氢物的裂解，加剧橡胶网状结构的破坏。

（3）软化剂的作用　加入软化剂（又称再生油）能显著地促进再生过程的进行。软化剂对橡胶起溶胀作用，使网状结构松弛，从而增加了氧化渗透作用，有利于网状结构的氧化断裂，并能降低重新结构化的可能性，加快了再生过程。由于这类物质能溶于橡胶中，因此还能提高再生胶的塑性与黏性。软化剂用量一般为 10～20 份，常用的品种有煤焦油、松焦油、松香、妥尔油、萜烯油及石油抽出物等。对天然、丁苯等硫化胶，煤焦油、松焦油、妥尔油都有很好的再生效果。其中煤焦油资源丰富，但污染性大，并有不良气味；松焦油污染性小，工艺性能也好；妥尔油与松焦油相似。松香可提高再生胶黏性，但不宜多用，以 2～3 份为宜，否则影响再生胶料的耐老化性能。用石油抽出油等石油产品所制备的再生胶虽无污染性，但再生胶强力低，若与其他软化剂并用，可提高再生效果。

（4）再生活化剂的作用　再生活化剂在再生过程中能分解出自由基，可加速热氧化速度或起自由基接受体的作用，来稳定热氧化生成的橡胶自由基，阻止它们再度结合。同时再生活化剂还能引发双硫键和多硫键的降解，提高硫化胶再生时交联的破坏程度，从而达到尽快再生的目的。再生活化剂的用量虽少（2 份以下），但却能大幅度地缩短再生时间，减少软化剂用量，并可改善再生胶工艺加工性能和质量，常用的再生活化剂有芳香族与脂肪族硫醇和二硫化物，如硫醇锌盐、多烷基芳烃二硫化物、多烷基苯酚二硫化物和间二甲苯二硫化物等。

至于一些合成橡胶硫化胶的再生问题，由于合成橡胶本身分子结构及所用交联剂的特殊性，致使其硫化胶的再生比较困难，表现为再生速度慢、效果差等。例如合成橡胶在加热再生过程中其裂解破坏程度远低于天然橡胶，在裂解后又重新结合（这对于侧链上含有双键的硫化胶尤为明显）等。因此合成橡胶的再生必须选用高效的再生活化剂及合适的再生软化剂，提高它们的用量以及再生温度，延长再生时间，方能取得较好的再生效果。

今后的探索方向是各类合成橡胶的再生方法和新型活化剂的使用研究。因多数合成橡胶在热氧作用下反而变硬，因此合成橡胶的再生方法多以机械摩擦、溶剂溶胀、隔氧再生（保护法）等方法进行。

近年来有报道指出，合成橡胶硫化胶当采用添加化学增塑剂（如氯化亚铁-苯肼、氯化亚铜-三丁基胺等）的室温塑化方法时，可以取得较好的再生效果。

**4. 再生胶的使用意义和应用**

再生胶在橡胶工业中变废为宝，它具有一定的塑性和补强作用，易与生胶和配合剂凝合，加工性能好，它能代替部分生胶掺入橡胶制品中，亦可单独制作橡胶制品。这不仅扩大了橡胶的来源，节约了生胶，降低制品成本，还能改善胶料的工艺性能，节省加工能耗，并可改善制品的某些性能，从而得到一系列的技术和经济效果。使用再生胶有以下优点。

① 价格便宜。其橡胶含量约为 50%，并含有大量有价值的软化剂、氧化锌和炭黑等。而其拉断强度可达 9～10MPa 以上。

② 有良好的塑性，易与生胶和配合剂混合。因此掺用再生胶混炼时，不仅使混炼胶质量均匀，防止喷硫并可节省工时，降低动力消耗。

③ 使用再生胶，可使混炼、热炼、压延、压出等加工过程的生热减少，从而可避免因胶温过高而焦烧，这对炭黑含量多的胶料尤为重要。

④ 掺用再生胶的胶料流动性好，因此压延、压出速度快，压延时的收缩性和压出时的膨胀性小，半成品外观缺陷少。

⑤ 掺用再生胶的胶料热塑性小，因此在成型和硫化时易于保持原形。

⑥ 硫化速度快，硫化返原倾向小。

⑦ 可提高制品的耐油和耐酸碱性能。

⑧ 耐老化性好，能改善制品的耐自然老化及耐热氧老化性能。

基于上述优点，再生胶可广泛用于各种橡胶制品。如胶鞋的海绵中底可以大量掺用或全用再生胶。在轮胎生产中，再生胶可用于制造垫带、钢丝圈胶、三角胶条等，对于小规格的乘用车胎的帘布层胶、胎侧胶及胎面底层胶等也可适量地使用再生胶。汽车用胶板、室内橡胶地毯、某些工业用胶管和各种压出制品、模型制品均可掺用部分再生胶。另外，硬质胶板、蓄电池壳也可掺用再生胶制造。总之，对力学强度等力学性能要求不高的橡胶制品，均可掺用再生胶制造。一般，全部使用再生胶的情况较少，而并用情况较多。除了丁基橡胶外，再生胶与各种通用橡胶都能很好互容，使用时不会有什么困难。

除此之外，再生胶在建筑材料方面也有应用，如油毡、冷粘卷材、防水涂料、密封胶腻子等。在市政工程方面可做地下管道的防护层、电缆防护层，防水、防腐材料及铺路面的防龟裂材料等。

但需指出，再生胶由于分子量很小，所以强度低、弹性差、不耐磨、不耐撕裂、屈挠龟裂大，因此它不能用于制造力学性能要求很高，特别是要求耐磨、弹性好、耐撕裂的制品，如汽车轮胎胎面胶和内胎等。

使用再生胶时，在配方设计时应注意的是，必须依据再生胶中橡胶烃的含量及其硫化胶性能来等量代替生胶（一般 100 份轮胎再生胶只能代替 30 份生胶使用），再生胶中的其他成分可视为填料和软化剂等，因此可适当地减少配方中的活性剂、防老剂、填充剂及软化剂等的用量。

# 任务五　热塑性弹性体

热塑性弹性体（TPE，thermoplastic elastomer）是 20 世纪 60 年代科技界提出的，国际上称为第三代橡胶，使用时具有高弹性，同时可以采用热塑性塑料直接加工成制品，不需要混炼和硫化工艺，加工能耗显著降低，耗电约 0.6kW·h/kg，节电为 1.9kW·h/kg。与此同时，边角余料和肥料可以回收利用。例如，以 TPE 替代氯丁橡胶生产汽车防尘罩能耗降低 75% 以上，生产效率提高 5～10 倍。2013 年全球 TPE 总消耗量达到 420 万吨。

## 一、热塑性弹性体的主要品种

热塑性弹性体包括反应型热塑性弹性体和橡塑共混型热塑性弹性体两大类，其中反应型又可以分为聚苯乙烯类、聚氨酯类、聚酯类、聚烯烃类和聚酰胺类热塑性弹性体；橡塑共混型可以分为聚烯烃共混型和热塑性弹性体硫化胶型热塑性弹性体。TPE 的主要品种如图 1-15 所示。

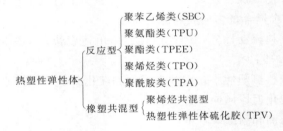

图 1-15　TPE 的主要品种

## 二、热塑性弹性体的性能

热塑性弹性体具有较宽泛的密度范围，良好的耐高低温性能，较好的压缩永久变形性、耐溶剂性能和耐水性。不同类型热塑性弹性体性能比较见表 1-19。

表 1-19　不同类型热塑性弹性体的性能比较

| 性　质 | SBC | TPO | TPV | TPVC | TPU | TPEE | TPA |
|---|---|---|---|---|---|---|---|
| 密度/(g/cm³) | 0.9～1.2 | 0.9～1.0 | 0.9～1.0 | 1.2～1.3 | 1.1～1.3 | 1.1～1.3 | 1.1～1.2 |
| 最低温度/℃ | −70 | −60 | −60 | −50 | −50 | −65 | −40 |
| 最高温度/℃ | 100 | 120 | 135 | 110 | 135 | 160 | 120 |
| 压缩永久变形(100℃×22h) | P | P | G/E | F | F/G | F | F/G |
| 耐烃类溶剂 | P | P | F/E | F/G | F/E | G/E | G/E |
| 耐水溶液 | G/E | G/E | G/E | G/E | F/G | P/G | F/G |

注：P—极差；F—差；G—好；E—极好。

图 1-16 列出了不同种类 TPE 的硬度和弹性对比，图 1-17 列出了不同类型硫化胶和塑性

弹性体性能对比。纵坐标表示耐热性能，由 A 到 F 表示耐热性逐渐增加；横坐标为体积变化率，由 A 到 I 表示耐油性逐渐降低。

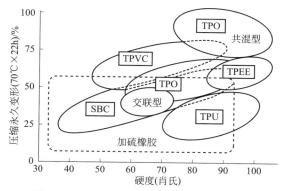

图 1-16　不同种类 TPE 的硬度和弹性对比

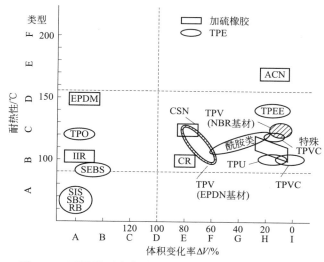

图 1-17　不同类型硫化胶和塑性弹性体性能对比（70h）

## 三、共聚型热塑性弹性体种类与性能

共聚型热塑性弹性体，是由两种不同的单体通过嵌段共聚而得到的塑性弹性体，常温下具有橡胶的弹性，在高温下具有塑料的热塑性，可以流动并加工成型，冷却后变成弹性体状态。

1. 苯乙烯类热塑性弹性体

聚苯乙烯类热塑性弹性体是苯乙烯和丁二烯的嵌段共聚物，聚丁二烯（PBD）构成橡胶的软链段、聚苯乙烯（PS）构成橡胶的硬链段，软链段使得热塑性弹性体常温下具有高弹性，硬链段使得热塑性弹性体具有高温流动性（热塑性），见图 1-18。主要

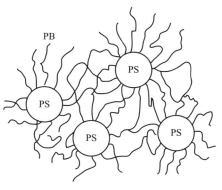

图 1-18　SBC 结构

品种有：SBS，苯乙烯-丁二烯-苯乙烯嵌段物；SIS，苯乙烯-异戊二烯-苯乙烯嵌段共聚物；SEBS，氢化 SBS；SEPS，氢化 SIS。

### 2. 聚氨酯类热塑性弹性体

TPU 是由异氰酸酯（固化剂）、聚醚（或聚酯）大分子多元醇（构成软段主链结构）与小分子多元醇（或胺）扩链剂（构成硬段结构）为主要成分构成的嵌段共聚物。热塑性聚氨酯弹性体具有优异的耐磨性、抗撕裂性能、抗拉伸性能和良好的回弹性、压缩永久变形性，见表 1-20。

表 1-20　TPU 的典型性能

| 性　能 | 测试条件 | 标准 | 单位 | 300 系列 | | | | | |
| --- | --- | --- | --- | --- | --- | --- | --- | --- | --- |
| | | | | DP3491A | DP8792 S043 | 345 | DP8795 S043 | DP3397A | KU28798A |
| 力学性能(25℃×50%相对湿度) | | | | | | | | | |
| 硬度(邵氏 A) | 25℃ | ISO868 | | 92 | 91 | 95 | 92 | 95 | 94 |
| 硬度(邵氏 D) | 25℃ | ISO868 | | 40 | 40 | 47 | 44 | 47 | 53 |
| 弹性模量 | 25℃ | ISO37 | MPa | | | | | 90 | |
| 拉伸强度 | 25℃ | ISO37 | MPa | 50 | 45 | 52 | 50 | 60 | 65 |
| 断裂伸长率 | 25℃ | ISO37 | % | 500 | 500 | 450 | 450 | 450 | 400 |
| 100%应变的应力 | 25℃ | ISO37 | MPa | 6 | 8 | 15 | 10 | 14 | 17 |
| 300%应变的应力 | 25℃ | ISO37 | MPa | 20 | 17 | 30 | 24 | 33 | 39 |
| 磨耗损失 | 25℃ | ISO4649 | mm³ | 25 | 27 | 30 | 26 | 20 | 25 |
| 压缩率 | 70h×22℃ | ISO815 | % | 20 | 20 | 25 | 21 | 25 | 25 |
| 压缩率 | 24h×70℃ | ISO815 | % | 50 | 50 | 42 | 45 | 45 | 45 |
| 冲击回弹率 | 25℃ | ISO4662 | % | 36 | 43 | 35 | 40 | 35 | 36 |
| 抗撕裂蔓延 | 25℃ | DIN52515 | kN/m | 100 | 80 | 100 | 90 | 100 | 120 |
| 其他性能(25℃) | | | | | | | | | |
| 密度 | | ISO1183 | kg/m³ | 1200 | 1200 | 1210 | 1210 | 1210 | 1220 |
| 成型工艺条件 | | | | | | | | | |
| 注射熔体温度 | | ISO294 | ℃ | 190~210 | 190~210 | 210~235 | 190~210 | 195~215 | 195~215 |
| 注射模具温度 | | ISO294 | ℃ | 20~40 | 20~40 | 20~40 | 20~40 | 20~40 | 20~40 |
| 挤出熔体温度 | | ISO294 | ℃ | 180~210 | | | | 220 | |

聚氨酯弹性体合成单体不同，使用温度不同，其性能不同，由表 1-21 可以看出，随着温度升高，聚氨酯弹性体的拉伸强度、撕裂强度逐渐降低。

表 1-21　不同温度下聚氨酯弹性体的性能

| 温度/℃ | PDDI 弹性体 | | MDI 弹性体 | |
| --- | --- | --- | --- | --- |
| | 拉伸强度/MPa | 撕裂强度/(kN/m) | 拉伸强度/MPa | 撕裂强度/(kN/m) |
| −20 | 29.79 | 121.7 | 22.9 | 49.0 |
| 25 | 17.31 | 80.0 | 10.04 | 44.0 |

续表

| 温度/℃ | PDDI 弹性体 | | MDI 弹性体 | |
|---|---|---|---|---|
| | 拉伸强度/MPa | 撕裂强度/(kN/m) | 拉伸强度/MPa | 撕裂强度/(kN/m) |
| 70 | 14.92 | 25.2 | 7.48 | 15.0 |
| 121 | 8.80 | 10.3 | 2.41 | 6.0 |
| 150 | 5.59 | 8.2 | 0.44 | 2.8 |

（1）TPU 性能特点　热塑性聚氨酯弹性体作为第一个可热塑加工的弹性体，具有高强度、韧性好、耐磨、耐油等优异性能。

（2）TPU 应用领域　主要应用鞋材、汽车工业、防水膜、实心轮胎、耐油软管、医用导管等领域。

（3）新型聚氨酯类 TPE 提高耐热性的方法　在分子链上引入热稳定性好的结构，如二酰亚胺、三嗪、膦腈等。但引入上述结构后，聚氨酯的柔顺性和延伸性会下降，加工性能变差。所以，为了改善聚合物链段的柔顺性，可在结构上引入比 C—C 键更为柔顺的 C—O 键，采用比芳环链更为柔顺的脂肪链。也可采用在二酰亚胺扩链剂的结构单元中引入双酐单体，并采用脂肪类二酰亚胺制备新型 TPU，提高材料的耐热性能。

3. 聚酯类热塑性弹性体

1972 年，美国 Du Pont 公司和日本东洋纺织公司率先将 TPEE 推向市场，商品名分别为 Hytrel 和 Pelprene。2022 年全球 TPEE 消费量 25 万吨。TPEE 最初主要应用于纺织工业高弹性纤维，现在已成为不可替代的工程级弹性体基础材料。广泛应用于汽车工业、高速铁路、电子信息、建筑、化纤等领域，如汽车 CVJ 防尘罩、转向器护套、减震器护套、牵引联结罩、发动机进气风管、安全气囊盖板、高速铁路专用轨枕垫等。

国内 TPEE 研究始于 20 世纪 80 年代末，共有十余家科研院所和企业参与。中蓝晨光化工研究院完成了"九五"攻关 500t/a 热塑性聚酯弹性体的研究，并于 2002 年与晨光科新公司建立了试生产装置。上海中纺投资发展股份有限公司建成 300t/a 中试生产装置；辽阳科隆公司有千吨级装置，但技术不过关。北京首塑新材料科技有限公司对 TPEE 下游应用市场进行了系统研究，为 TPEE 改性与应用技术打下了基础。

聚酯类热塑性弹性体（TPEE）又称聚酯橡胶，是一类通常含有 PBT（聚对苯二甲酸丁二醇酯）聚酯硬段和脂肪族聚酯或聚醚软段的线型嵌段共聚物。由于 TPEE 具有优良的力学性能，且软硬度可调、设计自由，因此自 1972 年美国 Du Pont 公司和日本 Toyobo 公司成功开发后，TPEE 就备受关注。

TPEE 的硬段一般选择具有高硬度、高结晶性的 PBT；软段选择非结晶性聚醚（如聚乙二醇醚 PEG、聚丙二醇醚 PPG、聚丁二醇醚 PTMG 等）或聚酯（如聚丙交酯 PLLA、聚乙交酯 PGA、聚己内酯 PCL 等脂肪族聚酯）。新型聚酯类 RPE 包括医用型 TPEE 和耐热水型 TPEE 两种，其主要性能如下。

（1）医用型 TPEE　医用型 TPEE 具有毒性低、透明度好、易加工、易消毒等临床上所不可缺少的性能。该类 TPEE 主要由对苯二甲酸和两种以上二醇共聚合成得到。

（2）耐热水型 TPEE　通常 TPEE 的耐热水性较差，可通过添加聚碳酰亚胺稳定剂显著改善其抗水解性能。此外，也有在 TPEE 分子链的 PBT 硬段中引进聚醚腈（PEN）或聚对苯二甲酸环己基乙二酯（PCT）大幅度提高其耐水性和耐热性的报道。

### 4. 聚酰胺类热塑性弹性体

聚酰胺类热塑性弹性体（TPAE）是由 Dow 化学公司和 Atochem 于 20 世纪 80 年代成功开发的一类新型 TPE，指由高熔点结晶性聚酰胺硬段和非结晶性的聚醚或聚酯软段组成的一类嵌段共聚物。

TPAE 硬段通常为聚己内酰胺、聚酰胺 66、聚十二内酰胺、芳香族聚酰胺等，软段通常为聚乙二醇、聚丙二醇、聚丁二醇、双端羟基脂肪族聚糖等，其使用温度可高达 175℃。

由于软、硬链段可选用的材料范围广，聚合度和软、硬链段的共混比可调节，因而可根据不同的用途设计和制备性能不同的 TPAE 产品。

TPAE 主要应用于汽车、机械、电子电气、电气精密仪器、体育用品、医疗等许多领域。由于 TPAE 的价格较高，目前消耗量还比较低，估计全球约在 2 万吨以上。

### 5. 茂金属催化聚烯烃类热塑性弹性体

1994 年，Dow 化学公司采用限定几何构型茂金属催化剂技术，合成出乙烯/辛烯共聚物 POE，其中辛烯的质量分数在 20%～30%，商品名为 Engage，目前已经推出 24 个牌号的产品；近年来，多家公司采用特殊结构的双茂金属催化剂，合成了多种嵌段型的乙烯基 TPE，它们具有较高的熔点和较好的弹性。

## 四、共混型热塑性硫化胶

### 1. 发展历史

（1）第一阶段：直接共混　20 世纪 70 年代初，在塑料中掺入非硫化橡胶进行简单机械共混制备 TPE，该类材料常被称为热塑性聚烯烃（TPO）。TPO 具有密度小、抗冲击强度高、低温韧性好等优点。由于共混物中橡胶是未硫化的，含量较高时材料流动性差，难以制得柔软品级的 TPE，且强度及耐介质性能亦受到很大的局限。

（2）第二阶段：部分动态硫化　所谓动态硫化是指橡胶在与树脂共混时，借助交联剂和强烈的机械剪切应力作用进行硫化反应的过程。部分动态硫化制备 TPE 由于有少量交联结构存在，其强度、压缩永久变形、耐热、耐溶剂等性能较第一阶段 TPO 有了很大提高，且可以制备橡胶组分大于 50% 的柔软品级材料。缺点是当橡胶组分含量较高时，材料的热塑流动性大大下降，注塑产品有明显的流痕，且材料的硬度偏高。

（3）第三阶段：动态全硫化　动态全硫化技术制造 TPE，橡胶"就地"完全交联并被破碎成大量的微米级颗粒（2μm 以下），分散在连续的热塑性树脂基体中，该材料具有热塑性塑料的加工特性和传统热固性橡胶的力学性能，因此也被称作热塑性硫化橡胶（thermoplastic vulcanizate，TPV）。

### 2. 动态硫化的基本概念

动态硫化是指在热塑性树脂与橡胶熔融共混时，橡胶相在交联剂作用下发生化学交联，并借助强烈的机械剪切作用，交联橡胶相被破碎成大量微米级颗粒，分散在连续的热塑性树脂基体中的过程。

### 3. EPDM/PP 热塑性硫化胶的结构

EPDM/PP 硫化热塑性弹性体，是由三元乙丙橡胶与聚丙烯动态硫化生产得到的共混型热塑性弹性体，其中三元乙丙橡胶构成了连续相、聚丙烯构成体系分散相，使得弹性体既具有橡胶的弹性又具有塑料的热塑性，成为一种新型的热塑性弹性体，其相结构见图 1-19。

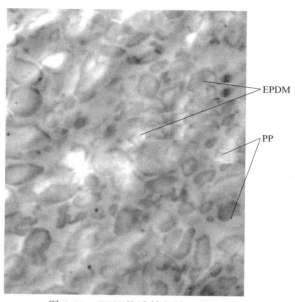

图 1-19　TPV 的透射电子显微镜照片

交联的橡胶粒子呈分散相结构，橡胶粒子粒径为 $0.2\sim2\mu m$，数目众多的细小粒子之间没有化学键接。少量的塑料相包覆在交联橡胶粒子周围形成连续相。

4. 热塑性硫化胶的性能

（1）密度　TPV 与其他弹性体材料相比，具有密度小（$0.89\sim0.97g/cm^3$）的特点，与软质 PVC 和硫化橡胶材料相比，其制品质量可减轻 30% 左右。

（2）耐热性　TPV 材料与其他弹性体材料相比，具有良好的耐热性，因此可以在较高温度下使用；TPV 具有宽泛的使用温度范围（$-60\sim135℃$）。

（3）力学性能　TPV 的力学性能随着交联密度的变化而改变，硫化程度增加，交联密度增大，拉伸强度增大，达到一定高度则趋缓，在标准 3 号油中的膨胀率随着硫化程度的增加而降低。见图 1-20。

TPV 具有优良的抗压缩变形性能，与其他弹性体相比，其在高温下也能保持优良的弹性性能，为其广泛应用奠定了基础。许多传统硫化橡胶长时间暴露在空气、氧气和臭氧中都会严重老化，TPV 却具有优良的耐臭氧、氙灯老化性能。TPV 的环境老化性能都远超过美国 ASTM 标准。TPV 材料有很好的电绝缘性能，其体积电阻率达 $10^{15}\sim10^{16}\Omega\cdot cm$，介电强度达 18kV/mm 以上。与传统硫化橡胶及其他合成型 TPE 材料相比，由于 TPV 中含有具有结晶相的塑料，因此其耐油性能明显提

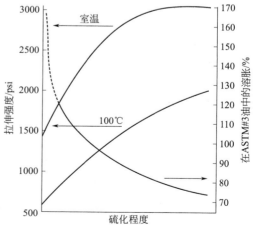

图 1-20　TPV 的力学性能与硫化程度
的关系（1psi＝6894.76Pa）

高，并且这种趋势随着材料硬度的提高变得更为明显。TPV 具有优良的耐酸碱性能，对酸碱类清洁剂均有很强的抵抗力，在酸碱环境下长时间使用后仍能保持原有特性。

采用热塑性 IIR/PATPV 制备轮胎气密内衬层，与传统的热固性丁基橡胶相比，不仅提高了轮胎的气密性，而且降低了轮胎的自重，从而达到轮胎节油、长寿命目标；使用 IIR/PATPV 气密内衬层的轮胎，其气体阻隔层重量减少 60%，而气密性达到原有的 10 倍以上。

新型医用 IIR/PPTPV 材料与传统的丁基硫化胶胶塞相比，具有成型方便、成本低、可回收等优点。

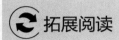 拓展阅读

### 生态橡胶的探索

随着我国对生态环境保护力度的加强，具有较为严重污染性的再生橡胶行业也发生了重大变革。废轮胎资源综合利用的方式既要保持再生橡胶良好的塑化性能，又要有硫化橡胶粉纯粹机械加工的生产方式，才能继续留在橡胶制品市场发展。

长城橡胶有限公司积极寻找新途径，研发新的环保工艺，终于研发成功了在现有设备条件下制造生态橡胶的技术和工艺。该技术是将废轮胎硫化橡胶粉在常温下，通过机械反复挤压、撕裂的过程中，在塑化剂的帮助下，使硫化橡胶粉变软并塑化成片，生产出具有可塑性的生态橡胶，易于在橡胶制品生产中应用。在常温下，没有硫化橡胶粉中有害化合物挥发性气体溢出，没有异味，也不产生废气废水排放。生态橡胶能够保留橡胶的大部分理化性能指标，生产加工是纯机械的物理过程，属于生态友好型的绿色产品，符合环保的相关规定。在橡胶制品制造中，用生态橡胶代替或部分替代原生橡胶，能节约天然橡胶与合成橡胶的使用，减少生产过程中的添加剂用量，降低生产成本。经检测，经过上述处理获得的生态橡胶拉伸强度达到 15MPa，扯断伸长率达到 500%～610%，穆尼黏度达到 70～80ML100℃（1+4），利用生态橡胶制作的橡胶板样品，通过了五项有毒物质控制检测和环保认证，受到客户的一致好评。

什么是生态橡胶？它的定义是：利用废弃的橡胶制品为原料，减少这些固体废弃物对环境的污染，实现资源节约与循环利用；在常温下，通过纯机械加工的物理方法生产，没有工业污水和有害气体排放，生产全过程都符合环境友好之要求；产品各项理化性能指标优良，与其它原生橡胶有较好的相容性，可替代或部分替代原生橡胶资源，减少下游产品的生产成本。

这种生态橡胶从原料、生产全过程到产品应用都体现出人与自然的和谐关系，且工艺过程简单，节省投资，节约能源，各项物理化学性能指标优于传统再生橡胶。其工艺加工过程如下：生态橡胶具有与原生橡胶良好的相容性，用于橡胶制品生产的混炼，能最大程度保持原生橡胶产品的理化性能指标，成为替代或部分替代原生橡胶的一个新的环境友好型橡胶品种，减少混炼胶中原生橡胶的比例，降低原材料成本，必将替代传统再生橡胶，与天然橡胶、合成橡胶并列为第三橡胶资源。

塑化剂是生态橡胶生产技术的关键之一，它能在常温下通过机械方法有效地将硫化橡胶弹性体快速软化，而并不参与橡胶的化学反应，残留在生态橡胶中的塑化剂，并不会影响下游产品的理化性能指标。目前，生态橡胶的塑化机理尚不明确，有待进一步研究和探索。

# 思考题

1. 天然生胶包括哪些主要品种？指出烟胶片和颗粒胶在制造工艺上的主要区别及其优缺点各有哪些？

2. 为什么标准马来西亚橡胶的分级方法能较好地反映橡胶的内在质量和使用性能？

3. 天然橡胶中的非橡胶成分对天然橡胶的性能有什么影响？

4. 从天然橡胶的分子结构式，总结其结构特点与化学特性的关系。

5. 天然橡胶有哪些优异的性能？说明原因。

6. 天然橡胶有哪些缺点？如何克服？为什么天然橡胶容易塑炼？

7. 乳聚丁苯橡胶的主要品种有哪些？

8. 简要介绍丁苯橡胶的结构和性能之间的关系。

9. 顺丁橡胶的主要优点和其结构之间有何关系？制作轮胎，顺丁橡胶的缺点是什么？如何克服？

10. 异戊橡胶和天然橡胶既然化学结构完全相同，为什么性能上还有差异？

11. 常称氯丁橡胶为多能橡胶，说明其多能之处并阐明结构原因？

12. G型和W型氯丁橡胶，在贮存稳定性、加工性和耐老化性方面有何不同？为什么？

13. 阻燃运输带一般采用哪种橡胶，说明原因？

14. 丁基橡胶有何优点？为什么？丁基橡胶作为内胎胶的优点是什么？丁基橡胶能否采用过氧化物硫化？

15. 为什么要对丁基橡胶进行卤化改性？改性后的性能将有哪些变化？为什么？

16. 二元和三元乙丙橡胶的区别在哪儿？它们共同的优点是什么？与结构有何关系？

17. 丁腈橡胶的优缺点有哪些？为什么？简要介绍丁腈橡胶的配合要点。

18. 随丙烯腈含量的提高，丁腈橡胶的性能将发生哪些变化？为什么？

19. 列表比较 NR、SBR、BR、CR、NBR、IIR、EPDM（E型）的分子结构式、结晶性、柔性、极性、不饱和性以及炭黑补强硫化胶的拉伸强度、耐磨性、弹性、耐寒性、气密性、耐油性、耐化学腐蚀性、耐热性、耐臭氧性及电绝缘性等。

20. 写出硅橡胶的化学结构通式，分析其结构和性能的关系。指出其主要品种的性能特点是什么？

21. 写出23型、26型氟橡胶的分子结构式，指出其结构和性能的共同点和区别点各是什么？

22. 写出聚氨酯橡胶的结构通式，其结构和性能之间有怎样的关系？聚氨酯如何选择配合体系？为什么？

23. 丙烯酸酯橡胶、氯醚橡胶、氯磺化聚乙烯橡胶、聚硫橡胶最突出的优缺点是什么？

24. 欲制造下列橡胶制品和部件，应选择何种橡胶（具体的品种牌号）？为什么？（提示：应从制品的使用性能要求、加工条件及成本等三方面综合考虑，可以单用，也可以并用。）

① 载重汽车轮胎胎面胶、帘布胶；

② 自行车外胎胎面胶；

③ 轮胎内胎；

④ 球鞋大底和围条（一次硫化）；

⑤ 高档运动鞋鞋底（二次硫化）；

⑥ 汽车门窗密封胶条；

⑦ 电缆外套；

⑧ 高压电缆绝缘层；

⑨ 耐氯甲烷化工容器衬里；

⑩ 耐 130℃、170℃、250℃热油胶件；

⑪ 绝缘手套；

⑫ 耐热防燃运输带覆盖胶；

⑬ 道轨缓冲垫片；

⑭ 耐－70～300℃橡胶零件；

⑮ 冰箱用密封胶条；

⑯ 人造心脏；

⑰ 纺纱皮辊；

⑱ 高真空设备用橡胶配件；

⑲ 高强度微孔弹簧垫；

⑳ 印刷胶辊；

㉑ 屋顶铺设材料涂敷层；

㉒ 橡胶水坝；

㉓ 耐一般酸碱夹布胶管；

㉔ 公路填缝材料；

㉕ 桥梁减震垫；

㉖ 探空气球；

㉗ 浓硝酸密封件；

㉘ 透明鞋底；

㉙ 隧道缝隙的密封胶条；

㉚ 汽车大灯的密封圈。

25. 硫化胶再生的工艺方法有哪些？简要介绍再生机理。

26. 影响橡胶再生的因素有哪些？各有何影响？

# 情境设计二
# 硫化体系的选择

学习目标

　　本教学情境设计以轮胎硫化体系设计为典型案例进行分析，通过学习让学生掌握硫化的基本概念、硫化历程、硫化胶的结构与性能，常用的硫化剂、促进剂、活性剂、防焦剂的性能特点和基本用法，了解硫化机理及硫化胶性能。

## 任务一　轮胎硫化体系的选择

### 一、概述

#### （一）硫化的基本概念

1. 硫化的定义

　　硫化是指橡胶的线型大分子链通过化学交联而构成三维网状结构的化学变化过程。橡胶分子链在硫化前后的状态如图 2-1 所示。

(a) 生胶　　　　　　(b) 硫化胶

图 2-1　橡胶分子链硫化前后的网络结构

　　橡胶硫化是橡胶制品制造工艺的最后一个流程，也是橡胶制品加工中最主要的物理-化学过程。这一过程使未硫化胶料转变为硫化胶，从而赋予橡胶各种宝贵的物理性能，使橡胶成为广泛应用的工程材料，在许多重要部门和现代尖端科技，如交通、能源、航空航天及宇宙开发的各个方面都发挥了重要作用。

　　硫化反应是美国人 Charles Goodyear 于 1839 年发现的。他将硫黄与橡胶混合加热制得性能较好材料。这一发现是橡胶发展史上最重要的里程碑。英国人 Hancock 最早把这一方法用于工业生产，他的朋友 Brockeden 把这一生产过程称作硫化，直至今天仍然沿用这一术语。现在人们认识到这一过程是高聚物大分子链交联形成网络结构，它严格限制了分子链的互相滑动。除了硫黄外，人们又陆续发现了许多化学物质，例如过氧化物、金属氧化物、醌

肟类化合物、胺类化合物等都可使橡胶硫化，有些胶料不用硫化剂，用 γ 射线辐射也能硫化。但是，无论交联剂品种或硫化方法如何变化，硫黄在橡胶工业用交联剂中仍占统治地位，硫化仍然是橡胶工业最重要的环节，因此硫化就成为交联的代表性用语。

橡胶经硫化（交联）使原结构发生改变，这必然导致橡胶在物理及化学性质方面的变化。橡胶在硫化过程中力学性能的变化如图 2-2 所示。

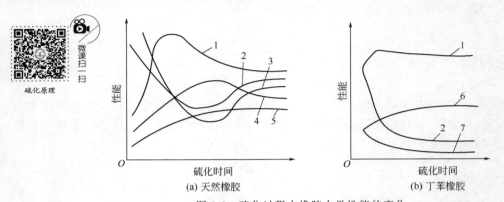

图 2-2　硫化过程中橡胶力学性能的变化
1—拉伸强度；2—拉断伸长率；3—溶胀性能；4—回弹性；5—硬度；6—定伸应力；7—永久变形

橡胶的硫化过程，是硫化胶结构连续变化的过程。如天然橡胶的交联键数量在一定的硫化时间内逐渐地增加，而达到一个极限值后又有所下降。此外，硫化过程中所生成的交联键类型以及交联键的分布都依硫化过程有所变化。

由图 2-2 可知，不同结构的橡胶，在硫化过程中力学性能的变化各不同，如天然橡胶与丁苯橡胶在硫化过程中性能变化明显不同。即使相同结构的橡胶，硫化过程中性能变化也不相同。例如丁苯橡胶硫化过程中，随着硫化时间的增加，拉断伸长率和永久变形是下降的；定伸应力是逐渐增加的。因为未硫化的生胶是线型结构，其分子链具有运动的独立性，而表现出可塑性大，伸长率高，并具有可溶性。经硫化后，在分子链之间形成交联键而成为空间网状结构，因而在分子间除次价力外，在分子链彼此结合处还有主价力发生作用，并且交联键的存在，使分子链间不能产生相对滑移，但链段运动依然存在。所以硫化胶比生胶的拉伸强度大、定伸应力高、拉断伸长率小而弹性大，并失去可溶性而只产生有限溶胀。

此外，硫化胶的耐温范围大大变宽。以天然橡胶为例，其生胶仅在 5～35℃ 范围内保持弹性，而硫化胶可在 -40～130℃ 的广泛温度范围内保持高弹性。因为交联限制了分子链的运动，使低温下不易结晶变硬，而高温下又不产生塑性流动。

还有，硫化过程中，一方面，由于交联作用，橡胶分子结构中的双键或活性官能团的数量逐渐减少。另一方面，交联键的不断形成使橡胶分子链段的热运动减弱，低分子物质的扩散作用受到阻碍。因此，橡胶的化学稳定性、耐热氧老化性得到提高，同时，橡胶的耐透气性及密度也有所提高。

2. 硫化体系简介

自 1839 年发现了硫黄硫化橡胶以来，橡胶工业得到飞跃的发展。表 2-1 列举了几个橡胶硫黄硫化的历史进展。

表 2-1　橡胶硫黄硫化的历史进展

| 年份 | 硫化系统 | 硫化时间 | 温度 | 发明者 |
|---|---|---|---|---|
| 1839 年 | 硫黄 | 9~10h | 140℃ | Goodyear |
| 1844 年 | S+PbO | | 140℃ | Goodyear |
| 1906 年 | S+PbO+苯胺 | 1~2h | 140℃ | Mark Oenslager |
| 1920 年 | S+ZnO+苯胺+硬脂酸 | 20~40min | 140℃ | Bayer |
| 1921 年 | S+ZnO+促进剂 D+硬脂酸 | 20~30min | 140℃ | |
| 1925 年 | S+ZnO+M+硬脂酸 | 约 10min | 140℃ | |
| 1930 年 | S+ZnO+DM+硬脂酸 | 约 10min | 140℃ | |

由于硫黄价廉易得，资源丰富，硫化胶性能好，仍是最佳的硫化剂。经过 100 多年的研究及发展，已形成几个基本的不同层次的硫黄硫化体系，组成层次表示如下：

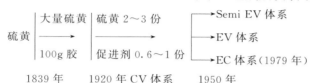

1839 年　　　　1920 年 CV 体系　　　1950 年

CV 代表普通硫黄硫化体系；Semi EV 代表半有效硫黄硫化体系；EV 代表有效硫黄硫化体系；EC 代表平衡硫黄硫化体系。以上四个不同的硫黄硫化体系在不同橡胶制品中得到了广泛的应用。

### （二）硫化胶交联结构与性能的关系

硫化胶的性能不仅与生胶的结构有关，更决定于硫化胶网状结构的性质。交联密度、交联键类型以及网状结构的均匀性都对硫化胶的力学性能和化学性能有着重要的影响。

**1. 交联键的基本类型**

不同的硫化体系和硫化条件，所得交联键的类型不同。而不同类型的交联键具有不同的键能，如表 2-2 所示。

表 2-2　不同类型的交联键与键能的关系

| 交联键类型 | 硫　化　体　系 | 键能/(kJ/mol) |
|---|---|---|
| C—S$_x$—C | 普通硫黄硫化(硫黄+促进剂+活性剂) | <268.0 |
| C—S—C | 硫黄给予体硫化(TMTD 无硫硫化) | 284.7 |
| C—S$_2$—C | 有效硫化 | 268 |
| C—C | 过氧化物、烷基酚醛树脂 | 351.7 |
| C—O | 金属氧化物、烷基酚醛树脂 | 360 |

**2. 交联结构与硫化胶性能的关系**

（1）交联密度与硫化胶性能　　交联密度反映了橡胶硫化（交联）程度的深浅，其表示方法有多种，常用 $\frac{1}{2}M_c$ 来表示。$M_c$ 为硫化胶网状结构相邻交联点间的橡胶链段的平均分子量，$\frac{1}{2}M_c$ 则表示单位质量的硫化胶中含有的横键数量（或交联点数）。$M_c$ 越大，硫化程度越浅；$M_c$ 越小，硫化程度越深，因此 $M_c$ 与交联密度成反比。用 $\frac{1}{2}M_c$ 来表示交联密度，是因为每引入一个新的交联点，就相应引出两个有效交联链段。

硫化胶交联密度的大小，决定于硫化体系配合剂的选择及硫化条件。而交联密度的大小对硫化胶一系列性能会产生规律性影响。当交联键的类型相同时，随着交联密度的增加，硫化胶的定伸应力、硬度、回弹性（过高的交联密度除外）、定负荷条件下的耐疲劳龟裂性（交联密度适当提高时）提高，拉断伸长率下降，永久变形和动态生热减小，在溶剂中的溶胀减小。

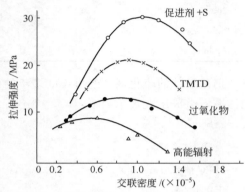

图 2-3　不同硫化体系硫化胶交联密度与拉伸强度的关系

而交联密度与拉伸强度之间不成正比关系，而是随交联密度的增加，拉伸强度有最大值。也即交联密度适当时，拉伸强度可达最大值（见图 2-3）。这是因为适当的交联程度，有助于分子链的定向排列和伸长结晶，所以强度上升；而过密的交联网构则阻碍分子链的定向排列，妨碍了结晶，所以强度反而下降。同时，交联密度过高时，会更加重交联键分布的不均匀性，致使应力分布更不均匀，也使拉伸强度下降。

交联密度和抗撕裂性能的关系与拉伸强度的相类似，只不过撕裂强度出现最大值时的交联密度范围比较窄，而且交联密度要比最大拉伸强度的交联密度低得多。这是因为在较低交联密度时，硫化胶有较高的伸长率，有助于撕裂强度的提高。

（2）交联键的类型与硫化胶性能　从表 2-2 可知，多硫交联键的键能较低（习惯上称为"弱键"），所以，多硫交联键的热稳定性较差。而碳-碳键、碳-氧键、单硫键、双硫键等键能较高（习惯上称为"强键"），则具有优良的热稳定性，即有较高的抗硫化返原性、耐热老化性，而且动态条件下生热低。但含多硫交联键的硫化胶，却有较高的拉伸强度（见图 2-3）。

从图 2-3 可知，普通硫黄硫化体系的拉伸强度最高值可达 30MPa，TMTD 无硫硫化体系的拉伸强度最高值可达 20MPa，而过氧化物硫化体系的拉伸强度最高值大约只有 13MPa。因为普通硫黄硫化体系所得交联键是以多硫键为主，并附以低硫键；TMTD 无硫硫化体系所得交联键是单硫键和双硫键；而过氧化物硫化体系只能得到碳-碳交联键。

在硫化网构中，交联键的分布是不均匀的，所以交联点间的链段长度 $M_c$ 长短不一，当网状结构受力变形时，应力分布不均匀，即有的链段先受力和受力较大。如遇交联键强时，链段将在较低伸长下断裂，而产生分子流动，这就更加剧了应力分布的不均匀程度，最后导致网状结构的整个扯断。如果交联键是弱键，则当应力作用时，弱键很快断开，解除所受负荷，而将应力转移分配给邻近链段，使应力得到分散，网状结构作为一个整体，均匀地承受较大应力。而且交联键的较早断裂还有利于该部分主链的定向排列和伸长结晶。再者，弱键断裂后，在一定条件下还能再形成新的交联键，如图 2-4 所示。

这种交联键的重排，在一定程度上减缓了原始交联的不均匀性。以上因素均有利于提高硫化胶的强度。

图 2-4　交联键的重排

如果网状结构中同时存在交联强键和弱键，当弱键断开时，强键继续维持着网状结构的高伸张状态，由于弱键的继续断裂，使集中的应力得到更好的均匀分散，并增多结晶区，而最终将应力均匀分布的、由强键构成的整体网络扯断，所以强度能达到更高水平。不同交联键类型不仅对硫化胶的拉伸强度有上述影响，而且对硫化胶的耐疲劳性能也有显著影响。当硫化胶网状结构中含有一定数量的多硫交联键时，耐疲劳龟裂性能提高。而网状结构中只有单一的单硫和双硫交联键或碳-碳交联键时，硫化胶的耐疲劳龟裂性能较低。因为有多硫交联键时，在温度和反复变形应力的作用下，多硫交联键的断裂和重排等作用缓和了应力作用。

此外，交联键的类型与硫化胶的弹性和抗压缩变形性也有密切关系。多硫交联键因有助于链段的运动性，所以提高了弹性，但因键能低、活动性大，而使压缩永久变形增大。而单硫、双硫和碳-碳交联键则表现为弹性较差，而压缩永久变形小。

## 二、硫化剂的选择

在一定条件下，能使橡胶发生硫化（交联）的化学物质统称为硫化剂（或交联剂）。

橡胶用的硫化剂种类很多，常用的有硫黄、硒、碲、含硫化合物、过氧化物、金属氧化物、酯类化合物、胺类化合物、树脂类化合物等。其中，硫黄、硒、碲及含硫化合物均属硫黄硫化剂范畴，主要用于天然橡胶和二烯类通用合成橡胶（丁苯橡胶、顺丁橡胶、异戊橡胶、丁腈橡胶）的硫化，低不饱和度的丁基橡胶和某些硫速较快的三元乙丙橡胶有时也可使用硫黄硫化，其他非硫黄类硫化剂主要用于饱和程度较大的合成橡胶及特种合成橡胶的硫化。

近年来新发展的氨基甲酸酯硫化体系和马来酰亚胺类硫化剂可用于通用橡胶的高温快速硫化。

从发现硫黄硫化天然橡胶以来，已有一个半世纪之久，但至今硫黄仍是二烯类通用橡胶的主要硫化剂。因为硫黄不仅比其他新型硫化剂价格便宜，而且当硫黄与促进剂、活性剂并用时可使硫化胶获得良好的力学性能。所以，普通橡胶制品仍以硫黄硫化为主，而特殊性能的制品，则采用上述特殊的新型硫化剂。

### （一）硫、硒、碲

1. 硫黄的品种、特点，喷硫及其解决方法

硫黄是浅黄色或黄色固体物质，硫黄分子是由八个硫原子构成的八元环（$S_8$），有结晶和无定形两种形态。在自由状态下，硫黄以结晶形态存在，把硫黄加热至熔点（119℃）以上时，则变成液体硫黄，即无定形硫。所以橡胶在硫化时，硫黄是处于无定形状态的。

硫黄是由硫铁矿经煅烧、熔融、冷却、结晶而得。再经不同的加工处理，便可得到不同的硫黄品种。在橡胶工业中使用的硫黄有硫黄粉、不溶性硫黄、胶体硫黄、沉淀硫黄、升华

硫黄、脱酸硫黄和不结晶硫黄等。

(1) 硫黄粉　是将硫黄块粉碎筛选而得。其粒子平均直径 15～20μm，熔点 114～118℃，相对密度 1.96～2.07，是橡胶工业中使用最为广泛的一种硫黄。

(2) 不溶性硫黄　是将硫黄粉加热至沸腾（444.6℃），倾于冷水中急冷而得的透明、无定形链状结构的弹性硫黄。亦可将过热硫黄蒸气用惰性气体稀释，喷在冷水雾中冷却至90℃以下制得，或将硫黄块溶于氨中立即喷雾干燥获得。因大部分（65％～95％）不溶于二硫化碳，故称不溶性硫黄。由于它具有不溶于橡胶的特点，因此在胶料中不易产生早期硫化和喷硫现象，无损于胶料的黏性，从而可剔除涂浆工艺，节省汽油、清洁环境。在硫化温度下，不溶性硫黄转变为通常的硫黄以发挥它对橡胶的硫化作用。一般用于特别重要的制品，如钢丝轮胎等。

(3) 胶体硫黄　是将硫黄粉或沉降硫黄与分散剂一起在球磨机或胶体磨中研磨而制成的糊状物。其平均粒径 1～3μm，沉降速度低，分散均匀，主要用于乳胶制品。

(4) 沉淀硫黄　将碱金属或碱土金属的多硫化物用稀酸分解，或将硫代硫酸钠用强酸分解，或将硫化氢与二氧化硫反应均能生成沉淀硫黄。沉淀硫黄能完全溶于二硫化碳，粒子细，在胶料中的分散性高。适用于制造高级制品、胶布、胶乳薄膜制品等。

(5) 升华硫黄　硫黄块用曲颈蒸馏器干蒸，升华的硫黄在冷却器壁上凝结成黄色结晶粒即为升华硫黄，或将矿石在密闭釜中加热，使硫黄升华而得。纯度较高，通常含有 70％的斜方硫，其余为无定形不溶性硫黄。但含有硫黄蒸气氧化生成的亚硫酸，酸价常在 0.2％～0.4％，能迟延硫化。熔点为 110～113℃。新制升华硫黄易在胶料中结团。

(6) 脱酸硫黄　将升华硫黄用水或碱水洗去所含硫酸成分的精制品。

(7) 不结晶硫黄　升华硫黄与少量碳酸镁混合的产品。在胶料硫化中能防止生成不溶解的结晶硫黄。

橡胶工业对硫黄的技术要求最主要的是纯度，当杂质含量多时，应适当增加硫黄用量。其次是硫黄的分散程度。但是，过细的硫黄（平均粒径低于 3～5μm 时），在混炼中反而容易结团，使分散困难。硫黄的酸度不应过大，否则将迟延硫化，并会和碳酸盐组分作用产生气泡，影响橡胶制品的质量。

硫黄在橡胶中的用量是依据制品的使用要求而决定的，一般在 0.3～4 份。在一般软质橡胶中，硫黄用量一般不超过 3～3.5 份（以生胶为 100 份计，这里的份是指质量份、以下均同）；在半硬质橡胶中，硫黄用量为 20～30 份，在硬质橡胶中，硫黄用量可高达 30～47 份。

普通硫黄在橡胶中的溶解度随温度的升高而增大，当温度降低时则呈过饱和状态，过量的硫黄会析出胶料表面形成结晶，这种现象叫作喷硫。硫黄在天然橡胶中的溶解能力以及溶解度和温度的关系如表 2-3 和图 2-5 所示。

**表 2-3　硫黄在天然橡胶中的溶解能力**

| 100g 橡胶中硫黄的质量/g | 溶解温度/℃ | 析出温度/℃ | 100g 橡胶中硫黄的质量/g | 溶解温度/℃ | 析出温度/℃ |
|:---:|:---:|:---:|:---:|:---:|:---:|
| 1.0 | 20 | — | 4.0 | 67 | 35 |
| 1.5 | 29 | — | 5.0 | 78 | 58 |
| 2.0 | 39 | — | 7.0 | 97 | 82 |
| 3.0 | 54 | 16 | | | |

从图 2-5 可以看出，曲线 1 以下的区域为处于稳定溶解状态的硫黄量，此时，硫黄不会从胶料中析出；曲线 1 和曲线 2 之间的区域为处于过饱和溶解状态（亚稳状态）的硫黄量，此时硫黄极易从胶料中析出；曲线 2 以上的区域为处于不稳定状态的硫黄量，此时硫黄必然从胶料中析出。

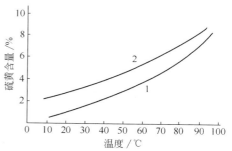

图 2-5　温度对硫黄在天然橡胶中的
溶解度及过饱和极限的影响
1—溶解度曲线；2—过饱和溶解量

当在混炼操作中加入硫黄时，因混炼温度过高或混炼不均匀，硫黄在胶料中或局部胶料中会有较多的溶解。在混炼胶停放时，由于胶料中或局部胶料中的硫黄溶解量超过其在室温下的饱和溶解极限或过饱和溶解极限，就会从胶料中结晶析出，造成喷硫现象。此外，由于硫黄配合量不当或严重欠硫，也会造成制品喷硫。

未硫化胶料的喷硫现象会破坏硫黄在胶料中分布的均匀性，降低胶料表面的黏附力；而制品喷硫，不仅影响制品的外观，也会使制品的耐老化性能下降。

为防止未硫化胶喷硫，硫黄宜在尽可能低的温度下混入，在胶料中配用再生胶；加硫黄之前先加入某些软化剂，使用槽法炭黑；硫黄和硒并用等均能减少喷硫现象，而采用不溶性硫黄是消除喷硫的最可靠方法。

2. 硒特点与用法

（1）特点　红色或灰色粉末。灰色六方晶体最稳定，相对密度 4.81；红色无定形体，相对密度 4.26～4.28。熔点 217℃，沸点 690℃。性脆。溶于二硫化碳、苯、喹啉等。有毒。

（2）用法　硒为天然橡胶、丁苯橡胶的第二硫化剂，单用时不能硫化。在一般硫黄胶料中其最宜用量为硫黄重量的 20%～38.5%。能缩短硫化时间；亦可增加定伸应力、拉伸强度和耐磨性；但会使伸长率降低。在无硫配合的秋兰姆胶料中能赋予优良的耐热、耐老化、耐磨性能，可以改善绝缘性能，防止喷霜。硫化胶不易燃烧。较碲活泼。在软质橡胶制品中一般用量约 0.5 份。

3. 碲特点及应用

（1）特点　灰色粉末或晶体。相对密度 6.24。熔点 452℃，沸点 1390℃。易传热和导电。不溶于水，溶于硫酸、硝酸、氢氧化钾和氰化钾溶液。有毒。

（2）应用　碲为天然橡胶、丁苯橡胶的第二硫化剂。在一般硫黄胶料中，能缩短硫化时间；提高定伸应力、拉伸强度、耐磨性；但能降低伸长率。能防止过硫。活性较硒差。在无硫配合的秋兰姆胶料中能赋予优良的耐老化性能。

4. 硫黄硫化机理

（1）硫黄的反应性　硫黄在自然界以含有 8 个硫原子的环状结构 $S_8$ 分子形式稳定存在。在室温下，元素硫与橡胶不发生作用。为使硫黄容易进行反应，必须加热使硫黄裂解。温度升高到 159℃时，硫黄环被活化裂解。

硫黄的特殊原子结构，特别是它的 3d 空穴轨道，电子容易参与空穴轨道的热激发而形成的各种 π 键形式的共轭效应。硫环被热激发时存在着如图 2-6 所示的结构形式。由于 π 电子云的不稳定性，硫黄环的裂解随条件而异，可以是均裂成自由基或异裂成离子，即：

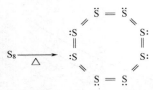

$$S_8 \xrightarrow{\triangle}$$

图 2-6 $S_8$ 分子轨道共振最可能形式

$$S:S:S \cdots S \cdots S \cdots \left\{ \begin{array}{l} \xrightarrow{\text{均裂}} \cdot S:S:S:S:S:S:S:S:S \cdot \quad (\text{自由基}) \\ \xrightarrow{\text{异裂}} + S:S:S:S:S:S:S:S:S^- \quad (\text{离子}) \end{array} \right.$$

因此，橡胶与硫黄的化学反应有两种可能性，这决定于反应系统和介质。如果硫环裂解按离子型方式进行，则以离子型或极性机理与橡胶分子链进行反应；如果硫环按自由基型方式进行，则硫黄与橡胶的反应按自由基机理进行。加热到高温时硫环即行打开，通常均裂成双基活性硫黄分子。继续加热，这些双基活性硫黄又分裂成含有不同硫黄原子数目的双基硫活性分子，如 $\cdot SS_4S \cdot$、$\cdot SS_2S \cdot$、$\cdot S_2 \cdot$ 等，即：

$$S_8 \xrightarrow[\triangle]{159℃} \cdot S—S_6—S \cdot \xrightarrow{\triangle} \cdot SS_4S \cdot + \cdot S_2 \cdot$$

这些活性双基硫黄又可以和其他硫黄分子聚合成比较大的橡皮硫，但它的活性很低。例如：

$$\cdot S_2 \cdot + x S_8 \longrightarrow \cdot S_{8+x} \cdot \longrightarrow 橡皮硫$$

上述的双基硫黄中，含有 3~4 个硫黄原子的双基硫非常活泼，但产生 $\cdot S_2 \cdot$ 的反应概率较低，因为这种反应需要大量热能并需较高温度。

（2）不饱和橡胶分子链的反应性　不饱和橡胶即二烯类橡胶一般都能与硫黄进行反应。因为大分子链上每个链节都有双键，一条大分子链又有数千个链节，即有数千个双键存在。双键上的 π 电子云反应活性很高，可以看作电子源，它与缺电子物质，即吸电子试剂有加成反应倾向，也能吸引自由基。当双键受到外界离子或自由基影响时，则会使 π 电子云转移。当双键受到离子化作用时，电子云全部转移到一个碳原子上。此时一个碳原子带负电荷，一个碳原子带正电荷，因此，双键上即能进行离子型加成反应。当双键受到自由基作用时，π 电子对中只有一个电子移到双键碳原子上，无电荷变化，不饱和双键成为双自由基，能进行自由基的加成反应。双键反应形式如下：

这与硫黄热裂的两种可能形式相似。因此橡胶分子链与硫黄的反应历程，将取决于硫黄的活化形式。

由于双键的存在，连在双键碳原子上的氢（乙烯基氢）很难解离。相反连在与双键相邻碳原子上的氢（烯丙基氢，也称位置氢）很容易脱除，形成的烯丙基自由基是非常活泼的，链烯烃橡胶分子链上碳原子脱氢难易顺序或其相应的自由基活性顺序是：

$$烯丙基＞叔基＞仲基＞伯基＞甲基＞乙烯基$$

通过对硫化过程研究发现，硫化时双键数目往往变化不多，说明硫化反应往往是在双键的 α-亚甲基，即烯丙基的碳原子上进行的。当双键受外界影响，其电子云由于极化变形，反应物质即能结合到 α-亚甲基上。离子型反应一般是在脱氢后产生电荷，带有电子空穴的取代物就很容易取代氢而结合上去。当受到自由基作用时，则在 α-亚甲基上进行自由基取代反应。通常自由基可以将自由基状态转移给链烯烃，使之成为大分子自由基而能进一步反应：

$$\underset{}{\leftarrow} CH_2—CH_2—CH=CH \rightarrow + R \cdot \longrightarrow \overset{\cdot}{\leftarrow} CH_2—CH—CH=CH \rightarrow + RH$$

几种橡胶的链烯烃上最活泼的反应活性中心举例如下：

$$\text{NR(IR)} \quad \underset{\cdot}{\sim}\!\!\sim\!\!\left(\!\!\text{CH}\underset{\cdot}{-}\overset{\overset{\displaystyle CH_3}{|}}{C}\!\!=\!\!\text{CH}\underset{\cdot}{-}\text{CH}\!\!\right)_{\!n}\!\!\sim\!\!\sim$$

$$\text{BR} \quad \sim\!\!\sim\!\!\left(\!\!\underset{\cdot}{\text{CH}}\underset{\cdot}{-}\text{CH}\!\!=\!\!\text{CH}\underset{\cdot}{-}\text{CH}\!\!\right)_{\!n}\!\!\sim\!\!\sim$$

$$\text{SBR} \quad \sim\!\!\sim\!\!\left(\!\!\underset{\cdot}{\text{CH}}\underset{\cdot}{-}\text{CH}\!\!=\!\!\text{CH}\underset{\cdot}{-}\text{CH}\!\!\right)_{\!n}\!\!\left(\!\!\text{CH}_2\underset{\cdot}{-}\text{CH}\!\!\right)_{\!0.3n}\!\!\sim\!\!\sim$$

至于硫化反应中是属离子型反应还是自由基反应，主要取决于参与硫化反应的各种物质及反应条件，因此硫化反应可以按单一的离子型或自由基反应进行，亦可以混合的反应机理进行。

5. 硫黄硫化体系，有效、半有效硫化体系的特点，硫化胶的性能特点

（1）传统硫化体系　传统硫化体系也称普通（常规）硫化体系，是指目前生产中常采用的常硫量（硫黄用量 2～3 份）的硫黄-促进剂-活性剂体系。此体系能使硫化胶结构产生70％以上的多硫交联键，因此，硫化胶的拉伸强度高，耐磨性和抗疲劳龟裂性好，但耐热老化性能差。

这种硫化体系成本低，性能尚能满足一般制品的要求，而且加工安全性较好，不易发生焦烧，故目前橡胶厂的胶料配方大多采用传统硫化体系。

（2）有效硫化体系　有效硫化体系（EV）也称高效硫化体系。这种硫化体系有两种：一种是低用量的硫黄（0.3～0.5 份）+高用量的促进剂（3.0～5.0 份）；另一种是不用硫黄而采用高用量的高效硫载体作为硫化剂，例如二硫化四甲基秋兰姆（TMTD）3～3.5 份或 $N,N'$-二硫代二吗啉（DTDM）1.5～3 份等，为增加体系活性，也可与促进剂配合使用。

这种硫化体系由于硫黄用量很少或者根本不用硫黄，所以硫化胶结构中生成的单硫或双硫交联键占绝对的优势，一般高达 90％以上。由于硫黄有效地参与交联反应，故称为有效硫化体系。

由交联结构所决定，有效硫化体系具有下列优点：

① 抗硫化返原性好，适用于高温（160℃以上）快速硫化；

② 硫化均匀性好，适用于厚制品硫化；

③ 硫化胶耐热性好，适用于制作耐热制品；

④ 耐压缩变形性好，适用于制作密封等制品；

⑤ 生热性小，适用于制作动态下使用的制品。

但是，有效硫化体系存在着耐磨性、抗疲劳龟裂性较差以及成本高的缺点，为此发展了半有效硫化体系。

（3）半有效硫化体系　半有效硫化体系（SEV）也称半高效硫化体系，是指硫黄和促进剂用量介于传统和有效硫化体系之间或用硫黄给予体部分取代传统硫化体系中的硫黄而构成的硫化体系。其组成特点是硫黄用量为 0.8～1.5 份，促进剂用量（包括硫黄给予体在内）为 1～1.5 份以上。

这种硫化体系能使硫化胶产生适当比例的低硫和多硫交联键。除保留有效硫化体系的优点外，大大提高了抗疲劳龟裂性能（图 2-7）。因此适用于中等耐热和动态条件下工作的

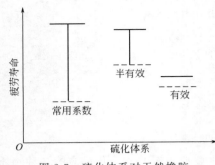

图 2-7　硫化体系对天然橡胶
疲劳寿命的影响

实线为起始疲劳寿命，虚线为
90℃老化 2d 后的疲劳寿命

制品。

在设计有效和半有效硫化体系时，要选用足量的脂肪酸（月桂酸比硬脂酸效果好），以增加氧化锌在胶料中的溶解能力，从而保证促进剂充分发挥活性作用。此外促进剂应尽可能采取并用方式，以提高硫化活性，降低促进剂的总用量。并且在促进剂品种的选择上以组成 AA 型、NA 型并用体系为佳，可得到较好的抗焦烧性能和硫化平坦性。从而适应高温快速硫化工艺的需要。为保证操作的安全性，必要时应使用防焦剂。

由于某些促进剂如 CZ、TMTD、TETD 等，在橡胶中的溶解性并不理想，硬脂酸和氧化锌反应生成的硬脂酸锌在橡胶中的溶解度也还嫌低，所以近年来二烯类橡胶硫化时，采用了所谓可溶有效硫化体系。可溶有效硫化体系的硫黄配用量一般不超过其在胶料中的溶解度，促进剂则采用 TBTD（二硫化四丁基秋兰姆）和 NOBS，并采用锌皂（如 2-乙基己酸锌）代替氧化锌和硬脂酸作为活性剂。可溶有效硫化体系的优点是，制品硫化程度均匀，硫化胶内部硬度均一，应力松弛和蠕变速度变慢，从而改善了动态性能，并可获得较高的生产效率。

### （二）含硫化合物

#### 1. 二硫化二吗啉

（1）性质　灰棕色或白色结晶粉末。相对密度 1.32～1.38。熔点不低于 120℃。溶于乙醇、丙酮、苯、二氯乙炔，不溶于水和脂肪烃。干燥时有着火的危险。燃烧温度 140℃，自燃温度 290℃。粉尘-空气混合物有爆炸危险，燃烧浓度下限 $20.5g/m^3$。中等毒性。

（2）功用及配合　用作天然橡胶、合成橡胶的硫化剂、促进剂。作硫化剂时，在硫化温度方能分解活性硫，其含硫量约 27%。操作安全，即使使用高耐磨炉黑也无焦烧之虞。单独使用硫化速度慢，与常用促进剂噻唑类、秋兰姆、二硫代氨基甲酸盐等促进剂并用可提高硫化速度。加入少量硫黄效果更好。水杨酸类酸性物质促使本品分解，加快硫化速度，但能使物理性能下降。不喷霜，不变色，不污染，易分散。尤其适用于丁基橡胶。硫化胶耐热、耐老化、变形性能佳。

#### 2. 二氯化硫

（1）结构式　Cl—S—Cl。

（2）性质　红棕色液体，有毒。相对密度 1.62，沸点 59℃，64℃便分解，遇水亦分解。

（3）功用及配合　天然橡胶、合成橡胶及胶乳用硫化剂，但不适于氯丁橡胶。能直接加入橡胶及胶乳。特别适用于胶乳及片形橡胶制品。

### （三）过氧化物

#### 1. 过氧化物的基本特性

① 含羧基的过氧化物（如过氧化二苯甲酰）的特点是对酸的敏感性小，分解温度低，

炭黑会严重干扰交联。

② 不含羧基的过氧化物（如过氧化二异丙苯）的特点是对酸的敏感性大，分解温度高，对氧的敏感性较小。

③ 有机过氧化物的分解及交联均为自由基反应。

④ 这类硫化剂交联效率通常可借助三烯丙基氰脲酸酯、三烯丙基膦酸酯等及少量硫黄提高。

⑤ 加入 ZnO 有助于提高耐老化性能，硬脂酸用量宜少，用多了会降低交联效率。

⑥ 胺类、酚类防老剂会干扰交联，宜少使用。

⑦ 操作油应以石蜡油为宜，环烷油、芳香油会干扰交联反应。

2. 过氧化物的用法

用作天然橡胶和合成橡胶的交联剂，一般用量为 1.5～3.0 份。可用于特种橡胶制品和医用制品。

### （四）醌类和马来酰亚胺

1. 基本特性

① 该类硫化剂适用于丁基橡胶、天然橡胶和丁苯橡胶，特别适用于丁基橡胶。

② 对醌二肟粉末与空气混合物有爆炸危险，有毒。

2. 基本用法

① 在丁基橡胶中使用时，用量 1～2 份，并配以 6～10 份 $PbO_2$ 或 $Pb_3O_4$，也可以配 2～4 份促进剂 DM。

② 在聚硫橡胶中使用时，用量 1.5 份左右，并配以 0.5 份 ZnO。

### （五）树脂类化合物

1. 基本特性

① 用作丁基橡胶、天然橡胶、丁苯橡胶和丁腈橡胶的交联剂，尤其适用于丁基橡胶。

② 叔丁基（或叔辛基）苯酚甲醛树脂、镁螯合的叔丁基酚醛树脂其粉尘-空气混合物有爆炸危险，有微毒。

③ 用此类硫化剂的硫化胶有优越的耐热性能，压缩变形小。在软化点温度以上混入胶料，还能改变工艺操作性能。

2. 基本用法

① 适用于高温硫化，硫化温度可达 300℃，但通常为 160～190℃。

② 配合用量 3～15 份，视不同胶种、不同产品要求而定。

③ 混入胶料温度应高于软化点温度。

### （六）金属氧化物

1. 基本特性

① 氧化锌是最重要、应用最广泛的无机活性剂，它既能加快硫化速度又能提高硫化程度。它既是活性剂，又可以用作补强剂和着色剂，在氯丁橡胶中又可作为硫化剂。

② 氧化镁除用作氯丁橡胶硫化剂外，还可作其活性剂或无机促进剂。加入本品能改善

抗焦烧性能。也用于天然橡胶和丁苯橡胶。在丁腈橡胶中可用作补强剂。

③ 氧化钙除作活性剂外，也是一种干燥剂，能吸收胶料在硫化中产生的湿气，防止起泡。

④ 氧化铅是防护放射线橡胶制品的重要配合剂。由于它相对密度大，有毒，在一般制品中不常用。

⑤ 氯化亚锡用作丁基橡胶酚醛树脂硫化时的活性剂。

⑥ 氧化镉用作高耐热硫化体系的活化剂。

**2. 基本用法**

① 根据不同产品、不同胶料性能要求选择所需活性剂。

② 在胶料中用量可高达 5 份。

### （七）有机胺类硫化剂

**1. 基本特性**

① 本类化合物主要用于氟橡胶、丙烯酸酯橡胶和聚氨基甲酸酯橡胶作交联剂，也用作合成橡胶改性剂以及天然橡胶、丁基橡胶、异戊橡胶、丁苯橡胶的硫化活性剂。

② 用热辊混炼时容易焦烧，所以混炼加入时应避免辊筒温度过高，最好待其他配合剂加入后再慢慢加入。

③ 加入本类化合物的胶料应在 24h 内用完，贮存期不宜过长。

④ 适用于高温短时间硫化，硫化胶抗返原性好。

**2. 基本用法**

① 采用高温硫化工艺，硫化温度可高达 204℃。

② 配合用量为 1～5 份，如用作第二硫化剂或活性剂，用量可低于 1 份。通常用 1.5～3 份。

**3. 硫化胶的结构与性能**

多胺硫化氟橡胶的特点是硫化胶的力学强度大，压缩永久变形小，高温长期老化后仍能保持良好的力学性能。如用过氧化物硫化氟橡胶可得极好的耐热性和耐酸性，但压缩变形性较差。新发展的 D 型氟橡胶（结构中加入了可交联的活性单体）可以采用过氧化物（另加助交联剂 TAIC，即三烯丙基三异氰脲酸酯）作硫化体系，其硫化胶在高温下的压缩永久变形尤其在高温蒸汽中的性能特别优越。

### （八）其他类型硫化剂

**1. 异氰酸酯**

**（1）基本特性**

① 此类化合物吸水性强，需贮存在无水、无其他溶剂的密闭容器中，贮存期 1 年。

② 有毒，应避免与皮肤及眼睛接触。

③ 黏合性能好，还可作橡胶/金属的黏结剂。也可用作橡胶与织物、玻璃、木材、皮革等材料的黏结剂。

④ 主要作为聚氨基甲酸酯橡胶的硫化剂，其硫化胶抗撕裂性能好，压缩变形小，耐热性能好。

（2）基本用法

① 使用这类交联剂无须添加硫黄硫化体系所需配合剂，但可用促进剂 PZ（ZDMC）和氧化钙等物质来改善硫化效率。

② 高温硫化时胶料流动性大，易膨胀变成海绵，脱模必须在冷却至 100℃ 以下进行。

③ 配合用量通常为 10～20 份。

2. 甲基丙烯酸酯

（1）基本特性

① 应存放于阴凉、干燥、避光处。

② 胶乳用交联剂，也可作聚乙烯、乙烯基化合物、丙烯酸化合物的交联剂。

③ 含这类化合物的胶料，混炼时有增塑效果，硫化后有增硬效果。

（2）基本用法

① 可以单用，也可以与过氧化物交联剂并用。

② 配合用量根据胶种和产品性能要求而定。

## 三、硫化促进剂的选择

凡能缩短硫化时间，降低硫化温度，减少硫化剂用量，提高和改善硫化胶力学性能和化学稳定性的化学物质，统称为硫化促进剂，简称促进剂。

橡胶硫化时采用促进剂，早期使用的是无机促进剂，主要是钙、镁、铝等的金属氧化物，但它们的促进效果与硫化胶性能均不甚理想。最初应用的有机促进剂是有机碱，如脂肪胺、环脂胺和杂环胺类化合物以及六亚甲基四胺等。20 世纪 20 年代初，有机促进剂的发展出现了一个飞跃，先后发现了硫醇基苯并噻唑类促进剂及许多高效有机促进剂。应用有机促进剂可提高橡胶制品的生产效率、降低制品成本，提高和改善制品的力学性能和耐老化性能，使厚制品质量均匀，还可改善制品的外观质量并使色泽鲜艳。

### （一）硫化促进剂的分类

有机促进剂品种繁多，通常可按化学结构、pH 值及硫化速度三种方法进行分类。

微课扫一扫

各类促进剂的
特点及应用

1. 按化学结构分类

按化学结构的不同，促进剂分为噻唑类、次磺酰胺类、秋兰姆类、胍类、二硫代氨基甲酸盐类、黄原酸盐类、醛胺类和硫脲类八大类。

2. 按 pH 值分类

按促进剂的酸碱性（指促进剂本身的酸碱性或硫化时促进剂与硫化氢反应后生成物的酸碱性）分为酸性、中性和碱性三类。属于酸性的有噻唑类、秋兰姆类、二硫代氨基甲酸盐类和黄原酸盐类；属于中性的有次磺酰胺类和硫脲类；属于碱性的有胍类和醛胺类。

3. 按硫化速度分类

按促进剂硫化速度的不同，国际上习惯以促进剂 M 为标准。凡于天然橡胶中硫化速度大于促进剂 M 的属于超速或超超速级促进剂；硫化速度低于促进剂 M 的为中速或慢速级促进剂；硫化速度和促进剂 M 相同或相近的为准超速级促进剂。根据上述标准，二硫代氨基甲酸盐类和黄原酸盐类为超超速级；秋兰姆为超速级；噻唑类和次磺酰胺类为准超速级；胍类为中速级；醛胺类的大部分品种和硫脲类为慢速级。

### （二）各类硫化促进剂的结构、性能特点、典型品种及其应用

#### 1. 二硫代氨基甲酸盐类促进剂

此类为超超速级促进剂。活性温度低，硫化速度很快，交联度高。但易焦烧，平坦性差，硫化操作不当时，易造成欠硫或过硫。适用于快速硫化的薄制品、室温硫化制品、胶乳制品及丁基、三元乙丙橡胶的硫黄硫化制品。

二硫代氨基甲酸盐类促进剂中活性最高的是铵盐，其次是钠盐和钾盐，它们都是水溶性促进剂，用于胶乳制品。这三类盐因活性高，抗焦烧性和平坦性差，不宜用于干胶生产。在干胶生产中最常用的是锌盐，常用品种如表2-4所示。

表 2-4　常用的二硫代氨基甲酸盐类促进剂品种

| 商品名称 | 化学名称 | 结构式 | 性状 |
|---|---|---|---|
| 促进剂 PZ(ZDMC) | 二甲基二硫代氨基甲酸锌 | $\left(\begin{matrix}H_3C\\H_3C\end{matrix}N-\overset{\overset{S}{\|\|}}{C}-S-\right)_2 Zn$ | 白色粉末，临界温度约100℃，活性大，促进效力强，易焦烧 |
| 促进剂 EZ(ZDC) | 二乙基二硫代氨基甲酸锌 | $\left(\begin{matrix}H_5C_2\\H_5C_2\end{matrix}N-\overset{\overset{S}{\|\|}}{C}-S-\right)_2 Zn$ | 白色粉末，活性与 PZ 接近 |
| 促进剂 PX | 乙基苯基二硫代氨基甲酸锌 | $\left(\begin{matrix}H_5C_6\\H_5C_2\end{matrix}N-\overset{\overset{S}{\|\|}}{C}-S-\right)_2 Zn$ | 淡黄色粉末，临界温度稍高于 PZ，抗焦烧性能稍佳，性能与 PZ、EZ 接近 |

使用锌盐硫化天然橡胶及高不饱和的合成橡胶时，胶料在 115～125℃间具有极快的硫化速度。温度超过这一范围，硫化平坦性恶化，故硫化温度不宜超过 125℃。用锌盐作主促进剂时，特别适用于热空气硫化和蒸汽硫化。因硫化起点快导致胶料充模性差，故一般不适宜模型硫化。

当锌盐与碱性促进剂并用时，特别适用于自硫胶料和自硫胶浆。这种胶料加工时必须将硫黄和促进剂分别制成母胶或溶液，临用时，再按比例混合，以防焦烧，便于贮存。

二硫代氨基甲酸锌盐无毒、无味，可用于制造食品胶，又因具有不变色、不污染的特点，可制造白色、浅色和透明制品。

#### 2. 黄原酸盐类促进剂

黄原酸盐类促进剂是一类活性特别高的超超速促进剂，其促进作用比二硫代氨基甲酸的铵盐还要快，硫化平坦性窄，贮存稳定性差，通常不用于干胶胶料，多用于胶乳制品和低温硫化胶浆。对制品不污染，但有特殊臭味。其最可贵的特点是当胶乳中有氨存在时不发生焦烧，因此被用于天然橡胶、丁苯橡胶、丁腈橡胶、氯丁橡胶等胶乳的热空气快速硫化，硫化温度一般为 80～110℃。主要品种如表2-5所示。

表 2-5　黄原酸盐类促进剂的主要品种

| 商品名称 | 化学名称 | 结　构　式 | 性状和功用 |
|---|---|---|---|
| 促进剂 ZIP | 异丙基黄原酸锌 | $\left(\begin{array}{c} H_3C \\ \ \ \ \ CH-O-C-S \\ H_3C \end{array} \overset{S}{\underset{}{\parallel}} \right)_2 Zn$ | 乳白或淡黄色粉末,临界温度 100℃,硫化温度不宜超过 110℃,主要用于胶乳硫化及自硫胶浆 |
| 促进剂 ZBX | 正丁基黄原酸锌 | $\left( C_4H_9O-C-S \overset{S}{\underset{}{\parallel}} \right)_2 Zn$ | 白色粉末,功用同 ZIP |

### 3. 秋兰姆类促进剂

秋兰姆类促进剂是一类相当重要的促进剂。它包括一硫化秋兰姆、二硫化秋兰姆和多硫化秋兰姆。其中二硫化和多硫化秋兰姆因在标准硫化温度下能释放出活性硫或含硫自由基,故又可作为硫化剂使用。秋兰姆作促进剂和作硫化剂时的使用性能分述如下。

① 作为促进剂,其活性介于二硫代氨基甲酸盐类和噻唑类促进剂之间,具有临界温度低、易焦烧、硫化速度快、硫化曲线不平坦、硫化度高等特点。在天然橡胶及高不饱和的二烯类合成橡胶中,秋兰姆由于加工安全性差(易焦烧、易过硫),通常被用作噻唑和次磺酰胺的第二促进剂使用,用以提高硫化速度和硫化胶的交联密度,调节和改善制品的性能。如果秋兰姆作主促进剂时,为防止硫化返原,故硫化温度不宜过高,一般不要高于 125～135℃,以便得到比较宽的硫化平坦线,减少过硫危险。当用于含硫少的胶料或用于丁苯橡胶时,硫化温度可以提高。在丁基橡胶、三元乙丙橡胶等低不饱和橡胶及胶乳的硫黄硫化中,秋兰姆类常作为第一促进剂使用。

因秋兰姆类促进剂活性高,要制得具有一定拉伸强度的硫化胶,其用量比其他促进剂少。例如在含有 2.2 份硫黄的天然橡胶中,0.35 份的促进剂 TMTD 相当于 0.5 份的促进剂 CZ 和 1.1 份的促进剂 D。一般作为软质胶的主促进剂,以硫黄 2 份、秋兰姆 0.5 份左右的用量为宜。

② 作为硫化剂,二硫化四甲基秋兰姆常用于无硫或低硫配合中。此时具有焦烧倾向小、硫化平坦性好,硫化胶有极好的耐热老化性、生热小、压缩永久变形小的特点,因此应用日广。但无硫配合时,硫速较慢,硫化度较低,硫化胶的拉伸强度、定伸应力偏低,抗屈挠疲劳性差,易喷霜。为此,可采取低硫配合或并用少量促进剂 M、DM 等,不仅能增加体系的活性,改善硫化胶性能,还可减少或防止喷霜。

秋兰姆促进剂具有不污染、不变色的特点,适于制造白色、彩色及透明制品。又因无毒,硫化胶虽有轻微气味,但可逐渐消失,因此可用于制造食品胶。

秋兰姆促进剂适用于各种通用硫化方法,也可用于注射硫化或连续硫化的胶料中。

常用的秋兰姆类促进剂品种如表 2-6 所示。

### 4. 噻唑类促进剂

噻唑类促进剂是现时最重要的通用促进剂,用量居有机促进剂之首。其主要特点如下。

① 有较好的硫化特性。表现为焦烧时间中等长短;硫化活性较高,即硫速较快;平坦性好,硫化度中等。

表 2-6　常用的秋兰姆类促进剂品种

| 商品名称 | 化学名称 | 结 构 式 | 性状、功能及配合 |
|---|---|---|---|
| 促进剂 TMTD | 二硫化四甲基秋兰姆 | H₃C、S、S、CH₃ N—C—S—S—C—N H₃C、　　　　、CH₃ | 白至灰白色粉末，临界温度100℃作促进剂时，易焦烧，硫速快、平坦性差。也可作硫化剂 用量：①一般硫黄配合，作主促进剂0.3～0.5份(丁基橡胶中1～1.5份)，作副促进剂0.05～0.1份(合成橡胶中0.2～0.5份)；②无硫配合3～3.5份；③低硫配合S 0.5～1份，TMTD 1～1.5份 |
| 促进剂 TMTM | 一硫化四甲基秋兰姆 | H₃C、S、S、CH₃ N—C—S—C—N H₃C、　　　、CH₃ | 浅黄色粉末，临界温度121℃，焦烧性能比TMTD好，但硫化活性较低 |
| 促进剂 TETD | 二硫化四乙基秋兰姆 | C₂H₅、S、S、C₂H₅ N—C—S—S—C—N C₂H₅、　　　　、C₂H₅ | 浅黄或灰白色粉末，临界温度介于TMTM和TMTD之间，硫化活性比TMTD稍低，可作硫化剂 |

② 硫化胶有较好的综合力学性能。如有较高的拉伸强度和拉断伸长率，中等的定伸应力和硬度，良好的耐磨和耐老化性以及较小的压缩永久变形等。

③ 无污染性，适用于制造白色、浅色和透明制品。

④ 应用范围广泛。适用于天然橡胶和多种合成橡胶，并适用于所有硫化方法。与其他类型促进剂并用时可在很大程度上改善硫化特性和硫化胶的力学性能。

⑤ 制造方便，价格低廉。

⑥ 味苦，不能用于食品胶。

常用的噻唑类促进剂品种如表 2-7 所示。

表 2-7　常用的噻唑类促进剂品种

| 商品名称 | 化学名称 | 结 构 式 | 性状、功能及配合 |
|---|---|---|---|
| 促进剂 M (MBT) | 2-硫醇基苯并噻唑 | (苯并噻唑)C—SH | 浅黄色粉末，味极苦，临界温度125℃，具快速硫化作用，焦烧时间中等，配有碱性炉黑时有发生焦烧的危险，对天然橡胶有增塑作用，对氯丁橡胶有防焦作用，易分散用量：作第一促进剂1～1.5份，作第二促进剂0.2～0.5份 |
| 促进剂 DM (MBTS) | 二硫化二苯并噻唑 | (苯并噻唑)C—S—S—C(苯并噻唑) | 白至浅黄色粉末，临界温度130℃，硫速较促进剂M稍慢，焦烧时间较长，充模性好，其他性能与促进剂M相同。用量0.5～2份 |
| 促进剂 MZ | 2-硫醇基苯并噻唑锌盐 | ((苯并噻唑)C—S—)₂Zn | 黄色粉末，临界温度138℃，促进效力较促进剂M弱，不易焦烧，有防老化作用，在水中易分散，适用于胶乳制品，又为胶乳热敏剂。用量0.5～1.5份 |

### 5. 次磺酰胺类促进剂

次磺酰胺类促进剂是促进剂 M 的衍生物，本应属噻唑类，但因具有独特的迟效性，近年来发展很快，单独划为一类。

所谓促进剂的迟效性，通常是指硫化起点缓慢、焦烧时间长，而硫化温度下硫化活性大、硫化速度快。如图 2-8 所示。

次磺酰胺类促进剂是当前发展速度最快的促进剂。伴随着合成橡胶的发展及其在轮胎方面的大量应用，补强性能好的炉法炭黑代替了槽法炭黑，而加入炉法炭黑的胶料容易焦烧。此外，近年来橡胶的加工工艺向着高温快速的方向发展，胶料在加工过程中发生早期硫化的现象更为突出。为了消除这种弊害，迟效性的次磺酰胺类促进剂的应用就受到了极大的重视。该类促进剂的特点如下。

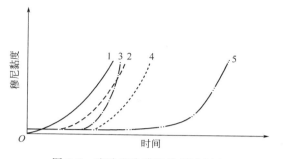

图 2-8　噻唑和次磺酰胺促进剂在
天然橡胶中的硫化起步
1—促进剂 M；2—促进剂 DM；3—促进剂 CZ；
4—促进剂 CZ+防焦剂 NA；5—促进剂 DZ

① 有非常好的硫化特性。表现在焦烧时间长，操作安全性好；从起始硫化到正硫化速度快；硫化平坦性好，硫化度比较高，交联网构的均匀性较好。

② 硫化胶力学性能高。表现为拉伸强度、定伸应力高，弹性、耐磨性、耐老化性好，动态性能好。

③ 因硫化活性大，用量一般较少，在白色胶料中仅为促进剂 M 的 70%，炭黑胶料中为促进剂 M 的 50%～60%。

④ 适用范围较宽。适用于天然橡胶和不饱和程度大的合成橡胶，因其具有迟效性，尤其适用于含大量碱性炉法炭黑的合成胶料，而不易产生焦烧现象（这一点对密炼机混炼尤为重要）。最适宜模型硫化方法，也可用于直接蒸汽硫化（热蒸汽会加速次磺酰胺分解，使其硫速相当快，而无明显的迟效性）、间接蒸汽和熔盐连续硫化（为加快硫速可并用超速或超超速级促进剂作第二促进剂）。但因硫化起步较迟，故不宜进行热空气硫化。又因其力学性能高，故特别适用于制造承受重型动态应力的模型制品，如轮胎胎面、运输带覆盖胶等。

因其硫化胶在阳光下逐渐变黄的程度较促进剂 M 和 DM 大，因此不适用于制造纯白色制品，又因使制品带有微胺味和苦味，故不适于制造食品胶。常用的次磺酰胺类促进剂品种如表 2-8 所示。

表 2-8　常用的次磺酰胺类促进剂品种

| 商品名称 | 化学名称 | 结构式 | 性状及配合 |
|---|---|---|---|
| 促进剂 CZ | N-环己基-2-苯并噻唑次磺酰胺 | （环己基） | 灰白或淡黄色粉末，贮藏稳定，临界温度 138℃，一般用量 0.5～2 份（S 2.5～0.5 份） |
| 促进剂 NS | N-叔丁基-2-苯并噻唑次磺酰胺 | | 淡黄至褐色粉末，有特殊气味，性能及用法与促进剂 CZ 相近 |
| 促进剂 NOBS | N-氧联二亚乙基-2-苯并噻唑次磺酰胺 | | 淡黄色粉末，临界温度 138℃ 以上，焦烧时间比促进剂 CZ 长，贮存稳定性较差，其他性质与促进剂 CZ 相近，用量 0.5～2.5 份（S 2～0.5 份） |

续表

| 商品名称 | 化学名称 | 结构式 | 性状及配合 |
|---|---|---|---|
| 促进剂 DIBS | N,N-二异丙基-2-苯并噻唑次磺酰胺 | （结构式） | 淡黄至灰白色粉末,有特殊气味,性质与促进剂 NOBS 相近,但焦烧时间较长<br>用量 0.4～1.5 份(S 2.5～0.5 份) |
| 促进剂 DZ | N,N-二环己基-2-苯并噻唑次磺酰胺 | （结构式） | 灰白至黄棕色粉末,有最好的防焦性能,贮存稳定<br>用量 0.5～1 份(S 2.5 份左右) |

次磺酰胺类促进剂焦烧时间的长短和硫化速度的快慢取决于促进剂分子中胺的性质。胺的碱性越强,硫化速度越快;胺的空间阻碍越大,焦烧时间越长,而硫速下降。图 2-9 所示为几种次磺酰胺类促进剂在天然橡胶中的硫化曲线。

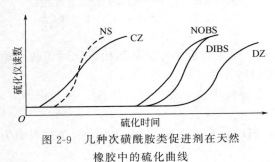

图 2-9　几种次磺酰胺类促进剂在天然橡胶中的硫化曲线

在天然橡胶中次磺酰胺类促进剂主要品种的硫化活性比较如下。

焦烧时间:CZ、NS<NOBS<DIBS<DZ

硫化速度:NS、CZ>NOBS>DIBS>DZ

但在合成橡胶中,上述的排列次序则因具体情况可能有某些变化。

### 6. 醛胺类促进剂

醛胺类促进剂是由脂肪族醛与氨或胺(脂肪族胺或芳香族胺)缩合而得,是一类较弱的促进剂,其硫化活性因品种不同而有较大差别。如丁醛苯胺缩合物(促进剂 808)是本类中较强的促进剂。此类有较好的硫化平坦性和良好的耐老化性能。除用作其他促进剂(如二硫代氨基甲酸盐类、秋兰姆类、噻唑类)的第二促进剂外,也常用于厚壁制品。除促进剂 H 能用于浅色、透明制品外,大多具有污染性或遇光变色性,而不适用于浅色胶料。常用的醛胺类促进剂品种如表 2-9 所示。

表 2-9　常用的醛胺类促进剂品种

| 商品名称 | 化学名称 | 结构式(分子式) | 性状及功用 |
|---|---|---|---|
| 促进剂 H | 六亚甲基四胺 | $(CH_2)_6N_4$ | 白至浅黄色结晶粉末,味苦,临界温度 140℃,促进作用缓慢,焦烧性能好,不易分散,不变色,不污染,多作第二促进剂,用于透明及厚壁制品,146℃时可分解出甲醛和氨,可作酚醛树脂的固化剂 |
| 促进剂 808 (A-32) | 丁醛、苯胺缩合物 | （结构式） | 棕红色黏稠油状液体,有特殊气味,临界温度 120℃,为较强促进剂,分散性好,易变色和污染。适用于含再生胶的胶料和硬脂胶,无氧化锌时,定伸应力低,适用于制造胶丝 |

### 7. 胍类促进剂

胍类促进剂是目前碱性促进剂中用量最大的。该类为天然橡胶及合成橡胶的中速促进剂。单独使用胍类促进剂时，硫化起步较迟，操作安全性大，混炼胶的贮存稳定性好，但硫化速度慢（要比次磺酰胺促进剂慢一倍）。胍类促进剂硫化胶的最大特点是硫化程度高，致使硬度高，定伸应力高。但因硫化胶中存在大量的多硫键和较多的环化物，使硫化胶的耐热老化性差、易龟裂、压缩变形大。此外，该类促进剂具有变色性和污染性，不适用于白色或浅色制品。

因硫化速度慢，耐热老化性差，所以胍类促进剂一般不单独使用，而作为噻唑类、次磺酰胺类的第二促进剂。并用时，活化作用特别强，用于胶板、鞋底、自行车外胎、工业制品以及厚制品、硬质胶制品的生产中，用胍类作第二促进剂的胶料适用于所有的硫化方法。但用作第一促进剂时，其硫化起点迟，以致一般不能用于热空气硫化。胍类促进剂的主要品种见表 2-10。

表 2-10　胍类促进剂的主要品种

| 商品名称 | 化学名称 | 结构式 | 性能、功用及配合 |
|---|---|---|---|
| 促进剂 D(DPG) | 二苯胍 | ⬡—NH—C—NH—⬡<br>\|<br>NH | 白色粉末、无毒，临界温度 141℃，焦烧时间较长，硫化速度慢，平坦性较差，硫化胶的拉伸强度、定伸应力、硬度高，耐热老化性差，有变色性和污染性<br>用量：作第一促进剂 1～2 份，作第二促进剂 0.1～0.5 份 |
| 促进剂 DOTG | 二邻甲苯胍 | ⬡—NH—C—NH—⬡<br>\|　　　\|　　\|<br>CH₃　NH　CH₃ | 白色粉末，性能与促进剂 D 相似，操作更安全，交联度比促进剂 D 高<br>用量：作第一促进剂 0.8～1.5 份，作第二促进剂 0.1～0.5 份 |
| 促进剂 BG | 邻甲苯基二胍 | ⬡—NH—C—NH—C—NH₂<br>\|　　　\|　　\|<br>CH₃　NH　NH | 白色粉末，无毒无味，操作最安全，不溶于橡胶，不迁移喷出，适用于耐贮存的快速硫化修补胶料和食品胶 |

### 8. 硫脲类促进剂

硫脲类促进剂的促进效力低且抗焦烧性能差，故二烯类橡胶已很少使用。但在某些特殊情况下，如用秋兰姆二硫化物或多硫化物等硫黄给予体作硫化剂时，它具有活化剂的作用。

然而硫脲类促进剂对于氯丁橡胶的硫化却有独特的效能，可制得拉伸强度、定伸应力、压缩永久变形等性能良好的硫化胶。因此硫脲类促进剂几乎为氯丁橡胶所专用。

最常用的硫脲类促进剂品种见表 2-11。

表 2-11　常用的硫脲类促进剂品种

| 商品名称 | 化学名称 | 结构式 | 性状及功用 |
|---|---|---|---|
| 促进剂 NA-22 | 亚乙基硫脲 | CH₂—NH<br>\|　　　＼<br>\|　　　C=S<br>\|　　　／<br>CH₂—NH | 白色结晶粉末，味苦，为氯丁、氯磺化聚乙烯、氯醚、丙烯酸酯等橡胶用促进剂，易分散，不污染、不变色，在氯丁橡胶中的用量一般为 0.25～1 份 |
| 促进剂 DBTV | N,N'-二丁基硫脲 | C₄H₉—NH—C—NH—C₄H₉<br>\|\|<br>S | 白至浅黄色结晶粉末，为氯丁橡胶，尤其是 W 型氯丁橡胶的快速促进剂，对天然橡胶、丁苯橡胶、丁基橡胶、三元乙丙橡胶等也有促进作用和抗臭氧作用，不污染、不变色 |

9. 胺类促进剂

胺类促进剂属于弱碱性促进剂，一般不单独使用；常用作第二促进剂或硫化活性剂，对噻唑类、二硫代氨基甲酸盐类和黄原酸类促进剂有活化作用；适用于天然橡胶和合成橡胶，也用于氯丁胶乳；炭黑、陶土和脂肪酸对这类促进剂有抑制作用；有污染性，不宜用于白色或浅色制品；常用作第二促进剂，常与噻唑类、黄原酸类搭配使用，一般用量 0.5～2 份。

### （三）促进剂并用

从工艺性能和制品性能两方面考虑促进剂的选用时，单用一种促进剂常常不能收到理想的效果。如促进剂 D 虽能赋予硫化胶较高的拉伸强度和定伸应力，但硫化速度慢，平坦性较差，硫化胶耐热老化性差；促进剂 TMTD 虽然硫化速度、硫化程度高，但加工安全性差，容易焦烧和过硫；噻唑类和次磺酰胺类的硫化胶有着较高的拉伸强度以及良好的耐磨、耐热、耐老化性能，硫化平坦性也好。为了进一步提高硫化速度，达到全面的、较高的使用性能，在橡胶配方中硫化体系的设计常采用两种或三种促进剂并用，以达到取长补短或相互活化的效果，从而适应加工工艺及提高产品质量的需要。

将促进剂进行并用时，通常是以一种促进剂为主（称主促进剂或第一促进剂），另一种促进剂为副（称副促进剂或第二促进剂）。主促进剂用量较大，副促进剂用量较小（一般为主促进剂用量的 10%～40%）。

以 A 代表酸性促进剂，以 B 代表碱性促进剂，以 N 代表中性促进剂，促进剂的并用类型则有 AB、AA、BB、NA、NB、NN 型等。但最常用的是 AB、AA、NA 型并用。

（1）AB 型并用　此类并用也称作相互活化型，是以酸性促进剂为主促进剂，碱性促进剂为副促进剂的一种并用方法，并用后的促进效果比单用 A 或单用 B 时都好。最典型的是噻唑类和胍类促进剂并用。例如促进剂 M 为准超速级，促进剂 D 为中速级，但并用后可达超速级效果，表现为硫化活性大（硫化起点快、硫化速度快），硫化胶的拉伸强度、定伸应力、硬度、耐磨性比其中任何一种促进剂单用时都高。

促进剂 M 和 D 在理论上以等摩尔比并用时，效果最为突出。此时胶料的定型速度和硫化速度最快，力学性能也最高，但易焦烧，硫化平坦性差，工艺安全性差。所以在实际生产中为保证工艺安全，通常促进剂 M 和 D 的并用量一般控制在 M：D＝5：（2～4）（质量比）。

为提高操作安全性，目前最广泛使用的是促进剂 DM 和 D 并用，它与 M 和 D 并用相仿，只是硫化起点和硫化速度稍慢。实际上噻唑类和六亚甲基四胺并用效果也很好。

促进剂 M、DM 和 D 三者并用，是 M 和 D 并用的发展。其中应把 M、DM 共同视为第一促进剂，D 为第二促进剂。此种并用方法适用于促进剂总用量大，工艺操作要求稳定性较好的情况，并可利用 DM 的增减来调节硫化起点。

AB 型并用体系具有下列优点：① 可缩短硫化时间或降低硫化温度，并可减少促进剂用量，因而可提高生产效率，降低生产成本；②硫化起点快，尤其适用于非模型硫化要求胶料定型速度快的场合；③硫化胶的拉伸强度、定伸应力及耐磨性均有显著改善；④弥补了单用促进剂 D 时耐老化性能差的缺点。

（2）AA 型并用　此类并用也称为相互抑制型。这是两种不同类型的酸性促进剂并用，其并用后使体系的活性在较低的温度（指操作温度）下受到遏制，从而改善焦烧性能，但在硫化温度下，仍可充分发挥快速硫化作用。典型的 AA 型并用体系有两种。一种是主促进剂为超速或超超速级的（如 TMTD 或 ZDC），副促进剂为准超速级的（如 M 或 DM）。例如在天然橡胶中，促进剂 ZDC 单用 1 份时，焦烧时间为 3.5min，若将其 10%的用量换成促进剂 M，则焦烧时间可延长至 8.5min，而硫化速度不变，并使硫化胶的拉伸强度有一定提高。另一种是以促进剂 M（或 DM）为主促进剂，TMTD 为副促进剂，并用后也可获得相似的效果。例如斜交轮胎的纤维胎体胶料配方可采用此种并用方法，可以达到硫化起点慢、硫化速度快的效果。硫化起点慢，胶料起始硫化前有较好的流动性，有助于提高胶料和纤维帘线间的附着力；硫化速度快，可保证这些内层胶料在受热较晚的条件下能与胎面胶同步硫化。促进剂 M（或 DM）与 TMTD 并用时，如 M（或 DM）用量为 1 份左右时，TMTD 用量一般为 0.05～0.1 份（合成橡胶中可达 0.2 份或以上）。若 TMTD 用量过高时，会使硫化平坦性下降，硫化胶的耐疲劳龟裂性能下降。

此类并用特别适用于模型制品，并用后不像 AB 型并用那样能增加定伸应力，但有较高的伸长率，制品较柔软。

（3）NA 型并用  这类并用起活化 N 型促进剂的作用，从而加快了硫化体系的硫化速度，但却在一定程度上缩短了次磺酰胺的焦烧时间。典型的 NA 型并用体系有两种。一种是 CZ（或 NOBS）与 M（或 DM）并用，多见于天然橡胶与合成橡胶并用的轮胎胎面胶、运输带覆盖胶配方中。具有焦烧倾向小、硫化速度快、硫化胶综合性能好、耐老化性好的特点。

另一种是 CZ（或 NOBS）与 TMTD（或 ZDC）并用。这种并用方法可代替噻唑类和胍类的并用。与噻唑类/胍类并用相比，具有促进剂总用量少、硫化速度快、焦烧时间较长、交联密度有所增加、压缩永久变形较小的优点。该体系的缺点是平坦性稍差。

## 四、硫化活性剂的选择

凡能增加促进剂的活性，提高硫化速度和硫化效率（即增加交联键的数量，降低交联键中的平均硫原子数），改善硫化胶性能的化学物质都称为硫化活性剂（简称活性剂，也称助促进剂）。

活性剂可分为无机活性剂和有机活性剂两类。其分类品种如图 2-10 所示。

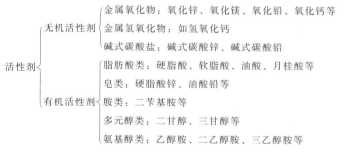

图 2-10  活性剂的分类品种

其中，硫黄-促进剂硫化体系中，普遍地使用氧化锌和硬脂酸作活性剂。当制造透明制品时，由于碱式碳酸锌易溶于橡胶，由它替代活性氧化锌，可得较高透明度。在非炭黑补强胶料中，可加入多元醇类、氨基醇类活性剂，以减弱白炭黑、陶土等非炭黑补强剂对促进剂的吸附，从而充分发挥促进剂的效能。

### （一）无机活性剂

#### 1. 氧化锌的性能特点及其应用

氧化锌俗名锌氧粉或锌白，为无毒、无味、白色细粉状的两性氧化物。氧化锌因制法不同而有不同品种。

湿法氧化锌是将锌盐（硫酸锌）先制成碳酸锌或碱式碳酸锌，研细后于400℃左右焙烧制得氧化锌。该法所得氧化锌纯度极高，粒径小，比表面积大，分散性能优良，活性高。依制法不同，湿法氧化锌又可分为活性氧化锌及透明氧化锌（化学成分实际为碱式碳酸锌）两个品种。多用于制造透明橡胶制品、胶乳制品及食品胶。用量1份左右即可得满意的硫化度。

干法氧化锌按制法又分为间接法和直接法两种。间接法氧化锌是由金属锌在高温下熔融蒸发出的锌蒸气与氧氧化而得。直接法氧化锌系由锌精矿砂经过还原、焙烧氧化而得。间接法氧化锌纯度高，粒子细，活性较高，是目前橡胶加工中用量最大的品种。而直接法氧化锌纯度稍低，粒子较粗，重金属杂质含量较大，活性较差。

氧化锌中铅、铁、铜、锰、镉等重金属杂质的含量应尽量低，尤其不宜含铅和镉。因为这些杂质有着各种危害作用。如铅、铁、铜、锰、镉能使制品变色；镉能阻止氧化锌对某些促进剂的活化作用；铜、锰能损害制品的耐老化性能；铅含量过高时，易使胶料焦烧，压延品表面不光滑。

除作活性剂外，氧化锌还具有补强、着色和增加胶料导热性的作用。若在活性剂用量的基础上，进一步增加氧化锌用量，则会产生如下效果：①出现补强效应，可使定伸应力再提高，这对硫化胶的弹性和动态性能有很大影响；②对胶料产生明显的增硬倾向（细粒子氧化锌尤为显著），从而可用于提高压出制品及无模硫化制品的形状稳定性；③进一步提高胶料的导热性，这对热空气硫化和厚制品硫化非常有利。

由于氧化锌不溶于橡胶，故单独使用时其活性作用不能充分发挥，而必须与硬脂酸并用产生能溶于橡胶的锌皂（硬脂酸和锌的络合体），再参与硫化反应。此外，硬脂酸还对橡胶分子双键起酸型活化作用，从而加速交联键的生成。

#### 2. 氧化镁的性能特点及其应用

（1）性质　白色疏松粉末。相对密度3.20～3.23。不溶于水和乙醇，溶于酸。在空气中能逐渐吸收水分和二氧化碳而使活性降低，故应严格密封。

（2）功用　除作氯丁橡胶硫化剂外，也可作氯丁橡胶的活性剂和无机促进剂，几乎适用于所有类型的氯丁橡胶胶料，但胶料耐水性较差。它能改善胶料的焦烧性能，有助于混炼胶的存放。当氯丁橡胶中使用氧化锌时必须加入氧化镁，其用量按硬度的要求可以高达5份。若用量较氧化锌低时，即有焦烧危险。它能提高氯丁橡胶硫化胶的拉伸强度、定伸应力、硬度，也能中和硫化期间和产品在阳光照射或苛刻的氧化条件下产生的少量氯化氢，对其他卤化橡胶也有上述类似的性质。它能赋予氯磺化聚乙烯硫化胶良好的力学性能，特别是永久变形比较低，但耐水性较差。

在氟橡胶中加入氧化镁，可作氟化氢的接受体，使之达到高度硫化。此外亦能改善氟橡胶的焦烧性能和提高硫化胶的热稳定性，但耐酸性较差。它作硬质橡胶促进剂时，相对密度小，价廉，适于蒸汽硫化。它亦可作天然橡胶和丁苯橡胶的硫化活性剂和无机促进剂。在丁苯橡胶中作活性剂能大大降低胶料的早期硫化倾向。此外亦可作为耐热丁腈橡胶的补强剂。当氧化镁用于轮胎缓冲层胶料时，可以提高多次变形性能及帘布层间的结合力。

纳米级氧化镁是用作橡胶制品的优良填充剂和增强剂，能提高橡胶制品的质量和强度，纳米氧化镁具有质轻活性好的特点，可用于氯橡胶及氟橡胶的促进剂与活化剂。

3. 氧化钙的性能及其应用

（1）性质　白色粉末，易溶于酸，难溶于水，但能与水化合成氢氧化钙。

（2）功用　活性剂，也是一种干燥剂。作活性剂时所得制品易碎，耐老化性能较差，一般不采用。在胶料中能吸收硫化过程中产生的气体和水蒸气，防止制品出现气孔。亦可用于低压硫化制品和对水分比较敏感的含尼龙纤维的胶料。它也是橡胶与金属黏合中间层硬质胶较好的促进剂。

4. 氧化铅的性能及其应用

（1）性质　黄色粉末，无味，有毒，不溶于水，能溶于酸、碱。吸潮后易结团，影响分散。

（2）功用　天然橡胶及合成橡胶用硫化活性剂，可增加噻唑类及醛胺类促进剂的活性，加快硫化速度，提高硫化胶物理性能。也可单独用作无机促进剂，硫化速度中等，适用于热空气、直接蒸汽和模压硫化。在氯丁橡胶和氯磺化聚乙烯橡胶中一氧化铅亦可作为硫化剂，但易产生早期硫化，加入硬脂酸和松焦油能减少胶料的焦烧倾向。本品能提高氯丁橡胶硫化胶的耐酸及耐水性能。在氯磺化聚乙烯橡胶中加入本品时，硫化胶拉伸强度比加入氧化镁者要高，耐水性能亦佳。与氧化镁并用，可赋予硫化胶优良的耐热性能。为改善氯醚橡胶硫化胶的耐热空气老化性能，亦宜采用氧化铅。氧化铅对用对醌二肟作硫化剂的三元乙丙橡胶硫化也有活化作用。

胶料硫化过程中一氧化铅与硫黄反应可生成黑色硫化铅，使制品变黑褐色，故不适用于浅色制品。又因其相对密度大，有毒，在一般制品中已不常用。本品是制备防射线橡胶制品的重要配合剂，可用于制造 X 射线防护制品、硬质胶、绝缘制品等。

5. 氯化亚锡的性能及其应用

（1）性质　白色或半透明晶体，熔点246℃，沸点623℃。溶于水、乙醇和乙醚。在空气中被氧化成不溶性氯氧化物。橡胶工业一般用其二水化合物（$SnCl_2 \cdot 2H_2O$）。二水化合物为无色针状或片状晶体，相对密度2.71，熔点37.7℃，加热至100℃时失去结晶水。溶于水和乙醇。

（2）功用　丁基橡胶用酚醛树脂硫化时的活性剂，能大大缩短胶料硫化时间。

6. 氧化镉的性能及其应用

（1）性质　红棕色粉末，相对密度7.0，溶于稀酸，不溶于水。
（2）功用　可用作高耐热硫化体系的活化剂。

**（二）有机活性剂**

1. 基本特性

① 胺类活性剂用于天然橡胶、丁苯橡胶，也可用于再生胶或胶乳，其中二乙醇胺还可用于氯丁橡胶、丁腈橡胶及其胶乳。对噻唑类促进剂有良好的活化作用。噻唑类、秋兰姆类可提高胺类对黄原酸类促进剂的活化作用。

② 醇类可用于含非炭黑补强填料的天然橡胶、合成橡胶及胶乳，用于含白炭黑胶料，不仅能起活化作用，还有防水作用，能稳定高硬度胶料的硬度。

③ 脂肪酸类用于天然橡胶，除丁基橡胶外的合成橡胶及其胶乳，不仅用作硫化活性剂，也可用作增塑剂和软化剂，加入后有助于橡胶分子链断裂，便于加工。

④ 脂肪酸盐用于天然橡胶、合成橡胶及其胶乳，但不适用于丁基橡胶。它们不仅用作活性剂，对硫化速度差异很大的胶料来说还能作稳定剂，对耐磨性要求高的胶料可作为增塑剂，其中硬脂酸锌还用作脱模剂。

⑤ 酯类在过氧化物硫化的三元乙丙橡胶、丁腈橡胶和氯化聚乙烯中用作共交联剂，还可以用作不饱和聚酯的硫化剂、辐射交联聚烯烃的光敏剂和高分子材料的胶黏剂。

2. 基本用法

① 根据各类活性剂基本特性，在不同硫化体系中选择使用。

② 可直接加入干胶或胶乳。

③ 一般用量为 0.5～3 份。

## 五、防焦剂的选择

### (一) 防焦剂的作用概述

凡少量添加到胶料中即能防止或迟缓胶料在硫化前的加工和贮存过程中发生早期硫化（焦烧）现象的物质，都称为防焦剂（或硫化延迟剂）。

橡胶加工过程中，要经过混炼、热炼、压延、压出、硫化等一系列工艺操作。胶料和半成品在硫化以前的各个加工操作及贮存过程中，由于机械作用产生的热量和高温环境作用，有可能使胶料塑性降低，甚至在胶料表面或内部局部生成具有弹性的熟胶粒，而难以继续进行加工或造成残次品，这种现象通常称为早期硫化（焦烧）。这是橡胶制造工艺管理上的一个重要问题。特别在近年来，为提高生产效率，一方面在配方上采用高温快速硫化体系；另一方面又提高混炼、压延等操作温度，使得胶料对早期硫化更加敏感，焦烧和提高生产效率的矛盾愈发尖锐。因此如何防止焦烧就成为一个配方设计中很值得重视的问题。

防止焦烧一般可通过调整硫化体系或改进设备及操作工艺来达到。添加防焦剂往往可以很简便地满足胶料对焦烧性能的要求。作为理想的防焦剂，应具备下列条件。

① 在提高加工操作和贮存过程中的安全性、有效地防止焦烧的同时，应在硫化开始后，不影响硫化速度，即不延长总的硫化时间。

② 防焦剂本身不具有交联作用。

③ 对硫化胶的外观质量、化学性能及力学性能没有不良影响。

④ 无毒，且成本低廉。

至今尚未发现一种与以上诸条件都相符合的防焦剂。

### (二) 防焦剂的主要品种及其作用特点

1. 有机酸类性质及其应用

这是应用较早的一类。其特点是污染性小，但防焦性能稍差，并有减慢硫化速度、促进制品老化等缺点，因此实际使用较少。属于此类的主要品种有水杨酸（邻羟基苯甲酸）、邻苯二甲酸、邻苯二甲酸酐等。它们都有抑制酸性促进剂的分解和抑制橡胶分子脱出 $\alpha$-氢原子的作用，所以起到延迟硫化的作用，从而达到防止焦烧的效果。

2. 亚硝基化合物的性质及其用法

此类在加工温度下的防焦效果大，在硫化温度下对硫化速度基本无影响。有代表性的品种是 N-亚硝基二苯胺（防焦剂 NA 或 NDPA）。该化合物在受热时能分解出 O＝N· 自由基，这种自由基能与活性硫相结合，因而能延迟硫化。

$$\underset{C_6H_5}{\overset{C_6H_5}{\diagdown}} N\!-\!N\!=\!O \xrightarrow{\triangle} \underset{C_6H_5}{\overset{C_6H_5}{\diagdown}} N\!\cdot + O\!=\!N\cdot$$

$$O\!=\!N\cdot + S_x \longrightarrow O\!=\!N\!-\!S_x^{\cdot}$$

因 O＝N· 可与氧反应形成二氧化氮，使硫化胶形成气孔，因此防焦剂 NA 不适用于热空气硫化，采用无模蒸汽硫化时亦应小心防止气孔产生。其另一缺点是遇光严重变色，污染性大。

### 3. PVI（CTP）的性质与应用

防焦剂 CTP 为白色晶体，对含有次磺酰胺硫化体系的防焦效果最好，并对具有焦烧危险不能进一步加工的胶料有再生复原的效果。

与以往的防焦剂相比，CTP 不仅效果好（0.5 份以下时，对硫化速度无明显影响），而且用量少，通常用量是 0.1～0.5 份，而且防焦效果与用量成正比。因此能方便地通过改变用量来控制焦烧时间。

# 任务二　硫化历程及硫化机理

## 一、橡胶的硫化历程

### 1. 橡胶硫化反应过程

一个完整的硫化体系主要由硫化剂、活化剂、促进剂所组成。硫化反应是一个多元组分参与的复杂的化学反应过程。它包含橡胶分子与硫化剂及其他配合剂之间发生的一系列化学反应。在形成网状结构时伴随着发生各种副反应。其中，橡胶与硫黄的反应占主导地位，它是形成空间网络的基本反应。

硫化过程可分为三个阶段。第一阶段为诱导阶段。在这个阶段中，先是硫黄、促进剂、活化剂的相互作用，使氧化锌在胶料中溶解度增加，活化促进剂，使促进剂与硫黄之间反应生成一种活性更大的中间产物；然后进一步引发橡胶分子链，产生可交联的橡胶大分子自由基（或离子）。第二阶段为交联反应，即可交联的自由基（或离子）与橡胶分子链产生反应，生成交联键。第三阶段为网络形成阶段，此阶段的前期，交联反应已趋完成，初始形成的交联键发生短化、重排和裂解反应，最后网络趋于稳定，获得网络相对稳定的硫化胶。

### 2. 硫化历程图

在硫化过程中，橡胶的各种性能随硫化时间而变化。将橡胶的某一种性能的变化与硫化时间作曲线图，即得硫化历程图。从图 2-11 可以看出，天然橡胶在硫化过程中，拉伸强度、回弹性、伸长率和溶胀性能都是按照出现极大值或极小值的动力学曲线而变化的。而对于带有乙烯侧基的丁苯橡胶、丁腈橡胶等，在硫化过程中也有类似的变化，只不过在较长的硫化时间内，各种性能的变化较为平坦，曲线出现的极大或极小值不甚明显。在工艺加工中正确掌握这种变化规律，以控制橡胶的性能是非常重要的。

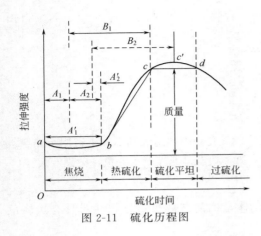

图 2-11 硫化历程图

在硫化过程中，胶料各种性能变化的转折时间，主要决定于生胶的性质、硫化条件、配合剂尤其是硫化体系配合剂的性质和用量。因此，研究硫化过程对于研究硫化配合剂和正确掌握配方技术极有裨益。通常，多采用橡胶的某一项物性随硫化时间的变化曲线，来表征硫化的历程和胶料性能变化的规律。如图 2-11 是用拉伸强度与硫化时间的变化关系曲线来描述整个硫化历程的，故称为硫化历程图。

图 2-11 中曲线的前半部是由穆尼焦烧曲线作成，后半部是由拉伸强度曲线作成，两部分曲线构成一个完整的硫化历程。

通过对图 2-11 的分析，橡胶的硫化历程可分为三个阶段，第一阶段是硫化进行期，它包括硫化诱导期（也称焦烧时间）和热硫化时间两个小阶段；第二阶段是硫化平坦期；第三阶段是过硫化期。

（1）硫化诱导期　为图 2-11 中的 $ab$ 段。硫化诱导期系指正式硫化开始前的时间。即胶料放入模内随着温度上升开始变软，黏度下降，尔后达到一个最低值，由于继续受热，胶料开始硫化，从胶料放入模内至出现轻度硫化的整个过程所需要的时间称为硫化诱导期，通常称作焦烧时间。从此阶段的终点起，胶料开始发硬并丧失流动性，因此焦烧时间也可看作是胶料的定型时间。焦烧时间的长短是衡量胶料在硫化前的各加工过程，如混炼、压延、压出或注射等过程中，受热的作用发生早期硫化（即焦烧）现象难易的尺度。该时间越长，越不容易发生焦烧，胶料的操作安全性越好。而焦烧时间的长短则主要取决于配方中的硫化体系，尤其是促进剂的品种和用量。

胶料的实际焦烧时间，包括操作焦烧时间 $A_1$ 和剩余焦烧时间 $A_2$ 两部分。操作焦烧时间是指在橡胶加工过程中由于热积累效应所消耗掉的焦烧时间，它取决于加工程度（如胶料返炼次数、热炼程度及压延、压出工艺条件等）。剩余焦烧时间是指胶料在模型中受热时保持流动性的时间。在操作焦烧时间和剩余焦烧时间之间没有固定界限，它随胶料操作和存放条件不同而变化，如果一个胶料经历的加工热历史越多，它占用的操作焦烧时间就越长（如图 2-11 中 $A_1'$），则剩余焦烧时间就越短（如图 2-11 中 $A_2'$），胶料在模型中流动时间就越少。因此一般的胶料都应避免经受反复多次的机械作用。

（2）热硫化时间　图 2-11 中的 $bc$ 段为热硫化时间。此阶段中胶料进行着交联反应，逐渐生成网状结构，于是橡胶的弹性和拉伸强度急剧上升。此段时间的长短是衡量硫化速度快慢的尺度。从理论上讲，该时间越短越好。热硫化时间的长短，是由胶料配方和硫化温度所决定的。

事实上，胶料在模型内的加热硫化的时间应等于剩余焦烧时间加上热硫化时间，即图 2-11 中所示的模型硫化时间 $B_1$。然而每批胶料的剩余焦烧时间会有所波动，因而每批胶料的热硫化时间也会有所波动，其波动范围则在 $B_1$ 和 $B_2$ 之间。

（3）硫化平坦期　为图 2-11 中的 $cd$ 段。此时交联反应已趋于完成，反应速度已缓和下来，随之而发生交联键的重排、热裂解等反应，由于交联和热裂解反应的动态平衡，所以胶料的拉伸强度曲线出现平坦区。因为在此阶段中硫化胶保持有最佳的性能，因此成为工艺中取得产品质量的硫化阶段和选择正硫化时间的范围。平坦范围的宽度，可表明胶料热稳定性的好坏。而硫化平坦时间的长短也决定于胶料配方（主要是生胶品种以及硫化剂、促进剂和防老剂的品种和用量）。

（4）过硫化期　图 2-11 中 $d$ 以后的部分，相当于硫化反应中网状结构形成的后期，存在着交联的重排，但主要是交联键及链段的热裂解反应，因此胶料的力学性能显著下降。

在硫化历程图中，从胶料开始加热起至出现平坦期止所经过的时间称为产品的硫化时间，也就是通常所说的"正硫化时间"，它等于焦烧时间和热硫化时间之和。但由于焦烧时间有一部分被操作过程所消耗，所以胶料在模型中加热的时间应为 $B_1$，即模型硫化时间，它等于剩余焦烧时间 $A_2$ 加上热硫化时间。然而每批胶料的剩余焦烧时间有所差别，其变动范围在 $A_1$ 和 $A_2$ 之间。

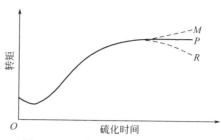

图 2-12　用硫化仪测定的硫化曲线

另一种描述硫化历程的曲线是采用硫化仪测出的硫化曲线。形状和硫化历程图相似，是一种连续曲线，如图 2-12 所示。从图中可以直接计算各阶段所对应的时间。

由硫化曲线可以看出，胶料硫化在过硫化阶段，可能出现三种形式：第一种曲线继续上升，如图中虚线 $M$，这种状态是由于过硫化阶段中产生结构化作用所致，通常非硫黄硫化的丁苯橡胶、丁腈橡胶、氯丁橡胶和乙丙橡胶都可能出现这种现象；第二种情形是曲线保持较长平坦期，通常用硫黄硫化的丁苯橡胶、丁腈橡胶等都会出现这种现象；第三种是曲线下降，如图中虚线 $R$ 所示，这是胶料在过硫化阶段发生网络裂解所致，例如天然橡胶的普通硫黄硫化体系就是一个明显的例子。

3. 硫化曲线及其参数

硫化曲线上的参数、硫化的各个阶段及它们之间的关系见图 2-13。

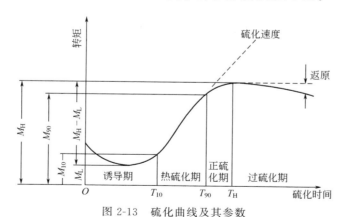

图 2-13　硫化曲线及其参数

$M_L$—最小转矩；$M_H$—最大转矩；$T_H$—理论正硫化时间；

$T_{10}$—焦烧时间；$T_{90}$—工艺正硫化时间；$M_{10}=M_L+(M_H-M_L)\times 10\%$；$M_{90}=M_L+(M_H-M_L)\times 90\%$

由图 2-13 可见，在硫化温度下，开始转矩下降，也就是黏度下降，到最低点后又开始上升，这表示硫化的开始，随着硫化的进行，转矩不断上升并达到最大值。

图 2-13 中曲线上的各硫化阶段分别为诱导期、热硫化期、正硫化期、过硫化期。在硫化反应开始前，胶料必须有充分的迟延作用时间以便进行混炼、压延、压出、成型及模压时充满模型。一旦硫化开始，反应要迅速。因此，硫化诱导期对橡胶加工生产安全至关重要，是生产加工过程的一个基本参数。在热硫化阶段，橡胶与硫黄的交联反应迅速进行，曲线的斜率即硫化速率与交联键生成速度基本一致，并符合一级反应方程式。如图 2-14 所示的交联反应的动力学曲线，它与图 2-11 的热硫化段的硫化曲线相同。从图 2-14 曲线可见，交联反应自一开始，交联密度近似直线增加，最后达最大值。从理论上，胶料达到最大交联密度时的硫化状态称为正硫化，它与图 2-11 中的对应点是硫化仪中的最大转矩 $M_H$。所以正硫化时间是指胶料达到最大交联密度时所需要的时间。显然，由交联密度来确定正硫化是比较合理的，它是现代各种硫化测量技术的理论基础。

## 二、硫化历程在橡胶加工中的应用

在配方设计时，硫化体系设计的根本原则是正确控制硫化历程。为此，在制订配方时，须经多次试验，找出合理的硫化历程。合理的硫化历程应具备四个条件。

① 应有足够的焦烧时间，以与加工过程相适应。要充分保证胶料在加工过程中不发生焦烧，对于模型制品还要保证胶料在硫化模型内有一定的软化和流动，以充满模型，所以焦烧时间不应太短。但焦烧时间也不应过长，否则会拖长硫化时间。对于非模型制品，因需要较快的定型速度，焦烧时间更不能过长。

② 应有较快的硫化速度（在制品厚度、热导率、热源允许的条件下），以提高生产效率。

③ 应有较长的硫化平坦期，以保证硫化操作中的安全，减少过硫危险以及制品各部位胶料硫化均匀一致，从而适应厚制品、多部件制品均匀硫化的需要。

④ 在满足上述要求的同时，应有较高的性能，即增高硫化曲线的峰值，以提高制品的质量。

要实现上述条件，必须正确选择硫化条件和硫化体系。目前比较理想的是迟效性的次磺酰胺类促进剂的硫化体系。理想的硫化曲线如图 2-15 所示。

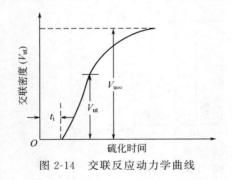

图 2-14　交联反应动力学曲线

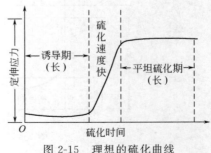

图 2-15　理想的硫化曲线

## 三、硫黄-促进剂-活化剂硫化机理

在橡胶硫化过程中，加入少量促进剂就能加速交联反应，使硫化在短时间内完成，并改善了硫化胶的性能。由硫黄、活化剂、促进剂三种组分所组成的完整硫化体系在硫化反应过程中，都积极参与了反应，互相作用，其反应过程如图 2-16 所示。

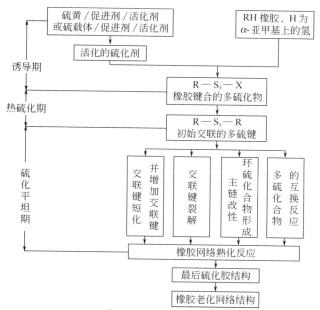

图 2-16　硫黄-促进剂-活化剂作用下的橡胶硫化反应过程

## 拓展阅读

### "硫化"技术——橡胶发展史上最重要的里程碑

橡胶作为一种古老的材料，很早就为人类所使用，多用于黏合剂、游戏球、盛水器皿等，后来逐渐发展为制作橡皮、长筒靴、防水服、橡皮舟等产品，但它们却都有一个致命的缺点，就是对温度过于敏感，温度稍高会变软变黏且有臭味，温度稍低会变脆变硬，这使橡胶产品毫无市场，早期的橡胶工业无一例外陷入了危机。整个 19 世纪 30 年代，全世界都在寻找一种能够全年使用的新型橡胶产品。

1834 年夏天，查尔斯·固特异（Charles Goodyear）参观纽约印第安橡胶公司，他了解到困扰橡胶工业的这个难题，但橡胶同时具有高弹性、可塑性、耐用、防水、绝缘等优秀性质，他决心研究橡胶的改性。从这时一直到他的生命结束，他都在致力于橡胶的研究和推广。

查尔斯·固特异既不是化学家，也不是科学家，他不停把各种材料拿来与橡胶一起试验。经过持之以恒的工作，固特异的研究不断取得突破性进展，1837 年他用硝酸处理橡胶薄片并取得"酸气过程"的专利，1839 年试验有了重大突破，他偶然不小心将有些橡胶和硫黄的混合物撒落在火热的炉子上，在清理烤焦的橡胶残骸时，他惊奇地发现，这种混合物虽然仍很热，却很干燥。他意识到也许这就是自己一直寻找的制造耐用、不受气候影响的橡胶的方法。于是，他又将一些橡胶和硫黄的混合物加热并冷却，发现它既不会因加热而变黏，也不会因遇冷而变硬，始终柔软而富有弹性。经过一系列改良，最终他确信他所制备的这种物质不会在沸点以下的任何温度分解，橡胶"硫化"技术问世了。

　　橡胶"硫化"技术，是橡胶制造业的一项重大发明，扫除了橡胶应用上的一大障碍，使橡胶从此成为了一种正式的工业原料，从而也使与橡胶相关的许多行业蓬勃发展成为了可能。

　　在查尔斯·固特异去世38年后，弗兰克·克伯林把自己创建的轮胎橡胶公司命名为——固特异。从血缘上到经济上，查尔斯·固特异与固特异公司并没有联系，但固特异公司却更乐于认为，他们不但在技术上是对查尔斯·固特异的传承，更重要的是对其逆境中不断探索的精神的继承和发扬。

## 思考题

1. 何谓橡胶硫化？橡胶硫化历程分为几个阶段？各阶段的实质和意义是什么？

2. 硫化历程对配方设计有何指导意义？一个合理的硫化历程应具备哪些条件？

3. 硫化胶的交联结构和性能间有着怎样的关系？为什么？

4. 常用的硫黄品种及其特点是什么？对硫黄有何技术要求？

5. 何谓喷硫？指出喷硫的原因、危害及防止办法。

6. 纯硫黄硫化在工艺及硫化胶性能上表现出哪些不足？为什么？

7. 何谓促进剂？怎样对有机促进剂进行分类？

8. 何谓促进剂的迟效性？次磺酰胺类促进剂为什么是目前促进剂发展的重要方向？

9. 噻唑类、次磺酰胺类促进剂的优点何在？胍类促进剂为什么在二烯类橡胶中常常不单独使用，而作为噻唑和次磺酰胺的第二促进剂？

10. 列表比较促进剂 M、DM、CZ、NOBS、TMTD、D 的化学结构、酸碱性、临界温度、硫化特性（包括焦烧时间、硫化速度、硫化平坦性、交联度）以及硫化胶性能（拉伸强度、定伸应力、硬度、耐老化性能等）。

11. 促进剂 H、NA-22 各属何类促进剂？性能特点和用途是什么？

12. 促进剂并用的意义是什么？AB、AA、NA 型并用各有何特点？

13. 为什么在胶鞋生产中常采用 M(DM)/D 并用？M(DM)/TMTD 并用及次磺酰胺/TMTD 并用的是什么？适用于何种类型产品的生产？为什么？

14. 下面条件下有早期硫化现象，促进剂应如何调整？（要求硫化速度、硫化胶性能基本保持不变）

① 使用 ZDC 或 TMTD 条件下；

② 使用 DM/D 条件下；

③ 使用 DM＋炉黑条件下；

④ 使用 NOBS＋炉黑条件下。

15. 何谓活性剂？硫黄硫化体系最常用的活性剂是什么？它们分别有何功用？

16. 何谓防焦剂？其类别、优缺点和应用范围各是怎样的？

17. 何谓传统、有效、半有效硫化体系？各自的特点和应用如何？

18. 硫黄、硫载体、金属氧化物、有机过氧化物、树脂等硫化体系可分别硫化哪些橡胶？产生何种交联结构？硫化胶性能的优缺点是什么？

19. 使用过氧化物硫化体系时，其加工温度、硫化温度和硫化时间应如何确定？

# 情境设计三
# 防护体系的选择

## 学习目标

通过情境设计三的学习，要求学生了解橡胶热氧老化、臭氧老化和疲劳老化的概念和机理；熟悉各种橡胶老化的影响因素；掌握橡胶老化的防护方法。

## 一、橡胶的老化

生胶或橡胶制品在加工、贮存或使用过程中，会受到热、氧、光等环境因素的影响而逐渐发生物理及化学变化，使其性能下降，并丧失用途，这种现象称为橡胶的老化。

橡胶老化过程中常常会伴随一些显著的现象。如在外观上可以发现长期贮存的天然胶变软、发黏、出现斑点；橡胶制品有变形、变脆、变硬、龟裂、发霉、失光及颜色改变等。在物理性能上橡胶有溶胀、流变性能等的改变。在力学性能上会发生拉伸强度、断裂伸长率、冲击强度、弯曲强度、压缩率、弹性等指标下降。

## 二、橡胶老化的原因

橡胶发生老化现象源于其长期受热、氧、光、机械力、辐射、化学介质、空气中的臭氧等外部因素的作用，使其大分子链发生化学变化，破坏了橡胶原有的化学结构，从而导致橡胶性能变坏。

导致橡胶发生老化现象的外部因素主要有物理因素、化学因素及生物因素。物理因素包括热、光、电、应力等；化学因素包括氧、臭氧、酸、碱、盐及金属离子等；生物因素包括微生物（霉菌、细菌）、昆虫（白蚁等）。这些外界因素在橡胶老化过程中，往往不是单独起作用，而是相互影响，加速橡胶老化进程。如轮胎胎侧在使用过程中就会受到热、光、交变应力和应变、氧、臭氧等多种因素的影响。不同的制品在不同的使用条件下，各种因素的作用程度不同，其老化情况也不一样。即使同一制品，因使用的季节和地区不同，老化情况也有区别。因此，橡胶的老化是由多种因素引起的综合化学反应。在这些因素中，最常见且最重要的化学因素是氧和臭氧；物理因素是热、光和机械应力。一般橡胶制品的老化均是由它们中的一种或几种因素共同作用的结果，最常见的是热氧老化，其次有臭氧老化、疲劳老化和光氧老化。

## 三、橡胶老化的防护方法

随着橡胶的老化进程，橡胶性能逐渐下降，其使用价值也逐步丧失。因此，研究橡胶的老化及防护方法有着极为重要的实用和经济意义。由于橡胶的老化是一种复杂的综合化学反应过程，而且要绝对防止橡胶老化的发生是不可能的，因此，只有认真地研究导致橡胶发生老化的各种原因，并根据这些原因对症下药，采取适当的措施，延缓橡胶老化的速度，从而达到延长橡胶使用寿命的目的。由于导致橡胶制品老化的因素各不相同，因而应根据不同的老化机理采取相应的防老化措施，主要有物理防护法及化学防护法。

物理防护法是指尽量避免橡胶与各种老化因素相互作用，如采用橡塑共混、表面镀层或处理、加光屏蔽剂、加石蜡等。

化学防护法是指主动加入防老剂来防止或延缓橡胶老化反应继续进行，如加入胺类或酚类化学防老剂。

# 任务一　轮胎的防护及防护体系的选择

## 一、橡胶的热氧老化及防护

### （一）橡胶的热氧老化

橡胶在热和氧的共同作用下发生的老化现象称为热氧老化。

1. 橡胶的热氧老化机理

橡胶在使用过程中往往在经受热的同时与空气中氧接触，此时热将促进氧化，而氧则促进热降解，橡胶的热氧老化是橡胶老化现象中最常见、最重要的方式。

橡胶热氧老化过程具有自动催化的特征，同时不断地吸氧。

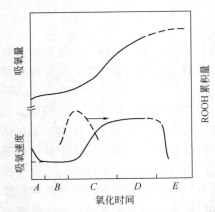

图 3-1　橡胶热氧老化时的吸氧量、吸氧速度及 ROOH 的累积量与氧化时间的关系

图 3-1 为橡胶在热氧老化时的吸氧量、吸氧速度及氢过氧化物累积量随氧化时间关系的模型图。由图 3-1 可见，橡胶的吸氧过程一般分为四个阶段。

第一阶段在反应初期发生，开始时吸氧速度较快，但迅速降至一个较小的恒值进入第二阶段。这一阶段常在硫化橡胶的老化过程中发生。

第二阶段为恒速反应期。此阶段橡胶以恒定的速度与氧反应并吸收氧。对于纯化的橡胶，这一阶段的时间很短。第一、二阶段合称为诱导期，此时橡胶虽已吸收了一定的氧，性能有所下降，但吸氧量比热氧老化全过程的吸氧量小很多，对橡胶的性质影响并不显著，是橡胶制品的正常使用期，因此这一阶段越长越好。

第三阶段为加速反应期。此阶段橡胶的吸氧速度迅速增加，比前一阶段大几个数量级。在这一阶段内，氢过氧化物量随吸氧速度的加速进行而从最大值逐渐减少。到本阶段末期，橡胶已深度氧化变质，丧失使用价值。

第四阶段橡胶的吸氧速度又转入恒速，之后逐渐下降。在此阶段橡胶的氧化处于完结。

对于不同的橡胶，由于老化过程中的吸氧量与时间的关系有所不同，则第二和第三阶段的时间的相对长短不同。

　　橡胶热氧老化的整个反应过程属自由基自催化氧化反应机理，在橡胶的氧化老化过程中，自由基链反应可以因交联或断链而终止。在反应过程中，也可发生交联或断链。对于不同的橡胶或不同的老化条件，反应方式及过程都有所不同，如有的橡胶在热氧老化过程中以交联为主，有的则以断链为主。

　　实践中还发现橡胶的上述老化过程，会在某些变价金属离子（如钴、铜、锰、镍、铁等）及光的催化下加速进行。

　　2. 橡胶在热氧老化过程中的变化

　　（1）结构的变化　　通过对橡胶热氧老化机理的分析可知，橡胶在热氧老化过程中的结构变化可分为两类：一是以分子链降解为主的热氧老化反应；二是以分子链之间交联为主的热氧老化反应。

　　在对天然橡胶热氧老化产物的分析中发现，有醇、酸、醛及二氧化碳等产生，根据对橡胶热氧老化机理的分析及实验数据的分析可知，天然橡胶等含有异戊二烯单元的橡胶在热氧老化过程中是以分子链断裂为主，类似的还有聚异戊二烯橡胶、丁基橡胶、二元乙丙橡胶、均聚型氯醚橡胶及共聚型氯醚橡胶等。这类橡胶在发生热氧老化后的外观表现为变软、发黏。

　　顺丁橡胶等含有丁二烯的橡胶在热氧老化过程中发生的主要是交联反应，类似的橡胶品种还有 NBR、SBR、CR、EPDM、FPM 及 CSM 等。这类橡胶在发生热氧老化后的外观表现为变硬、变脆。

　　（2）性能变化　　伴随着结构的变化，在热氧老化过程中橡胶的性能也发生相应的变化。图 3-2、图 3-3 和图 3-4 分别表示天然橡胶、丁苯橡胶和氯丁橡胶随热氧老化过程其拉伸强度及伸长率所发生的变化。

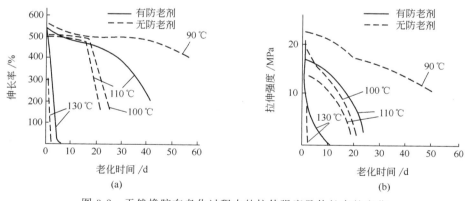

图 3-2　天然橡胶在老化过程中的拉伸强度及伸长率的变化

　　可见，无论是氧化断裂型的天然橡胶还是以氧化交联为主的丁苯橡胶及氯丁橡胶，其拉伸强度和伸长率都随着热氧老化的进程而下降。

　　图 3-5 为天然橡胶的硬度随热氧老化的变化。可以看到天然橡胶的硬度在热氧老化过程中呈下降的趋势。

　　图 3-6 为丁苯橡胶的拉伸强度及定伸应力随热氧老化的变化，可以看到丁苯橡胶在热氧老化过程中的定伸应力呈上升的趋势。

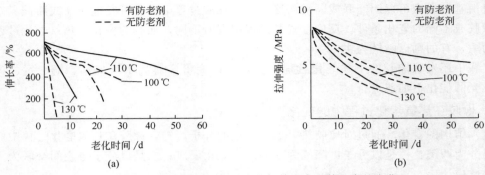

图 3-3 丁苯橡胶在老化过程中的拉伸强度及伸长率的变化

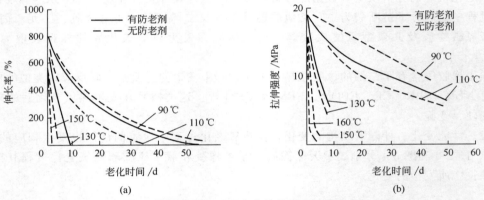

图 3-4 氯丁橡胶在老化过程中的拉伸强度及伸长率的变化

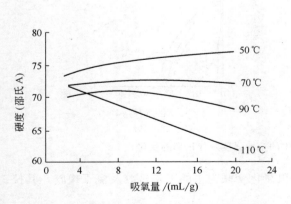

图 3-5 天然橡胶的硬度随热氧老化的变化

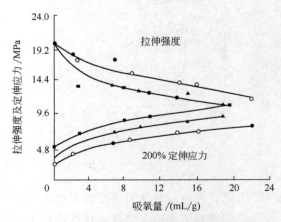

图 3-6 丁苯橡胶的拉伸强度及定伸应力随热氧老化的变化（110℃，0.1MPa，O₂）

●—S，1.5 份，硫化 60min；○—S，1.5 份，硫化 90min；▲—S，2.0 份，硫化 60min；■—S，2.0 份，硫化 90min；促进剂为 CZ

橡胶在热氧老化过程中应力松弛速度变大，因而随着老化的进行，橡胶的永久变形增大。另外，橡胶经过老化后弹性下降，如天然橡胶只吸收 1%（质量分数）的氧，其弹性体性能即大部分丧失。

### 3. 影响橡胶热氧老化的因素

（1）橡胶种类的影响　橡胶的品种不同，耐热氧老化的程度也不同。图 3-7 是各种橡胶的耐热氧老化特性。根据橡胶的耐热氧老化性不同，可以将橡胶分为两类，其原因在于过氧自由基从橡胶分子链上夺取 H 的速度不同，这可根据热氧老化反应中 ROO·夺取 H 是速度控制反应来理解。而这种夺取 H 的速度及其后所产生的自由基的稳定性都强烈地依赖于活泼 H 的电子性质。活泼 H 的电子性质又受分子链中的双键及取代基的影响。若橡胶分子主链上含有双键，则双键的 α 碳原子上的 C—H 键的解离能很低，很易被氧化过程中所产生的过氧自由基夺去 H 而形成自由基，此时自由基碳原子上的 C—H 键和 C—C 键的解离

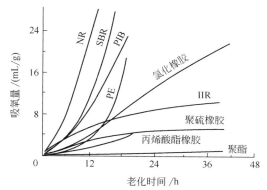

图 3-7　各种橡胶在 130℃时的吸氧曲线

能很低，可被很低的能量打断，从而易发生氧化老化。因此，橡胶分子链中随双键含量的增多，橡胶耐热氧老化性质将降低。

有关实验数据表明，当双键 C 原子上连有烷基等推电子取代基时，双键的 α-H 的解离能降低，易产生氧化反应。如双键上连有甲基的天然橡胶的 α-H 的解离能为 142kJ/mol，而双键上无取代基的顺丁橡胶的 α-H 的解离能为 163kJ/mol。有实验数据表明，在热氧老化反应中，天然橡胶的反应性比顺丁橡胶和丁苯橡胶都大，而丁基橡胶的反应性则很小，即它们的热氧老化顺序为 NR＞BR、SBR＞IIR。

当双键 C 原子上连有吸电子取代基时，由于吸电子基团的作用，使得双键的 α-H 的电子云密度降低，反应活性降低。因此，当双键上连有吸电子取代基时，热氧老化性下降。如氯丁橡胶的耐热氧老化性比丁苯橡胶和天然橡胶都好。

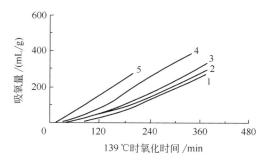

图 3-8　乙丙橡胶组成与热氧老化性的关系
1—高密度聚乙烯（1.0 CH₃/1000C）；2—乙丙共聚物（10.7 CH₃/1000C）；3—乙丙共聚物（21.0 CH₃/1000C）；4—乙丙共聚物（35.5 CH₃/1000C）；5—聚丙烯（333 CH₃/1000C）

饱和橡胶主链上连有一个烷基取代基时，原来碳原子上的氢则由仲碳原子变为叔碳原子氢，使 C—H 键的解离能下降，氢原子的反应活性提高，热氧老化活性提高。图 3-8 为乙丙橡胶组成与热氧老化性的关系，表明随着丙烯含量的提高，热氧老化活性提高。

当饱和碳链上的同一个碳原子连有两个烷基取代基时（如聚异丁烯），由于在热氧老化过程中产生的自由基将与饱和碳链分子发生异构化反应，其结果将是生成具有较高活性的双键 α-H，并导致聚异丁烯在热氧老化过程中的反应性提高，使之比聚乙烯更易热氧老化

（图 3-7）。当异丁烯与少量异戊二烯共聚制成丁基橡胶时，自由基就优先与异戊二烯单元反应，如实验测得异丙苯氧自由基与异戊二烯单元的反应比与异丁烯单元的反应快 300 倍，从而可降低 IIR 断链的产生。尽管在丁基橡胶中引入少量的反应性较高的双键 $\alpha$-H 使得在热氧老化初期的反应较高，但在后期丁基橡胶的反应反而比聚异丁烯低（图 3-7）。

当饱和碳链上连有苯环取代基时，由于苯环的共轭效应，对本身苄基叔碳氢将有活化作用，比如丁苯橡胶，由于苯乙烯含量较少，且无规分布，丁苯橡胶热氧老化性与顺丁橡胶类似。但当苯环沿主链分布密集时，却有非常高的稳定性，如聚苯乙烯的耐热氧老化性远高于聚乙烯。

当饱和链段中有氰基取代时，由于氰基的吸电子作用，耐热氧老化性提高。丁腈橡胶的耐热氧老化性在二烯类橡胶中比 NR、IR、BR 及 SBR 都高，甚至与 CR 持平。

结晶对橡胶的吸氧有明显的影响。当聚合物产生结晶时，分子链在晶区有序排列，分子间隙少，使其活动性降低，聚合物的密度增大，氧在聚合物中的渗透性降低。如在常温下古塔波橡胶（反式 1,4-聚异戊二烯）的氧化反应性比天然橡胶（顺式 1,4-聚异戊二烯）低，因为前者在室温下为结晶体，后者为非结晶体。当温度在 50℃ 以上时，两种橡胶的氧化速度相差不大，因为在此温度下两者基本上都是非结晶体。

聚合物的热氧老化还与结晶度有关。橡胶的结晶度都很低，而很多塑料具有较高的结晶度。所以结晶度对塑料的热氧老化的影响大，对橡胶的影响相对较小。

（2）氧的影响　对纯碳氢化合物，氧的浓度对热氧化速度的影响可忽略。在含有防老剂的情况下，被抑制的热氧化速度易受氧浓度的影响。根据有关实验数据，热氧老化随氧分压的增大而增大，恒速阶段的吸氧速度与氧分压的平方根成正比。这是由于氧直接攻击防老剂而导致链引发所引起的。

（3）温度的影响　在热氧老化过程中，温度升高将加速橡胶的氧化。在表示热氧老化与温度的关系时，实际应用中常用老化温度系数来表示。所谓老化温度系数，是指在相差10℃ 老化时，性能降低到相同指标所需时间之比。表 3-1 是几种橡胶的老化温度系数。

表 3-1　几种橡胶在空气恒温箱老化时的温度系数

| 测定性能 | 温度范围 | 温度系数 | 橡胶种类 |
|---|---|---|---|
| 拉伸强度、伸长率 | | 约 3.21 | |
| 应力-应变曲线 | | 2.6～3.3 | |
| 应力-应变曲线 | | 2.88～3.02 | |
| 拉伸强度、伸长率 | 以上为常温～70℃ | 2.54～4.04 | |
| 拉伸强度、伸长率 | 70～100℃ | 2.27 | 以上为 NR |
| 应力-应变曲线 | 70～100℃ | 2.65～2.73 | |
| 应力-应变曲线 | 100～132℃ | 2.6 | |
| 应力-应变曲线 | 90～127℃ | 2.0 | |
| 伸长率及拉伸应力 | 70～121℃ | 2.0 | |
| 拉伸强度、伸长率 | 70～100℃ | 2.2 | |
| 伸长率、拉伸应力 | 15～100℃ | 2.1 | |
| 拉伸强度、伸长率 | | 2.25 | |
| 拉伸应力及硬度 | 80～100℃ | | 以上为 SBR |
| 应力-应变曲线 | 121～149℃ | 1.97～2.09 | NBR |
| 伸长率 | | 2.0 | |

　　图 3-9 是假定橡胶在老化时拉伸强度下降到 4MPa 以下，或者伸长率下降到 40％以下所需时间为橡胶在该温度下的寿命的条件下，几种材料的寿命与温度关系图。

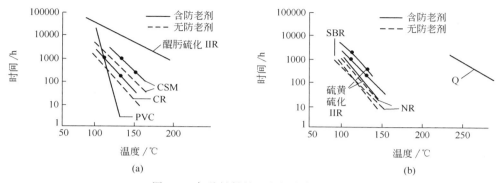

图 3-9　各种材料的温度与寿命的关系
（到拉伸强度为 4MPa 或伸长率为 40％时所需要的温度与时间）

　　在橡胶的热氧老化过程中，温度还可能影响橡胶的氧化反应机理。图 3-10 和图 3-11 分别为在不同温度下含炭黑天然橡胶的吸氧量和拉伸强度的关系及吸氧量与 200％定伸应力的关系。由图 3-10 和图 3-11 可见，在各温度下随着吸氧量的增多，拉伸强度下降，而且在相同吸氧量时温度高，其下降得更大。但 200％定伸应力随着温度的不同表现出不同的现象。当温度高于 90℃时，定伸应力随吸氧量的增加而下降，且温度越高下降得越大，而当试验温度在 50～70℃时，定伸应力随吸氧量的增加而增大，温度越低增大得越快。这些现象说明，含炭黑及交联键的天然橡胶的热氧老化更加复杂。

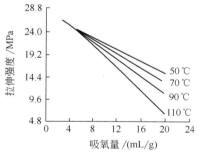

图 3-10　不同温度下含炭黑天然橡胶
的吸氧量与拉伸强度的关系

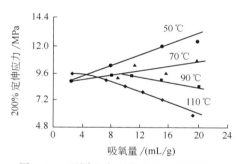

图 3-11　不同温度下含炭黑天然橡胶的
吸氧量与 200％定伸应力的关系

　　（4）硫化的影响　橡胶在经过硫化后会产生不同的交联结构及网状物质，这将对橡胶的热氧老化产生很大的影响。但硫化对热氧老化的影响机理还不是很清楚，有人提出了交联键键能理论来解释。该理论认为，交联键的键能越大，硫化胶的耐热氧老化性能越好。

　　图 3-12 表明，不同硫化体系硫化天然橡胶的耐热氧老化顺序为硫黄硫化＜硫黄/促进剂硫化＜TMTD 无硫硫化、低硫/高促硫化（EV 硫化）＜过氧化物硫化。图 3-13 和表 3-2 表示丁基橡胶的硫化体系与老化性的关系。由图 3-13 可见，交联键断裂的倾向性为硫黄硫化＞醌肟硫化＞树脂硫化。

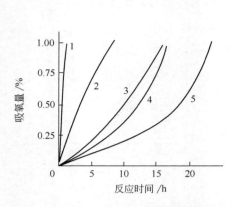

图 3-12　不同硫化体系硫化的天然
橡胶在 100℃、0.1MPa 氧压下
测定的吸氧曲线（硫化后抽提）
1—纯硫黄硫化（S 10）；2—硫黄/促进剂硫化
（S/CZ，2.5/0.6）；3—无硫硫化（TMTD，
4.0）；4—EV 硫化（S/CZ，0.4/0.6）；
5—过氧化物硫化（DCP 2.0）

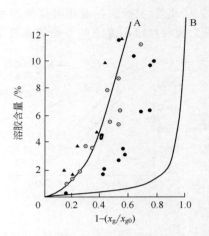

图 3-13　硫化丁基橡胶的老化
●—硫黄硫化；◎—醌肟硫化；▲—树
脂硫化；A—主链断裂理论曲线；
B—交联点断裂理论曲线；$x_g/x_{g0}$
为老化后的凝胶量与老化前的比值

由表 3-2 可见，树脂硫化的耐热氧老化性比醌肟硫化的高 30～40℃，比硫黄硫化的更高。用硫黄硫化 IIR 是不能充分发挥它原有的耐热氧老化性的，只有采用能产生较高键能的树脂等硫化才行。

表 3-2　硫化 IIR 的老化速率及其活化能

| 聚合物不饱和度的摩尔分数 | 硫化体系 | 老 化 速 率 | | | 活化能 /(kJ/mol) |
|---|---|---|---|---|---|
| | | 149℃ | 177℃ | 204℃ | |
| 0.8 | 硫黄 | 11.25 | — | | |
| | 醌肟 | 0.420 | 0.64 | | 77 |
| | 树脂 | — | 0.00789 | 0.0483 | 116 |
| 1.4 | 硫黄 | 4.75 | 34.1 | | 112 |
| | 醌肟 | 0.345 | 0.907 | | 55 |
| | 树脂 | — | 0.00637 | 0.429 | 122 |
| 2.2 | 硫黄 | 1.52 | 12.0 | | 117 |
| | 醌肟 | 0.183 | 0.468 | | 53 |
| | 树脂 | — | 0.00563 | 0.0322 | 103 |
| 2.8 | 硫黄 | 0.92 | 9.30 | | 131 |
| | 醌肟 | 0.100 | 0.278 | | 58 |
| | 树脂 | — | 0.00658 | 0.0405 | 116 |

硫化胶的热氧老化主要受老化过程中橡胶分子链的断裂、交联键的断裂和重新交联这三个反应的影响。在分子链断裂机理方面，是橡胶分子链优先断裂还是交联键优先断裂存在着争论。因此，交联键键能理论并不能完全解释热氧老化性的一些现象。

### （二）橡胶热氧老化的防老剂及其防护效能

热氧老化防护

由于橡胶的热氧老化是一种自由基链式自催化氧化反应，因此，凡能终止自由基链式反应或者防止引发自由基产生的物质，均能起到抑制或延缓橡胶的氧化反应，被称为抗氧剂或热氧防老剂。抗氧剂根据其作用方式可分为两大类：第一类是通过与链增长自由基 R·或 ROO·反应而截断链式反应，防止热氧老化，这类物质称为链断裂型防老剂，也可称链终止型或自由基终止型防老剂，还可称为主抗氧剂；另一类是不参与自由基链式反应，只防止自由基的引发，称为预防型防老剂。预防型防老剂包括氢过氧化物分解剂（辅助抗氧剂）、光吸收剂和金属离子钝化剂三类。

橡胶热氧老化防护剂还可根据其化学结构分为胺类、酚类及有机硫化物防老剂等。

1. 胺类防老剂及其性能

（1）萘胺类

① 典型品种　防老剂 A、防老剂 D、防老剂 DNP 等。

（防老剂 A）　　（防老剂 D）

（防老剂 DNP）

② 制法　苯胺和甲萘胺在对氨基苯磺酸催化下进行缩合反应可制得防老剂 A。乙萘酚和苯胺在苯胺盐酸盐催化作用下缩合可制得防老剂 D。

③ 基本特性

a. 防老剂 A 和防老剂 D 是防老剂中两个应用最早、最广泛的品种，它们抗热、抗氧、抗屈挠龟裂性能都很好，并能与多种防老剂并用以改善其防护性能。但防老剂 D 由于其游离 $\beta$-萘胺能致癌，应用日益受到限制。

b. 这类防老剂可用于天然橡胶、丁苯橡胶、丁腈橡胶和氯丁橡胶，都有很好的抗氧效用。

c. 取代二苯胺类除抗氧作用外，还有好的抗屈挠性能。用于胶乳也有很好的稳定作用。

d. 这类防老剂遇光变色，属"污染型防老剂"，用于黑色制品或深色制品。

④ 基本用法

a. 可以单用，也可与其他防老剂并用。

b. 一般用量 0.5～5 份，通常用 1～2 份。

⑤ 应用范围　苯基萘胺类用于轮胎、胶管、胶带、胶辊、胶鞋及深色工业制品。取代二苯胺类用于电缆、胶鞋、橡胶地板、垫圈、海绵制品及胶乳制品。

对苯二胺衍生物用于轮胎、电缆、弹性胶带、工业制品、胶乳制品、医疗用品等制品。取代仲胺或伯胺用于胶乳海绵和胶布制品，不宜用于食品工业用橡胶。

（2）醛胺类

① 制法　芳香伯胺和脂肪族醛类反应生成 RN ＝CHR 类化合物，又可聚合成树脂状物质，或再与醛化合或分子内部重排，制得不同性质产品。

② 基本特性

a. 用于天然橡胶、丁苯橡胶、顺丁橡胶、异戊橡胶和丁腈橡胶，也可用于胶乳，抗热、抗氧性能良好。

b. 这类防老剂不易喷霜，对臭氧、屈挠龟裂没有防护作用。

c. 遇光变色，属污染型防老剂。

d. 慎用于食品工业橡胶制品。

③ 基本用法

a. 可单用，也可与其他防老剂（如防老剂 A、防老剂 MB 和防老剂 4010NA）并用。

b. 一般用量 0.5～5 份，最好 1.0～2.5 份。与其他防老剂可以 1∶1 并用。

④ 应用　用于轮胎、内胎、胶带、胶鞋、电线、电缆、深色工业制品及修补胶料。

（3）酮胺类

① 典型品种　防老剂 RD、防老剂 BLE。

② 制法　苯胺和丙酮在催化剂作用下缩聚制得 RD 和喹啉的其他衍生物。二苯胺和丙酮高温下缩合得 BLE。

③ 基本特性

a. 用于天然橡胶、丁苯橡胶、丁腈橡胶及胶乳，对热、氧和气候老化有优良的防护性能。

b. 对氯丁橡胶能增加硫化活性，对其他橡胶硫化无影响。

c. 本类防老剂有污染性，但不显著，在浅色制品中亦可少量使用。

④ 基本用法

a. 可以单用，也可与其他防老剂并用。在动态下使用的橡胶制品中（如轮胎和输送带）常与 4010NA 或 AW 并用，产生协同效应。

b. 一般用量 0.5～3 份，通常用 1～2 份。

⑤ 应用　用于制造轮胎、自行车外胎、胶管、胶带、电线电缆以及工业制品。

2. 酚类防老剂及其使用性能

（1）典型品种　防老剂 264、防老剂 2246。

防老剂 264　　　　　防老剂 2246

（2）基本特性

① 用于天然橡胶、合成橡胶和胶乳作抗氧剂，也可用于塑料和合成纤维作热稳定剂。

② 是最好的非污染型防老剂。

③ 由于它的防护效用较弱，常用于对防老化要求不高的制品。

（3）基本用法　可单用或与其他防老剂并用，单用一般用 0.5～3 份。

（4）应用　用于制造轮胎的白胎侧，白色、彩色、透明的胶乳制品、医疗制品、胶布制品、胶鞋，也可以用于食品胶。

3. 其他防老剂

（1）典型品种　防老剂 MB、防老剂 NBC、防老剂 MBZ、防老剂 NDPA 和防老剂 TNP 等。

防老剂 MB　　　　　　　防老剂 MBZ

（2）制法　将邻硝基氯化苯氨化，再用硫化碱还原生成邻苯二胺，然后加入二硫化碳进行成环反应可制得防老剂 MB。

（3）基本特性

① 苯并咪唑型防老剂是不污染、不变色、抗氧、抗热性能优良的防老剂，用于天然橡胶、合成橡胶和胶乳，防护效能中等。

② 金属镍的二硫代氨基甲酸盐和黄原酸盐除抗氧作用外，还有一定的抗臭氧效能。

③ 亚磷酸酯型防老剂用于天然橡胶、合成橡胶和胶乳作抗氧剂和稳定剂，有良好的耐热性能。

④ 胺类防老剂与酚类防老剂并用有良好的协同效应。

⑤ NDPA 和 DENA 是网络型防老剂，它们加入胶料能与橡胶分子产生化学结合，成为橡胶网络结构的一部分，不会被水或溶剂浸提出来，也不会因高温挥发而损失。故而能在产品中长期起防护作用。

（4）基本用法

① 直接加入胶料，可单用或与其他防老剂并用。

② 一般用量 0.5～2.0 份。

（5）应用　除了 NDPA 可用于轮胎外，其余的都可用于浅色制品、彩色制品、透明制品和泡沫胶乳制品。

### （三）热氧防老剂的并用与协同效应

为了提高防护效果，在实际应用时常常选用两种具有不同作用机理的防老剂进行并用，或者选用同一防护机理的两种防老剂并用，或选用在同一分子上按不同机理起作用的基团同时存在的防老剂，也可获得增效的防护效果。但是，在某些情况下，当两种具有防护作用的物质并用时，反而会使防护效果下降。因此，防护剂并用时，必须认真分析研究后使用。

1. 对抗效应

对抗效应是指两种或两种以上的防老剂并用时，所产生的防护效果小于它们单独使用时的效果之和。实际使用时应当防止这种现象产生。

研究表明，当显酸性的防老剂与显碱性的防老剂并用时，由于二者将产生类似于盐的复合物，因而产生对抗效应。另外，通常的链断裂型防老剂与某些硫化物尤其是多硫化物之间也产生对抗效应。在含有 1% 的防老剂 4010NA 的硫化天然橡胶中，加入多硫化物后使氧化速度提高，这也是对抗效应。在含有芳胺或受阻酚的过氧化物硫化的纯化天然橡胶中，加入三硫化物，也发现有类似的现象。对抗效应的产生与硫化物的结构有很大关系，如二烯链硫化物与防老剂有显著的对抗效应，而二正丁基硫化物和三正己基三硫化物则无对抗效应。一般单硫化物的影响比多硫化物小。

炭黑在橡胶中既有抑制氧化的作用，又有助氧化的作用。在链断裂型防老剂存在下炭黑抑制效果的减小，或在炭黑存在下防老剂防护效能的下降，都清楚地表明它们之间产生了对抗效应。

### 2. 加和效应

加和效应是指防老剂并用后所产生的防护效果等于它们各自单独作用的效果之和。在选择防老剂并用时，能产生加和效应是最基本的要求。

同类型的防老剂并用后通常只产生加和效应，但有时并用后会获得其他好处。例如，两种挥发性不同的酚类防老剂并用，不但能产生加和效应，而且与等量地单独使用一种防老剂相比能够在更广泛的温度范围内发挥抑制效能。另外，大多数防老剂在使用浓度较高时显示出助氧化效应，这可通过将两种或几种防老剂以较低的浓度并用予以避免，并用后的效果为各组分通常效果之和。

### 3. 协同效应

协同效应是防老剂并用使用后的效果大于每种防老剂单独使用的效果之和。在选择防老剂时，这是希望得到的并用体系。根据产生协同作用的机理不同，又可分为杂协同效应和均协同效应。

（1）杂协同效应 将两种或两种以上按不同机理起作用的防老剂并用所产生的协同效应，称杂协同效应。链断裂型防老剂与破坏氢过氧化物型防老剂并用所产生的协同效应，属杂协同效应。其他如链断裂型防老剂与紫外线吸收剂、金属离子钝化剂及抑制臭氧老化的防老剂等之间的协同效应，也属于杂协同效应。

图 3-14 为防老剂 D 及防老剂 WSP 与防老剂 MB 之间在硫化 NR 中的协同效应。可见防老剂 D 及防老剂 WSP 均与防老剂 MB 产生协同效应。表 3-3 为防老剂 2246 及防老剂 4010 与防老剂 DLTDP（硫化二丙酸二月桂酯）在过氧化二异丙苯（DCP）硫化的天然橡胶中所产生的协同效应。据报道，防老剂 D 与防老剂 TNP［三（壬基苯基）亚磷酸酯］或防老剂 DSTP［硫代二丙酸二（十八酯）］也可产生协同效应。在链断裂型防老剂与 TMTD 无硫硫化胶中所产生的二硫代氨基甲酸锌之间，以及链断裂型防老剂与在 EV 或 SEV 硫化胶中所生成的苯并噻唑的锌盐之间，也发现有很强的协同效应。在聚烯烃中广泛使用的具有协同效应的防老剂并用体系是 DLTDP 与防老剂 264 并用。这一体系具有很强的实用价值，因为这两种成分都是无毒性稳定剂，经美国食品和药物检验局批准可用于食品包装材料。

协同效应的大小不仅与防老剂种类有关，而且也与防老剂的配比有关。图 3-15 为对羟基二苯胺（HDPA）与防老剂 MB 及 2-巯基苯并噻唑（MBT）所产生的协同效应与配比的关系。可见，HDPA 与 MBT 及防老剂 MB 均产生协同效应，但根据配比不同，分别在不同的配比下产生最大的协同效应。

表 3-3 防老剂在硫化 NR 中的防护效能

| 防 老 剂 | 未 老 化 | | 125℃×2d 老化后 | |
| --- | --- | --- | --- | --- |
| | 拉伸强度/MPa | 100%定伸应力/MPa | 拉伸强度/MPa | 100%定伸应力/MPa |
| 防老剂 2246(2%) | 18.0 | 0.77 | 0.8～1.8 | 0.21 |

续表

| 防　老　剂 | 未　老　化 | | 125℃×2d 老化后 | |
| --- | --- | --- | --- | --- |
| | 拉伸强度/MPa | 100%定伸应力/MPa | 拉伸强度/MPa | 100%定伸应力/MPa |
| 防老剂 DLTDP(2%) | 18.0 | 0.77 | 5.3 | 0.47 |
| 防老 4010(1%) | 15.4 | 0.75 | 4.5 | 0.48 |
| 防老剂 2246(0.5%)+<br>防老剂 DLTDP(0.5%) | 17.0 | 0.66 | 6.0 | 0.47 |
| 防老剂 4010(0.5%)+<br>防老剂 DLTDP(0.5%) | 19.6 | 0.78 | 12.4 | 0.49 |

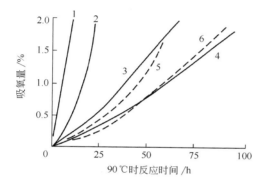

图 3-14　防老剂在含铜天然硫化
胶 90℃氧化时的协同效应

1—含 $200×10^{-6}$ 铜；2—在 1 中加入
2 份防老剂 MB；3—在 1 中加入 2 份防老剂 D；
4—在 1 中加入 1 份防老剂 MB 和 1 份防老剂 D；
5—在 1 中加入 2 份防老剂 WSP；6—在 1 中
加入 1 份防老剂 WSP 和 1 份防老剂 MB

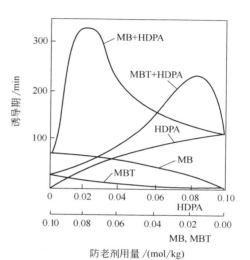

图 3-15　硫化胶在 200℃氧化
时不同防老剂所产生的
协同效应与配比的关系

链断裂型防老剂与破坏氢过氧化物型防老剂并用能产生协同效应的原因是，破坏氢过氧化物型防老剂分解氧化过程中所产生的氢过氧化物为非自由基，减少了链断裂型防老剂的消耗，使其能在更长的时期内有效地发挥抑制作用。同样，链断裂型防老剂可以有效地终止产生链传递的自由基，使氧化的动力学链长（每个引发的自由基与氧反应的氧分子数）缩短，仅生成少量的氢过氧化物，从而大大减慢了破坏氢过氧化物型防老剂的消耗速率，延长了其有效期。因此，在这样的并用体系中，两种防老剂相互依存，相互保护，共同起作用，从而有效地使聚合物的使用寿命延长，防护效果远远超过各成分的效果之和。

（2）均协同效应　两种或两种以上的以相同机理起作用的防老剂并用时所产生的协同效应称为均协同效应。

两种不同的链断裂型防老剂并用时，其协同作用的产生是氢原子转移的结果，即高活性防老剂与过氧自由基反应使活性链终止，同时产生一个防老剂自由基，此时低活性防老剂向新生的这个高活性防老剂自由基提供氢原子，使其再生为高活性防老剂。这些能提供氢原子的防老剂是一种特殊类型的防老剂，一般称为抑制剂的再生剂。两种邻位取代基位阻程度不同的酚类防老剂并用，两种结构和活性不同的胺类防老剂并用，或者一种仲二芳胺与一种受阻酚并用，都可产生良好的协同效应。

邻位取代基位阻程度不同的酚类防老剂并用时，能够避免邻位取代位阻较小的苯氧自由基引发聚合物氧化，这也是其产生协同效应的原因之一。

有些物质单独使用时没有防护效果，但与某些防老剂并用时，可像前述的均协同效应机理一样，作为再生剂产生协同效应。如二烷基亚磷酸酯可与某些酚类防老剂起作用。2,6-二叔丁基苯酚也可作为再生剂，与某些链断裂型防老剂并用产生协同效应。

两种防老剂除按这种再生机理产生协同效应外，如果某一种或两种防老剂还具有过氧化物分解剂的功能，则可获得更高的协同效应。例如苯环上连有取代基的苯酚与像 $\beta,\beta'$-二苯基乙基单硫化物那样的 $\beta$ 活化的硫醚并用使用时，可在很长的时期内显示非常有效的链断裂型防老剂的作用。这是由于 $\beta$ 活化的硫醚提供氢原子使酚类防老剂不断再生，同时这种硫醚还可以破坏氢过氧化物，并且在破坏氢过氧化物生成亚砜后分解的衍生物，也有助于酚类防老剂的再生。

（3）自协同效应　当同一防老剂可以按两种或两种以上的机理起抑制作用时，可产生自协同效应。最常见的一个例子是既含有受阻酚的结构又含有二芳基硫化物结构的硫代双酚类防老剂。例如 4,4'-硫代双（2-甲基-6-叔丁基苯酚）既可以像酚类防老剂那样终止链传递自由基，又可以像硫化物那样分解氢过氧化物。前面讨论的二硫代磷酸盐、巯基苯并噻唑盐、二硫代氨基甲酸盐及巯基苯并咪唑盐，除破坏氢过氧化物外，还可以清除过氧自由基。例如不同的锌盐在 30℃时清除过氧自由基的顺序为：黄原酸锌＞二硫代磷酸锌≥二硫代氨基甲酸锌。有机硫化物在抑制氧化过程中，也有终止过氧自由基的能力。当然，这些金属盐及有机硫化物的链断裂作用对整个抑制氧化过程的贡献是比较小的，主要的作用还是分解氢过氧化物。

另外，某些胺类防老剂除起到链终止作用外，还可以配合金属离子，防止金属离子引起的催化氧化，甚至具有抑制臭氧化的能力。二烷基二硫代氨基甲酸的衍生物既有金属离子钝化剂的功能，又有过氧化物分解剂的功能。二硫代氨基甲酸镍不仅可以分解氢过氧化物，而且还是一种非常有效的紫外线稳定剂。所有这些，都产生自协同效应。

由于硫黄硫化胶中含有高浓度的单硫、双硫及多硫交联键，因而含硫防老剂在这种硫化胶中产生的自协同效应不太明显。然而当 R 为氢原子，结构为 ⬡—NH—⬡—NHCOCH₂SR 的化合物，与不饱和橡胶反应连接到橡胶大分子上后（此化合物中的 R 为橡胶大分子），所显示出的抑制氧化效果优于防老剂 $N$-异丙基-$N'$-苯基对苯二胺（防老剂 4010NA 或防老剂 IPPD）。

## 二、橡胶的臭氧老化及其防护方法

### （一）橡胶的臭氧老化

在 1885 年人们就发现受到拉伸的橡胶在老化过程中发生龟裂，当时人们曾认为是由于阳光的照射所致，但后来发现未经阳光照射的橡胶制品上，同样也有龟裂产生。后来经过分析发现，不受阳光照射的橡胶拉伸所产生的龟裂，是由于大气中存在的微量臭氧所致。

在距离地面 20～30km 的高空，氧气分子在阳光照射下会产生臭氧分子，形成一层臭氧层。尽管地表的臭氧浓度较低，但引起的橡胶老化现象也不容忽视，越来越受到人们的重视。

1. 臭氧老化特点

橡胶的臭氧老化与其他因素所产生的老化有所不同，主要有如下表现。

① 橡胶的臭氧老化是一种表面反应，未受应力的橡胶表面反应深度为 10～40 个分子厚，或 10～50nm 厚。

② 未受拉伸的橡胶暴露在 $O_3$ 环境中时，橡胶与 $O_3$ 反应直到表面上的双键完全反应完后终止，在表面上形成一层类似喷霜状的灰色的硬脆膜，使其失去光泽。受拉伸的橡胶在产生臭氧老化时，表面要产生臭氧龟裂，但 Branden 等通过研究认为，橡胶的臭氧龟裂有一临界应力存在，当橡胶的伸长或所受的应力低于临界值时，在发生臭氧老化时是不会产生龟裂的，这是橡胶的固有特性。

③ 橡胶在产生臭氧龟裂时，裂纹的方向与受力的方向垂直，这是臭氧龟裂与光氧老化致龟裂的不同之处。但应当注意，在多方向受到应力的橡胶产生臭氧老化时，所产生的臭氧龟裂很难看出方向性，与光氧老化所产生的龟裂相似。

2. 橡胶臭氧老化机理

（1）臭氧与橡胶的反应　臭氧与不饱和橡胶的反应类似于臭氧与烯烃的反应机理。臭氧与橡胶双键产生双分子反应，首先是臭氧先直接与双键发生加成，形成初级臭氧化合物，初级臭氧化合物再发生分解，生成醛、酮等物质。

臭氧与烯烃的反应速度相当快，有着很低的反应活化能，这也说明臭氧对不饱和橡胶的老化反应是在橡胶暴露的表面进行的，当表面的双键被消耗掉后，臭氧才与样品内部的不饱和键反应。

臭氧与饱和橡胶反应不导致橡胶的臭氧龟裂，但仍存在着反应，反应速度比臭氧与烯烃的反应速度要慢得多。

尽管聚硫橡胶不含双键，但由于臭氧与硫化物也可产生较慢的反应，因而它与聚硫橡胶也发生反应，并导致臭氧龟裂。

（2）臭氧龟裂的产生与增长机理　暴露在臭氧中的拉伸不饱和橡胶，首先在表面上形成臭氧龟裂，然后龟裂增长变大，最后使其断裂。关于橡胶臭氧龟裂的机理，目前还没有定论，有两种基本观点，即分子链断裂学说和表面层破坏学说。

分子链断裂学说认为处于拉伸状态的橡胶暴露在臭氧中时，橡胶分子链上的双键与臭氧反应所形成的醛及两性离子在应力的作用下，两端以分子的松弛速度沿相反的方向相互分离，使两者重新结合的可能性显著降低，其净结果为分子链产生断裂。分子链断裂并分离后，下层的新的不饱和键露出，又可发生类似的臭氧化过程。这一过程的连续发生，导致臭氧龟裂的产生和增长。

Cent 及 Branden 通过独特的实验设计和研究发现，当施加于橡胶样品上的应力超过某一值时才产生臭氧龟裂，若低于这一值则无臭氧龟裂产生。因此称使橡胶发生臭氧龟裂所需要的最小应力为临界应力。有关研究表明，临界应力是提供产生臭氧龟裂所需的最小能量（临界能量），即试样弹性变形的临界贮存能。

　　按照分子链断裂学说，臭氧龟裂的增长应与臭氧的浓度和橡胶分子链的运动性有关。当分子链的运动性较强时，则当臭氧使表面的分子链断裂后，断裂的两端将以较快的速度相互分离，露出底层新的分子链继续受臭氧的攻击，因而臭氧龟裂增长的速度受臭氧与橡胶的反应速率的控制，即在橡胶确定的情况下龟裂增长速度与臭氧浓度成正比。当分子链的运动性较弱时，底层分子暴露速度慢，而且暴露出来的新的表面不一定都含有双键。因此臭氧对双键的连续攻击，将受分子链的运动性控制。分子链的运动性提高，龟裂增长速度增大。

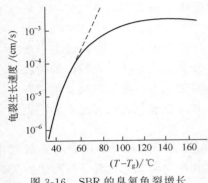

图 3-16　SBR 的臭氧龟裂增长
速度与 $T-T_g$ 的关系

　　Cent 及 McGrath 研究了 SBR 及 BR 的龟裂增长速度与温度的关系，图 3-16 是 SBR 的实验结果。图中纵坐标表示龟裂增长速度，横坐标表示测定温度与玻璃化温度之差，虚线为根据分子的运动性与温度的关系式 WFL 方程式进行的理论计算值，实线为实测值。由图可见，当温度低于 $T_g+50℃$ 时，龟裂速度的测定值与理论值非常吻合，龟裂速度随着温度的提高而增大，说明龟裂速度随着分子运动性的加强而增大；当温度高于 $T_g+60℃$ 时，龟裂速度与温度的升高关系不大，并趋于一平衡值，说明此时分子的运动性相当强，龟裂速度取决于臭氧浓度的大小。这一结果，与分子链断裂学说的预测相一致。对 IIR 的研究发现，在 $T_g+180℃$ 的范围内，龟裂速度与温度的升高成正比。因此，按照分子链断裂学说，影响分子链运动性的因素必将影响龟裂速度。

　　表面层破坏学说的提出者分别根据各自观测到的实验结果，论述了表面层破坏学说。尽管各自的实验基础不同，但均认为臭氧龟裂非橡胶伸长时分子链断裂引起，而根据橡胶臭氧老化过程中表面所形成的臭氧层的物性与未老化前的橡胶的物性不同，认为主要是在应力的作用下使表面产生臭氧龟裂并增长。

### （二）影响橡胶臭氧老化的因素

#### 1. 橡胶种类的影响

　　不同的橡胶耐臭氧老化性不同。表 3-4 为不同硫化胶在大气中的耐臭氧老化性。造成这种差异的主要原因是它们的分子链中不饱和双键的含量、双键碳原子取代基的特性以及分子链的运动性等。

表 3-4　不同硫化胶在大气中的耐臭氧老化性

| 橡　　　胶 | 出现龟裂的时间/d | | | |
|---|---|---|---|---|
| | 在阳光下伸长率 | | 在暗处伸长率 | |
| | 10% | 50% | 10% | 50% |
| 二甲基硅橡胶 | >1460 | >1460 | >1460 | >1460 |
| 氯磺化聚乙烯 | >1460 | >1460 | >1460 | >1460 |
| 26 型氟橡胶 | >1460 | >1460 | >1460 | >1460 |
| 乙丙橡胶 | >1460 | 800 | >1460 | >1460 |
| 丁基橡胶 | >768 | 752 | >768 | >768 |

续表

| 橡　　　胶 | 出现龟裂的时间/d | | | |
|---|---|---|---|---|
| | 在阳光下伸长率 | | 在暗处伸长率 | |
| | 10% | 50% | 10% | 50% |
| 氯丁橡胶 | >1460 | 456 | >1460 | >1460 |
| 氯丁橡胶/丁腈橡胶共混物 | 44 | 23 | 79 | 23 |
| 天然橡胶 | 46 | 11 | 32 | 32 |
| 丁二烯与 α-甲基苯乙烯共聚物 | 34 | 10 | 22 | 22 |
| 异戊橡胶 | 23 | 3 | 9 | 56 |
| 丁二烯与 α-甲基苯乙烯共聚物的低温共聚物(充入 15% 矿物油) | 18 | 3 | — | 15 |
| 丁腈橡胶-26 | 7 | 4 | 4 | 4 |

（1）双键含量的影响　由表 3-4 可见，在主链上不含碳-碳双键的橡胶的耐臭氧老化性远远优于不饱和橡胶，尤其是硅橡胶、氟橡胶及氯磺化聚乙烯橡胶，即使暴露 3 年后仍未出现老化迹象。比较丁基橡胶与异戊橡胶的耐臭氧老化性还可以发现，双键含量低也可以显著地改善耐臭氧老化性。

表 3-5 的数据也说明双键含量多的橡胶易发生臭氧老化。对于 NBR 来说，随着丙烯腈（AN）含量的提高，龟裂速度明显地降低，当丁二烯（B）含量从 82% 下降到 60% 时，尽管不饱和度的下降幅度不大，但可使龟裂增长速度下降到原来的 1/5 以下。这主要不是由于不饱和度的降低，而是由于随着丙烯腈的含量的提高使分子的运动性降低所致。

表 3-5　各种硫化胶的臭氧龟裂增长速度

| 橡　　　胶 | 增长速度/(mm/min) | 橡　　　胶 | 增长速度/(mm/min) |
|---|---|---|---|
| NR | 0.22 | NBR(B/AN=70/30) | 0.06 |
| SBR(S/B=30/70) | 0.37 | NBR(B/AN=82/18) | 0.22 |
| IIR | 0.02 | CR | 0.01 |
| NBR(B/AN=60/40) | 0.04 | | |

（2）双键碳原子上取代基的影响　由于臭氧与双键的加成反应是一种亲电反应，因而碳-碳双键上的取代基将按照亲电反应的规律影响臭氧老化。当不饱和双键碳原子连有烷基等供电子取代基时，可加快与臭氧的反应活性；当连有氯原子等吸电子取代基时，将降低与臭氧的反应活性。根据这一规律可以推断，与臭氧的反应速率按如下顺序降低：CR＜BR＜IR（NR）。表 3-4 的实验结果证明了这一点。由于 CR 与臭氧的反应活性低，因而是比较耐臭氧老化的橡胶，这可从表 3-5 得到验证。但 CR 耐臭氧老化的其他原因还有如前所述的它的初级臭氧化物分解形成的酰氯不易形成臭氧化物，而且酰氯与水反应在其表面上形成了一层柔软的膜，不因变形或受力而破坏，对其内层免受臭氧攻击有很好的保护作用。

2. 臭氧浓度的影响

图 3-17 为不同硫化胶产生臭氧龟裂所需要的时间与臭氧浓度的关系。由图 3-17 可见，各种橡胶的龟裂时间均随臭氧浓度的提高而显著缩短，但因橡胶的品种不同，程度有差别。臭氧浓度也影响着龟裂增长速率。图 3-18 为 NR 及 SBR 的龟裂增长速度与臭氧浓度的关系。由图 3-18 可见，随着臭氧浓度的提高，龟裂增长速度提高。

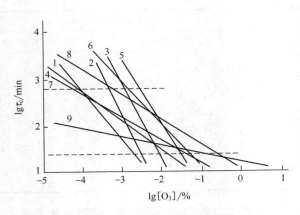

图 3-17　各种硫化胶产生龟裂的
时间与臭氧浓度的关系

1—NBR(AN,18%)；2—NBR(AN,26%)；3—SBR
(S,30%)；4—NR(丁二烯与α-甲基苯乙烯共聚物)；
5—NR(加 50 份炭黑)；6—NR(无炭黑)；7—SBR
(S,50%)；8—CR；9—SBR(S,90%)

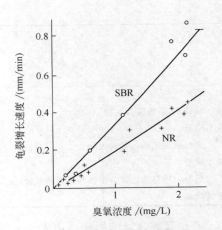

图 3-18　NR 及 SBR 的龟裂增
长速度与臭氧浓度的关系

　　某些研究者发现,含有惰性填料及增塑剂的样品暴露在臭氧环境下,初始产生龟裂所需要的时间 $\tau_c$ 与样品断裂所需时间 $\tau_d$ 之比,在较宽的臭氧浓度范围内保持常数。在很多情况下,$\tau_c$ 与 $\tau_d$ 以相同方式与臭氧浓度有关。$\tau_c/\tau_d$ 对于力及样品中所含的防止热氧老化的防老剂及防止臭氧老化的防老剂比较敏感。

　　在同一臭氧浓度下,由于 NR 与 SBR、BR 及 NBR 的结构不同,臭氧老化特性也不同。伸长的 NR 在臭氧环境中短时间内产生龟裂,但龟裂增长的速度慢,龟裂的数量多且浅而小。与此相反,SBR、BR 及 NBR 产生龟裂的时间要长一些,但龟裂的增长速度快,有变成较大龟裂的倾向。

### 3. 应力及应变

　　前面已经提到,橡胶的臭氧龟裂与其所受的力或伸长率有关,当施加到橡胶上的力超过临界应力,或伸长率超过临界伸长率时才会产生臭氧龟裂。但是,龟裂形成时间和龟裂增长速度与所施加的应力及应变有着很复杂的关系,有时不同的作者报道的数据可能相互矛盾。图 3-19 为不同硫化胶的臭氧龟裂时间与伸长率的关系。可见,因橡胶种类不同,龟裂时间与伸长率的关系也不一样。有的橡胶(如 NR、SBR)当伸长率超过临界伸长率时,龟裂时间与伸长率关系不大；而另一些橡胶(如 CR)当超过临界伸长率时,龟裂时间随伸长率的提高而降低。

　　Branden 等的研究发现,当所施加的应力超过临界应力时,龟裂增长速度与应力无关。但是,图 3-20 的结果则说明,龟裂增长速度与应变有关,当在某一应变值时龟裂速度最大。一般的结论是,在应变值相当低时龟裂速度最大,在许多情况下应变值为 3%～5%。Zuew 等的研究表明,龟裂增长速度在称为“临界伸长率”的状态下最大,试样完全断裂所需要的时间最短。

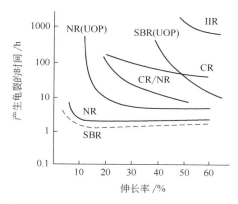

图 3-19　20℃时各种硫化胶暴露在 $50 \times 10^{-8}$
的臭氧中的龟裂发生时间与伸长率的关系
（UOP 为一种抗臭氧剂）

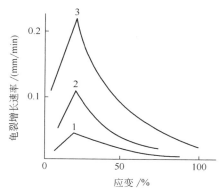

图 3-20　未填充 SBR(30%S)在不同臭氧
浓度下的龟裂增长速率与应变的关系
$[O_3]$:$1-2.2 \times 10^{-7} mol/L$;
$2-11.0 \times 10^{-7} mol/L$;$3-16.5 \times 10^{-7} mol/L$

　　通常,在低伸长率时产生龟裂的数量少,龟裂增长速度大,龟裂程度深;而在高伸长率时产生龟裂的数量多,龟裂增长速度慢,龟裂程度小。这是因为,在低伸长率时被臭氧打断的分子链不能完全分离形成不可逆的微细裂纹,而是有选择地在有缺陷的部位首先形成小的裂纹,使应力在此处产生集中,龟裂增长速度增大,龟裂变大。当在高伸长率时,不仅缺陷部位,整个样品均处于拉伸状态,在各处都能遭受臭氧攻击并使分子链断裂产生的两端相互之间分离很大,形成很多的龟裂;由于应力在很多的龟裂点平均化,使各点的应力较低,因而龟裂增长速度较慢,所产生的龟裂较小。由此也可理解,橡胶表面的缺陷少、光泽度好,耐臭氧性将会提高。在动态条件下,由于臭氧老化与其他老化相重叠,使得龟裂的产生及增长比静态条件下快得多。

　　4. 温度的影响

　　对臭氧龟裂时间与温度关系的研究表明,龟裂时间随温度的降低而显著地延长。实际上这时吸收臭氧的速度基本保持不变。

　　按照臭氧龟裂的分子链断裂学说,凡影响橡胶分子链运动性的因素都影响龟裂增长速度。由表 3-6 可见,在 20℃时由于丙烯腈含量 40% 的 NBR 的分子运动性低,其龟裂增长速度远低于 NR 的龟裂增长速度,但当温度提高到 50℃时,由于 NBR 的分子运动性提高较大,使其龟裂增长速度与 NR 的相近。对于各种不同的聚合物,低温时的龟裂增长速度是不同的,但随温度的提高而增大且都趋近于一个相同的界限值。这可从图 3-19 中 SBR 及 IIR 的龟裂增长速度与温度的关系得到验证。造成这种现象的原因是龟裂增长速度取决于橡胶与臭氧的反应速度及橡胶分子链的运动性,当温度低时,橡胶分子之间的运动能力是有区别的,当温度达到某一值后,橡胶分子的运动能力趋于一致。

表 3-6　各种硫化胶在不同温度下的龟裂增长速度

| 硫化胶种类 | 龟裂增长速度/(mm/min),$[O_3]$ 为 1.15mg/L | | |
| --- | --- | --- | --- |
| | 2℃ | 20℃ | 50℃ |
| NR | 0.15 | 0.22 | 0.19 |
| SBR(S,25%) | 0.13 | 0.37 | 0.34 |

续表

| 硫化胶种类 | 龟裂增长速度/(mm/min)，[O₃]为 1.15mg/L | | |
|---|---|---|---|
| | 2℃ | 20℃ | 50℃ |
| NBR(AN,18%) | — | 0.22 | — |
| NBR(AN,30%) | — | 0.06 | — |
| NBR(AN,40%) | 0.004 | 0.04 | 0.23 |
| IIR | — | 0.02 | 0.16 |
| CR | — | 0.01 | — |

### （三）橡胶臭氧老化的防护

臭氧老化防护

1. 抗臭氧剂

（1）化学抗臭氧剂

① 典型品种　防老剂 AW、防老剂 DBPD、防老剂 4010、防老剂 4010NA、防老剂 4020、防老剂 4030、防老剂 H 等。

② 制法

a. 对氨基苯乙醚与丙酮在催化作用下缩合可制得防老剂 AW。

b. 4-氨基二苯胺与环己酮在一定温度下反应，用甲酸还原，而后在溶剂中结晶制得防老剂 4010。

c. 4-氨基二苯胺与丙酮反应经催化加氢可制得防老剂 4010NA。

d. 4-氨基二苯胺与甲基异丁基酮经催化加氢缩合可制得防老剂 4020。

e. 苯胺与对苯二酚在催化剂作用下缩合可制得防老剂 H。

③ 基本特性

a. 用于天然橡胶、顺丁橡胶、丁苯橡胶、异戊橡胶、丁腈橡胶和丁基橡胶中作抗臭氧剂。

b. 除防老剂 AW 以外，抗臭氧作用最显著的是对苯二胺衍生物，最有名的是被称为"4000 系列"的几个品种，即防老剂 4010、防老剂 4010NA、防老剂 4020、防老剂 4030 等。

c. 4000 系列中抗臭氧效能最好、用途最广泛的是防老剂 4010NA，但它能被水从橡胶制品中抽提出来，而防老剂 4020 不会被水抽出，所以凡能和水接触的制品（如轮胎），越来越广泛使用防老剂 4020。

d. 4000 系列防老剂与萘胺类防老剂以及微晶石蜡并用能产生很强的协同效应，在实用中很有价值。

e. 烷基和芳基置换的联氨（腙和脲）也是一类抗臭氧剂，但其抗臭氧作用远不及对苯二胺系产物。由于它具有不污染的特点，尽管效能差些，但仍有实用意义。

f. 喹啉和对苯二胺类均属污染型防老剂，腙和脲系为非污染型防老剂。

④ 基本用法

a. 直接加入胶料，可单用，亦可与其他防老剂并用。

b. 一般用量 0.5~3.0 份，通常用 1.0~2.5 份。

⑤ 应用　广泛应用于轮胎、胶管、胶带、电缆、胶辊等深色制品，也可以用于再生胶含量高的制品和乳胶制品。

（2）物理抗臭氧剂

① 典型品种　合成地蜡、微晶蜡等。

② 制法　由石油或页岩油的重馏分加工精制而得。

③ 基本特性

a. 配炼时加入胶料，其用量超过在橡胶中的溶解度时，硫化后喷出橡胶制品表面，形成一层保护膜，防止制品受臭氧攻击而产生龟裂。

b. 石蜡与地蜡相比，前者迁移速度快，易成膜，但防护效能差，后者结晶均匀，蜡膜与橡胶表面结合牢，屈挠性好，故防护性能优于前者。

c. 防护蜡一般对静态抗臭氧龟裂效果显著，但动态下抗臭氧主要依靠化学抗臭氧剂，由于蜡的迁移速度快，有助于化学抗臭氧剂扩散，故两者并用，无论对静态还是动态抗臭氧性能更佳。

④ 基本用法

a. 实用中通常采用化学和物理抗臭氧剂的并用体系，物理防护蜡又以含少量石蜡的地蜡为宜。

b. 用量宜超过其在橡胶中的溶解度，通常用 1.0～1.5 份。

⑤ 应用　用于轮胎胶带胶管等易受臭氧侵害的制品。

2. 防止臭氧老化的方法

根据橡胶臭氧老化的机理，防止臭氧老化可以是物理或化学的方法。

物理方法防止臭氧老化的方法具体有：①在橡胶中加入蜡；②覆盖或涂刷橡胶的表面；③在橡胶中加入耐臭氧的高聚物。常用的方法是加入蜡。可以加入的蜡的品种有石蜡和微晶蜡两种。当橡胶中加入一定的蜡后，在硫化时蜡可以融化并溶解，而冷却后则处于过饱和状态，因而不断向表面喷出形成一层薄的蜡膜，在橡胶表面形成一层屏障，阻止了橡胶与空气中臭氧的接触，因而防止了臭氧老化。

当对污染要求不高的条件下，在橡胶中加入 1.5～3.0 份的化学抗臭氧剂是较好的防止臭氧老化的方法。很多研究表明，可以用作抗臭氧剂的物质较多，但几乎都是含氮化合物。其中，$N,N'$-二取代的对苯二胺类是最有效的化学抗臭氧剂。

在对苯二胺类抗臭氧剂中，$N,N'$-二（1-烷基）取代的对苯二胺与臭氧的反应活性最高，比其他的取代有更佳的防护效果。二烷基对苯二胺对静态臭氧老化有非常有效的防护效果，但它们易导致焦烧。二芳基取代的对苯二胺促进焦烧的倾向小，但它们的臭氧防护效果差，且在橡胶中溶解性低，不宜作为 NR、BR、IR 及 SBR 的抗臭氧剂使用。烷基芳基混合取代的对苯二胺的特征介于上述二者之间，有较好的综合性能，在动态条件下对臭氧老化有很好的防护效果，是目前使用的主抗臭氧剂。近来还有研究表明，二芳基取代和烷基芳基混合取代的对苯二胺并用，在长期使用过程中效果更佳。

商品化的抗臭氧剂的结构应该是有效性、物理性能及毒性等的最佳组合。其中，防老剂 4010NA 的抗臭氧效能最好，用途最广，但它易被水从橡胶制品中抽提出来，所以凡在使用中会与水接触的橡胶制品（如轮胎），越来越多地使用防老剂 4020。4000 系列防老剂萘胺类防老剂以及微晶石蜡并用能产生很强的协同效应，在实用中很有价值。

除了对苯二胺，人们还发现防老剂 AW 也具有防止臭氧老化的效果。当取代基 X 为烷氧基时具有优异的抗臭氧性；当 X 为叔丁基、叔戊基、叔十二烷基等烷基取代基时，使抗臭氧性下降。在 6 位上具有供电子取代基是抗臭氧性所必需的。当 R 为氨基、烷基氨基、二烷基氨基等时，也发现有很好的抗臭氧性。当防老剂 AW 中氨基上氢原子被甲基取代后，抗臭氧性显著降低。防老剂 AW 的加入，不能改变橡胶发生臭氧龟裂的临界应力，但可以降低臭氧龟裂的增长速度。当防老剂 AW 与防老剂 4010NA 并用时，还可以产生协同效应。

另外，二硫代氨基甲酸的镍盐、硫脲及硫代双酚也具有抗臭氧性。后两者可以作为非污染性的抗臭氧剂使用，但其防护效果远远不及污染性抗臭氧剂。

# 任务二　输送带的老化及防护选择

橡胶在交变应力或应变作用下，力学性能逐渐变坏，以致最后丧失使用价值的现象称为疲劳老化。如受拉伸疲劳的橡胶制品，在疲劳老化过程中逐渐产生龟裂，以致最后完全断裂。在实际使用的橡胶制品中，经受疲劳老化的例子还有汽车轮胎、橡胶传动带及防震橡胶制品等。橡胶的疲劳老化除取决于所承受的交变应力及应变之外，还受橡胶结构、配方组成及所处的环境因素如温度、氧、臭氧及其他环境介质等的影响。

## 一、橡胶的疲劳老化机理

橡胶的疲劳老化是橡胶制品在使用过程中经常遇到的一种老化形式，但相关方面的研究与热氧老化相比要少得多，有很多问题尚有待于进一步的研究。关于橡胶疲劳老化的机理，目前也未有定论，基本上可以分为两种理论，即机械破坏理论与力化学理论。

### 1. 机械破坏理论

这一理论认为，橡胶的疲劳老化不是一个化学反应过程，而纯粹是由所施加到橡胶上的机械应力使其结构及性能产生变化，以致最后丧失使用价值的过程；即使这个过程中有化学反应产生的话，那也只能看成是影响疲劳过程的一个因素。

一般将含有填充剂的硫化胶的疲劳过程分为三个阶段。

第一阶段：承受负荷后应力或变形急剧下降阶段（应力软化现象）。

第二阶段：应力或变形的变化较为缓慢，在表面或内部产生破裂核的阶段（温度不太高时产生硬化现象）。

第三阶段：破坏核增大直到整体破坏阶段（破坏现象）。

第一阶段实际上为应力软化阶段，仅在含有填料的硫化胶中产生这一现象，不含填料的硫化胶不产生这一现象。根据橡胶大分子在填料粒子表面产生滑动的补强机理，应力软化现象是很容易理解的。在第二阶段，硫化胶的高次结构产生变化，它包括物理变化和一定的化学变化。第三阶段是在表面或内部产生的破裂核，由于在其周围产生应力集中，从而使其逐渐增大以致整体破裂的阶段。在整个疲劳老化过程中，橡胶的各种性能随着疲劳的进程产生不同程度的变化，通常是力学损耗系数的减小、高伸长模量的增加及各种破坏强度的下降。

### 2. 力化学理论

尽管力化学理论的研究者对橡胶的疲劳老化具体过程尚存在一定的分歧，但都认为，橡胶的疲劳老化过程是在力的作用下的一个化学反应过程，主要是在力作用下的活化氧化过程。

一种观点认为在疲劳过程中橡胶分子链中 C—C 键被机械力打断，由此所产生的自由基与氧反应，引发了氧化老化。因此，由分子链切断而形成的裂纹的顶端附近随着老化的进行使强度降低，从而在不断地重复变形作用下使分子链断裂容易，结果使裂纹不断增大。

表 3-7 为含不同配合剂的 NR 硫化胶在不同环境中的疲劳寿命。由表 3-7 可见，在无氧的真空中的疲劳寿命大于在空气中的，防老剂及自由基捕捉剂（$\beta$-萘硫酚及三硝基苯）的加入均使在空气中的疲劳寿命延长。这在一定程度上对上述假说给予了支持。

表 3-7　NR 硫化胶在空气中及在真空中的疲劳寿命　　　单位：千周

| 配　合　剂 | 加入量/份 | 空　气　中 | 真　空　中 |
|---|---|---|---|
| 无 | 无 | 9.4 | 100 |
| 防老剂 D | 2 | 33.6 | 120 |
| 防老剂 IPPD | 1 | 41.2 | 100 |
| $\beta$-萘硫酚 | 2～6 | 32.4 | 72.5 |
| 三硝基苯 | 2 | 16.5 | 101 |

而另一种观点认为当有防老剂 D 存在时，在橡胶分子链断链之前它优先与过氧化物反应，夺取其中的氧，通过自身的消耗避免了橡胶分子链的断链。在反复变形的作用下，橡胶分子主链的 C＝C 键变弱，从而使其与氧反应所需要的活化能降低，促进了氧化反应。即在大多数情况下，因为承受较低的机械应力而按活化能降低→同氧的反应容易→过氧化物的形成→主链断裂的方式产生反应使其老化。

特别值得说明的是，在变形的硫化胶中表现出两个相互竞争的趋势：一是在机械应力作用下使主链的 C—C 减弱所导致的氧化过程的机械活化作用；另一是由于降低了变形分子链的构象运动性而抑制了化学反应。在氧化的初始阶段，当机械应力相当高时，第一个趋势是主要的。当经过松弛，应力较大地降低后，第二个趋势是主要的。

## 二、疲劳老化的防护

### 1. 影响疲劳老化的因素

由上述分析可看出，橡胶的疲劳老化其实是由机械力、氧气、臭氧等多种因素综合作用产生的，其实质是一种力-化学过程。橡胶自身的微观结构、使用时的环境、使用时的受力状况均对橡胶的耐疲劳老化性能有影响。

采用德墨西亚屈挠试验机的实验表明，各种橡胶试样，抵抗产生裂口的能力为：丁基橡胶＞氯丁橡胶＞丁苯橡胶＞丁腈橡胶＞天然橡胶；而抵抗裂口增长的能力如表 3-8 所示。

表 3-8　各种橡胶耐疲劳性能[①] 的比较

| 橡胶种类 | 至 5mm 长裂口的时间/h | | | | 至 12mm 长裂口的时间/h | | | |
|---|---|---|---|---|---|---|---|---|
| | 40℃ | 60℃ | 80℃ | 100℃ | 40℃ | 60℃ | 80℃ | 100℃ |
| 天然橡胶 | 11 | 5 | 4 | 1 | 23 | 12 | 9.5 | 2.5 |
| 丁苯橡胶 | 4.5 | 1 | 0.5 | <0.5 | 7 | 2 | 0.5 | <0.5 |
| 氯丁橡胶 | 10 | 2 | 1 | <0.5 | 28 | 4 | 0.5 | <0.5 |
| 丁腈橡胶 | 4.5 | 2 | 0.5 | <0.5 | 7 | 4 | 1 | <0.5 |
| 丁基橡胶 | 39 | 29 | 31 | 50 | — | — | — | — |

① 在德墨西亚屈挠试验机上实验。

由表 3-8 可见，橡胶的耐疲劳性能为：丁基橡胶＞天然橡胶＞氯丁橡胶＞丁腈橡胶＞丁苯橡胶。

实验表明，丁苯硫化胶抵抗产生裂口的能力比天然橡胶硫化胶大四倍，但抵抗裂口增长速度却只有天然橡胶的三百分之一。

疲劳变形率（％）对各种橡胶的耐疲劳性能有不同的影响。在低变形率下，丁苯硫化胶和顺丁硫化胶都有良好的耐疲劳性能；而在高变形率下，天然硫化胶和异戊硫化胶却表现出良好的耐疲劳性能。这可解释为天然橡胶和异戊橡胶在高变形率下的结晶结构有助于提高耐疲劳作用。

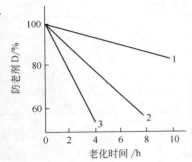

图 3-21　不同硫化体系硫化胶疲劳
老化时防老剂的消耗速度
1—秋兰姆硫化胶（无应力状态）；
2—硫黄硫化胶（多次变形）；
3—秋兰姆硫化胶（多次变形）

在硫化橡胶中，交联密度和交联键的类型对疲劳老化有很大影响。当交联密度过高时，由于橡胶分子链段的活动性下降，不利于分散应力，而使耐疲劳性下降。另外，在多次变形下，多硫键硫化胶比单硫键、碳-碳键硫化胶的工作能力强（疲劳寿命长）。图 3-21 可看出，在多次变形下，硫黄硫化胶（多硫交联）比秋兰姆硫化胶（低硫交联）的防老剂消耗速度慢，即说明多硫键硫化胶要比低硫键硫化胶的疲劳寿命长。因为多硫键的键能低，活动性强，在机械应力下可产生键的重排作用，因而易于硫化胶中应力的重新分配并均匀化，自然降低了机械活化效果，从而提高了工作能力和耐疲劳破坏性能。

此外，填料的性质与橡胶的疲劳老化也有很大关系。活性填料（如炭黑）有较大的比表面积和较强的表面活性，能使橡胶分子在其粒子表面形成一层致密的结构，使体系中橡胶分子空间分布的均匀性差异很大，在疲劳过程中这种不均质的状态容易产生应力集中现象，从而加速了疲劳老化过程；相反，活性小的填料，对橡胶分子的吸附能力小，在粒子表面上不能形成致密的结构，因而橡胶分子的空间分布较为均匀，在疲劳过程中橡胶分子受较小的束缚而具有较大的活动性，并易从填料粒子表面上脱落下来，减轻体系的不均质程度，结果出现了较好的耐疲劳老化性。

2. 疲劳老化防护方法

橡胶疲劳老化的有效防护方法是在胶料中加入屈挠-龟裂抑制剂，它的作用是提高橡胶疲劳过程中结构变化的稳定性，特别是在高温条件下能发挥阻碍应力活化产生的氧化反应和臭氧化反应的作用，一般有效的屈挠-龟裂抑制剂多是一些酮和芳胺的缩合物（如防老剂 AW、防老剂 BLE 等）以

微课扫一扫

疲劳老化防护

及对苯二胺类防老剂。实践发现，一些防臭氧老化和防热氧老化的防老剂，如防老剂 IPPD、具有受阻酚结构的亚胺氧化物化合物等，也有抗疲劳老化的作用，而用抗氧剂和抗臭氧剂并用的方法对疲劳老化的防护有更好的效果。

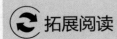 拓展阅读

### 橡胶资源利用与碳中和

中国将在 2030 年前实现碳达峰，努力争取在 2060 年前实现碳中和，这既是我国基于

对气候变化构建人类命运共同体的责任担当，也是我国贯彻新发展理念，推动高质量发展的必然要求。

发展循环经济可以有效减少加工产品的加工和制造步骤，延长材料和产品的生命周期，降低生产环节温室气体的排放，减少产品废弃物环节和新生产产品带来的能源消耗和碳排放，是实现碳达峰、碳中和的重要路径。

天然橡胶是典型的绿色天然高分子材料，橡胶树每生产 1t 天然橡胶能吸收 17.5t 的二氧化碳，可以说是负"碳足迹"绿色材料，而在轮胎生产原材料中，用量占半壁江山的合成橡胶品类众多，但其一方面依赖于化石资源，另一方面碳排放量高，每生产 1t 合成橡胶要排放 3.3t 二氧化碳，相比天然橡胶生产，每吨多出近 20t 的二氧化碳排放。

我国是重要的轮胎生产国，也是橡胶非常匮乏的国家，每年橡胶的消费量占世界橡胶消费总量的 30%，橡胶制品的工业所需 80% 的天然橡胶和 30% 的合成橡胶需要依赖进口，供需矛盾十分突出。同时我国废旧轮胎的产生量也在逐年增长，每年为 3 亿多条，折合重量已经突破了 1000 万吨。我国废旧轮胎的循环利用对实现碳达峰碳中和起着非常重要的作用，仅以轮胎翻新为例，翻新一条旧轮胎和生产一条新轮胎相比，可以减少 70% 的橡胶消耗量，减少 65% 的耗电量，减少 60% 的耗气量，并且降低 55% 的生产成本。翻新轮胎的行驶里程可以达到新轮胎行驶里程的 90% 以上。2019 年轮胎的翻新量达到了 500 万条，取得了很好的成绩。

2020 年，我国主要资源产出率比 2015 年提高了近 26%，再生资源循环利用的产业产值已超过 3 万亿，吸纳就业超过 3500 万人，在废旧资源利用方面取得了显著的成绩。

## 思考题

1. 什么是橡胶的老化？橡胶发生老化会产生哪些现象？引起橡胶老化的原因有哪些？
2. 什么是防老剂？橡胶防护老化的方法有哪些？
3. 为什么说橡胶的热氧老化是一个自由基链式自催化加速过程？
4. 哪些因素将加速橡胶的热氧老化过程？
5. 橡胶的热氧老化防老剂有哪些类型？其防护机理分别是什么？
6. 橡胶的臭氧老化有何特点？如何防护？
7. 为什么说橡胶疲劳老化的实质是一个力-化学过程？影响橡胶疲劳老化的因素有哪些？

# 情境设计四
# 填充补强体系的选择

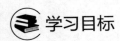 学习目标

通过情境设计四的学习，要求学生掌握炭黑的结构、常用品种的性能及用法；白炭黑的类型及用法；了解其他常用填充剂的性能及用法；掌握填料对橡胶加工性能的影响、填料的使用原则；熟悉结合橡胶的概念；掌握偶联剂的用法。

橡胶制品在制造过程中通常要加入大量的填充补强剂（填料）。填料按作用可分为补强型和非补强型填充剂两种。补强型填料又简称补强剂，能改善橡胶的力学性能，如提高拉伸强度、耐磨性、撕裂强度和定伸应力，从而达到提高使用性能、延长使用寿命的目的，主要包括炭黑、白炭黑、硅酸盐、活性碳酸钙、氧化锌以及一些有机化合物。非补强型填料又简称增容剂，其主要作用在于增容，降低橡胶成本，包括一些无机矿物质、再生胶胶粉和短纤维等。很多填料兼有补强剂和增容剂的作用，使用时并不严格区分。

填料也可按化学成分分为无机填料和有机填料。无机填料如含硅化合物、碳酸盐类、金属氧化物等；有机填料如再生胶、硫化胶粉、木粉、短纤维等。

填料还可按外形分为粉状、纤维状、片状和树脂填料。

## 任务一  轮胎填充补强剂的选择

### 一、炭黑的发展介绍

我国是世界上最早生产炭黑的国家，最初用来制造墨、墨汁和黑色颜料，其方法是用桐油及其他动植物油为原料，在空气不足的条件下使油不完全燃烧来制备。国外 19 世纪开始生产炭黑，19 世纪末发明了槽法炭黑。

在 20 世纪初发现了炭黑对橡胶的补强作用后，炭黑生产技术和产量得到快速的发展和提高。第二次世界大战之前，主要是以天然气生产槽法炭黑和热裂炭黑来补强天然橡胶，伴随着合成橡胶工业的快速发展，人们对炭黑的性质应用进行研究，相继出现了气炉法和油炉法炭黑、高耐磨炉黑，以后又有了中超耐磨炉黑、通用炉黑及各种炉法炭黑，20 世纪 70 年代新工艺炉法炭黑的生产进一步提高了炉法炭黑的质量，其与槽法炭黑相比，除了收率更高外，同等级产品质量较传统炭黑质量高，且对环境污染小。

目前全世界炭黑消耗量的 90%～95% 用于橡胶工业，没有炭黑就没有现代橡胶工业，其用量约占生胶用量的一半。炭黑能提高橡胶制品的强度，还能改善橡胶的加工性能，并能

赋予制品其他一些性能，提高橡胶制品的使用寿命。

## 二、炭黑的分类与命名

微课扫一扫

炭黑的品种

炭黑的分类与命名方法有多种。

（1）按制造方法分类　分为接触法炭黑、炉法炭黑和热解法炭黑。

接触法炭黑是由烃火焰在没有完成整个燃烧过程之前，和温度较低的冷却面接触，燃烧过程被中断，火焰内部的灼热炭粒冷却并沉积在冷却面而得的产品，包括槽法炭黑、滚筒法炭黑和圆盘法炭黑。接触法炭黑中最典型的是槽法炭黑，它是以天然气为原料，在火房内的空气中燃烧，然后用在轨道上做往复运动的槽铁将烟气冷却收集炭黑，并用刮刀刮下炭黑。

炉法炭黑是用烃类在反应炉内燃烧并急冷生成炭黑，再经分离得制品。包括气炉法炭黑、油炉法炭黑、油气炉法炭黑和灯烟炭黑。

热解法炭黑则是在隔绝空气、无火焰的情况下，原料经高温热解而得。包括热裂法炭黑和乙炔炭黑。

（2）按使用性能分类　可分为超耐磨炉黑、中超耐磨炉黑、高超耐磨炉黑、细粒子炉黑、快压出炉黑、通用炉黑、高定伸炉黑、半补强炉黑、细粒子热裂炭黑、中粒子热裂炭黑、易混槽黑和可混槽黑等。其中炉法炭黑由于结构易于调整和使用需求，出现了许多粒径相同而结构不同的衍生品种，如高结构超耐磨炉黑、低结构超耐磨炉黑、高结构中超耐磨炉黑、代槽炉黑或低结构高耐磨慢硫化炉黑等。以上这些是普通（老）工艺炭黑品种命名。改良（新）工艺炭黑出现后，又有如下命名：新工艺高结构超耐磨炉黑、新工艺高结构中超耐磨炉黑等。

（3）按炭黑在胶料中的污染性分类　非污染低定伸半补强炉黑、非污染中粒子热裂炭黑等。

（4）ASTM命名法　国际通用的美国材料与试验协会标准ASTM分类命名法由四个符号组成，第一个符号代表炭黑在橡胶中对硫化速度的影响，包括N和S两个符号，"N"代表正常硫化速度的炉法炭黑，而"S"代表慢硫化速度的槽法炭黑或改性炉法炭黑。第二个符号是阿拉伯数字，代表炭黑平均粒径范围，其粒径以电镜法测定，按大小分为10组，分组情况见表4-1。第三、四个符号仍为阿拉伯数字，但无实际意义。

表 4-1　橡胶用炭黑粒径分类

| ASTM 系列 | 粒径范围/nm | 典型炭黑品种 | |
| --- | --- | --- | --- |
| | | ASTM 名称 | 中 文 名 称 |
| N100 | 11～19 | N110 | 超耐磨炉黑 |
| N200 | 20～25 | N220 | 中超耐磨炉黑 |
| N300 | 26～30 | N330 | 高耐磨炉黑 |
| N400 | 31～39 | N472 | 特导电炭黑 |
| N500 | 40～48 | N550 | 快压出炉黑 |
| N600 | 49～60 | N660 | 通用炉黑 |
| N700 | 61～100 | N765 | 高结构半补强炉黑 |
| N800 | 101～200 | N880 | 细粒子热裂炭黑 |
| N900 | 201～500 | N990 | 中粒子热裂炭黑 |
| S200 | 20～25 | S212 | 代槽炉黑（中超耐磨炉黑型） |
| S300 | 26～30 | S315 | 代槽炉黑（高耐磨炉黑型） |

### 三、炭黑的结构与性质

表征炭黑的基本性能主要有炭黑的粒径、结构性、表面化学性质等。

#### 1. 粒径

炭黑的粒子大小一般以平均粒径或比表面积表示。粒径是指单颗炭黑或聚集体中原生粒子的大小，单位为 nm。橡胶用炭黑的平均粒径一般在 11～500nm，粒径越小，分散度越高，补强性能越好。比表面积是指单位质量或单位体积（真实体积）中炭黑粒子的总表面积，单位为 $m^2/g$。粒径与比表面积之间可以相互换算，粒径越小，比表面积越大，分散性越高。

炭黑粒径可以用电子显微镜法直接测定，因炭黑粒子表面粗糙，故测定值比实际值大；也可以用低温氮吸附法（BET 法）测定炭黑粒径；另外碘吸附法是一种快速测粒径方法；近年来还发展了大分子吸附法（包括阴离子表面活性剂 OT 和阳离子表面活性剂 CTAB 法）。

#### 2. 结构性

炭黑的结构性是指炭黑在生成过程中处于高温火焰区，粒子连接成长链并熔结在一起而成为三度空间的聚集倾向，此聚集体即一次结构，也称主结构。炭黑的一次结构是化学结合，因此在橡胶加工过程不易发生显著的变化，是炭黑在橡胶制品中的最小分散单元。一次结构之间还可以范德华力形成疏松的缔合物，为炭黑的凝聚体或二次结构，因其易被破坏，也称暂时结构，则一次结构与之对应称为永久结构。通常以单位质量炭黑中聚集体之间的空隙体积来描述炭黑的结构，实际测定时用邻苯二甲酸二丁酯（DBP）填充空隙，所需要的 DBP 体积越多，炭黑的结构性越高，胶料的黏度、定伸应力及硬度就会增加，加工性能改善，此法称为吸油值法。

#### 3. 化学组成及表面官能团

炭黑中含 90%～99% 的碳元素，另外在炭黑生产中会在表面结合少量的氢、氧、硫的化合物，其中碳原子以共价键结合成六角形层面，因而具有芳香族的一些性质，其他元素的引入则会影响炭黑的使用性质。

（1）氢　炭黑中一般含有 0.3%～0.7% 的氢，是在生产炭黑时由芳香族多环缩合不完全而剩余下来的。一般氢含量高则炭黑导电性下降。

（2）氧　炭黑中的氧是在炭黑粒子表面的碳原子与空气接触后自动氧化结合的。部分以羟基、羧基、醛、酮的形式结合在炭黑粒子表面，部分以二氧化碳形式吸附在表面。这些含氧活性基将影响炭黑的化学性质，使炭黑在橡胶中易于分散，并影响炭黑的 pH 值及胶料的硫化速度。炭黑含氧量随制法不同而异，一般炉黑为 1%，槽黑为 3%～4%。

（3）硫　炭黑中的硫是原料（含烃类）在燃烧、裂解生成炭黑时，部分硫结合于炭黑中，形成含硫表面基团和吸附硫，这些硫不会引起橡胶的交联。

（4）挥发分　炭黑所含的氢和氧在隔绝空气的条件下加热，则放出氢气、一氧化碳和二氧化碳等，即为挥发分。

（5）灰分　炭黑中的灰分主要来源于原料中所含的灰分，还有设备腐蚀急冷水中所含的盐分和固体残渣。灰分中的铜锰等化合物对硫化胶的老化作用可能有影响。

（6）水分　炭黑中的化合水很少，主要是吸附水，含量与环境温度、相对湿度、表面积、孔隙度、氧含量及灰分含量有关，其含量对炭黑的应用性能有一定影响。

从炭黑的化学组成可以看出炭黑的表面上可能有自由基、氢、羟基、羧基、酯基等各种活泼基团，因此其表面性质非常复杂，通常用挥发分（％）、pH 值、DPG 吸着率（％）来反映。挥发分（％）表示含氧官能团的多少；DPG 吸着率（％）表示炭黑对促进剂的吸附情况。

### 4. 炭黑的表面粗糙度

炭黑在生成过程中由于受高温氧化气体的侵蚀，在炭黑粒子表面生成大小为零点几纳米到几纳米的微孔。这些微孔可以从表面延伸到粒子里面，因此，受氧化侵蚀的炭黑其表面积可以很高。工业上用炭黑内表面积（低温氮吸附法）与外表面积（CTAB）的比值来表示炭黑的粗糙度（系数）。一般炉法炭黑的粗糙度要小于槽法炭黑。

由于这种微孔很小，橡胶分子不能进入这些微孔，使得炭黑与橡胶能够产生有效作用的表面积下降，因而补强效果低，硫化胶的拉伸强度、定伸应力、耐磨性、耐屈挠龟裂性都下降，而回弹性、拉断伸长率和抗撕裂性提高。这些微孔还可以使操作变难、迟延硫化。因此橡胶用炭黑的表面粗糙度希望光滑些，少微孔。

### 5. 炭黑粒子的微观结构及形态

所谓微观结构是指炭黑粒子内部碳原子排列特征。根据有关研究，炭黑粒子内部为准石墨微晶，即炭黑粒子介于石墨和三维结构之间的中间结构，围绕着中心点同心排列成略为弯曲的平行层面，其外层比内层排列更趋于石墨化。层内碳原子仍为六角形有序排列，此模型称为同心取向准石墨结构。多数炭黑正是由多个生长的同心取向石墨层组成一个最小"单元"，也可称为"一次结构""聚集体""聚熔体""永久结构"等，都是表示成串的炭黑粒子是不可分的整体。对炭黑的形态与结构的研究还在深入，其形态结构对炭黑的使用性质有很大影响，表 4-2 是炭黑聚集体分布对橡胶（SBR）补强的影响。可以看出：分布宽，则生热低，撕裂能低，拉伸强度、定伸应力低，对弹性影响不大。有报道，在 NR 和 SBR 中聚集体面积增加，则拉伸强度下降，弹性增加。

**表 4-2　炭黑聚集体分布对橡胶补强的影响（在 SBR 中）**

| 炭黑品种 | 聚集体分布 | 回弹性/％ | 生热/℃ | 300％定伸应力/MPa | 拉伸强度/MPa | 撕裂能/(kJ/m²) |
|---|---|---|---|---|---|---|
| N119 | 正常 | 45.1 | 65.8 | 10.2 | 23.5 | 26.2 |
| N220 | 正常 | 46.4 | 67.2 | 18.5 | 24.0 | 15.2 |
| N231 | 正常 | 44.0 | 69.2 | 12.0 | 22.0 | 25.8 |
| N231 | 较宽 | 48.7 | 63.1 | 12.5 | 20.0 | 20.0 |
| N330 | 正常 | 52.0 | 64.7 | 15.7 | 23.0 | 16.2 |
| N330 | 较宽 | 53.9 | 58.1 | 11.9 | 18.7 | 14.2 |
| N351 | 正常 | 55.4 | 60.3 | 18.3 | 22.3 | 9.2 |
| N650 | 正常 | 61.5 | 55.6 | 13.1 | 15.7 | 10.6 |

### 6. 炭黑的光学性质

炭黑的光学性质包括炭黑的黑度、着色强度、光散射非对称性和色相等。炭黑粒径、结构、表面性质都对炭黑光学性质有不同程度影响，炭黑黑度一般随粒径增大和结构增加而下降，并随含氢量和羧基含量增加而增加。炭黑粒径小，着色强度高；炭黑结构高，着色强度低。

## 四、炭黑补强机理

### 1. 表面吸附层理论

表面吸附层理论又称为"壳层结构模型"或"结合胶壳层结构模型"。该理论认为炭黑补强的橡胶之所以具有许多优异性能，原因在于炭黑与橡胶生成了微观多相不均匀结构，属于一种复合材料的补强机理。图 4-1 为炭黑填充的硫化胶的结合胶模型。

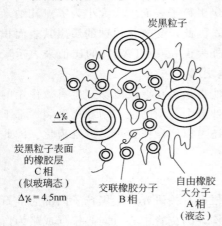

图 4-1　炭黑填充的硫化胶的结合胶模型
A 相——进行微布朗运动的橡胶分子链；
B 相——交联团相；C 相——被填
料束缚的橡胶相

A 相（未交联或交联少的橡胶区，交联点间的分子链长度为 80～100nm），橡胶中分子或链段未被炭黑吸附，能进行分子热运动，接近生胶的状态，主要提供橡胶的高弹性能。

B 相（橡胶的交联区），因为交联，分子运动受到一定束缚，但比 C 相活动能力强。这部分结构对橡胶的高弹性和强度均有较大的贡献，其贡献大小取决于 B 相在硫化胶中的分布状态，包括 B 相的直径大小、两相邻 B 相之间的距离以及交联键的类型、密度和分布的均匀性等。

C 相（即结合橡胶区），是橡胶分子在炭黑粒子周围形成的稠密集合、定向排列、相互交错的非运动性的结合橡胶层。C 相的存在将影响 A、B 相的运动。C 相结构对橡胶的弹性无贡献，但对强度和耐久性能有极大的补强作用。

如图 4-2(a) 所示，当炭黑和橡胶分子在湿润温度（相当于流动温度 $T_f$）以上混炼时，橡胶分子链可以进行较强的分子热运动，进入炭黑粒子的吸引力界限以内，并被炭黑粒子表面所吸附取向。此种状态称为橡胶对炭黑的浸润状态。如果温度低于 $T_f$，分子链活动能力弱，不能运动至炭黑的吸引范围之内，则不能构成理想的二维取向状态，此时补强效果则不理想。有实验表明，提高填料粒子的分散度（降低炭黑等填料的粒径）和采用表面活性剂以提高填料粒子对橡胶的浸润性，将有助于补强效果的提高。

如图 4-2(b) 所示，炭黑粒子和橡胶分子形成了化学结合。这是由于在混炼时橡胶分子断裂成自由基，与炭黑表面的活性中心发生结合作用；或炭黑表面含氧基团和自由基在硫化时与橡胶分

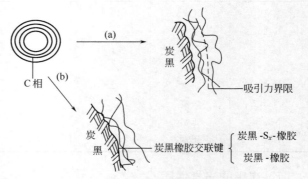

图 4-2　炭黑补强硫化胶中 C 相基团结构
(a)——橡胶分子与炭黑的物理吸附；
(b)——橡胶分子与炭黑的化学结合

子发生交联作用导致。

综上所述，炭黑之所以具有补强作用，主要是炭黑的加入改变了橡胶的结构，产生了 C 相结构（结合橡胶层）。在硫化胶中，如果炭黑得到较好的分散，并且每个炭黑粒子表面都形成 C 相结构，则在整个硫化胶中起到骨架作用，将 A、B 等相连接起来，有效地改善了硫化胶的力学性能，具有非常好的补强效果。

### 2. 分子链滑动理论

有事实表明，经炭黑补强的硫化胶，当炭黑表面活性越大则硫化胶的强度越高；而且在受到拉伸时会出现应力软化现象（即加有补强剂的橡胶反复受力后出现的弹性模量降低的现象）。这些现象可由分子链滑动理论解释。

该理论认为炭黑粒子表面的活性是不均一的，存在着少数强活性点及大量的能量不同的吸附点。因此炭黑对其表面上的橡胶链有不同的结合能量，可以是多数的由范德华力引起的吸附或少数的化学结合键。

当炭黑补强硫化胶受到外力作用时，被吸附的橡胶链段会在炭黑粒子表面滑动伸长，于是产生以下补强效应。

① 当分子链滑动时，大量的物理吸附的解析作用吸收外力而起到缓冲作用；

② 由于滑动摩擦使胶料产生高滞后损耗，损耗会消耗一部分能量，并转化为热能耗散掉，从而保护橡胶不受破坏；

③ 分子链滑动的结果，是使橡胶链高度定向，使应力均匀分布，从而承担了大的应力或模量。

以上效应的结果，可使橡胶的强度大大提高，抵抗破裂。分子链滑动的过程可由图 4-3 表示。

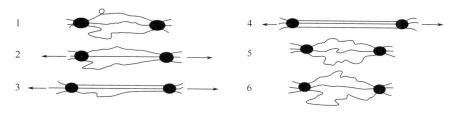

图 4-3　分子链滑动补强机理

1—分子链的原始松弛状态；2—拉伸时分子链中最短链段完全伸直；3—进一步拉伸，
引起链段滑动；4—再继续拉伸，链段呈整齐排列，应力均匀分布，并发生
摩擦能耗散；5—除掉外力，形变恢复到初始状态，并产生应力软化现象；
6—应力恢复，由于链段的运动性，使链段长度不规则化而趋向始态

图 4-3 中，1 表示胶料的原始状态，两个炭黑粒子中间的橡胶链段长短不等；2 表示当伸长不大时，炭黑粒子间最短的链段完全伸直，承受应力；3 表示当伸长增加时，这条最短的链段不是断裂，而是滑动伸长，这时应力由多数伸直的链段承担，这种应力均匀作用是补强的一个非常重要的因素；4 表示伸长继续增大时，由于链段滑动的结果，使橡胶链段高度定向，应力均匀分布，可承担大的应力和模量，这是补强的另一重要因素，由于滑动摩擦使胶料产生高的滞后损耗，损耗会吸收一部分外力，化为热量，使橡胶不会破坏，这也是补强的一个重要因素；5 表示去掉外力后，胶料收缩，再伸长时则产生应力软化现象，这是因为

胶料回缩后炭黑粒子间的橡胶链段长度差不多一样，再伸长时不需再行滑动，所需应力下降；6 表示经长时间恢复后，由于橡胶链段的热运动，吸附与解吸附的动态平衡，使炭黑粒子间橡胶分子链段的长度重新分布，胶料又恢复至接近于原始状态。

上述理论可以解释炭黑补强橡胶的有关现象。事实表明，能量损耗大（生热大）的胶料有较高的强度，断裂能量最大的胶料有最大的应力软化效应。

### 五、各种炭黑的性能与应用

#### 1. N100 系列炭黑的特性与应用

（1）特性　N100 系列炭黑属超耐磨炉黑类，其粒径在橡胶用炭黑中最小，在 11～19nm 比表面积和着色强度最高，对橡胶的补强作用最高，可赋予硫化橡胶最好的耐磨性。缺点是粒径小，使橡胶的加工性能差，如混炼耗能高，分散困难，压延和压出不容易，抗龟裂和耐热性能不好，加工成本也高，因而使其应用受到限制。

（2）应用　适用于特种轮胎胎面、飞机胎面、越野车胎面、赛车胎面及要求高补强和高耐磨的橡胶制品。一般子午胎中使用较多。

（3）主要品种

① 超耐磨炉黑（N110）　其补强性和耐磨性最高，适用于胎面及耐磨性要求极高的场合，但加工性、抗龟裂及生热性都较差，应用受到限制。

② 新工艺高结构超耐磨炉黑（N121）　结构高，粒子细，补强性好，加工性能在 N100 系列中是比较好的，但硫化胶的生热比 N200、N234、N110 都高，所以实际使用不多。

③ 高结构超耐磨炉黑（N166）　是正常超耐磨炉黑品种的衍生品种。加工性较好但综合性能差，实际使用不多。

#### 2. N200 系列炭黑的特性与应用

（1）特性　属于中超耐磨炉黑，其粒径较小，20～25nm 比表面积较大，着色强度较高，对橡胶的补强作用比较高。缺点也是因粒径较大，混炼耗能较大，不易分散，将影响硫化胶力学性能，如拉伸强度、定伸应力、伸长率、耐磨性等。

（2）应用　适用于轮胎胎面及一些有耐磨要求的制品。

（3）主要品种

① （高定伸）中超耐磨炉黑（N220）　是本系列中较早生产、使用较广的普通工艺品种。耐磨性介于超耐磨炉黑（N110）和高耐磨炉黑（N330）之间，使用面比超耐磨炉黑多。在载重胎和乘用胎胎面中使用时比用高耐磨炉黑的胶料耐磨性高 10%～20%，并能赋予胶料以良好的拉伸强度。在本系列中具有较好的综合性能。适用于胎面及高质量的制品。

② 低结构中超耐磨炉黑（N219）　本系列中结构最低的一种。与 N220 相比，能提高胶料的拉伸强度、撕裂强度和伸长率，且生热小、弹性高，定伸应力和耐磨性稍有下降。应用于胎面胶料中，尤其是越野轮胎胶料中，可改善轮胎的崩花、裂口。

③ 低定伸中超耐磨炉黑（N231）　结构比 N220 低，所以胶料定伸应力稍低，可部分代替槽黑使用，给胶料以较高的拉伸强度、撕裂强度和伸长率，适用于越野轮胎胎面及输送带等，可改善轮胎的崩花、裂口。

④ 新工艺高结构中超耐磨炉黑（N234）　在本系列中补强性能最好，表现为耐磨性优于 N220 约 10%，在磨耗要求很高的情况下使用，更能显出其优良性能，缺点是滚动损失

（生热）大。适用于载重和轿车胎，因结构高，也适用于充油胶料中。

### 3. N300 系列炭黑的特性与应用

（1）特性　属于高耐磨炉黑，粒径在 26～30nm。与 N100 和 N200 系列一样，均属硬质炭黑，即补强性高的耐磨型炭黑。主要用于轮胎胎面，用量占各类炭黑总用量的 50% 以上，是应用最广泛的品种，并能兼顾耐磨性与加工性能的要求。

（2）主要品种

① 高耐磨炉黑（N330）　其耐磨性比 N200 系列炭黑稍差，但优于槽黑，用这种炭黑的轮胎的滚动损失仅大于 N351，而比其他的 N300 系列炭黑都小，应用广泛，适用于轮胎胎面、卡车胎帘布胶料等制品。

② 低结构高耐磨炉黑（N326）　结构比 N330 低，表面积相近，具有低生热高补强性，使胶料性能接近于用槽黑时的性能，而不迟延硫化速度，也称代槽炉黑。其胶料具有较高的拉伸强度、撕裂强度、耐磨性及抗崩花切割性能，与 N330 炭黑比，其胶料定伸应力较低，伸长率较高，拉伸强度与之相当，但 N326 炭黑的分散性较差。适用于工业制品、轮胎（包括越野胎）及其他要求高强度、生热低的制品。另外，N327 也是一种低结构高耐磨炉黑，除硫化速度较快外，其他性能与 N326 相似。

③ 高结构高耐磨炉黑（N347）　在胶料中易分散，压出物表面光滑，压出口型膨胀小，硫化胶耐磨耗，而且抗崩花和耐切割性能好。用于轮胎胎面、电缆外层、胶管、胶带及工业制品胶料等。

④ 新工艺高耐磨炉黑（N332）　结构与 N330 相同，表面积和着色强度比 N330 稍高，补强性能优于 N330，能赋予胶料较高的拉伸强度、撕裂强度和耐磨性能。适用于子午胎胎面、越野胎胎面胶料以及各种工业制品。

⑤ 新工艺高结构高耐磨炉黑（N339）　结构高、粒子细，其胶料耐磨性及抗裂口增长性能优于 N347，耐磨性近似于 N220，压出加工性能也好，但其胎面胶料的滚动阻力是 N300 系列中最高的，在配方设计时需注意。

⑥ 新工艺低结构高耐磨炉黑（N363）　其结构和表面积都较低，硫化胶的拉伸强度、撕裂强度较高。用于越野胎不易产生脱胶现象；用于子午胎中则有利于胶料对钢丝的黏合；用于轮胎帘布胶料的性能与 N326 相当。

⑦ 新工艺通用高耐磨炉黑（N351）　结构高、粒径粗，性价比好，加工性能良好，用于越野车胎不易产生脱胎现象；用于子午胎中则有利于胶料对钢丝的黏合；用于轮胎帘布胶的性能与 N326 相当。还可高用量用于高充油量的 SBR 中制造钢丝子午胎胎面，其加工性能和力学性能与 N330、N347 相当，生热还低于 N347 胶料。

⑧ 超易混炉黑（超高结构高耐磨炉黑，N358）　结构高，与高耐磨炉黑相比，硫化胶的耐磨和耐裂口性能优越，用于胎面和工业制品，胎面的滚动损失比 N330 小，与 N351 相当。

### 4. 导电炭黑的特性与应用

导电炭黑的主要品种有导电炉黑和特导电炉黑。

（1）导电炉黑（N293）　结构高、粒子细、表面积大，能赋予胶料以高补强性，拉伸强度比 N472 高。用于制造导电及除静电的橡胶制品，如胶板、胶管、胶带、胶辊等。

（2）特导电炉黑（N472）　具有极高的表面积和结构，在胶料中的导电性比 N293 和乙炔炭黑高，但因为 N472 存在大量的内表面，难以与橡胶相互作用，补强性能不及 N293 好。在 NR 和 SBR 中都可使用。适用于飞机轮胎、多粉尘场合用输送带、胶管、手术室地板、医用导电元件及除静电橡胶制品。

**5. N500 系列炭黑的特性与应用**

（1）特性　属快压出炉黑，其粒径在 40～48nm。具有中等补强和很好的加工性能，特别是能赋予胶料较好的挺性和良好的压出性能，所以称为"快压出炉黑"。其补强性能优于其他软质炭黑，耐磨性比槽黑好，也称"中耐磨炉黑"。胶料的耐高温及导热性能良好，具有突出的弹性和复原性。

（2）主要品种

① 快压出炉黑（N550）　具有中等补强作用，结构较高，粒子表面光滑，尤其是能赋予胶料以较高的挺性，压出速度快，压出物表面光滑。其补强能力比其他软质炭黑都高，耐磨性比槽黑好。硫化胶的耐高温性能及导热性能良好，特别是弹性和复原性好。用于轮胎帘布、胎侧、内胎（在丁基橡胶中最好与 GPF 炭黑并用）及压出、压延制品的胶料中。

② 高结构快压出炉黑（N568）　结构比 N550 高，能赋予胶料更高的定伸应力和较低的压出口型膨胀值。特别适合在充油橡胶中使用。

③ 低结构快压出炉黑（N539）　结构较低，具有中等补强性能、压出性能好，定伸应力比 N550 低，所以生热低，弹性好，耐疲劳。适用于轮胎胎体胶料，尤其适用于以天然橡胶为主的缓冲胶料，也可用于轮胎基部胶料、胶带覆盖胶料及其他工业制品中。

**6. N600 系列炭黑的特性与应用**

（1）特性　属通用型炉黑，其粒径在 49～60nm，具有中等补强性能和较好的工艺性能，在胶料中易分散，硫化胶撕裂强度和定伸应力较高，耐屈挠、弹性好，但伸长率稍低。

（2）主要品种

① 通用炉黑（N660）　兼具高定伸炉黑的高定伸应力、快压出炉黑的良好加工性，半补强炉黑的高回弹性和细粒子炉黑（已不生产）的耐屈挠性而应用广泛，故称通用炉黑。与半补强炉黑相比，结构较高，粒子稍细，在胶料中易分散，硫化胶的拉伸强度和定伸应力较高，而且变形小，生热低，弹性好，耐屈挠，但伸长率较低。适用于轮胎帘布、高速输送带、电缆、鞋类以及压延制品等胶料中。

② 高结构通用炉黑（N650）　具有中等补强性能的高结构炭黑，补强能力优于半补强炉黑。能赋予胶料以较好的工艺性能，且抗撕裂性及定伸应力都较高。适用于轮胎帘布层、胎侧、电缆外层、内胎、胶管及其他压延制品。

③ 新工艺低结构通用炉黑（N642）　结构较低，补强性能类似半补强炉黑和低定伸半补强炉黑。可代替 N774、N762、N787 用于制造轮胎帘布层、内胎、胶管及其他工艺制品。

④ 全用炉黑（N683）　在 N600 系列炭黑中结构最高，兼有通用炉黑和快压出炉黑的性能，与 N550 相比，加工性能相似，耐疲劳性更好，但拉伸强度和伸长率稍差。适用于轮胎胎体、内胎、胶鞋及电缆外层胶料等。

**7. N700 系列炭黑的特性与应用**

（1）特性　属半补强炉黑，粒径在 $61\sim100nm$，具有中等补强性能和良好的加工性能。胶料生热低，有良好的动态性能，大量填充时，不会明显降低胶料的弹性。

（2）主要品种

① 低结构半补强炉黑（N754）　是补强型炭黑中结构最低的一个品种，能赋予胶料较低的生热和良好的动态性能，且可大量填充，具有最低的定伸应力，且弹性好，可代替热裂法炭黑使用。适用于压出制品及胶管、胶带等制品。

② 高结构半补强炉黑（N765）　结构高，中等补强作用，有很好的压出性能，压出收缩比 N774、N762 及大粒子炉黑都低，但胶料的穆尼黏度比上述炭黑都高，硫化胶拉伸强度、定伸应力也高于上述炭黑，弹性较其都低。适用于轮胎帘布层、内胎、自行车胎、胶管、电缆外层及压出制品等。

③ 非污染低定伸半补强炉黑（N762）　具有中等补强性，结构较低，苯透光率稍低（约 90%），不污染橡胶。可用于各种橡胶，如以氯醚橡胶为例，使用 N762 后，其胶料穆尼黏度比 N774 稍低，压出收缩率稍大，胶料拉伸强度和定伸应力与 N774 相近，伸长率稍高，但电阻率比 N774 高出三倍以上。能赋予胶料以较高弹性和较低生热。适用于轮胎帘布层、内胎、自行车胎、胶管、胶带、压出制品及模制品等。

④ 非污染高定伸半补强炉黑（N774）　具有中等补强性，结构较 N762 高，表面积与之相同，透光率稍高（95%）。主要特点是溶剂抽出物低，不污染橡胶。胶料工艺性能好，其用量可以很高；硫化胶的弹性高，生热低，动态性能良好。适用于轮胎帘布层、胎侧、内胎、胶管、胶带等。

⑤ 多用炉黑（N785）　在 N700 系列炭黑中结构最高，与通用炉黑相比，表面积相近，但吸碘值低，结构明显高，胶料压出快，口型膨胀最小，压出物表面光滑，硫化胶定伸应力较高。通用性较强，可应用于所有橡胶，适用于廉价压出制品、胶管及胶带等。

⑥ 高定伸半补强炉黑（N787）　中等补强，加工性能良好，可加入高填充量橡胶，从而降低制品成本。与 N774 相比基本性能差异不大，只是 N774 的溶剂抽出物低。适用于轮胎帘布层、胎侧、内胎（包括丁基橡胶）、胶鞋、胶管、胶带及模制品等。

**8. N800～N900 系列炭黑的特性与应用**

（1）特性　属细粒子和中粒子热裂法炭黑。其粒径分别在 $101\sim200nm$ 和 $201\sim500nm$，在橡胶用炭黑中粒径最大，比表面积最小，结构最低。特点是可以大量填充，胶料加工性能好，硬度低、弹性高、生热低、变形小、耐屈挠、耐老化性能好，但拉伸强度低。适用于丁基内胎、减震制品、电缆及耐油耐热制品。

（2）主要品种

① 细粒子热裂炭黑（N880）　在橡胶用炭黑中粒径仅次于中粒子炭黑，结构低，粒子表面较光滑，几乎不含含氧基团，可以高填充。胶料加工性能良好，不影响硫化。硫化胶的弹性高，伸长率大，变形小，生热低，耐老化好；但胶料强度低，硬度也低。适用于多种橡胶，制内胎。用于贴胶的压延制品时，胶片柔软，并有韧性。用于模压制品时可保持尺寸稳定。

②（超纯）中粒子热裂炭黑（N990）　橡胶用炭黑中粒径最大，结构相当低，可以大量

填充。胶料中的高含量并不影响橡胶的黏合力，配合量在达 300 份时，可得到皮革样的制品。含本品的胶料加工容易，不影响硫化。硫化胶的硬度小、生热低、变形小、耐屈挠、耐老化性能良好；但强伸性较差，甚至不如 N880。在橡胶用炭黑中是补强性最低的一种，宜用作填充剂应用于廉价制品。另有低结构中粒子热裂炭黑（N991）的结构及性能与本品相似。

③ 非污染中粒子热裂炭黑（N907、N908）  溶剂抽出物很低，N907 为非粉体，N908 为粉体。

9. 代槽炉黑的特性与应用

（1）特性  油炉法生产的又具有槽黑性质的炉黑。

（2）主要品种

① 活性低结构高耐磨炉黑（S315）  结构较低，补强能力及硫化特性近似槽黑，具有高耐磨性。适用于越野车胎胎面、工程车胎、拖拉机胎、帘布层及其他工业制品。

② 中超耐磨代槽炉黑（S212）  中等耐磨性，能赋予胶料以较好的抗焦烧能力，较低的定伸应力，撕裂强度较高，对黄铜或镀铜钢丝有较好的黏合能力。适用于越野车胎胎面、电缆包皮、胶带、减震垫、钢丝帘布缓冲层胶料，也适用于其他需用槽黑的工业制品。

10. 槽黑的特性与应用

（1）特性  槽黑与炉黑相比，槽黑显酸性，挥发分和 DBP 吸收值较高，因此结构较高，对硫化有延迟作用。用槽黑的胶料加工性不及用炉黑的好，但与粒径相当的炉黑比，硫化胶具有很高的拉伸强度和伸长率，抗撕裂和抗割口性能好；定伸应力和耐磨性比高耐磨炉黑低；老化龟裂性能也不及炉黑好。

（2）主要品种

① 易混槽黑（S300）  与 S301 粒径相当，吸碘值稍低，DBP 吸收值稍高，混炼操作比 S301 容易。多用于天然橡胶。

② 可混槽黑（S301）  混炼操作比 S300 稍难，其他性能近似。

11. 半补强炉黑系列炭黑的特性与应用

（1）特性  属半补强炉黑，具有中等补强性能，能赋予胶料生热低、良好的动态性能。但因具体技术指标与 N700 系列炭黑有区别，故未按 N700 系列炭黑命名。

（2）主要品种

① 天然气半补强炉黑（SRF）  其表面积比 N700 系列中任何炭黑品种都低，在胶料中可大量填充，使用广泛。适用于要求高弹性、低生热和高伸长率的胶料；也可代替热裂炭黑使用。

② 油基半补强炉黑  与前者基本性能相似，只是前者粒径粗、结构低，故胶料的伸长率稍高；而油基半补强炉黑压出性能较好。在胶料中也可大量填充。适用于压出制品、胶管、胶带等。也可代替热裂炭黑使用。

12. 喷雾炭黑的特性与应用

喷雾炭黑与 N700 炭黑相比，粒子粗、结构高，但结构比热裂炭黑稍高，补强性稍高，弹性、生热和变形性能不如热裂炭黑好。在胶料中可大量填充，加工性能好。硫化胶弹性大、生热低、变形小、低温性能好、定伸应力较高，但拉伸强度和伸长率较低。在相同配方下，N700 炭黑的拉伸强度在 20MPa 左右；而喷雾炭黑在 15MPa 左右，但 N700 炭黑的伸长率比喷雾炭黑稍高。喷雾炭黑适用于特种橡胶制品，不宜用于轮胎。

### 13. 乙炔炭黑的特性与应用

粒径小，为 30～40nm，结构高，含碳量高，挥发分和灰分极低，故为电、热的良导体。从分类学上讲不属于橡胶用炭黑，但在许多特殊场合下，橡胶制品也常利用其来导电或消除静电。具有中等补强水平，用本品的胶料定伸应力、硬度及生热高。

## 六、炭黑的选用原则

炭黑的品种多，应根据一定的原则进行选择，具体应该注意如下几点。

### 1. 根据产品的特性要求进行选择

例如，在设计轮胎胎面配方时，要考虑其耐磨性，这时可选用超耐磨、中超耐磨、高耐磨炉黑等品种；当制品需要一定的导电性时，可考虑乙炔炭黑或其他的导电炭黑；如果设计的是一种要求一定强度、但又需要保持一定柔软性的产品，则可考虑使用半补强炭黑。

### 2. 根据使用胶种及制品的工艺操作要求进行选择

例如，低结构炭黑对结晶性橡胶的补强效果（拉伸强度和撕裂强度）好，而高结构炭黑对非结晶性橡胶有较好的补强效果，并能较好改善橡胶的加工性能。而橡胶的品种除了天然橡胶和丁苯橡胶外，对炭黑品种都有一定的选择性，如表 4-3 所示。

表 4-3　胶种与炭黑之间的选择参考

| 橡胶品种 | 炭黑品种 | | | | | | | | | |
|---|---|---|---|---|---|---|---|---|---|---|
| | 超耐磨炉黑 | 中超耐磨炉黑 | 高耐磨炉黑 | 槽黑 | 快压出炉黑 | 半补强炉黑 | 通用炉黑 | 热裂炭黑 | 细粒子炉黑 | 高定伸炉黑 |
| 天然橡胶 | △ | △ | △ | △ | △ | △ | △ | △ | △ | △ |
| 丁苯橡胶 | △ | △ | △ | △ | △ | △ | △ | △ | △ | △ |
| 丁基橡胶 | | | △ | △ | △ | △ | | | | |
| 氯丁橡胶 | | | △ | △ | △ | △ | | | | |
| 丁腈橡胶 | | | △ | △ | △ | | | △ | | |
| 丙烯酸酯橡胶 | | | | | △ | △ | | | | |
| 氯磺化聚乙烯橡胶 | | | | △ | △ | △ | | | | |
| 顺丁橡胶 | | △ | △ | △ | △ | △ | | | | |
| 异戊橡胶 | | △ | △ | △ | △ | △ | | | | |
| 氯醚橡胶 | | | | | | △ | | | | |
| 乙丙橡胶 | △ | △ | △ | △ | △ | △ | | △ | | |
| 聚氨酯橡胶 | | | △ | | | △ | | | | |
| 氟橡胶 | | △ | △ | | | | | △ | | |

注：△—可以选用。

### 3. 根据并用的要求来选择

生产时为了达到一定的要求，常常进行炭黑的并用。炭黑并用时需要考虑的问题如下。

（1）多方面性能的要求　例如使用细粒炉法炭黑的硫化胶的拉伸强度、定伸应力和硬度高，耐磨性好，使用槽法炭黑则可获得较好的弹性，两者并用可综合两方面的优点。

（2）便于工艺操作　例如槽法炭黑虽补强性好，但加工性能差，与快压出、半补强炉黑并用往往能得到改善工艺、便于操作的目的。

（3）降低成本　如较大量地使用价廉的喷雾炉黑、热裂炭黑以及半补强炉黑等品种，可以达到降低成本的目的。

# 任务二　胶鞋填充补强剂的选择

人们曾将白色补强剂都定义为白炭黑，现在所指的白炭黑专指极细粒子的硅酸、硅酸盐白色补强剂。白炭黑在橡胶工业中主要用作补强剂或改性剂，与炭黑相比，其粒子细、比表面积大，具有多孔性，补强效果仅次于炭黑，而优于其他任何白色补强剂。

白炭黑认知

## 一、白炭黑的分类与命名

白炭黑按生产方法可分为沉淀法（湿法）和气相法（干法或燃烧法）白炭黑。对白炭黑进一步的分类与命名则按不同标准有多种。有按粒径来分的美国 ASTM 标准，将白炭黑按粒径分为 10 组，每组均有一个粒径范围，这种分类法有许多粒径区间尚无产品。也有按白炭黑的表面积来分的前苏联标准，将气相法白炭黑分为 3 个品种，将沉淀法分为 4 个品种。国际标准 ISO/DIS 5794-3 将沉淀法白炭黑按表面积分为 A、B、C、D、E、F 6 个等级，它们各自对应的真实表面积是 $20 \sim 50 m^2/g$、$51 \sim 100 m^2/g$、$101 \sim 135 m^2/g$、$136 \sim 165 m^2/g$、$166 \sim 200 m^2/g$、$201 \sim 260 m^2/g$。这 6 个等级的产品还必须满足其他 9 项指标要求，见表 4-4。橡胶用沉淀法白炭黑参考 HG/T 3061—2020，按照氮吸附比表面积进行分类，如表 4-5 所示。有关白炭黑胶料的力学性能指标，国内外尚无统一标准。国产气相法白炭黑仅有企业标准。使用较广的企业标准是按气相法白炭黑综合性能，将其分为 5 个等级，每个等级又有 5～10 个指标要求，见表 4-6。

表 4-4　沉淀法白炭黑的技术要求（ISO/DIS 5794-3）

| 性　　质 | 技术要求 | 性　　质 | 技术要求 |
|---|---|---|---|
| 二氧化硅含量/% | 90 以上 | pH 值 | 5.0～8.0 |
| 颜色 | 等于标样 | 铜含量/(mg/kg) | 50 |
| 筛余物(45μm)/% | 0.5 以下 | 锰含量/(mg/kg) | 100 |
| 加热减量(105℃)/% | 4.0～8.0 | 铁含量/(mg/kg) | 1500 |
| 灼烧减量(1000℃)/% | 7 以下 | | |

表 4-5　橡胶用沉淀法白炭黑的分类（HG/T 3061—2020）

| 类　　别 | 氮吸附比表面积/(m²/g) | 类　　别 | 氮吸附比表面积/(m²/g) |
|---|---|---|---|
| A | ≥191 | D | 106～135 |
| B | 161～190 | E | 71～105 |
| C | 136～160 | F | ≤70 |

表 4-6　气相法白炭黑技术性能

| 技　术　性　能 | 1 号 | 2 号 | 3 号 | 4 号 | 5 号 |
|---|---|---|---|---|---|
| 表面积/(m²/g) | — | 75～105 | — | ≥150 | 150～200 |
| 吸油值/(cm³/g) | <2.90 | 2.60～2.90 | ≥2.90 | ≥3.46 | 2.60～2.80 |
| 表观密度/(g/cm³) | — | ≤0.05 | — | ≤0.04 | 0.04～0.05 |
| pH 值 | 4～6 | 4～6 | 3.5～6 | 3.5～5.5 | 4～6 |
| 加热减量(110℃×2h)/% | ≤3 | ≤3 | ≤3 | ≤3 | ≤1.5 |
| 灼烧减量(900℃×2h)/% | ≤5 | ≤5 | ≤5 | ≤5 | ≤3 |
| 机械杂质/(个数/2g) | ≤30 | ≤20 | ≤30 | ≤15 | ≤20 |
| 氧化铝(Al₂O₃)/% | — | — | — | <0.03 | — |
| 氧化铁(Fe₂O₃)/% | — | — | — | <0.01 | — |
| 铵盐(以 NH₃ 计)/% | — | ≤0.03 | — | 微量 | — |

## 二、白炭黑的性质

白炭黑的主要成分为 $SiO_2$，系白色无定形粉状物，质轻而松散，无毒，不溶于水及一般的酸，溶于氢氧化钠和氢氟酸，高温不分解，绝缘性好，有吸湿性。

沉淀法白炭黑含有结晶水，故又称水合二氧化硅（$SiO_2 \cdot nH_2O$）。二氧化硅含量 87%～95%；白度 95%左右；平均粒径 11～100nm；表面积 45～380cm³/g；吸油（DBP）值 1.60～2.40cm³/g；相对密度 1.93～2.05；折射率 1.46～1.55；pH 值 5.7～9.5；水分 4.0%～8.0%。气相法白炭黑又称无水二氧化硅（$SiO_2$），二氧化硅含量 99.8%以上；平均粒径 8～19nm；表面积 130～400m²/g（也有小于 50m²/g 的产品），吸油（DBP）值 1.50～2.00cm³/g；相对密度 2.10；折射率 1.46；pH 值 3.9～4.0；水分 1.0%～1.5%（吸湿后会更高）。此外白炭黑还有诸如灼烧减量及铜、锰、铁等杂质的控制指标。

白炭黑的补强性能主要取决于表面积（或粒径）、结构和表面化学性质。表面积用 BET 法或 CTAB 法测定，结构用 DBP 值或 DOP 值测定。白炭黑与炭黑相比，表面积更高，粒子更细。表面积大则活性高，硫化胶的拉伸强度、撕裂强度、耐磨性也高，但弹性下降。因此混炼胶黏度增大，加工性能下降。白炭黑表面微孔比炭黑多，所以白炭黑表面积增大对橡胶补强性的提高不及炭黑明显。白炭黑的结构也比炭黑高，这是因为白炭黑表面的氢键作用，使之形成的附聚体比炭黑发达而且牢固，所以高表面积、高结构白炭黑胶料的黏度很高，对加工不利。白炭黑表面基团与炭黑完全不同：沉淀法白炭黑表面有硅醇基，气相法白炭黑表面也有硅醇基；沉淀法白炭黑的 pH 值或呈酸性或呈碱性不等，气相法白炭黑呈酸性。白炭黑表面的亲水性强（炭黑则具疏水性），尤其是沉淀法白炭黑表面微孔多，吸湿性更强。白炭黑的亲水性不利于补强，含水分高，会有焦烧倾向。另一方面，白炭黑表面大量 OH 基的活性会在胶料中对硫化体系有较强的吸附作用，并延迟硫化。所以对白炭黑的改性（由亲水性到疏水性）和防湿很重要。

白炭黑的 pH 值在 8 以上，胶料硫化速度快；pH 值在 5 以下，胶料硫化速度慢。所以在使用白炭黑时，要注意硫化速度。在使用白炭黑的胶料中加入 1%～3%的活性剂，可以调整硫化速度并改善物性。同时还要增加（修正）硫化剂用量。法国 Rhone-Poulene 公司认为，经修正后的硫化体系，可使轮胎胎面胶料获得较低的滚动阻力和较好的耐磨性。在越野胎胎面中，修正硫化体系可使撕裂性能提高，而耐磨性又不改变。

在大规格轮胎胎面中，加入 10～25 份白炭黑可改善抗机械损伤（抗切割和花纹裂口）及抓着性能，但耐磨性下降，生热增高。经研究发现，用偶联剂改性白炭黑可得到较好的效果，如加有 1％～2％Si-69 的胶料黏度可大为降低；压出速度可以提高；生热降低；耐磨性比不用白炭黑的胶料提高 30％。这是因为不加偶联剂的白炭黑胶料黏度高，从而加工性差。硫化胶的多硫键增加而使平衡溶胀高，从而降低胶料性能。使用 Si-69 时要注意配方和混炼条件，不要使 Si-69 达到极限浓度，否则，会产生焦烧倾向，并损害胶料的耐疲劳和耐磨性。一般使用双官能团硅烷偶联剂后，胶料结合胶、定伸应力（或动态模量）、拉伸强度、撕裂强度、弹性、耐磨性能明显增加；胶料黏度、伸长率、永久变形、滞后损失明显下降。轿车胎要求抓着性好，生热低。如用 18 份经 Si-69 改性的白炭黑（补强剂总用量 70 份），损失模量增加，而抗湿滑性、抗割口增长及切割性能改善。在低滚动阻力的胎面中，用 30 份经硅烷改性的白炭黑代替超耐磨炉黑，可取得滚动阻力、低生热、耐磨性之间的最佳平衡。

由此可见，使用白炭黑的胶料有较高的拉伸强度、伸长率、弹性、耐热性以及撕裂强度。故白炭黑在白色和彩色自行车胎、脱谷胶辊及众多生活用橡胶制品中有明显优势，再配合适当的偶联剂，白炭黑对改善胶料与钢丝帘线的黏着、胎面抗崩花性、胎面耐屈挠和抗冲击性能都有好处。甚至在耐磨、抓着性及低滚动阻力之间也有取得平衡的现实可能性。在这方面使用最广泛的偶联剂是 Si-69，即双-（三乙氧基丙基）四硫化物（TESPT），它可使胶料加工性能及硫化胶动态性能与用炭黑的胶料相当，而且耐老化性能也较好，但 Si-69 成本高，会提高胶料成本，而硅烷偶联剂有一定毒性，也使应用受到限制。从 20 世纪 90 年代资料报道看，白炭黑在轮胎中主要是作为改性剂使用，而不是作为单一的补强剂使用。

## 三、白炭黑的主要品种及其应用

### 1. 沉淀法白炭黑的特性和应用

沉淀法白炭黑是在碱金属硅酸盐水溶液中加入无机酸或二氧化碳酸性气体使之产生沉淀制得，又称为湿法白炭黑或水合二氧化硅、沉淀二氧化硅、湿法二氧化硅、含水硅酸等。

（1）基本特性　沉淀法白炭黑与炭黑比较，它们在橡胶中的补强机理是不相同的。白炭黑的粒径、结构对胶料性能虽有影响，但不像炭黑那样明显。它们都是橡胶的优良补强剂，能赋予胶料很高的拉伸强度和伸长率。特别当白炭黑与偶联剂配合使用时，白炭黑胶料的许多方面可达到炭黑的水平，某些性能甚至更优。

表 4-7 是沉淀法白炭黑（HS-200 系列）和 N285 炭黑在 SBR1502 胶料中的性能比较。

结果表明：当不加偶联剂 A-189（$\gamma$-巯基丙基三甲氧基硅烷）时，含白炭黑胶料的黏度高，正硫化时间两者相近（硫化体系已调整）。当加入 A-189 时，两者黏度相当，白炭黑胶料正硫化时间提前；硫化胶定伸应力、拉伸强度、伸长率、生热、压缩永久变形、胎面耐磨性能都优于炭黑胶料。这说明在用白炭黑作补强剂时，选用适当的偶联剂是很必要的，否则白炭黑对胶料的定伸应力、生热、耐磨性有负面影响。

表 4-7　含白炭黑和炭黑的胶料性能比较

| 性　能 | 沉淀法白炭黑 | | 炭　黑 | |
|---|---|---|---|---|
| | 不加硅烷偶联剂 0.15 份（A-189） | 加硅烷偶联剂 0.15 份（A-189） | 不加硅烷偶联剂 0.15 份（A-189） | 加硅烷偶联剂 0.15 份（A-189） |
| 穆尼黏度（$ML_{1+4}^{100}$） | 100 | 77 | 76 | 71 |
| 硫化时间 $t_{90}$/min | 36.5 | 20 | 37.5 | 38 |
| 300%定伸应力/MPa | 4.1 | 13.4 | 14.3 | 14.5 |
| 拉伸强度/MPa | 21.0 | 28.9 | 24.0 | 22.8 |
| 拉断伸长率/% | 670 | 510 | 500 | 460 |
| Goodrich 生热/℃ | 85 | 49 | 73 | 72 |
| 压缩永久变形/% | 25 | 12 | 20 | 18 |
| Pico 磨耗指数/% | 81 | 131 | 170 | 163 |
| 胎面磨耗指数/% | 72 | 104 | 100 | 105 |

　　沉淀法白炭黑与气相法白炭黑相比，在胶料中前者的硬度、拉伸强度、撕裂强度、耐磨性及水膨胀性能比后者稍低。沉淀法白炭黑价格较低，橡胶工业中一般使用较多。气相法白炭黑主要用于硅橡胶制品或特殊胶料中。

　　白炭黑表面具有亲水性，又多微孔，吸湿性强，而沉淀法白炭黑含水量更高，会缩短胶料焦烧时间。

　　白炭黑表面会吸附硫化配合剂，对硫化有迟延效应，因此，白炭黑对胶料硫化特性的影响较为复杂。

　　（2）应用与配合　沉淀法白炭黑可用于 SRS 和 NR 中，用于制造轮胎、胶鞋、胶管、耐热垫片、胶辊、医疗及彩色或白色制品。也可用于塑料或橡塑并用胶料。其在塑料中的补强作用较小，但可改善加工性和某些物理性能，如用于 PE 薄膜可增加表面粗糙度，防止相互粘连；在 PVC 中加适量白炭黑，可提高强度和硬度，改善耐热性等。

　　沉淀法白炭黑用于不同轮胎缓冲层中，可改善胶料与钢丝帘线的黏合力。在胎面材料中，可改善抗崩花性能，并降低滚动阻力；在胎侧材料中，可改善耐屈挠和抗冲击性能。如在 NR/SBR、NR/BR 并用的载重胎面中，加入 5～10 份白炭黑代替部分炭黑能改善胶料的撕裂性能，减少崩花掉块。在加有偶联剂的 SBR1712/BR 轿车胎面中，用白炭黑代替 N339 炭黑后，胶料定伸应力、拉伸强度、撕裂强度和耐磨性能等可达到用炭黑的水平，并可降低生热。表 4-8 是白炭黑在轿车胎、载重胎及拖拉机胎和工程胎中的配方应用。

表 4-8　白炭黑在轮胎胶料中的应用

| 轮胎部件 | 轮胎胶料组成/份 | | | 改善的指标 |
|---|---|---|---|---|
| | 轿 车 胎 | 载 重 胎 | 拖拉机胎和工程胎 | |
| 缓冲层 | 天然橡胶 100 炭黑 45 白炭黑 10 | 天然橡胶 100 炭黑 45 白炭黑 10 | 天然橡胶 100 炭黑 45 白炭黑 10 | 与钢丝帘线的黏合力 |

| 轮胎部件 | 轮胎胶料组成/份 | | | 改善的指标 |
|---|---|---|---|---|
| | 轿 车 胎 | 载 重 胎 | 拖拉机胎和工程胎 | |
| 胎面 | 无 | 天然橡胶 100<br>炭黑 30～35<br>白炭黑 20～25 | 天然橡胶 100<br>炭黑 30～35<br>白炭黑 20～25 | 抗崩花性能 |
| | 丁苯橡胶 100<br>炭黑 30～35<br>白炭黑 15～20 | 天然橡胶 100<br>炭黑 30～35<br>白炭黑 15～20 | 无 | 滚动阻力 |
| 胎侧 | 丁苯橡胶＋天然橡胶；或<br>天然橡胶 100<br>炭黑 40<br>白炭黑 10 | 丁苯橡胶＋天然橡胶；或<br>天然橡胶 100<br>炭黑 40<br>白炭黑 10 | 丁苯橡胶＋天然橡胶；或<br>天然橡胶 100<br>炭黑 40<br>白炭黑 10 | 耐屈挠性和<br>抗冲击性 |

　　沉淀法白炭黑在胶料中硫化体系的某些配合剂会产生不可逆的吸附，这种吸附能力是表面积的函数。所以在白炭黑胶料中应当加入适量能优先被吸附于白炭黑表面的二甘醇或三乙醇胺等活性剂，或对配方中硫化体系（如硫黄、活性剂、偶联剂，特别是促进剂）的用量予以修正。在不用偶联剂时，其计算式为：

$$促进剂用量 = K + (0.170 \sim 0.3) \times 10^{-3} \times A \times S \qquad (4\text{-}1)$$

式中　$K$——促进剂原用量，份；

　　　$A$——白炭黑用量，份；

　　　$S$——白炭黑的 BET 法表面积，$m^2/g$。

以硫黄、硬脂酸、苯甲酸和双官能硅烷偶联剂在天然橡胶中为例，最佳用量的修正式：

促进剂原用量 1.20，附加项取最大值 0.3，则应 $1.20 + 0.3 \times A \times S \times 10^{-3}$；

硫黄原用量 1.75，则应 $1.75 \pm 0.05$；

硬脂酸原用量 3.0，则应 $3.0 + 0.10 \times A \times S \times 10^{-3}$；

苯甲酸可控制在 0～1 份之间。

　　当用偶联剂时，胶料中促进剂、硫黄、硬脂酸和苯甲酸用量如上述不用偶联剂一样，而硅烷用量应为 $0.50 \times A \times S \times 10^{-3}$。当硫化体系用量经过上述修正后，硫化胶定伸应力、弹性、耐磨性和生热明显改善。

　　另外，当选用偶联剂改性白炭黑时，应注意偶联剂在混炼时加入，并控制混炼时间、温度和加料顺序，避免偶联剂局部达到极限浓度，影响胶料疲劳性能。用密炼机混炼比用开炼机的混炼效果好。

　　沉淀法白炭黑胶料的透明性，主要取决于粒径大小。粒径小至光波 1/4 以下时，光线产生绕射，使胶料呈透明。粒径小、纯度高的白炭黑均可用于透明胶料。

　　几种常见白色填充剂的亲水性由大到小的顺序是：白炭黑＞陶土＞滑石粉＞碳酸钙＞氧化锌。由此可知白炭黑在橡胶中的分散最困难。加之白炭黑粒径小，体积大，吸湿后易附聚成团。加入硬脂酸锌时，可产生解聚作用，降低胶料黏度。如在开炼机上加白炭黑，可将橡胶与白炭黑先混合，软化剂、硬脂酸、促进剂及其他配合剂后加，以降低白炭黑的吸附作用，保证配合剂分散良好，又不造成过炼而影响胶料性能。

橡胶用沉淀法白炭黑粒径在 11～19nm（HS-100）、20～25nm（HS-200）、26～30nm（HS-300）和 31～39nm（HS-400）范围的品种用于轮胎最多。其中 HS-100 系列补强性最高；HS-200 及 HS-300 补强性较小。在某些制品中，白炭黑用量可高达 100～150 份。粗粒子白炭黑在高用量下，将有较好的加工性能和动态性能。用巯基硅烷处理的白炭黑补强性能最高，但只适用于黑色胶料。

### 2. 气相法白炭黑

气相法白炭黑由四氯化硅、氢和氧为原料在高温下合成而得，又称无水二氧化硅、无水硅酸、高温二氧化硅、烟尘二氧化硅、合成二氧化硅、干法白炭黑等，表明其为无水物质，以区别于沉淀法白炭黑。

（1）基本特性　气相法白炭黑是一种高纯度超细白炭黑，它的二氧化硅含量可达 99.9％，粒径 3～8nm，表面积在 50～400m²/g。

如将高品位的气相法和沉淀法白炭黑对硅橡胶补强性能作一比较可知，它们虽然都能给硅橡胶以明显补强性能，但气相法白炭黑胶料的黏度高，硫化胶的硬度、拉伸强度、定伸应力、伸长率、撕裂强度以及胶料的透明度更优，见表 4-9。

表 4-9　气相法和沉淀法白炭黑在硅橡胶中性能

| 配 方 与 性 能 | 纯硅橡胶 | 沉淀法白炭黑 | 气相法白炭黑 |
| --- | --- | --- | --- |
| 硅橡胶（SE-33） | 100 | 100 | 100 |
| 沉淀法白炭黑（Ultrasil VN₃） | — | 40 | — |
| 气相法白炭黑（Cabosil MS7） | — | — | 40 |
| 硫化剂 | 2 | 2 | 2 |
| 胶料性能 | | | |
| 　正硫化时间（100℃）$t_{90}$/min | 5.9 | 8.1 | 9.6 |
| 　硬度（邵氏 A） | 19 | 60 | 66 |
| 　撕裂强度/（kN/m） | 0.53 | 14.5 | 25.4 |
| 　拉伸强度/MPa | 3.4 | 38.8 | 77.2 |
| 　伸长率/％ | 110 | 225 | 380 |
| 　50％定伸应力/MPa | 1.9 | 9.5 | 10.9 |
| 　颜色 | 无色 | 灰白色 | 微白色 |
| 　透明度 | 不透明 | 不透明 | 透明 |

纯硅橡胶硫化胶的拉伸强度和撕裂强度极低，而且需要进行后硫化处理。气相法白炭黑可使硅橡胶拉伸强度提高 20 倍左右；撕裂强度提高 40 倍左右，所以用气相法白炭黑可满足硅橡胶的补强及后硫化时不起气泡的需求。所以本品多用于硅橡胶。

（2）应用与配合　气相法白炭黑适用于硅橡胶、丁基橡胶、氯丁橡胶、天然橡胶作补强剂（主要用于硅橡胶），可制造 V 带、胶辊、胶管、电缆、油封及发泡制品。应用本品制造油田用橡胶制品和硅橡胶、丁基橡胶与使用沉淀法白炭黑、白炭黑/炭黑并用相比，气相法白炭黑能显著提高制品力学性能且透明度高。使用气相法白炭黑时也可加入硅烷偶联剂（Si-69）于丁基橡胶中，各项物理性能都进一步提高，特别是高温撕裂强度及水膨胀率性能更优。

气相法白炭黑 pH 值在 5 以下，含水量低，表面积一般较高，应注意硫化体系的调整。本品在硅橡胶中使用的配方特征见表 4-9。

气相法白炭黑价格高，一般只用于硅橡胶及某些特殊制品。

# 任务三　橡胶填充剂的选择

## 一、无机填充剂

无机填充剂在橡胶中的用量与炭黑相当，若从所有的高聚物来看，由于塑料和涂料中的填充剂多是无机的，则无机填充剂的用量远远超过炭黑。无机填充剂主要有如下品种。

微课扫一扫

填料品种

### 1. 硅酸盐类

(1) 陶土　陶土由天然黏土（高岭土）经粉碎研磨或风选、漂选、溶解沉淀制得，又称白土、皂土、瓷土、高岭土等。陶土是橡胶中用量最大的硅酸盐类填充剂，为含水硅酸铝。分子式为 $Al_2O_3 \cdot SiO_2 \cdot nH_2O$，白色或浅灰色，无毒。

陶土性质因产地、制法而异。中国北方陶土多为沉积型，含较多 $Al_2O_3 \cdot TiO_2$ 和有机质，黏性大。南方陶土则多为风化型或热液型，含较多 $SiO_2 \cdot Fe_2O_3$，有机质少，黏性和吸附性小。陶土生产方法有干法和湿法两种，湿法陶土粒子细、白度高，铁、钛含量低。硬质陶土系指小于 $2\mu m$ 粒子占 $80\%$、大于 $5\mu m$ 占 $4\%\sim8\%$ 的产品；而小于 $2\mu m$ 粒子占 $50\%\sim74\%$、大于 $5\mu m$ 占 $8\%\sim30\%$ 的称为软质陶土。因此，前者补强性能优于后者。无水煅烧陶土除去了有机质，白度提高（可达 $85\%$），电绝缘性得以改善，但因疏水性有机质除去，使橡胶的补强性也下降。

用陶土的胶料加工容易，压出物表面光滑。它可提高胶料的黏度、增大挺性、减少收缩率，是炭黑和石墨的良好分散剂。硬质陶土比软质陶土有更好的补强性能，煅烧陶土的性能则更差。如将硬质、软质及煅烧陶土分别以 100 份加入 SBR1500 中，其胶料拉伸强度分别为 22.8MPa、16.6MPa 和 8.8MPa；$500\%$ 定伸应力分别为 5.7MPa、4.7MPa、4.7MPa；伸长率分别为 $620\%$、$605\%$、$560\%$。撕裂强度和耐磨性能也是硬质陶土较好。

将陶土用硬脂酸、巯基硅烷、乙烯基硅烷、氨基硅烷及钛酸酯偶联剂处理后得到的改性（活性）陶土表面具有一定的疏水性。改性陶土可提高胶料拉伸强度、定伸应力，并降低生热和压缩永久变形。如国产超细活性陶土（M-212 型）是用钛酸酯偶联剂处理过的产品，其补强性能可与沉淀法白炭黑相媲美，而且老化性能较好。

陶土可用作 NR、SRS、胶乳、树脂的补强填充剂。多用于橡胶制品，特别适用于耐油、耐热、耐酸碱制品；也适用于胶管、胶带、胶垫及鞋类等。改性陶土补强性能与 SRF、沉淀法白炭黑相当，可用于某些高档次制品。

陶土的 DPG 吸着率较大，对胶料硫化速度有一定影响。在 SBR 中使用大量陶土，加适量活化剂（如亚乙基乙二醇），这样既可调整硫化速度，又可改善陶土的补强性能。

陶土容易混入胶料，但会使胶料变软，硬质陶土有粘辊倾向，尤其是用于 IIR 中，因此可用少量氧化镁来解决。煅烧陶土（$900℃$ 以上除去结晶水）较难混入胶料，且迟延硫化，并使生热、变形增加，撕裂及耐磨性下降。煅烧陶土的电绝缘性较好，故一般多用于电绝缘制品。

将少量改性陶土用于轮胎胎面及胎体，用以代替炭黑或白炭黑，结果良好，还可降低成本。国产表面积为 $22\sim26m^2/g$ 的硬质陶土很少，多为软质陶土，而且表面积偏低，影响了陶土的应用潜力。

在等硬质条件下，硬、软质陶土在 SBR1500 胶料中的用量与其他主要补强剂的比较见表 4-10。由此可见它们之间的性能差别。此外，陶土的相对密度偏大、DBP 值（结构性）偏低是其主要缺点。

表 4-10　等硬度下不同填料在 SBR1500 中的用量

| 补强填充剂 | 质量份 | 体积份 | 补强填充剂 | 质量份 | 体积份 |
|---|---|---|---|---|---|
| 炭黑 N110 | 50 | 25.1 | 沉淀法白炭黑($150m^2/g$) | 80 | 40.0 |
| 炭黑 N220、N330 | 55 | 27.6 | 硬质陶土 | 80 | 28.6 |
| 炭黑 N550 | 60 | 30.2 | 软质陶土 | 95 | 34.0 |
| 炭黑 N762 | 80 | 40.2 | 沉淀法碳酸钙 | 175 | 60.3 |
| 炭黑 N990 | 125 | 62.9 | | | |

（2）云母粉　由天然硅酸盐矿石经干法或湿法研磨制得，组成复杂，有白云母系 $KAl_2(AlSi_3O_{10})(OH)_2$；黑云母系 $K(Mg,Fe)_3(AlSi_3O_{10})(OH)_2$；金云母系 $KMg_3(AlSi_3O_{10})(OH)_2$ 等。橡胶中常用的云母粉呈白、淡黄、淡棕或粉红等色，相对密度 2.76～3.1；金云母为黄至深棕色，相对密度 2.86。橡胶中应用的云母要求加热减量不大于 0.1%，筛余物（100 目）不大于 0.5%。云母具有优良的耐热性、耐酸性、耐碱性和电绝缘性。在橡胶工业中大量作为隔离剂、脱模剂、表面处理剂使用，也用作填充剂。作填充剂时主要用于制造耐热、耐酸、耐碱及高绝缘制品，可直接混入橡胶中，不影响硫化。在天然橡胶和合成橡胶中都能使用。

（3）滑石粉　由工业原料滑石经机械粉碎研磨或高温下煅烧而成。组成为含水硅酸镁（$3MgO\cdot4SiO_2\cdot H_2O$）。白色或淡黄色片状晶体，粒径 2～6μm，相对密度 2.7～2.8，折射率 1.59，化学性质不活泼，有滑腻感。加热减量不大于 0.5%，灼烧减量不大于 7%，盐酸不溶物不小于 87%。

在橡胶工业中主要用作隔离剂和表面处理剂，也作填充剂。作填充剂多用于耐酸、耐碱、耐热及绝缘制品中，可直接混入橡胶中，不影响硫化。

滑石粉适用于天然橡胶及合成橡胶。细滑石粉对三元乙丙橡胶有补强作用，能增加拉伸强度、定伸应力和硬度，对硫化无影响。添加聚乙烯乙二醇时，还能减少硫化剂（过氧化物）用量。用量可达 100 份以上，而穆尼黏度改变不大。对发干的胶料还能改善包辊性。

（4）长石粉　由花岗石浮选除去二氧化硅、云母等杂质后经研磨而成的白色粉末，组成为无水硅酸盐（$K_2O\cdot Al_2O_3\cdot6SiO_3$）。

长石粉可作橡胶、塑料的填充剂。适用于胶乳、聚氨酯橡胶和聚乙烯体系的制品作填料，在胶乳中不会破坏皂液性质，可防止胶乳的附聚作用。

（5）石棉　由天然硅酸盐矿盐制得的白色或淡黄色纤维状物质。分子式为 $2SiO_2\cdot3MgO\cdot2H_2O$。石棉有两种类型：温石棉是硅酸镁类，纤维较长；青石棉是镁铁钙钠硅酸盐，纤维短，相对密度 2.3～3.0，化学性质不活泼。

石棉主要作橡胶制品中诸如隔声、耐酸、耐碱及电热的非良导体胶料。石棉在橡胶中没有补强作用。石棉可使胶料硬度增加，不影响硫化，也可作隔离剂。

2. 碳酸盐类

碳酸盐类包括各类碳酸钙、轻质碳酸镁及白云石粉等。碳酸钙是橡胶工业中用量最大的填充剂，因为它原料易得，价格合理，且可大量填充。碳酸钙随制法不同可分为重质碳酸钙、轻质碳酸钙、超细碳酸钙等。

（1）重质碳酸钙　本品由于原料来源不同而有不同品名，如石灰石粉、白垩粉、贝壳粉等。粒径 $1 \sim 10 \mu m$。使用本品的硫化胶力学性能不及轻质碳酸钙、活性轻质碳酸钙好，但其成本低。

本品一般用作橡胶的填充剂或增容剂。在一定用量范围内对橡胶物性影响不大，所以本品在胶料中的用量可以高填充。如在 NR 绝缘胶布胶料中的用量可高达 200 份以上；在 NR、NBR 耐磨胶管中与高耐磨炉黑并用可高达 80 份；在 NR、BR 输送带中与硫酸钡并用可高达 50 份。

重质碳酸钙可广泛用作 NR、SBR、胶乳、塑料的惰性填充剂或白色无机颜料的增容剂，它可使胶料坚挺，分散容易，不迟延硫化。适用于制造鞋类、地板、胶管、模制品、压出制品及发泡制品，还可作隔离剂和脱模剂。

（2）轻质碳酸钙（沉淀碳酸钙）　由石灰石煅烧后加水、通二氧化碳制得。轻质碳酸钙在胶料中可大量填充，但其补强效果很小，稍高于重质碳酸钙。

轻质碳酸钙是 SBR、NR、IIR、CR 的补强填充剂，它在高填充下不会导致过高的定伸应力。能改善胶料的拉伸强度、撕裂强度和耐磨性。在胶料中易分散，不迟延硫化。在橡胶中应用广泛，适用于输送带、胶管、胶板、胶鞋、医药制品等。在 NR、SBR 中与重晶石并用，用量可达 140 份；在 CR 印刷胶辊中用量可达 20 份。本品亦用于塑料。

（3）活性（轻质）碳酸钙　是在制造碳酸钙的过程中加入适量的活性剂覆盖于粒子表面而成，粒子较细，故对橡胶的补强效果最佳。补强性能比轻质碳酸钙大，可与沉淀法白炭黑媲美，有关数据表明，活性碳酸钙经活化处理后，其拉伸强度、伸长率、撕裂强度均提高，定伸应力及硬度下降。在胶料中分散容易，但发热量较大。活化产品的硫化速度加快。

活性（轻质）碳酸钙适用于 NR、SRS 及胶乳、塑料，但在 SRS 中的补强效果更明显，着色性能亦好。可与其他填充剂并用。多用于轮胎缓冲胶、内胎、胶管、胶带及鞋类等。

（4）轻质碳酸镁　由卤水和碳酸钠或石灰乳作用制得的碱式碳酸镁。本品在橡胶中作补强剂，效果与热裂炭黑相当，优于陶土和碳酸钙。使用本品的硫化胶耐热性好，生热也低，但撕裂性能差，在胶料中的分散性差，胶料易焦烧。生产时要注意混炼操作，防止焦烧，改进分散。

（5）白云石粉　由白云石粉碎加工而成。本品主要成分是碳酸镁和碳酸钙。在橡胶工业中作填充剂，也可作为白色填料。适用于天然橡胶和合成橡胶。含有本品的胶料坚挺，不影响硫化速度。

## 3. 硫酸盐类

橡胶用硫酸盐类填充剂主要有硫酸钡和锌钡白。

（1）硫酸钡（沉淀硫酸钡）　由可溶性钡盐与硫酸盐经复分散制得的白色粉末，无味、无毒，难溶于水、酸及其他溶剂。

用本品的硫化胶压缩永久变形小，撕裂强度较高。还可赋予橡胶和塑料制品对 X 射线的不透过性；可提高氯丁橡胶制品的耐燃性。本品用作橡胶的填充剂及着色剂，其耐酸性较好，多用于耐酸制品，但相对密度较高。

本品适用于 NR、SBR 及胶乳。特别适用于氯丁橡胶中制造胶管、胶带、胶布、胶辊等。在天然橡胶中和滑石粉并用制造耐酸、碱胶管，用量达 50 份；在 NR、BR 输送带中和碳酸钙并用，用量达 25 份；在 NR、CR 耐热胶管中与滑石粉或陶土并用，用量达 30 份。

（2）锌钡白（立德粉）　由硫化钡和硫酸锌溶液复分解制得的白色粉状物，为硫化锌和硫酸钡的混合物。无毒，不溶于水，酸能溶解硫化锌而残留硫酸钡。在光照下易变成微黄色。

锌钡白主要用作着色剂，也可用作 NR、SRS 及胶乳的填充剂。可直接加入橡胶中，但不易分散。使用本品的胶料坚挺，对硫化无影响。用氯化硫硫化的胶料有很好的耐老化性能。

### 4. 其他无机填充剂

（1）磁粉　由一些金属氧化物或碳酸盐用专门技术制得。有铝镍钴体、铝镍铁体、钡铁氧体等，具有永久磁性。

磁粉加入橡胶可使胶料获得磁性。胶料磁性与磁粉用量有关，磁粉用量高，磁力强，但胶料的拉伸强度及伸长率下降。铝镍钴体磁性最强；钡铁氧体磁性虽不太高，但综合性能好、价廉、易得，可作通用磁性材料用。

磁粉可广泛用于 NR、IIR、NBR、CR、氯磺化聚乙烯及塑料中作磁性填料。加工难易主要取决于选用的磁粉用量及高分子材料的种类。用 CR 制得磁性橡胶性能较好。磁粉的用量可达生胶的 25～30 倍。

磁性橡胶的磁性大小与制成品受磁化程度有关。硫化后的磁性制品在 795.8kA/m（10000G）以上的磁场中充至饱和程度，可获得最大磁性。

（2）硅藻土　由硅藻单细胞类形成的化石制得，又称粉石英或硅土，分子式 $SiO_2$，其含量可高达 98%，无毒，无味，多孔，易吸潮。用本品作填充剂的胶料性能与用重质碳酸钙相当，但成本低。

本品可作 NR、SRS、胶乳及塑料的填充剂，也可作操作助剂及隔离剂。加工容易，混炼加料快，不飞扬。硫化特性与用碳酸钙相似，但本品胶料坚挺，可部分代替陶土或滑石粉使用。适用于制造绝缘胶料、模制品、压出及泡沫制品，用于硬质橡胶可提高软化温度。

## 二、有机类及碳素填充剂

### 1. 短纤维

包括棉、尼龙、聚酯、人造丝、麻或纤维素及混合纤维等。短纤维由上述纤维切碎加工或利用纺织厂及再生胶厂废弃纤维制得。

短纤维性质随来源不同而异。一般长 10～15mm，长径比在 40～250 比较适合作橡胶填充剂。

短纤维用作橡胶及塑料的填充剂，可提高胶料的定伸应力、硬度、撕裂强度，改善胶料的耐刺扎性、减震性及耐溶胀性。但伸长率、耐磨性等下降；胶料的各向异性明显。这些性能与短纤维的长径比、用量、分散程度以及短纤维与橡胶间的相互作用有关。

短纤维用作 NR、SRS、胶乳及塑料的填充剂，可直接加入橡胶中，也可做成母炼胶用。一般适用于制作橡胶制品、鞋底、鞋跟胶料的填充剂或骨架材料。高质量短纤维可用作短纤维-橡胶复合材料，代替部分棉帆布制造胶管。也可用于轮胎的某些部件及胎面胶料中。当短纤维用量在 15～30 份时，强度达到最高，但伸长率最低。

## 2. 木粉

由木材粉碎研磨而成，有硬木粉和软木粉之分，均系木质细粉。

本品用作 NR、SRS、胶乳及塑料的填充剂，细粒木粉用于增加胶浆的体积；调整混合料黏度，方便刮浆或喷涂操作，并有利于胶浆在胶片上的渗透。

木粉不影响硫化，能使胶料坚挺，并能控制半成品的收缩率。适用于制造鞋底、玩具等的胶料。

## 3. 细煤粉

由烟煤、半无烟煤及石油焦粉碎加工而成。用作天然橡胶、合成橡胶的补强填充剂，含本品的胶料，其工艺性能相当于热裂炭黑，而硫化胶的拉伸强度相当于陶土。适用于工业制品，它可以改善硫化胶的压缩永久变形。也可作橡胶的着色剂或树脂的填充剂。用油处理后的产品，在橡胶中易分散，不飞扬。

## 4. 无定形石墨

由天然或人造石墨粉碎加工而成，又称土状石墨。可作 NR、SRS 的填充剂。填充本品的硫化胶滞后损失小，生热低，可作轮胎胎体、橡胶工业制品、胶鞋的胶料。由石油焦制得的这类产品，其使用性能类似中粒子热裂炭黑。

# 任务四　结合橡胶的测定

## 一、结合橡胶的概念与测定方法

### 1. 结合橡胶的概念

结合橡胶也称为炭黑凝胶，指填充的未硫化混炼胶中不能被它的良溶剂溶解的那部分橡胶。实质上是填料表面上吸附的橡胶，也就是填料与橡胶间的界面层中的橡胶，具有类似玻璃态的特点。结合橡胶多则补强性强，所以结合橡胶是衡量炭黑补强能力的标尺。

核磁共振研究已证实，炭黑结合胶层的厚度大约为 0.50nm，紧靠填料表面一面厚度约 0.5nm，这部分是玻璃态的。在稍远点的地方，也就是靠橡胶母体这一面的呈亚玻璃态，厚度大约 4.5nm。

### 2. 结合橡胶的测定

结合橡胶虽然很重要，但测定方法及表示方法并未统一。下面提供一种参考方法，即将混炼后室温下放置至少一周的填充混炼胶剪成约 $1mm^3$ 的小碎块，精确（0.0002g）称取约 0.5g（$W_1$）封包于线型橡胶大分子能透过而凝胶不能透过的已知质量（$W_2$）清洁的不锈钢网中或滤纸中，浸于 100mL 甲苯中室温下浸泡 48h，然后重新换溶剂再浸 24h，取出滤网真空干燥至恒量（$W_3$），根据胶料中填料的质量分数或橡胶的质量分数，按式(4-2)计算结合橡胶量，结果以每克填料吸附的橡胶质量（g）表示，或以胶料中橡胶变成结合胶的质量分数表示（若进一步提高试验准确性应做未填充胶的空白试验，纯胶中若有凝胶应从结合胶中减去），见式(4-3)。

$$结合橡胶 = \frac{W_3 - W_2 - W_1 \times 混炼胶中填料质量分数}{W_1 \times 混炼胶中填料质量分数} \quad (g/g) \tag{4-2}$$

$$结合橡胶 = \frac{W_3 - W_2 - W_1 \times 混炼胶中填料质量分数}{W_1 \times 混炼胶中橡胶质量分数} \times 100\% \tag{4-3}$$

## 二、影响结合橡胶的因素

结合橡胶是由于填料表面对橡胶的吸附产生的，所以任何影响这种吸附的因素均会影响结合橡胶，其因素是多方面的，以炭黑为典型分述如下。

### 1. 炭黑比表面积的影响

结合胶几乎与填料的比表面积成正比增加，图 4-4 是 11 种炭黑在天然橡胶中填充 50 份时的试验结果。CC 炭黑是色素炭黑，HMF 炭黑是高定伸炉法炭黑。随着比表面积的增大，与橡胶形成的界面面积增大（当分散程度相同情况下），吸附表面积增大，吸附量增大，即结合橡胶增加。

### 2. 混炼薄通次数的影响

为了试验的准确性，采用溶液混合方法，即将炭黑加到橡胶溶液中混合均匀，冷冻干燥，再薄通不同次数，取样测结合橡胶。

在天然橡胶中试验了 5 种炭黑，用量 50 份，薄通次数从 0～50 次，结果见图 4-5。由图可见，结合胶约在 10 次时为最高，之后有些下降，约在 30 次后趋于平稳。开始的增加是由于混炼增加了分散性，增加湿润的作用，同时也增加了大分子的断链。天然橡胶是一种很容易产生氧化降解的物质，那些只有一两点吸附的大分子链的自由链部分可能存在于玻璃态层及亚玻璃层外面。这部分橡胶分子链薄通时同样会产生力学断链及氧化断链。这种断链可能切断了吸附点的连接，这样就会使结合胶量下降。

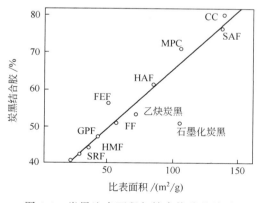

图 4-4　炭黑比表面积与结合橡胶的关系

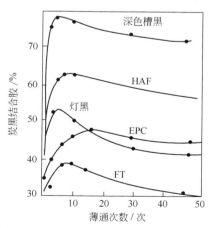

图 4-5　天然橡胶和 50 份炭黑混炼时生成
的结合橡胶与薄通次数的关系
（炭黑均为 50 份）

50 份炭黑填充的氯丁橡胶、丁苯橡胶和丁基橡胶随薄通次数的变化如下：氯丁橡胶、丁苯橡胶结合胶随薄通次数增加而增加，大约到 30 次后趋于平衡；而丁基橡胶一开始就下降，也是约 30 次后趋于平衡。丁基橡胶下降的原因类似于天然橡胶。

### 3. 温度的影响

试样仍采用上述溶液混合，冷冻干燥法制备，将混好的试样放在不同温度下保持一定时间后测结合橡胶量，结果见图 4-6。随着处理温度的升高，即吸附温度提高，结合胶量提高，这种现象和吸附规律是一致的。

与上述现象相反，混炼温度对结合胶的影响却是混炼温度越高则结合胶越少。这可能是因为温度升高，橡胶变得柔软而不易被机械力破坏断链形成大分子自由基，炭黑在这样柔软的橡胶环境中也不易产生断链形成自由基，因此在高温炼胶时形成的结合胶比低温炼胶时的少。

当然在上述静态高温条件下增加吸附产生的作用在高温炼胶时也存在，但增加的结合橡胶量小于因混炼温度升高而减少的结合胶量。综合作用的结果是炼胶温度升高，结合胶下降，见图 4-7。

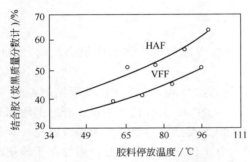

图 4-6　胶料停放温度与结合橡胶量的关系

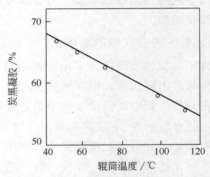

图 4-7　结合橡胶与炼胶辊筒温度的关系

### 4. 橡胶分子量的影响

由表 4-11 可见，随丁苯橡胶分子量增加，结合胶增加。这是因为一个分子可能只有一两点被吸附住，但这时它的其余链部分都是结合胶，所以分子量大，结合胶就多。

表 4-11　橡胶分子量对结合胶的影响

| SBR 分子量 $M_r$ | $M_r/M_v$ | 结合胶/(mg/g) | 结合胶比率(以 $M_v=2000$ 的为 1) |
| --- | --- | --- | --- |
| 2000 | 1 | 45.7 | 1 |
| 13400 | 6.7 | 60.9 | 1.3 |
| 300000 | 150 | 145.0 | 3.2 |

### 5. 溶剂溶解温度的影响

取丁苯橡胶加入 25 份在 950℃×1h 下除去表面含氧基团挥发分的 N347 炭黑，混炼 30min，室温下停放 48h 后。再分别用四种不同沸点的溶剂——苯（80℃）、甲苯（110℃）、邻二甲苯（144℃）、邻二氯苯（182℃）分别回流 100h 后测结合橡胶量，结果见图 4-8。随溶解温度提高，结合胶量下降，这一现象再一次说明了炭黑表面吸附能的不均匀性。四个温度点的结合胶可连成一条直线延长与横轴相交，该交点温度记作 $T_m$，不同炭黑的直线不同，活性低的或用量小的在下面。$T_m$ 点的温度就是结合胶完全解除的温度。

丁苯橡胶填充 N347 的 $T_m$ 为 375℃，而丁苯橡胶填充石墨化炭黑的 $T_m$ 为 210℃。这也

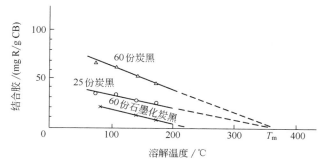

图 4-8　丁苯橡胶的 HAF 和石墨化炭黑的结构胶与溶解温度的关系

说明石墨化炭黑对丁苯橡胶结合能低于 N347 炭黑对丁苯橡胶的结合能。

对丁基橡胶，试验得出类似的结果，但丁基橡胶与 N347 的 $T_m$ 为 245℃，说明丁基橡胶比丁苯橡胶对炭黑的结合能低。

6. 停放时间的影响

试验表明，混炼后随停放时间增加，结合胶量增加，大约一周后趋于平衡。因为固体填料对橡胶大分子的吸附不像对气体或小分子吸附那么容易。另外化学吸附部分较慢，也需要一定时间。

7. 炭黑中氢含量的影响

J. A. Ayala 等将 N121 炭黑在氮气环境中分别加热到 1000℃、1100℃、1500℃，在该峰值温度下保持 30min，再在氮气中冷却，制得的试样氢含量和性能见表 4-13。

用表 4-12 的炭黑 45 份与丁苯橡胶混炼（布拉本德混炼）。甲苯为溶剂，以每 $100m^2$ 炭黑表面上所吸附的不溶解橡胶的质量分数表示结合胶量，试验结果如图 4-9 所示。结合胶随着炭黑氢含量的增加而线性增加。

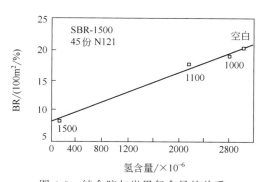

图 4-9　结合胶与炭黑氢含量的关系

表 4-12　处理温度与 N121 炭黑表面基团和结构的关系

| 温度/℃ | 氮比表面积/($m^2$/g) | CTAB/($m^2$/g) | 氢含量/$\times 10^{-6}$ | $L_c$/nm |
|---|---|---|---|---|
| 空白 | 131 | 124 | 3046 | 1.46 |
| 1000 | 144 | 127 | 2820 | 1.49 |
| 1100 | 140 | 131 | 1965 | 1.55 |
| 1500 | 128 | 132 | 106 | 2.71 |

# 任务五 分析填料的性质对橡胶加工性能的影响

实践发现，填料的粒径、表面性能和形状等对橡胶的性能有重要影响，表现在混炼、压延、硫化各工艺过程和混炼胶的流变性能上。下面主要以炭黑为典型叙述。

## 一、填料的性质对混炼的影响

1. 炭黑的粒径和结构对混炼的影响

（1）炭黑性质对混炼过程的影响

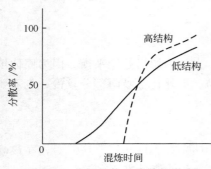

图 4-10 炭黑结构对分散的影响

粒径越细的填料混炼越困难，吃料慢，耗能高，生热高，分散越困难。这是因为粒径小，比表面积大，需要润湿的面积大，在相同的填充体积分数时，越细的填料单位能耗越大。

炭黑结构对分散的影响见图 4-10。高结构比低结构吃料慢，但分散快。这是因为结构高，其中空隙体积比较大，排除其中的空气需要较多的时间，而一旦吃入后，结构高的炭黑易分散开。

炭黑胶料混炼时间与分散程度、流变性能、橡胶力学性能的关系见图 4-11。

（2）炭黑性质对混炼胶黏度的影响 混炼胶的流动黏度对加工过程十分重要。一般填料粒子越细、结构度越高、填充量越大、表面活性越高，则混炼胶黏度越高。

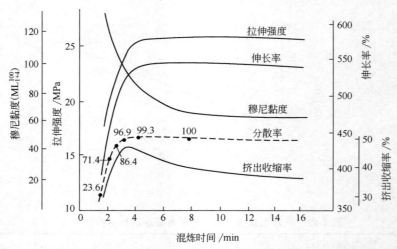

图 4-11 混炼时间与胶料流变性及硫化胶强伸性能的关系
（充油 SBR＋ISAF，69 份）

炭黑粒径对黏度同样有着重要的影响，粒子越细则胶料黏度越高，因为粒子小，比表面积大，结合橡胶增加。粒径与穆尼黏度的关系见图 4-12。

### 2. 混炼过程中炭黑聚集体的断裂

混炼中炭黑会断裂。用热解方法及溶解方法（特殊处理除去结合胶的影响）从 SBR-1500 加 50 份炭黑的混炼胶中分离出炭黑，用电镜和 DBP 法测定聚集体的形态结构，结果见表 4-13 和图 4-13。聚集体的吸油值、投影面积、重均粒数（$N_{p,w}$）均减少，说明混炼过程中聚集体断裂。

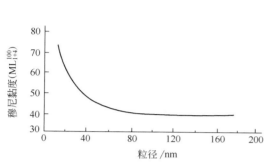

图 4-12　炭黑粒径与胶料黏度的关系
（炭黑用量 45 份）

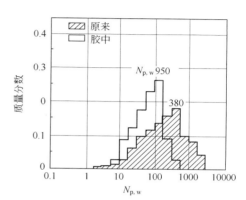

图 4-13　SBR 混炼时 N242 炭黑聚
集体的断裂情况

**表 4-13　SBR-1500 加 50 份炭黑混炼胶中炭黑聚集体的断裂**

| 炭　黑 | 热裂解分离出的炭黑 | | 溶解法分离出的炭黑的电镜法数据 | | | |
|---|---|---|---|---|---|---|
| | 吸油值/(cm³/100g) | | 聚集体数均投影面积×10⁴/μm² | | $N_{p,w}$[①] | |
| | 前 | 后 | 前 | 后 | 前 | 后 |
| Vulcan SC | 280 | 140 | | | | |
| ISAF-HS(N242) | 170 | 126 | | | | |
| N234 | 142 | 125 | 170 | 106 | 380 | 95 |
| N220 | 135 | 108 | | | | |
| N220 | 129 | 111 | 207 | 126 | 261 | 128 |
| N219 | 75 | 78 | 75 | 68 | 103 | 48 |
| HAF-HS(N347) | 168 | 124 | | | | |
| N339 | 133 | 120 | 290 | 227 | 331 | 277 |
| N330 | 116 | 108 | | | | |
| N326 | 81 | 84 | 119 | 123 | 136 | 94 |
| S301 | 86 | 90 | 160 | 82 | 137 | 54 |
| N330 | 106 | 106 | 234 | 265 | 278 | 149 |

① 用数字轮廓法（digitized outline method）计算的，为聚集体的重均粒数。

### 3. 炭黑及无机填料的分散性

填料在橡胶中的分散过程及分散性检测方法见混炼部分。炭黑与一般无机填料在橡胶中的分散性有本质区别。一般无机填料对于橡胶类有机聚合物的亲和性低于炭黑的亲和性。实践证明，无机填料在橡胶中很难以一次结构形式单个地分散开，而主要是以很多（成百上千）个一次粒子结团在一起的形式存在。所以从本质上说，在通常的混炼条件下它没有能力

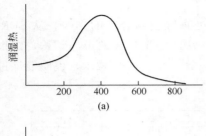

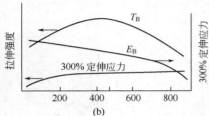

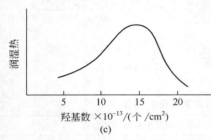

图 4-14　沉淀法白炭黑表面羟基数与
润湿热及胶料性能间的关系

达到主要以单个一次结构的形式分散在橡胶中的真分散。而在相同条件下炭黑主要以单个聚集体形式分散在胶中，它有能力达到真分散。

**4. 白炭黑的表面羟基对混炼的影响**

（1）$SiO_2$ 填料表面羟基含量对混炼的影响　白炭黑和石英粉都是二氧化硅，表面都有硅醇基和硅氧烷基，这些基团易吸附水分。适当的水分可以防止白炭黑粒子间凝聚，橡胶在加工过程中，混炼温度升高，水从硅醇基上脱离，填料与橡胶接触更好。若事先使填料水分脱掉，填料粒子间的羟基会以氢键结合，比较牢固，反而使填料难以分散，对性能不利。从图 4-14 可看出，沉淀法白炭黑热处理温度对橡胶性能的影响规律是：处理温度越高，硅醇基脱掉越多。大约在 400℃ 下处理的白炭黑的润湿热曲线最高 [图 4-14（a）]，说明这时的分散性最好，其硫化胶的力学性能曲线也最好 [图 4-14（b）]。若再升温，表面羟基再减少，对性能反而不利。由最下面的图 4-14（c）可以看出羟基量与润湿热间的关系。这些说明了白炭黑表面的羟基数要适量，过多或过少都不好。

（2）白炭黑补强硅橡胶混炼胶中的结构控制　白炭黑，特别是气相法白炭黑是硅橡胶最好的补强剂，其补强系数可高达 40，但有一个使混炼胶硬化的问题，一般称为"结构化效应"。其结构化随着胶料停放时间延长而增加，甚至严重到无法返炼、报废的程度。对此有两种解释：一种认为是硅橡胶端基与填料表面羟基缩合；另一种认为是硅橡胶硅氧链节与填料表面羟基形成氢键。

防止结构化有两个途径：其一是混炼时加入某些可以与白炭黑表面羟基发生反应的物质，如羟基硅油、二苯基硅二醇、硅氮烷等，当使用二苯基硅二醇时，混炼后应在 160～200℃ 处理 0.5～1h，这样就可防止白炭黑填充硅橡胶的结构化；其二是预先将白炭黑表面改性，先去掉部分表面羟基，从根本上消除结构化。

（3）ZnO 在白炭黑胶料混炼时的加药顺序及无 ZnO 的白炭黑胶料　ZnO 在白炭黑胶料混炼中的加入顺序对胶料的性能有很大影响。一般 ZnO 与小药一起先加，但对白炭黑填充的 SBR、NR 一般在混炼后期加入，这样可以使压出表面光滑、降低收缩率，有改善硫化速度和改善焦烧倾向的作用，同时会损失一定的撕裂强度。这种作用对 IR 的影响不如对 SBR、NR 大。

一般来说，ZnO 是硫黄-促进剂硫化体系中必不可少的活性剂。但在 SBR 中用白炭黑（Hi-Sil 牌号）40 份以上时没有 ZnO 及其他金属氧化物同样可以获得令人满意的硫化状态，表现出很高的定伸应力和耐磨性，达到了炭黑的水平，特别是要在脂肪酸存在下才有这种结果。

## 二、填料性质对压延和压出的影响

压延、压出是橡胶加工的重要过程，对于压延、压出来说，最重要的是收缩率（纵向）、膨胀率（横向）要小，表面光滑，棱角畸变小。是否填充、填料性质，特别是形态（炭黑结构性）对其影响很大。

（1）填料的压延效应　一般规律是填料用量多，易压出，炭黑表面活性对压延、压出无明显影响。一般的无机填料因粒子的长轴或粒子的片状沿压延或压出方向取向而引起了压延效应，这使胶片的某些性能会出现各向异性，为区别于大分子链的压延效应，往往也称为粒子效应。

（2）炭黑的性质与压出口型膨胀的关系　橡胶在压出口型时会产生口型膨胀现象，也称Barus 效应，发生口型膨胀的原因是橡胶的弹性（记忆）效应。

Cotton 用 Instron 毛细管流变仪测定了口型膨胀率（该试验中令膨胀率 $B = d/D$，$d$ 为压出物直径，单位 cm；$D$ 为口型直径，等于 0.2cm）与管壁的剪切力 $\tau_w$ 的关系。

试验确定了在该条件下毛细管长径比大于 15 时，口型膨胀率表观上与压出温度、速度、分子量分布等无关，只与剪切应力 $\tau_w$ 有比例关系，因为这些因素均可包容在 $\tau_w$ 中。应用这种条件专门研究了炭黑对膨胀的影响。

① 炭黑表面活性的影响。试验了 N220 和 N219 两种炭黑和它们的石墨化产物在 SBR 中 50 份条件下的口型膨胀率与 $\tau_w$ 的关系，见图 4-15。两种炭黑和石墨化产物分别落在各自的直线上，这说明表面活性与上述温度等压出条件一样对口型膨胀率与剪切应力 $\tau_w$ 成比例关系，没有干扰。

② 炭黑用量的影响。不同用量的 N990 炭黑未经体积校正的口型膨胀率 $B$ 与 $\tau_w$ 的关系见图 4-16。不同用量有各自的曲线，在相同 $\tau_w$ 下，填充量高，口型膨胀率小。炭黑体积分数 $\varphi$ 值校正后的关系见图 4-17，均在一条近似直线上。这说明球状的没有结构的 N990 炭黑用量经 $\varphi$ 校正后也和上述的压出条件等一样基本上不干扰 $B$ 和 $\tau_w$ 的关系。

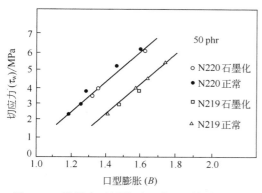

图 4-15　炭黑表面活性对 $B$ 与 $\tau_w$ 关系的影响
（phr 指每百质量份橡胶的质量份）

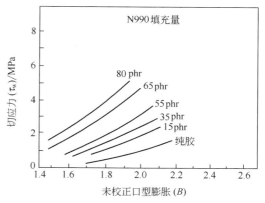

图 4-16　不同用量的 N990 对 $B$ 与 $\tau_w$ 关系的影响

③ 结构的影响。高结构的炭黑尽管经过 $\varphi$ 校正，其量对 $B$ 和 $\tau_w$ 的比例关系仍有影响。$\varphi$ 校正后的不同用量的曲线离散，见图 4-18，说明无统一规律。对这一困难问题，Medalia 用包容胶体积分数加上炭黑体积分数之和 $\varphi'$ 校正后得到了初步解决。但这

种校正也只是用于用量少于 35 份的情况。这些都说明了炭黑结构对于压出的影响是显著的。

填充量为 35 份时几种炭黑的 $\varphi$、$\varphi'$ 值见表 4-14。

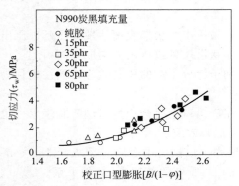

图 4-17  不同用量的 N990 对经过 $\varphi$ 校正后的口型膨胀率与 $\tau_w$ 关系的影响

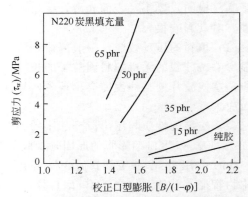

图 4-18  不同用量的 N220 对经过 $\varphi$ 校正后的口型膨胀率与 $\tau_w$ 关系的影响

**表 4-14  几种炭黑的 $\varphi$ 和 $\varphi'$ 数据**

| 炭　　黑 | DBP 吸油值/(cm³/100g) | 填充量/份 | $\varphi$ | $\varphi'$ |
| --- | --- | --- | --- | --- |
| N210 | 85.0 | 35 | 0.15 | 0.290 |
| N683 | 135.5 | 35 | 0.15 | 0.400 |
| N220 | 115.2 | 35 | 0.15 | 0.356 |
| N472 | 187.0 | 35 | 0.15 | 0.514 |

上述试验指出了炭黑结构对胶料压出膨胀有重大影响，结构高则膨胀率低，并且在一定条件下可进行定量估算。用量的影响也很重要，用量多，膨胀小，也能进行定量估算。比表面积、表面活性无明显影响。

## 三、填料的性质对硫化的影响

填料性质对硫化的影响比较复杂，其中填料的 pH 值影响较大，结果是明确的。表面对促进剂分解的催化作用、表面对于交联程度的影响、表面与基体橡胶键合等方面尚需深入研究。

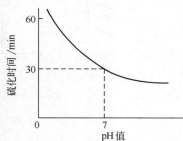

图 4-19  炭黑 pH 值对正硫化时间的影响

（NR，硫黄-促进剂硫化）

1. 填料的酸碱性对硫化的影响

（1）炭黑 pH 值对硫化的影响  pH 值低的槽法炭黑或氧化炉法炭黑硫化速度慢，而 pH 值高的炉法炭黑一般无迟延现象。pH 值对正硫化时间的影响见图 4-19。

（2）无机填料 pH 值对硫化的影响  试验用配方如下：BR 100；ZnO 5；硬脂酸 1；增塑剂 5；S 2；活性剂 DEG 2；促进剂 CBS 1；填充剂分别为硬质陶土 100，活性 CaCO₃ 100，MgCO₃ 100，SiO₂ 40，炭黑 50。结果见表 4-15。由表可见 pH 值低的硫化慢，焦烧时间长，特别是相同化学结构的三种 $SiO_2$ 白炭黑和两种炭黑可比性更明显。

表 4-15    填料 pH 值对硫化速度的影响

| 填 充 剂 | pH 值 | 穆尼焦烧时间（120℃） | 正硫化时间（148℃）/min | M300/MPa | $T_B$/MPa | $E_B$% | 硬度（邵氏 A） |
|---|---|---|---|---|---|---|---|
| 硬陶土 | 4.3 | 63′25″ | 30 | 3.23 | 13.7 | 780 | 58 |
| 碳酸钙（白艳华） | 8.0 | 15′15″ | 10 | 2.55 | 16.2 | 780 | 56 |
| $MgCO_3$ | 10.0 | 16′10″ | 15 | 2.84 | 7.5 | 610 | 69 |
| $SiO_2$（1） | 6.3 | 25′55″ | 30 | 2.84 | 6.2 | 610 | 55 |
| $SiO_2$（2） | 8.0 | 31′44″ | 30 | 3.14 | 13.3 | 770 | 59 |
| $SiO_2$（3） | 10.5 | 7′10″ | 10 | 4.02 | 10.8 | 660 | 68 |
| EPC 炭黑 | 4.3 | 22′10″ | 30 | 8.53 | 16.1 | 460 | 66 |
| HAF 炭黑 | 8.6 | 16′10″ | 20 | 15.58 | 18.9 | 360 | 71 |

（3）无机填料的 DBA 值与所需促进剂之间的关系　某些无机填料的表面呈酸性，对二丁胺（DBA）的吸附量就大。DBA 值单位为每千克填料吸附的二丁胺的物质的量，mmol/kg。在 NR 中填充不同 DBA 值的填料时所需 D 和 DM 促进剂数量不同，如图 4-20 所示。由图还可见填料用量多，使用 D 也要相应增加。

（4）活化剂的应用　因为填料的酸性表面对于促进剂有吸附作用。为减少酸性表面对促进剂的吸附作用，可采用活性剂，使活性剂优先吸附在填料表面的酸性点上，这样就减少了它对促进剂的吸附。

活性剂一般是含氮或含氧的胺类、醇类、醇胺类低分子化合物。对 NR 来说胺类更合适，如二乙醇胺、三乙醇胺、丁二胺、环己胺、环己二胺、六亚甲基四胺、二苯胺等。对 SBR 来说，醇类更适合，如己三醇、丙三醇、乙二醇、二甘

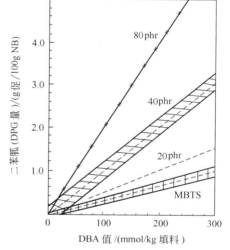

图 4-20    DBA 值与促进剂需要量的关系
（NR、DM/D 并用体系）

醇、丙二醇、聚乙二醇等。活化剂用量要根据填料用量、填料 pH 值和橡胶品种而定，一般用量为填料的 $1\% \sim 3\%$。

（5）填料表面的酸性对过氧化物硫化的影响　酸性较强的环境会促使有机过氧化物产生离子型分解，而只有自由基分解才能产生自由基交联，所以酸性表面对于过氧化物交联有不利影响。

**2. 炭黑粒径对焦烧时间的影响**

炭黑粒径越小，焦烧越快，见表 4-16。这是因为粒径越小，比表面积越大，结合胶越多，而自由胶中硫化剂浓度较大。

**3. 白炭黑的含水率对焦烧时间的影响**

如表 4-17 所示，白炭黑中含水率大会引起焦烧时间缩短及正硫化时间缩短。

表 4-16　炭黑粒径对焦烧的影响

| 炭　　黑 | 粒　　径 | 焦烧时间缩短程度 |
| --- | --- | --- |
| 热裂法炭黑<br>半补强炭黑<br>快压出炉法炭黑<br>高耐磨炉法炭黑<br>中超耐磨炉法炭黑<br>超耐磨炉法炭黑 | ↑ 大<br><br><br><br>小 | ↓ 小<br><br><br><br>大 |

表 4-17　白炭黑含水率与硫化速度的关系

| 混炼时的<br>水分/% | 穆尼黏度<br>（$ML_{1+4}^{100}$） | 穆尼焦烧<br>/min | 正硫化时间<br>/min | 拉伸强度<br>/MPa | 硬度<br>（JIS） |
| --- | --- | --- | --- | --- | --- |
| 24 | 113 | 6 | 20 | 24.5 | 76 |
| 54 | 97 | 5 | 10 | 25.5 | 74 |
| 68 | 90 | 5 | 10 | 26.1 | 74 |
| 100 | 85 | 4 | 10 | 24.3 | 73 |

### 4. 白炭黑表面加速促进剂 TMTD 与 ZnO 的作用

白炭黑存在下促进剂 TMTD 很容易与 ZnO 生成 Zn-DMDC。该过程受白炭黑的影响很大。随白炭黑用量增大，在加热条件下，TMTD 消失速度加快（配方中 TMTD 为 3 份），如图 4-21 所示。这说明白炭黑的表面对 TMTD-ZnO 反应有催化作用。

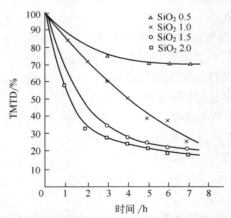

图 4-21　SiO₂-TMTD-ZnO 体系中 TMTD 的分解速度与白炭黑量的关系

# 任务六　橡胶偶联剂的选择

偶联剂是一类能增进无机物与有机物之间界面结合力（黏合力）的助剂。从 20 世纪 70 年代以来得到较快发展，现在品种已达百余种。其作用机理有化学结合及物理吸着等理论解释，一般认为是化学结合，即偶联剂分子中含有两种基团：一种基团为与无机物反应的极性基团；另一种为与有机物（聚合物）反应的非极性基团。偶联剂依靠此种反应将无机物和有机物结合起来。常见的偶联剂种类有硅烷类偶联剂、钛酸酯类偶联剂。

## 一、硅烷类偶联剂

### 1. 基本特性

硅烷类偶联剂是一类低分子有机硅化物，由硅氯仿和带有反应基团的不饱和烯烃在铂氯酸催化下反应醇解制得。

硅烷偶联剂的通式为 $R'Si(OR)_3$，式中 $R'$ 代表有机官能团，如氨基烷基、巯基烷基、乙烯基。OR 代表易水解的烷氧基团，如 $OCH_3OC_2H_5$。在一定条件下，$R'$ 是可与有机聚合物发生反应的有机官能团，OR 可与具有亲水表面的无机物（诸如白炭黑、硅酸盐、玻璃纤维等）发生反应。从而使橡胶与无机填充剂发生相互作用，改善无机填充剂的补强性能，故一般硅烷偶联剂兼有交联剂、润湿剂、分散剂的多种功能，但以化学反应作用为主。

在使用白炭黑的胶料中，加适量硅烷偶联剂，其胶料结合胶、定伸应力、拉伸强度、撕裂强度、动态模量及耐磨性能提高；而胶料黏度、硫化时间、伸长率、压缩永久变形、滞后损失减少。所以在轮胎中使用白炭黑时加硅烷偶联剂，可取得低滚动阻力（低生热）、良好抓着性能和高耐磨性能之间的最佳平衡。

硅烷偶联剂特别在改性白炭黑后，可提高白炭黑表面疏水性，明显改善它对橡胶的补强性能，从而扩展了白炭黑的应用领域，提高了它的使用价值，参见表 4-18。

表 4-18    用 3% 偶联剂改性白炭黑后 SBR 胶料的力学性能

| 偶联剂及填充剂 | | 硬度（邵氏 A） | 弹性/% | 100% 定伸应力/MPa | 200% 定伸应力/MPa | 拉伸强度/MPa | 拉断伸长率/% | 永久变形率/% |
|---|---|---|---|---|---|---|---|---|
| 无填充剂 | | 45 | 60 | 1.07 | 1.65 | 1.93 | 220 | 4 |
| 白炭黑不改性 | | 64 | 68 | 1.80 | 2.34 | 2.94 | 270 | 8 |
| 白炭黑改性后 | A-1100 | 65 | 49 | 2.40 | 4.25 | 5.44 | 240 | 6 |
| | A-1120 | 64 | 49 | 2.40 | 4.86 | 5.95 | 250 | 6 |
| | A-189 | 67 | 50 | 2.53 | 6.77 | 8.25 | 230 | 6 |
| | A-1893 | 66 | 50 | 3.47 | 6.02 | 7.60 | 240 | 4 |
| | A-172 | 66 | 50 | 3.09 | 5.41 | 6.27 | 260 | 4 |
| | Si-69 | 65 | 49 | 2.98 | 6.90 | 9.03 | 230 | 4 |
| | KR-TTS | 67 | 50 | 3.82 | 7.09 | 8.58 | 250 | 4 |

### 2. 配合与应用

硅烷偶联剂可广泛用作非炭黑补强填充剂的改性剂，它可以直接加入胶料中，也可预先加入填充剂中。当然预先用专门技术处理填充剂后再使用的效果更好。也可用作 NR、SRS、树脂体系中作非炭黑补强填充剂的改性剂，但对胶料、硫化体系有一定的选择性。如用 A-151 类型的硅烷偶联剂更适用于 BR、EPDM 及 EPD；A-172（ND-78）则更适用于 SBR、BR、EPDM 及 EPD；A-174（KH-570、NDZ-604）更适用于 BR、EPDM 及 EPD；A-1100（KH-550）更适用于 SBR、EPDM、NBR 及 CR。而巯基硅烷偶联剂 Si-69 更适合于用硫黄硫化的胶料。硅烷偶联剂对其表面能生成硅烷醇基团的填充剂（白炭黑、陶土等）均适用。

硅烷偶联剂用量为填充剂用量的 1%～3%，最好将偶联剂与填充剂预混合后加入胶料为好，使偶联剂在填充剂表面以均匀的薄层覆盖最为理想。

硅烷偶联剂用于石棉、钛白粉、碳酸钙改性处理，其作用不大或没有效果。用于硅酸盐类的效果较好。但因硅烷偶联剂价格高，成本提高过大，应用受到限制。

### 二、钛酸酯类偶联剂

#### 1. 基本特性

钛酸酯类偶联剂由烷基钛酸酯与双官能团或多功能基有机物反应制得。

钛酸酯类偶联剂品种较多，主要品种有以下四类：单烷氧基型（NDZ-101）、单烷氧焦酸酯型（NDZ-201）、螯合型（NDZ-311）、配位型（NDZ-401），它们的基本特性见表4-19。

表 4-19　钛酸酯类偶联剂的品种及性质

| 品　种 | 颜色及外观（黏稠体） | 相对密度 | 折射率 | 溶解性 | 水解性 | 闪点/℃ | 分解温度/℃ |
|---|---|---|---|---|---|---|---|
| NDZ-101 | 深红色透明 | 0.970～0.983 | 1.476～1.479 | 不溶于水，溶于石油醚、丙酮等有机溶剂 | 易 | 178 | 260 |
| NDZ-201 | 微黄色半透明 | 1.090～1.100 | 1.463～1.469 | | 不易 | 210 | 210 |
| NDZ-311 | 微黄色透明 | | | | 不易 | 160 | 210 |
| NDZ-401 | 黄色 | 0.940～0.950 | | | 易 | 低于室温 | 260 |

#### 2. 配合与应用

钛酸酯类偶联剂101、201适用于NR、SBR、BR、NBR、EPDM、聚硫橡胶、氯磺化聚乙烯橡胶，可降低胶料黏度、改善流动性，提高拉伸强度、伸长率，增加填充剂用量并有利于黏合或阻燃。用于某些树脂可改善加工性能并提高冲击性能。另也可用在钛白粉、碳酸钙、陶土等作填充剂的场合。

钛酸酯类偶联剂311、401适用于聚硫橡胶、热固性及热塑性弹性体。可降低胶料黏度、增加填充剂用量、提高冲击强度并促进黏合，也可用于滑石粉、石英粉等的改性处理。

钛酸酯类偶联剂用量为填充剂的0.5％～3％。不同橡胶（树脂）、填充剂及不同制品，应选择适当的钛偶联剂才能获得好的效果。

钛酸酯偶联剂与硅烷偶联剂的不同之处是钛酸酯偶联剂能充分发挥每个分子的作用，从而用量小，价格较低。

# 任务七　学会填料的使用

## 一、填料的使用原则

#### 1. 选用填料的原则

填料的选用应注意以下原则：符合填充胶料或橡胶制品力学性能和成品最终使用性能的要求；符合填充胶料或橡胶制品加工工艺性能的要求、成本要求和其来源稳定等其他实用要求。

#### 2. 选用填料的方法

根据填料的选用原则，在选择填料时首先选大类。如决定用粉状还是纤维状填料，颜色用黑色还是浅色填料，是否有特殊性质的要求等。

再选具体的品种。如生产红色天然胶内胎时，首先根据红色的要求，选择白色填料，又因为碳酸钙的价格便宜，可供考虑；接着根据内胎强伸性能不能太低，而且气密性要求高，故不能用太粗的，可考虑选用轻质碳酸钙；最后再进行实验验证。

3. 填料的性能特点

（1）补强性填料　比表面积大的炭黑及白炭黑，如 N110、N121、N231、N234、N347、N356、M358、N375、$VN_3$ 等。

（2）半补强性填料　N539、N630、N683、N787 等。

（3）降低成本的填料　天然矿物或废渣加工而得的填料，如陶土、碳酸钙、硅铝炭黑、粉煤灰等。

（4）特殊功能的填料　有阻燃性如 $Sb_2O_3$、$Al(OH)_3$、$Mg(OH)_2$、$MoO_3$、$Fe_2O_3$ 等；有导电性如乙炔炭黑、N472、N293 等导电炭黑以及金属粉等；能提高耐热性如 ZnO、$Fe_2O_3$ 等；能增白最好用 $TiO_2$，还可以用 $BaSO_4$、硅灰石等；而透明性最好的是 $MgCO_3$、$ZnCO_3$ 和透明白炭黑等。

4. 炭黑与白炭黑的主要应用领域

（1）炭黑的应用　轮胎工业所使用的炭黑占橡胶工业所使用全部炭黑的 $60\%\sim75\%$。现以轮胎各部位用炭黑的品种选用为例加以说明。胎面要求用高补强性炭黑，所以中国胎面中主要用 N300 系列或适当并用别的系列，近年来 N200 系列的使用有所上升；胎体主要用 N700 系列，近年 N600 用量有所上升。其他国家在轮胎中使用的炭黑品种与中国使用的大方向是一致的，但也有一定差别。美国、日本及欧洲发达国家和地区胎面也主要用 N300 系列。胎体中欧美主要用 N600 系列。具体品种方面，美国在胎面胶中主要用滚动阻力与磨耗具有良好平衡的 N299，欧洲发达国家和地区主要用 N375。在轮胎中使用炭黑所以存在这些差别，主要是因为各国情况不同。各国对轮胎的安全性、舒适性、经济性要求侧重不同，我国侧重于经济性，即耐磨性要好，寿命长；另外各国用胶不同，国外主要用合成胶，我国目前主要用天然胶；还有路面情况不同，我国路面虽然不好，但行驶速度低，可以算是低苛刻程度的路面。

（2）白色填料的使用　一般用天然矿物和工业废渣加工的填料，由于粒子较大，主要做填充剂使用。白炭黑是浅色补强性填料。气相法白炭黑由于价格高，主要用于补强硅橡胶。沉淀法白炭黑已逐步代替了硅酸盐类白炭黑。例如，沉淀法二氧化硅白炭黑 $VN_3$、$VN_2$，用量已占 $85\%$，而硅酸盐类的 Silteg AS-7、Silteg AS-9 等只占 $15\%$。

沉淀法白炭黑主要用于鞋类。因为它是白色的，耐磨性、防滑性、黏着性好。另外在胎面胶料和胎体胶料中掺用有助于提高抗撕裂、黏着等性能。例如，在比较苛刻的高载重轮胎胎面中掺用 $10\sim25$ 份白炭黑 HS-200，就能提高它的抗剥离和抗割性，但同时橡胶的耐磨性下降，生热性提高。采用改性剂，如 Si-69，能克服上述缺点。沉淀法白炭黑产量约 $67\%$ 用于橡胶工业，其中约 $45\%$ 用于鞋类，约 $16\%$ 用于轮胎类，约 $6\%$ 用于其他类产品。

## 二、填料的常规质量检测

如前所述，现在橡胶工业使用的填料品种繁多。在橡胶工业使用中的填料为原材料，进厂时均应按规定要求进行验收检测。

一般填料的常规检测项目基本上是控制粒径、结构、表面和成分四个方面。具体性能指标一般有加热减量、灼烧减量、pH 值、DPG 吸着率、一定目数筛子筛余物、碘值、BET 比表面积、DBP 吸收值、填料化学成分的含量、灰分和白度等。还有填料要求配入规定的胶中检测胶的性能等。

我国橡胶用炭黑技术条件应符合 GB/T 3778—2021。国标中检测项目包括吸碘值、吸油值、压缩样吸油值、CTAB 比表面积、着色强度、pH 值、加热减量、灰分、杂质、45$\mu$m 及 500$\mu$m 筛余物、外表面积和总表面积、倾注密度、细粉含量、300% 定伸应力等。按照国标规定对炭黑进行质量检测。根据检测结果进一步判定炭黑的质量水平。

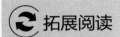 拓展阅读

### 生物基橡胶轮胎

应对气候变化，成为当前世界各国未来发展考虑的重要因素。面对国际、国内形势和来自应对气候变化方面的压力，全球轮胎企业积极研发、采用低碳材料，力求逐步摆脱对化石原材料的依赖。固特异公司制备出了生物基异戊橡胶，朗盛公司制备出了生物基丁基橡胶和生物基乙丙橡胶。

北京化工大学研制成功了世界第一批丁烯二醇基生物基聚酯橡胶可降解轮胎，能够提高轮胎的抗湿滑、低滚阻性能。现已取得弹性体制备及方法、弹性体胎面胶、复合轮胎及制备方法 3 项专利。降解性能评价显示，生物基聚酯橡胶符合"全生命周期"特征。据估算，生产 1t 官能化生物基衣康酸酯-丁二烯橡胶，相比传统石油基合成橡胶，能够减少碳排放 1.44t，可以为我国橡胶行业实施"碳达峰""碳中和"战略提供积极支撑。

天然橡胶是全球最大的可直接未加工改性使用的生物基高分子材料，1t 天然橡胶从植物合成到轮胎生命终止总计排放二氧化碳 2.7t，仅是合成橡胶全生命周期二氧化碳 10.2t 的约 1/4。每 1t 天然橡胶进行环氧化改型产生 7.7t 二氧化碳，按前述橡胶树每生产 1t 天然橡胶能吸收 17.5t 的二氧化碳计算，每生产 1t 环氧化天然橡胶能消耗 9.8t 二氧化碳。

环氧化天然橡胶不仅符合绿色轮胎制造的理念，而且硫化胶用作胎面胶的综合动态性能非常好。将其与天然橡胶按一定比例配合生产的载重子午胎，改善了撕裂强度，并进一步提高了载重胎的综合性能。其还能完全代替 SSBR 用于绿色轿车轮胎的生产，材料的力学性能、抗湿滑性能、耐磨性能进一步增强，符合新时代节能减排的要求。

我国蒲公英橡胶研究始于 2012 年。2014 年 9 月，在山东玲珑生产的 3 条蒲公英橡胶轮胎样胎在当年召开的国际橡胶会议上展出，引起业界高度关注。2015 年，中国蒲公英橡胶产业创新联盟建立，项目利用"十三五"国家重点研发计划的资助，开发出"绿色高效蒲公英橡胶制备关键技术"，还在哈尔滨建设了 100 吨级绿色水基工艺路线自动化提胶装置。该全新装置的试车，将会为下游产业广泛的产品验证提供充足的蒲公英橡胶原料。

每一项技术成果的成功，饱含科研技术人员多年的辛苦付出。我国运用两种生物基橡胶制备的两批不同轮胎，实现了全球原创，不仅在全球生物基橡胶研发方面，终于有了中国科技人员的身影，而且有力支撑了国家"双碳"目标，意义非凡。

# 思考题

1. 填料有哪些类型？补强剂和填充剂有何区别？
2. ASTM 法如何命名炭黑？
3. 什么是炭黑的粒径和比表面积？它们之间有何联系？如何测定炭黑的比表面积？
4. 什么是炭黑的结构性？如何测定炭黑的结构性？
5. 影响炭黑补强作用的因素有哪些？
6. 什么是白炭黑？有哪些主要的品种？生产方法如何？性能如何？
7. 常见的无机填充剂有哪些种类？分别有何性质及应用？
8. 常用的有机类填充剂分别有何性质及应用？
9. 什么是结合橡胶？其对橡胶性质有何影响？
10. 简述填料的性质对橡胶的加工性能有哪些影响。
11. 偶联剂有什么特殊的结构？有哪些主要品种？
12. 对填料如何进行选择？

# 情境设计五
# 橡胶软化增塑剂的选择

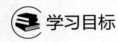 学习目标

通过情境设计五的学习，要求学生了解橡胶增塑的原理，掌握石油系、煤焦油系、松油系、脂肪油系及合成增塑剂的性能及用法。

# 任务　轮胎软化增塑剂的选择

## 一、橡胶软化增塑剂的分类

橡胶的增塑是指在橡胶中加某些物质，可以使得橡胶分子间的作用力降低，从而降低橡胶的玻璃化温度，增加橡胶可塑性、流动性，便于压延、压出等成型操作，同时还能改善硫化胶的某些力学性能，如降低硬度和定伸应力，赋予较高的弹性和较低的生热，提高耐寒性等。

增塑剂的作用
及分类

橡胶的增塑可以采用物理和化学的方法。化学增塑包括塑炼和内增塑，塑炼属于橡胶加工中的工艺；内增塑是在合成橡胶时，通过化学反应在橡胶分子链上引入可增加分子柔性的结构，达到增塑的目的。化学增塑不会因为起增塑作用的物质挥发或析出而丧失其作用，增塑效果长久，因而越来越受到重视。物理增塑是指用外加物质的方法来达到增塑的目的，通常所说的增塑指的就是物理增塑。物理增塑中外加的物质称为软化增塑剂。本章所指即为物理增塑。

橡胶软化增塑剂通常按照其极性和用途分为软化剂和增塑剂。来源于天然物质，用于非极性橡胶的叫软化剂；为合成物质，主要应用于极性橡胶或塑料的叫增塑剂。目前业界统称增塑剂。

增塑剂在生产使用过程中应满足下列条件：增塑效果好，用量少，吸收速度快，与橡胶的相容性好，挥发性小，不迁移，耐寒性好，耐水、油和耐溶剂，耐热、耐光性好，电绝缘性好，耐燃性好，耐菌，无色、无毒，价廉易得等。

但事实上不可能有完全满足上述条件的增塑剂。所以在实际使用时，多把两种或更多种增塑剂混合使用，以相互弥补不足。其中用量大的一般称主增塑剂，其他的称辅助增塑剂。

增塑剂还可以按来源分为石油系增塑剂、煤焦油系增塑剂、松油系增塑剂、脂肪油系增塑剂、合成增塑剂。

## 二、橡胶的增塑原理

### （一）橡胶与增塑剂的相容性

根据橡胶溶液的原理，橡胶的增塑其实可看作是橡胶的溶解过程，即增塑剂与橡胶这两种液体的相互混合溶解。相对通常所见的溶液而言，增塑后的橡胶仍为固体，而且橡胶的用量多，增塑剂的用量少，因此，可以将增塑剂视为溶质，将橡胶视为溶剂。由此可见，增塑剂的选择是否得当，将影响到增塑剂在橡胶中的混合分散程度，而且是决定能否发挥增塑作用的关键。

如前所述，在选择橡胶的增塑剂时应先考虑橡胶的极性，适用极性相近原则，比如极性橡胶选择增塑剂，非极性橡胶选择软化剂。但这一原则比较笼统，需要更准确的选择标准。

可以根据橡胶和增塑剂的溶度参数来判断橡胶与增塑剂的相容性，即当橡胶与增塑剂的溶度参数相近时，橡胶与增塑剂相容性好。

表 5-1 和表 5-2 列出了部分橡胶和增塑剂的溶度参数。

表 5-1　几种橡胶的溶度参数

| 橡　　胶 | $\delta$ 值 | 橡　　胶 | $\delta$ 值 |
|---|---|---|---|
| 甲基硅橡胶 | 14.9 | 顺丁橡胶 | 16.5 |
| 天然橡胶 | 16.1～16.8 | 丁苯橡胶 | 17.5 |
| 三元乙丙橡胶 | 16.2 | 丁腈橡胶 | 19.7 |
| 氯丁橡胶 | 19.2 | 聚硫橡胶 | 19.2 |
| 丁基橡胶 | 15.8 | 丁吡橡胶 | 19.3 |

表 5-2　几种增塑剂的溶度参数

| 增　塑　剂 | $\delta$ 值 | 增　塑　剂 | $\delta$ 值 |
|---|---|---|---|
| 己二酸二辛酯 | 17.6 | 磷酸三甲苯酯 | 20.1 |
| 邻苯二甲酸二癸酯 | 18.0 | 邻苯二甲酸二乙酯 | 20.3 |
| 邻苯二甲酸二辛酯 | 18.2 | 磷酸三苯酯 | 21.5 |
| 癸二酸二丁酯 | 18.2 | 邻苯二甲酸二甲酯 | 21.5 |
| 邻苯二甲酸二丁酯 | 19.3 | 环氧大豆油 | 18.5 |
| 钛酸二丁酯 | 19.3 | 氯化石蜡(含氯量 45%) | 18.9 |

### （二）增塑剂的增塑机理

非极性橡胶中加入软化剂后，软化剂分子进入橡胶分子链之间，使橡胶分子间距增大，如图 5-1 所示，分子间力减小，链段活动能力增强，玻璃化温度下降，橡胶可塑性增加。由图 5-1 可知，软化剂分子的体积越大，阻隔作用越大，因此，加入软化剂后橡胶玻璃化温度的降低与所加入软化剂分子的体积有关，$\Delta T_g = \beta V$（$\beta$ 为比例常数，$V$ 为软化剂体积分数）。

图 5-1　软化剂作用机理

微课扫一扫

橡胶加工中的
"断舍离"

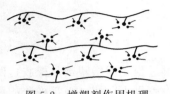

图 5-2　增塑剂作用机理

极性橡胶由于分子链上含有极性基团，极性基团之间相互产生极性交联点，导致极性橡胶分子之间存在很大的作用力。当增塑剂加入极性橡胶后，增塑剂分子上的极性基团即与橡胶分子上的极性基团发生作用，如图 5-2 所示，屏蔽了橡胶分子之间的极性基团作用力，使橡胶分子间力减小，链段活动能力增强，玻璃化温度下降，可塑性增加。由于橡胶分子间极性交联点被破坏的数目与增塑剂分子的数目成正比，因此，加入增塑剂后橡胶玻璃化温度降低与所加入的增塑剂物质的量成正比：$\Delta T_g = Kn$（$K$ 为比例常数，$n$ 为增塑剂物质的量）。

## 三、石油系列增塑剂

石油系列增塑剂是橡胶工业中应用最广的增塑剂之一，具有增塑效果好、来源丰富、成本低的特点，几乎在所有橡胶品种中都可以应用。石油系列增塑剂的生产属于石油炼制过程，具体的生产过程如图 5-3 所示。

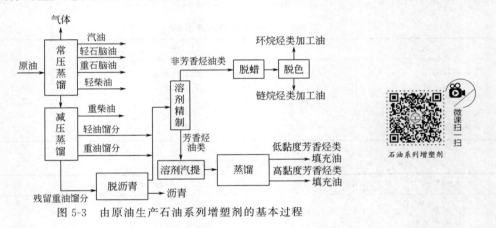

图 5-3　由原油生产石油系列增塑剂的基本过程

石油系列增塑剂对胶料性能和成品使用性能的影响，取决于它们的组成和性质。烷烃和环烷烃对胶料的增塑作用较芳香烃大，而且含量越高，增塑效果越明显。芳香烃能增加胶料的黏合性。烷烃和环烷烃能改善硫化胶的生热、弹性和耐寒性，而芳香烃能使硫化胶保持较高的强力。

为了改善胶料加工性能而在混炼时加到橡胶中的石油系增塑剂通常称为操作油或加工油；在合成橡胶生产时，为了降低成本和改善胶料的某些性能，直接加到橡胶中的油品，其用量在 15 份以上时称为填充油，14 份以下时称为操作油。

以下按具体品种分别介绍其性质及应用。

### （一）链烷烃油（石蜡油）

#### 1. 性质及制法

由石蜡基原油经减压馏出并脱蜡、磺化、精制等工艺制得的产品，链烷烃含量高、芳烃含量低，闪点 110～305℃，相对密度 0.85～0.95。赛氏黏度 38℃时为 160～3525s，苯胺点 63～130℃。

#### 2. 功能及用法

① 用于天然橡胶及通用合成橡胶，用于乙丙橡胶、丁基橡胶效果更好；

② 污染性小，可作浅色制品的软化剂；

③ 与通用橡胶的相容性差，加工性差，但对胶料的力学性能影响较小；

④ 耐寒性好，对胶料的弹性、生热无不利影响；

⑤ 在通用橡胶中的用量不大于 15 份，因本品与乙丙橡胶、丁基橡胶的相容性良好，用量可不受上述限制。

### （二）芳香烃油

1. 性质及制法

由石油炼制所得重质油馏分，以特定的溶剂抽提精制，除去溶剂后进一步减压蒸馏，便获得不同黏度的芳香烃油软化剂。

赛氏黏度：38℃时为 160～1900s，100℃时为 38～160s；相对密度 0.95～1.034；闪点 160～237.8℃；苯胺点 8.3～54.4℃；芳烃碳原子数含量一般为 60%～85%，最低为 40%；折射率≥1.5400；挥发分（150℃×4h）≤1.8%；平均分子量≥340。

2. 功能及用法

① 与橡胶相容性好，不易喷出制品表面；

② 加工性能优于链烷烃油和环烷烃油，在胶料中的用量高于后两种；

③ 适用于天然橡胶及各种合成橡胶，广泛用作操作油、填充油，作填充油用量可达 30 份以上；

④ 宜作深色橡胶制品，对胶料的物理性能有一定影响。

### （三）环烷烃油

1. 性质及制法

由石油炼制过程中得到的重质油馏分，用溶剂抽提精制，使含芳烃少的油类进行脱蜡、脱色，从而得到浅色和各种环烷烃油。

赛氏黏度：38℃时为 100～5945s，100℃时为 38～152.4s；相对密度 0.86～0.96；闪点 157～167.2℃；苯胺点 19.5～125℃；芳烃碳原子数含量一般为 16%～49%。

2. 功能及用法

作为橡胶软化剂，其性能介于链烷烃油和芳香烃油之间，适用于天然橡胶、合成橡胶，作加工油、软化油和填充油，其污染性比芳香烃油小。

石油系软化剂与各种橡胶的相容性范围见表 5-3。

表 5-3　石油系软化剂与各种橡胶的相容性范围

| 橡　　胶 | 油的相容性范围/份 | | |
|---|---|---|---|
| | 链烷烃油 | 环烷烃油 | 芳香烃油 |
| 丁基橡胶 | 10～25 | 10～25 | 不用 |
| 乙丙橡胶 | 10～50 | 10～25 | 10～50 |
| 乙丙（三元）橡胶 | 10～50 | 10～50 | 10～50 |
| 天然橡胶 | 5～10 | 5～15 | 5～15 |
| 丁苯橡胶 | 5～10 | 5～15 | 5～50 |
| 聚异戊橡胶 | 5～10 | 5～15 | 5～15 |
| 顺丁橡胶 | 5～10 | 10～20 | 5～37.5 |
| 氯丁橡胶 | 不相容 | 5～25 | 10～50[①] |
| 丁腈橡胶 | 不相容 | 不相容 | 5～30 |
| 聚硫橡胶 | 不相容 | 不相容 | 5～25 |

① 除某些高黏度氯丁橡胶能填充 50 份外，平均填充 25 份。

各类加工油的性质及其对橡胶性能的影响见表 5-4。

**表 5-4　各类加工油的性质及其对橡胶性能的影响**

| 性 质 | 链烷烃油 | 环烷烃油 | 芳香烃油 | 性 质 | 链烷烃油 | 环烷烃油 | 芳香烃油 |
|---|---|---|---|---|---|---|---|
| 相对密度 | 小 | 中 | 大 | 生热性 | 极低 | 低 | 稍高 |
| 黏度 | 小 | 中 | 大 | 挥发损失 | 无 | 无 | 无 |
| 折射率 | 小 | 中 | 大 | 弹性 | 极好 | 良好 | 尚好 |
| 苯胺点 | 高 | 中 | 低 | 拉伸强度 | 极好 | 良好 | 尚好 |
| 加工性 | 稍困难 | 良好 | 极好 | 定伸应力 | 良好 | 良好 | 良好 |
| 配合量 | 少量 | 较多 | 大量 | 硬度 | 良好 | 良好 | 良好 |
| 耐污染性 | 极好 | 良好 | 不良 | 稳定性 | 极好 | 良好 | 尚好 |
| 耐寒性 | 极好 | 良好 | 尚好 | | | | |

### （四）机械油

#### 1. 性质及制法

由天然石油的润滑油馏分经脱蜡（酸碱处理），再经白土接触处理制得的棕褐色油状体，无污染性。相对密度 0.91～0.93；用作软化剂的机械油，现有 5 个牌号：N-15、N-22、N-32、N-46 和 N-68。其主要指标参见 GB 443—1989。橡胶工业控制的主要指标为：运动黏度（40℃）13.5～74.8；闪点（开口）大于 165℃，机械杂质小于 0.007%。

#### 2. 功能及用法

① 用于天然橡胶及通用合成橡胶，特别适用于顺丁橡胶。

② 为润滑性软化剂，工艺性能较好。

③ 在通用橡胶中的用量不大于 15 份，用量过多会喷出表面，影响附着力。

### （五）变压器油

#### 1. 性质及制法

由石油润滑油馏分经脱蜡，酸碱洗涤或用白土处理制得的浅黄色液体，无污染性，分为 DB-10、DB-25 和 DB-45 三个牌号，主要指标参见 GB/T 7595—2017。橡胶工业控制的主要指标为：运动黏度（50℃）$\leqslant 9.6 \times 10^{-6} \, m^2/s$，闪点（闭口）$\geqslant 135℃$。

#### 2. 功能及用法

本品耐氧化、凝固点低，有较好的耐寒性及绝缘性。主要用于绝缘橡胶制品。其他性能同机械油。

### （六）工业凡士林

#### 1. 性质及制法

由石油残油精制而得，为淡褐色至深褐色膏状物，污染性较小。橡胶工业控制的主要指标为：滴点 54℃；酸值$\leqslant 0.1mg \, KOH/g$，灰分$\leqslant 0.07\%$，水分无，闪点（开口）$\geqslant 190℃$。

#### 2. 功能及用法

① 能使胶料具有很好的压出性能。

② 能提高橡胶与金属的黏合力。

③ 由于含有地蜡（微晶蜡）成分，故有物理防老剂的作用。

④ 污染性较小，可用于浅色橡胶制品。

⑤ 对胶料的硬度和拉伸强度有影响，有时会喷出表面。

### （七）三线油

#### 1. 性质及制法

由减压三线原料经酮苯脱蜡后制得，在常温下为半固体状，运动黏度（50℃）$\leqslant 4.0 \times 10^{-5} \, \text{m}^2/\text{s}$，凝点$\leqslant 0℃$。含蜡量较低。

#### 2. 功能及用法

① 添加到天然橡胶及合成橡胶中可改善工艺性能，并能提高硫化胶的耐磨性和屈挠性。
② 添加本品的硫化胶力学性能高于添加古马龙树脂的硫化胶。
③ 添加本品的胶料光洁度好，无迁移现象。
④ 在天然橡胶、通用合成橡胶中的用量为5～10份。

### （八）石油沥青

#### 1. 性质及制法

由石油蒸馏余物或沥青经氧化制得，为黑色固体或半固体物质，有污染性，高软化点（120～150℃）沥青称为矿质橡胶。橡胶用沥青分为 QX-20 和 QX-30 两种，相对密度1.00～1.15。

#### 2. 功能及用法

① 为溶剂型软化剂，能提高胶料的黏性和挺性，可提高胶料的压出性能及硫化胶的抗水膨胀性能。
② 对橡胶制品有一定的补强作用。
③ 与硫黄作用后生成不溶性物质，故有延迟硫化的作用。
④ 用量一般为5～10份，其用量达10份不会降低硫化胶的拉伸强度，但会降低弹性和增加硬度。添加本品时，硫黄用量应略为增加。
⑤ 本品使用前须粉碎加工，现有已用炭黑或陶土作防粘隔离剂的颗粒沥青新品种销售，配料极方便。

## 四、煤焦油系列增塑剂

微课扫一扫

其它常见增塑剂

此类增塑剂常含有酚基或活性氮化物，因而与橡胶相容性好，并能提高橡胶的耐老化性能，但对促进剂有抑制作用，对硫化有影响，同时还存在脆性温度高的缺点。主要品种如下。

### （一）煤焦油

#### 1. 性质及制法

由煤高温炼焦产生的焦炉气经冷凝后制得，为黑色黏稠液体，有特殊臭味。常温下相对密度＞1.10。橡胶工业用煤焦油控制的主要指标为：水分$\leqslant 4\%$，灰分$\leqslant 0.15\%$，黏度（E80）$\leqslant 5.0\%$，挥发分$\leqslant 8\%$～$10\%$，机械杂质$\leqslant 0.5\%$。

#### 2. 功能及用法

① 与橡胶的相容性良好，可改善胶料的加工性能。
② 在胶料中能溶解硫黄，因而能阻止硫黄喷出。

③ 含有少量酚类物质，故有一定的防老化作用。

④ 主要用作再生胶的脱硫软化剂，也可作为黑色橡胶制品的软化剂。

⑤ 有延迟硫化和提高胶料脆性温度的缺点。

## （二）固体古马隆

### 1. 性质及制法

由苯或酚油经缩合、蒸馏制得，为淡黄色至棕褐色固体，相对密度为 1.05～1.10，溶于氯化烃、酯类、醚类、酮类、硝基苯和苯胺等有机溶剂和多数脂肪油中，其主要指标参见冶金工业部标准 YB 313—1964。橡胶工业使用的产品要求酸度≤0.05%，灰分≤1.0%，水分≤0.5%，软化点（环球法）80～90℃。

### 2. 功能及用法

① 与橡胶有良好的相容性，属溶剂型软化剂，有助于炭黑分散，并能改善胶料的压出、压延及黏着性等工艺性能。

② 能溶解硫黄，因而能使硫黄均匀分散和防止焦烧，还能提高硫化胶的力学性能和耐老化性能。

③ 在丁苯橡胶、丁腈橡胶和氯丁橡胶中又是有机补强剂。在 SBR 中加入 10～20 份，能使拉伸强度和伸长率得到显著改善。

④ 高软化点的古马隆作为透明橡胶制品的补强剂是很好的。

⑤ 对硫化胶的屈挠性能有不良影响。

## （三）液体古马隆

### 1. 性质及制法

由重质苯或酚油经缩合、蒸馏而制得，为黄色至棕褐色黏稠状液体，有污染性。溶解本品的溶剂同固体古马隆。橡胶工业控制的主要指标为：恩氏黏度 300～600s，pH 值 6～8，灰分≤1.0%，水分≤0.3%，挥发分（150℃×90min）3%～6%，不含机械杂质。

### 2. 功能及用法

软化性能、增黏性和工艺性都较固体古马隆好，但补强性能略低。本品特别适用于作丁苯橡胶的增黏剂。还可用作橡胶的再生软化剂。

一般用量为 3～6 份，作为胶浆增黏剂时可用 5～10 份，在丁腈橡胶中可用 10～15 份。古马隆树脂在 NBR 中的效果见表 5-5。

表 5-5　NBR 中古马隆树脂的效果

| 配方 | NBR | 100 | 100 |
|---|---|---|---|
| | 古马隆-茚树脂[①] | — | 25 |
| | FT 炭黑[②] | 50 | 50 |
| | 氧化锌 | 5 | 5 |
| | 硬脂酸 | 1 | 1 |
| | 硫 | 1.25 | 1.25 |
| | DM | 1.5 | 1.5 |
| | 穆尼黏度（$ML_{1+4}^{100}$） | 119 | 67 |
| 硫化条件 | | 152℃×30min | |

续表

| 性质 | | | |
|---|---|---|---|
| | 300%定伸应力/MPa | 7.24 | 3.44 |
| | 500%定伸应力/MPa | — | 7.58 |
| | 拉伸强度/MPa | 12.4 | 17.2 |
| | 拉断伸长率/% | 400 | 600 |
| | 硬度(邵氏 A) | 70 | 60 |

① 软化点 20～28℃。
② 细粒子热裂炭黑。

## 五、松油系列增塑剂

松油系列增塑剂多含有有机酸基团，能提高胶料的黏着性和有助于配合剂的分散，一般对硫化过程有延缓作用。

### （一）松焦油

#### 1. 性质及制法

对松根、松明子干馏后得松明油，再经蒸馏除去水分、乙酸和轻油（粗松节油），釜残余物经过滤而得成品。为深褐色黏性液体，有特殊气味，有污染性，相对密度 1.01～1.06，沸点 240～400℃。微溶于水，溶于乙醇、乙醚、氯仿、冰乙酸、丙酮等。化学组成为复杂的混合物，主要成分是甲酚、苯酚、松节油、松脂等。

#### 2. 功能及用法

本品有助于配合剂在胶料中分散，并有增加黏性的作用，可提高制品的耐寒性，为通用型软化剂。低温下有迟延硫化、防止焦烧的作用。因有污染性，不适合制造浅色制品。本品对噻唑类促进剂有活化作用。也是生产再生胶的软化剂。

### （二）松香

#### 1. 性质及制法

松脂蒸馏除去松节油后的剩余物，再经精制而得，为浅黄色及棕红色透明固体，相对密度 1.1～1.5。可溶于乙醇、乙醚、丙酮、苯、二硫化碳、松节油、油类和碱溶液，不溶于水。本品又可分为特、一、二、三、四、五共六级。

#### 2. 功能及用法

本品为增加胶料的黏着性能的增塑剂，主要用于擦布胶及胶浆中，本品为不饱和化合物，可促进硫化胶的老化，并有延迟硫化的作用，因此胶料中不宜多用。

### （三）歧化松香

#### 1. 性质及制法

由脂松香加热经钯催化而使其中松脂转化为脱氢松脂酸，或氢化为二氢松脂酸而制得，为浅黄色无定形透明固体树脂，是多种树脂酸的混合物。相对密度 1.045，软化点 ≥75℃。

#### 2. 功能及用法

本品能增加天然橡胶和合成橡胶的黏着性能，并能促使填料均匀分散，特别适合于丁苯橡胶，有延迟硫化的作用。

### （四）精制妥尔油（氧化松浆油）

#### 1. 性质及制法

由松木经化学蒸煮萃取后所余的纸浆皂液中取得的一种液体树脂，再经氧化改性而制得，为黑褐色油状黏稠物，相对密度 1.00～1.04，化学成分为各种脂肪酸和树脂酸的混合物。又名塔尔油、纸浆浮油、溶体松香。挥发分（150℃×90min）≤6.5%，恩氏黏度（85℃，100mL）为 400～600s，机械杂质≤0.01%，灰分≤0.9%，不皂化物为 20%±3%，树脂酸为 45%±5%，脂肪酸为 35%±5%。

#### 2. 功能及用法

本品是优良的橡胶再生软化剂，适用于水油法和油法再生胶生产，它的软化效果近似松焦油，可使制得的再生胶光滑、柔软并有一定的黏性，具有可塑性和较高的拉伸强度，同时不存在返黄污染的弊病。妥尔油再生胶的特点是冷料硬、热料软，配合剂易均匀分散，一般用量为 4～5 份。

## 六、脂肪油系列增塑剂

此类增塑剂的分子大部分由长烷烃链构成，因而与橡胶的互容性低，仅能提供润滑作用。用量较少，主要用于天然橡胶。

### （一）黑油膏

#### 1. 性质及制法

黑油膏分为全油黑油膏和残渣黑油膏两种。全油黑油膏用不饱和植物油与硫黄加热反应制得。残渣黑油膏用不饱和植物油釜残渣与硫黄加热反应制得。为黑褐色松散固体，有轻微污染性。相对密度 1.08～1.20。加热减量（70℃×2h）≤0.5%。灰分：全油黑油膏≤0.5%；残渣黑油膏≤1.5%。丙酮抽出物：全油黑油膏≤15%～30%；残渣黑油膏≤15%～40%。

#### 2. 功能及用法

本品能促使填充剂在胶料中很快分散，并能使胶料表面光滑、收缩率小、挺性大，有助于压延、压出和注压操作，还能减少胶料中硫黄喷出。本品具有耐日光、耐臭氧龟裂和电绝缘性能。含游离硫黄，使用时应减少硫黄用量。易皂化，不能用于耐碱和耐油的制品。能促进丁苯橡胶的硫化，可减少促进剂用量，并可作为氯丁橡胶的填充剂使用。

### （二）白油膏

#### 1. 性质及制法

由不饱和植物油与一氯化硫反应而制得，为白色松散固体，相对密度 1.0～1.36。加热减量（70℃×2h）≤3%，灰分≤8%或≤40%，游离硫≤0.5%，丙酮抽出物≤25%。

#### 2. 功能及用法

用途与黑油膏相同，但对硫化胶的力学性能下降较大，故不宜多用，一般用于浅色制品。含灰分 40%的产品主要用于擦字橡皮中。

### （三）甘油

#### 1. 性质及制法

由油脂以皂化或裂解而制得。也可由其他来源制备的粗干油再经蒸馏、洗涤而得。为透明有甜味的黏滞性液体，相对密度 1.23～1.25。熔点 17.9℃，沸点 290℃（分解），稍溶于乙醇和乙醚，不溶于氯仿。

2. 功能及用法

可作为低硬度橡胶制品的软化剂，一般涂于水胎上作润滑剂和防止水胎龟裂，有时也用作模型制品的隔离剂。

### （四）蓖麻油

1. 性质及制法

由蓖麻籽经压榨或萃取制得，是非干性油，碘值 81～91，皂化值 176～191，凝固点 −10～−18℃，相对密度 0.950～0.974，折射率 1.477～1.479。

2. 功能及用法

可作为耐寒性软化剂，但由于蓖麻油酸中含有羟基（—OH），一般不常用。

## 七、合成酯类增塑剂

合成酯类增塑剂为化学合成产品，由于价格较高，用量较少，多用于极性橡胶。但由于合成增塑剂不仅能赋予胶料柔软性、弹性和加工性能，如选择得当，还可获得一些特殊性质，如耐寒性、耐老化性、耐油性、耐燃性等，因此，合成增塑剂的应用也越来越多。

### （一）邻苯二甲酸二酯类

1. 邻苯二甲酸二甲酯（DMP）

（1）性质及制法　由邻苯二甲酸酐与甲醇酯化而得。稍有味的无色液体，分子量 194，沸点（1.3kPa）145～148℃。20℃时的黏度为 20mPa·s。相对密度 1.17。折射率 1.515，闪点 160℃，凝固点 −40℃。能与大多数溶剂相混溶，不溶于汽油、水，贮存稳定。

（2）功能及用法　适用于天然橡胶及合成橡胶，特别是氯丁橡胶和丁腈橡胶，也适用于树脂。既可做软化剂，也是增塑剂。添加本品能缩短混炼时间，有助于加工。硫化胶柔软，对丁腈橡胶稍有活化作用。互容性强，黏着性和耐水性良好，但挥发性大，低温易结晶，因而常与其他增塑剂混用。

2. 邻苯二甲酸二乙酯（DEP）

（1）性质及制法　由邻苯二甲酸酐与乙醇酯化而得。稍有味的无色液体，分子量 224，沸点（1.3kPa）157～159℃。20℃时的黏度为 15mPa·s。相对密度 1.10。折射率 1.503，闪点 160℃，凝固点 −50℃。能与大多数溶剂相混溶，不溶于水，与脂肪烃只能部分混溶。贮存稳定。

（2）功能及用法　与邻苯二甲酸二甲酯相同。

3. 邻苯二甲酸二丁酯（DBP）

（1）性质及制法　由邻苯二甲酸酐与正丁醇酯化制得。透明无色或微黄色液体，稍有味，分子量 278，沸点（1.3kPa）192～198℃。20℃时的黏度为 20mPa·s。相对密度 1.04。折射率 1.492，闪点 175℃，凝固点 −60℃。能与大多数有机溶剂、树脂、油类和烃类相混溶。贮存稳定。

（2）功能及用法　适用于天然橡胶及合成橡胶，特别是氯丁橡胶和丁腈橡胶，还适用于PVC树脂。既可作软化剂，也是增塑剂。添加本品能缩短混炼时间，提高可塑度，有助于加工，硫化胶柔软。对丁腈橡胶稍有活化作用。本品有很好的增塑作用，稳定性、耐屈挠性、黏着性和防水性良好。但易挥发，在水中溶解度较大，因此耐久性差，在低温下使用能保持良好的效果。

**4. 邻苯二甲酸二己酯（DHP）**

（1）性质及制法　由邻苯二甲酸酐与正己醇酯化制得。稍有味的浅黄色液体，分子量334，沸点（0.67kPa）210℃。20℃时的黏度为37mPa·s。相对密度0.990～1.005。闪点180～199℃，凝固点−53℃。

（2）功能及用法　适用于氯丁橡胶、丁腈橡胶、天然橡胶、丁基橡胶、乙丙橡胶，还适用于PVC树脂。添加本品可提高胶的可塑度，改善加工性能。挥发性小于DBP，稍大于DOP。具有良好的耐热、耐光和耐寒性能，吸水性小。

**5. 邻苯二甲酸二辛酯（DOP）**

（1）性质及制法　由邻苯二甲酸酐与辛醇酯化制得。无色油状液体，基本上无味，相对密度0.982～0.988，分子量391，沸点（0.101MPa）370℃，凝固点−47℃。溶于脂肪烃和芳香烃，微溶于甘油、乙二醇和一些胺类。

（2）功能及用法　可用于氯丁橡胶、丁腈橡胶、丁基橡胶及乙烯基化合物的增塑软化剂，还可作为耐寒剂。增塑效率高、挥发性较低，电性能、耐热及耐紫外线性能好。其耐寒性能与工艺性能介于DBP与DOS之间。具有良好的低温柔性、弹性、压延和压出性能，硫化胶的拉伸强度高。

### （二）脂肪二元酸酯类

脂肪二元酸酯类增塑剂主要作为耐寒性增塑剂，主要品种及其性质、用途见表5-7。

**表5-7　常用脂肪二元酸酯类增塑剂品种及性质、用途**

| 品名 | 结构 | 性质 | 应用 |
|---|---|---|---|
| 己二酸二异丁酯（DIBA） | $\begin{array}{l}CH_2{-}COO{-}iso\text{-}C_4H_9\\ \mid\\ (CH_2)_2\\ \mid\\ CH_2{-}COO{-}iso\text{-}C_4H_9\end{array}$ | 相对密度0.95，凝固点−20℃，闪点160℃，稍有味的无色无毒液体 | 用于橡胶、塑料的增塑剂，可用于食品的包装制品、胶黏剂、分散体等，耐寒性良好 |
| 己二酸二辛酯（DOA） | $\begin{array}{l}CH_2{-}COO{-}CH_2{-}CH{-}(CH_2)_3{-}CH_3\\ \mid\qquad\qquad\qquad\mid\\ (CH_2)_2\qquad\quad C_2H_5\\ \mid\qquad\qquad\qquad C_2H_5\\ \mid\qquad\qquad\qquad\mid\\ CH_2{-}COO{-}CH_2{-}CH{-}(CH_2)_3{-}CH_3\end{array}$ | 相对密度0.927，凝固点−70℃，稍有味的无色无毒液体 | 用于橡胶（特别是氯化弹性体），直接加料，不影响硫化。耐寒性好，有一定的耐热性、耐水性、耐光性，压延、压出性好 |
| 己二酸二异辛酯（DIOA） | $(H_3C)_2CH(CH_2)_5OOC(CH_2)_4$ $CO(CH_2)_5CH(CH_3)_2$ | 稍有味无色油状液体，相对密度0.928，凝固点−40～−70℃，闪点195～210℃ | 用于天然橡胶、丁苯橡胶，性能近似于DOA，但耐热性、耐水性、耐光性良好，有抗静电作用，加工性良好 |

| 品　名 | 结　构 | 性　质 | 应　用 |
|---|---|---|---|
| 己二酸二异癸酯(DIDA) | $H_{21}C_{10}OOC(CH_2)_4COOC_{10}H_{21}$ | 微具气味油状液体,相对密度 0.918,凝固点 -43～ -84℃,闪点 229℃ | 性质近似于 DOA,但挥发性小,耐老化、耐迁移、耐抽出,抗绝缘性好 |
| 己二酸二壬酯(DNA) | $H_{19}C_9OOC(CH_2)_4COOC_9H_{19}$ | 微具气味液体,相对密度 0.993,凝固点 -65℃,闪点 202～232℃ | 有良好的耐热性、耐光性和电性能 |
| 壬二酸二正丁酯(DBA) | $H_9C_4OOC(CH_2)_7COOC_4H_9$ | 凝固点 -27℃,闪点 87.8℃ | 用于氯丁橡胶 |
| 壬二酸二辛酯(DOZ) | $H_{17}C_8OOC(CH_2)_7COOC_8H_{17}$ | 无色透明液体,相对密度 0.917,凝固点 -65℃,闪点 227℃ | 耐寒性优于 DOP,与 DOS 相近,挥发和迁移性小,有优良的耐热性、电性能 |
| 癸二酸二辛酯(DOS) | $H_{17}C_8OOC(CH_2)_8COOC_8H_{17}$ | 无色透明液体,相对密度 0.913～0.917,凝固点 -40℃,闪点 215℃ | 优良的耐寒增塑剂,挥发性低,有较好的耐热性、耐光性和电绝缘性,迁移性大 |
| 癸二酸二异辛酯(DIOS) | $H_{17}C_8OOC(CH_2)_8COOC_8H_{17}$ | 微具气味液体,相对密度 0.912～0.916,凝固点 -42～ -50℃,闪点 235～246℃ | 挥发性低,耐水抽出性好,低温柔软性和耐久性优良 |

## （三）磷酸酯类

磷酸酯类增塑剂是耐燃性增塑剂,当磷酸酯含量增加其耐燃性逐渐提高,由自燃性逐渐变为不燃性,烷基含量越少,耐燃性越好。主要品种及性质、用途见表 5-8。

**表 5-8　主要的磷酸酯类增塑剂品种及性质、应用**

| 品　名 | 结　构 | 性　质 | 应　用 |
|---|---|---|---|
| 磷酸三丁酯(TBP) | $(H_9C_4O)_3P{=}O$ | 无色无臭液体,相对密度 0.973～0.978,凝固点<-80℃,闪点 193℃ | 能提高制品的耐寒性、耐光性、耐燃性,挥发性大 |
| 磷酸三辛酯(TOP) | $[CH_3(CH_2)_3\overset{\overset{\displaystyle C_2H_5}{\mid}}{C}HCH_2O]_3P{=}O$ | 微具气味的浅色液体,相对密度 0.923,凝固点<-70℃,闪点 207～210℃ | 耐寒性优良,迁移性大,与 DOP 等量并用,可获得自熄性制品 |
| 磷酸三丁氧基乙酯(TBEP) | $[H_9C_4OCH_2CH_2O]_3P{=}O$ | 微具甜味淡黄色液体,凝固点<-70℃,闪点 222℃,相对密度 1.02 | 具有优良的低温性、阻燃性,迁移性较大 |

续表

| 品　名 | 结　构 | 性　质 | 应　用 |
|---|---|---|---|
| 磷酸三苯酯(TPP) | $\left[\bigcirc\!-\!O\right]_3\!-\!P\!=\!O$ | 微具芳香味白色针状结晶，相对密度 1.195，熔点 49.2℃，闪点 225℃ | 挥发性低，阻燃效率高，具有优良的力学性能，耐光性差，易迁移 |
| 磷酸二苯辛酯(DPO) | (结构式) | 黄色油状液体，相对密度 1.08，凝固点 -35℃，闪点 233～237℃ | 耐燃、耐寒、耐油、耐光，挥发性小 |
| 磷酸三甲苯酯(TCP) | $\left(\bigcirc\!-\!O\right)_3\!-\!P\!=\!O$ CH₃ | 微具气味黏稠液体，相对密度 1.170，凝固点＜-20℃，闪点 215℃ | 耐水解性好，耐油，电绝缘性优良，耐燃性好，耐寒性差 |

## 八、塑解剂

塑解剂是指通过化学作用来增强生胶的塑炼效果、缩短塑炼时间的物质。塑解剂还可作为废橡胶的再生活化剂。主要应用的塑解剂品种有如下几种。

### (一) 2-萘硫酚

1. 性质

浅黄色片形蜡状物质，具臭味，相对密度 0.92。闪点 166℃，熔点 50℃左右。该工业品通常为 33% 2-萘硫酚和 67% 碳氢化合物。要低温密封保存，并注意避免接触皮肤。

2. 功能及用法

天然橡胶、丁苯橡胶和氯丁橡胶的塑解剂，并对胶浆有稳定作用。对配有噻唑类或秋兰姆类促进剂的天然橡胶胶料有活化作用，在其他情况下对天然橡胶和丁苯橡胶的硫化无影响。该品在胶料中分散良好，无污染性，不使制品带有臭味，对制品的力学性能和耐老化性能无影响。在天然橡胶中的用量为 6% 以下，在丁苯橡胶中的用量为 1～25 份。也可作再生活化剂。

### (二) 二甲苯基硫酚

1. 性质

浅黄色带有荧光的液体，无污染性。相对密度 0.9～1.0，闪点 74～82℃。该品具有两种不同的浓度：一种含 36.5% 二甲苯基硫酚和 63.5% 碳氢化合物；另一种含约双倍的二甲苯基硫酚。要低温密封保存，注意勿与皮肤接触。

2. 功能及用法

天然橡胶、丁苯橡胶和异戊橡胶的有效塑解剂，并对胶浆黏度有稳定作用。该品对加有秋兰姆类或噻唑类促进剂的天然橡胶胶料有活化作用，其他功用同 2-萘硫酚。

### （三）五氯硫酚

#### 1. 性质

具有松节油气味的粉末，相对密度 1.70～1.83，熔点 200～210℃。无污染性，应在低温下干燥处贮存。

#### 2. 功能及用法

天然橡胶、丁苯橡胶和丁腈橡胶（中等丙烯腈含量）的塑解剂，无毒，使用安全。在 100～180℃下能充分发挥其效能，当加入硫黄时塑解作用即终止。制品不带臭味，对硫化胶的力学性能和耐老化性能无影响，可作再生活化剂用。

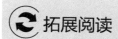

## 拓展阅读

### 橡胶品格与养成教育

**一、认知：橡胶品格的内涵表达**

人们在利用橡胶的生产和实践中，对橡胶的内在品质进行了提炼并赋予特定名称——"橡胶品格"，概括为：吃苦耐劳、坚韧不拔，朴实无华、甘于奉献，同心协力、勇承重载。"橡胶品格"由青岛科技大学最早提出，内涵在于能积极主动、吃苦耐劳；有精品意识，精益求精；有良好的人际沟通能力与团队协作能力；能敢于创新、勇于实践；有强烈的责任心和主人翁精神；能不屈不挠、承受压力；有良好的沟通和表达能力；能服从管理、敢于担当；能谦虚好学、积极进取等。它是人们在对橡胶利用的生产和实践中，对橡胶高尚的品格和精神进行提炼并赋予特定内涵，也是高分子材料类专业毕业生必备的职业素养。

**二、情感：橡胶品格的情感陶冶**

教师在教育教学过程中不断丰富自身的教学方式和方法，使学生真正融入课堂、陶冶情感，进而在投入情感的课堂中，增进对橡胶品格的认知和学习。在课堂中加强情感陶冶不仅可以减少枯燥乏味的理论学习，以及单一灌输式的课堂带给学生的逆反心理，而且能够使学生在教育中通过自身的情感陶冶融入课堂学习，在充分实现教学目标的同时，有利于学生树立正确的价值观。

**三、意志：橡胶品格的意志磨炼**

橡胶最优越的性能是不屈不挠、能够承受压力。当下的社会竞争日益激烈，逆境生存的本领必不可少，具有橡胶品格的人也应该有这种意志品质。教师在教学过程中通过相关的教学活动有意识地让学生不断磨炼自己，懂得如何控制和掌握自己的心理情绪。比如经常组织一些比赛，通过竞争进行磨炼，胜利可以振奋精神，激发积极向上的情绪，失败也会增强在挫折环境下的心理承受能力。通过成功与失败的体验，让他们能正确对待成败，从而使他们在生活中能用平常心去面对现实中的得与失，形成良好的个性。

## 思考题

1. 橡胶的软化增塑剂有何作用？如何进行分类？

2. 软化剂与增塑剂有何区别？

3. 选择橡胶的软化增塑剂时应注意掌握哪些相容性方面的原则？

4. 软化增塑剂的增塑原理是什么？

5. 何谓石油系操作油和填充油？链烷烃油、芳香烃油和环烷烃油使用性能上有何特点？

6. 机械油、变压器油、凡士林、三线油和石油沥青有何使用特点？

7. 煤焦油系、松油系和脂肪油系增塑剂有哪些主要品种？分别有何使用特点？

8. 合成增塑剂有哪些主要品种？试比较它们的使用特点。

# 情境设计六
# 其他橡胶助剂的选择

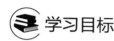 学习目标

通过情境设计六的学习，让学生掌握着色剂、发泡剂、阻燃剂和抗静电剂等的性质与选用方法。

## 任务一　彩色胶鞋着色剂的选择

### 一、概述

凡加入胶料中用以改变制品颜色为目的的物质，称为着色剂。橡胶着色的目的是，赋予制品漂亮的色彩，以提高商品价值；着色适当，可提高制品的耐光老化性能，从而对制品起到防护作用；军用橡胶制品着色，可具有目标隐蔽或目标明显（如救生艇）的军事意义。

1. 色彩及配色要求

物体在日光照射下会呈现不同颜色，是与物体对可见光波（波长范围为 380～800nm）的吸收和反射特性相关的。例如，在日光照射下，如果物体能同等地吸收整个可见光波长的光线，就是黑色；如果能同等地反射整个可见光波长的光线，就是白色；如果只能吸收可见光波长的一部分，而反射或透过其余波长的光线，就呈现色彩。用着色剂改变橡胶的颜色，实质就是改变橡胶固有的吸收和反射光波的特性。物体对可见光波长的吸收与所呈现的色彩之间的关系见表 6-1。

表 6-1　物体对可见光波长的吸收与所呈现的色彩之间的关系

| 吸收的可见光 | | 呈现的颜色 | 吸收的可见光 | | 呈现的颜色 |
| --- | --- | --- | --- | --- | --- |
| 波长/nm | 对应的颜色 | | 波长/nm | 对应的颜色 | |
| 393～435 | 紫色 | 黄色～绿色 | 560～580 | 黄色～绿色 | 紫色 |
| 435～480 | 蓝色 | 黄色 | 580～590 | 黄色 | 蓝色 |
| 480～490 | 绿色～蓝色 | 橙色 | 590～605 | 橙色 | 绿色～蓝色 |
| 490～500 | 蓝色～绿色 | 红色 | 605～770 | 红色 | 蓝色～绿色 |
| 500～560 | 绿色 | 红色～紫色 | | | |

任何一束彩色光，无论是光源发射的或是物体反射的，对人眼引起的视觉都可以用色调、饱和度和亮度表示。色调是指色彩的基本特征，如红、黄、蓝、绿等。饱和度是指颜色的深浅，即浓淡。色调和饱和度又统称为色度。亮度是指色彩的明暗程度，根据反射能力，

各种颜色的亮度为：白 100；黄 78.91；橙和橙黄 69.85；黄绿和绿 30.33；红橙 27.73；红和青绿 11；纯红和青 4.93；暗色 0.8；青紫 0.36；紫 0.13；黑 0。

任何一种色彩都可以由不同比例的红、黄、蓝三种基色组合而成。红、黄、蓝三基色中的两种调和后，可得橙（红和黄）、绿（黄和蓝）、紫（红和蓝）等二次色或间色。用基色和二次色相互调和，可得多种三次色或次间色。组成二次色的两基色之外的第三基色，称为该二次色的补色。例如橙是红与黄组成的，它的补色就是蓝。相应的红是绿的补色，黄是紫的补色。二次色与其补色调和，色彩就会变得暗纯。色彩配合的基本关系如下：

配色时还应注意色光的配合问题。色光是指着色剂除了基本颜色外，所带有的另一种色调。俗称"红中带黄""红中带蓝"中的"黄""蓝"就是指的色光。色光在配色时是很重要的因素，这是因为色光不接近会造成配色的困难。着色剂在配合时，除了基本颜色并合外，也发生色光的并合。只要注意了色光的区别，就能正确地进行配色。例如，红光的蓝和蓝光的红配合可得纯紫色，这是因为基本色和色光都是红和蓝的并合。此外，通过适宜的配色还能改变着色剂的色光。例如黄光的蓝加微量紫色就会变成红光的蓝，这是因为紫色是红和蓝色组成的，可以增强红光。

在配色时，应尽量采用性质相似的着色剂，以免在加工和使用中由于褪色程度不一而造成色泽的改变。此外，着色剂的种类越少越好，否则不仅配色手续麻烦，而且容易带入补色而使色泽灰暗。

对于制品整体色彩的搭配，要掌握的原则是，各色亮度强弱间隔，以示美观；色泽要协调，暖色、寒色搭配并分出主次，色泽鲜艳的面积不宜过大；色彩搭配不宜过多，一般一个产品中色泽不宜超过三种，否则不容易配好，色彩不鲜艳。

2. 对着色剂的性能要求

（1）着色力和遮盖力要强　着色力，就是着色剂以其本身的色彩影响整个胶料颜色的能力。着色力越大，着色剂用量越少，着色成本越低。着色力与着色剂本身特性有关，与其粒径也有关系，一般随粒径的减小而增大。当彩色颜料与白色颜料并用时，着色力往往可以提高。

遮盖力也称覆盖力或被覆力，即遮盖橡胶底色的能力，也是着色剂阻止光线穿透制品的能力（着色剂的透明性大小）。对有色橡胶制品，着色剂遮盖力越大越好，以防透出橡胶底色，使制品色泽不鲜艳。对透明制品，遮盖力越大，透明性越差。遮盖力的大小，取决于着色剂的折射率与生胶折射率之差，差值越大，遮盖力越强。

（2）对硫黄和其他配合剂的稳定性及耐热性良好　除少量低温硫化橡胶制品外，绝大多数制品需经 110～170℃下较长时间的硫化，着色剂在此期间应不干扰硫化，不与其他配合剂反应，不变色。

（3）不影响制品的性能　着色剂不应对制品的力学性能和耐老化性能有不良影响，受日光作用后，应不易褪色或变色。

（4）易分散　着色剂应易于在橡胶中分散，以提高工效，并使胶料色泽均匀一致。

（5）耐溶剂性和化学稳定性好　着色剂在橡胶中不迁移，在水、油及溶剂中不渗透，以保证对织物和邻近胶料、物质不污染以及在水、油等介质中使用时不褪色。

（6）无毒无臭　与食品或人体接触的橡胶制品所使用的着色剂必须无毒无臭，同时不对环境造成污染。

（7）价格低廉　一般着色剂的上述性能并非全部合乎理想，也并非所有的橡胶制品对着色剂的各种性能要求都同样苛刻，使用中一般根据制品的实际情况加以适当选择。

橡胶着色剂通常分为无机着色剂和有机着色剂两大类，前者为无机颜料，后者主要是有机颜料和某些染料。无机着色剂的耐热、耐晒性好，遮盖力强，耐溶剂性、耐药品性、耐迁移性优良，但着色力差；有机着色剂与无机着色剂相比，具有品种多、分散性好、色泽鲜艳、着色力强，透明性好、用量少等优点，但耐热性、耐溶剂性、耐药品性、耐迁移性较差。

## 二、无机着色剂

1. 二氧化钛（钛白粉）

（1）分子式　$TiO_2$。

（2）性质　无臭无味的白色粉末。分子量79.9。相对密度3.84～4.3。熔点1560～1580℃。折射率2.55～2.70。平均粒径0.3～0.5μm。铁含量≤0.5%，水溶物含量≤0.5%，加热减量≤0.5%。不溶于水、有机酸、稀无机酸、有机溶剂和油，微溶于碱。在浓硫酸和氢氟酸中长时间煮沸可完全溶解。根据结晶形式，本品可分为以下两种：金红石型（简称R型），相对密度4.26，折射率2.72；锐钛型（简称A型），相对密度3.84，折射率2.55。

（3）用途　钛白粉是白色颜料中着色力最强的品种，具有优良的遮盖力和着色牢度，适用于透明的白色制品。金红石型钛白粉质地较软，耐候性和耐热性较好，屏蔽紫外线的作用强，不易变黄，而且耐水性也较好，特别适用于户外使用的塑料制品，可赋予制品良好的光稳定性。锐钛型钛白粉的耐热性和耐光性较差，有促进聚氯乙烯光老化的作用，主要适用于室内使用的制品，但该型略带蓝色，白度高，遮盖力大，着色力强，而且分散性较好。由于钛白粉的价格较高，在实际配方中多将其与其他白色颜色配合使用，不过在混合颜料中钛白粉的含量越小，着色力越低。为了提高钛白粉的性能，可以对其进行表面处理，例如利用气相煅烧法在钛白粉粒子表面沉积一单分子层的氧化锌、氧化铝、二氧化硅或其他氧化物，可以改善光稳定性和热稳定性。

本品也可作为橡胶和胶乳的白色着色剂。用于干橡胶时，用量可达40份。对噻唑类和次磺酰胺类促进剂的硫化速度基本上没影响。硫化胶的耐光性、耐变色性及耐化学药品性好。本品在硅橡胶中有一定的补强作用。在胶乳中使用时，可加入表面活性剂制成水分散体。

（4）毒性　本品无毒，美国和日本等国许可其用于与食品接触的塑料制品。

2. 锌钡白（立德粉）

（1）组成　硫化锌（ZnS）和硫酸钡（$BaSO_4$）的混合物。

（2）性质　白色粉末。细度（325目筛余物）≤0.5%，平均粒径0.3～0.5μm。锌化合物（以硫化锌计）含量≥28%，溶于乙酸的锌化合物（以氧化锌计）含量≤1.25%，水溶性盐含量≤0.5%，水分≤0.5%，加热减量≤0.3%。折射率约2，遮盖力（以干颜料计）

≤100g/m²，吸油量 18%，耐光性（日光晒 3600s）不变化，着色力≥95%。不溶于水，与硫化氢及碱溶液不起作用，遇酸液分解释放出硫化氢。经长期日晒会变色，但放于暗处仍可恢复原色。

（3）用途　本品可作为塑料和橡胶用白色颜料，遮盖力和着色力比锌白大，但不及钛白粉，价格低廉，制品经曝晒后有泛黄现象，适用于聚烯烃、乙烯基树脂、ABS 树脂、聚苯乙烯等。在橡胶中分散性较差，易结团，使用时应充分混炼。本品还可作为填料使用，对橡胶有一定补强作用。

### 3. 氧化锌（锌氧粉，锌白）

（1）分子式　ZnO。

（2）性质　白色六角晶体或粉末。分子量 81.38。相对密度 5.5~6.5。熔点 1720℃。折射率 1.95~2.0。细度（200 目筛余物）≤0.1%。平均粒径 0.2~0.8μm。氧化锌含量≥99.0%，氧化铅≤0.06%。盐酸不溶物≤0.008%。水溶性盐≤0.1%。加热减量≤0.2%。遮盖力≤100g/m²。吸油量≤20%，着色力≤95%。本品系两性化合物，溶于酸、碱、氯化铵和碳酸铵溶液，不溶于水和乙醇。加热时呈黄色，冷却后恢复白色。加热至 1800℃升华。本品在空气中能吸收二氧化碳和水。

（3）用途　本品可作为塑料用白色颜料，耐光性、耐热性、耐水性、耐碱性、耐溶剂性优良，低廉，但耐酸性差，着色力较低，不及钛白和锌钡白。本品适用于 ABS 树脂、聚苯乙烯、环氧树脂、酚醛树脂、氨基树脂和聚氯乙烯等塑料，不适用于不饱和聚酯、硅树脂、抗冲聚苯乙烯、聚甲醛尼龙和纤维素等塑料。特种氧化锌可作为聚氯乙烯的光稳定剂。本品还是橡胶的硫化活性剂。作为橡胶的着色剂时，着色力低，作为硫化活性剂的用量达不到着色的目的，配合量需高达 60 份，但因对橡胶有较强的解聚作用，制品成型困难。

（4）毒性　本品无毒。美国和日本等许多国家许可其用于食品包装材料。

### 4. 镉红（硒红）

（1）化学组成　硫化镉和硒化镉的混合物。

（2）分子式　CdS·CdSe。

（3）性质　火红色粉末。色彩鲜艳。色光随硒化镉含量而异，有纯红色、橙红色、暗色和蓝光红色等不同色光品种。相对密度 1.5~5.3。折射率 2.5。平均粒径 0.3~2μm。耐热性≥370℃。耐光性、耐热性、耐水性、耐溶剂性、耐碱性优良，耐酸性较差，不溶于水和有机溶剂。溶于酸中放出硫化氢和硒化氢等有毒气体。

（4）用途　可作为橡胶用红色着色剂，色泽鲜艳，遮盖力大，着色力强，耐热性高，特别适用于耐热制品，但价格较高，用量较大，而且不适用于透明的制品，与硫酸钡混合使用可适当降低成本。用于橡胶着色时，本品不受硫化氢的影响，多用于硬质橡胶制品。

### 5. 氧化铁红（铁丹、铁红）

（1）化学组成　三氧化二铁。

（2）分子式　$Fe_2O_3$。

（3）性质　一般为红色粉末，有天然产品和人工合成两种。天然产品主要取自赤铁矿的加工，含杂质多；合成法产品的纯度较高，粒径均匀，适宜作塑料着色剂使用。因制法不同，产品颜色从红黄色到暗红色不等，相对密度 5.1~5.2，不溶于水、油和各种有机溶剂。

（4）用途　可作为塑料和橡胶用红色着色剂，价格低廉，遮盖力强，着色力大，具有优良的耐光性、耐热性、耐溶剂性、耐水性和耐酸碱性。为红色透明粉状物，粒度 $0.01\sim$ $0.05\mu m$，比表面积为普通氧化铁红的 10 倍，三氧化二铁含量 $\geqslant93\%$，水溶物 $\leqslant0.5\%$，吸油量 $35\%\sim45\%$，水浸 pH 值 $3\sim5$。能吸收紫外线，耐光性尤佳。与普通氧化铁红不同，该品具有透光性，当光线投射到其着色的塑料薄膜或漆膜时，部分光可偏离入射方向直接透过，部分光可从颜料粒子绕射透过，使薄膜呈透明状。

氧化铁红在橡胶中多用于胶管和胶板等制品的着色，其对橡胶的耐老化性能，特别是耐光性和耐热性有影响，不适用于高级橡胶制品和薄制品。本品无毒，可用于食品包装材料中。

6. 铬黄（铅铬黄）

（1）化学成分　铬酸铅或碱性铬酸铅与硫酸铅等不溶性盐的混合晶体。

（2）性质　柠檬黄色至橘黄色的鲜艳粉末，有毒，相对密度 $5.6\sim6.0$，不溶于水和油，可溶于无机酸和碱。贮存时应与酸性和碱性物质隔离。中铬黄和深铬黄的色光与标准样相同，其纯度（铬酸铅）$\geqslant90\%$，水溶物 $\leqslant1\%$，pH 值为 $6\sim8$，加热减量 $\leqslant0.5\%$，其基本配方着色力为 $100\%\pm5\%$，筛余物（320 目筛）$\leqslant0.5\%$。

（3）使用性能　黄色着色剂。着色力及遮盖力从柠檬色至橘黄色相继增加，耐晒性也有同样趋势，在橡胶工业中采用中铬黄和深铬黄两种作黄色制品及绿色制品提色用。

本品遇硫化氢立即变黑，在制品硫化期间亦有变黑可能，故不能与锌钡白及群青混合使用，也不宜用于高温硫化，混炼时应注意先使本品分散均匀，然后再加硫黄。

7. 锌黄（锌铬黄）

（1）化学成分　锌钾铬酸盐的复合物。

（2）性质　一般为柠檬黄色粉末，因原料及纯度不同，色彩从浅黄色至浅樱红色不等，相对密度 3.43。温度达 $150℃$ 不致分解变色，耐晒性能优良。易溶于酸和碱，能部分溶于水。

（3）使用性能　黄色着色剂，着色力及遮盖力稍低于铅铬黄，本品不受硫化氢的作用，对硫化稳定。与群青或华蓝同色泽的锌绿。

8. 三氧化二铬

（1）分子式　$Cr_2O_3$。

（2）性质　无定形蓝绿色粉末，无毒，相对密度 $4.26\sim5.21$。耐晒、耐热性能优良。微溶于酸，不溶于水和有机溶剂。

（3）使用性能　绿色着色剂，色暗绿，不鲜艳。在硫化中颜色稳定，对硫化无影响，应用时须混炼均匀，可用于硬质橡胶制品。

9. 群青

（1）化学成分　大致为含有多硫化钠而具有特殊结构的硅酸铝。

（2）分子式　$Na_6Al_4Si_6S_4O_{20}$。

（3）性质　蓝色粉末，折射率 $1.50\sim1.54$。耐晒、耐碱性能优良，耐热性亦好。对酸和大气的作用不稳定，易变色。不溶于水和有机溶剂。加热减量 $\leqslant0.7\%$，水溶物 $\leqslant1.5\%$，水溶物 pH 值为 $6\sim8$，游离硫 $\leqslant0.3\%$。基本配方着色力 $105\%\pm5\%$。筛余物（300 目筛）$\leqslant$ $0.5\%$（特级 663 型 $\leqslant0.10\%$）。

（4）使用性能　蓝色着色剂，在白色胶料中使用时有提色作用，可清除胶料的黄光。用量较大时应注意对硫化速度的影响，不适用于耐酸制品。

## 三、有机着色剂

### 1. 1001 汉沙黄

（1）性质　艳黄色粉末。耐光性≥7级，耐热性160℃，耐酸性1级，耐碱性1级，耐水性2级，耐乙醇性1～2级，耐石蜡性1级，耐油性2级。吸油量25%～45%，与硫黄加热变色温度≥140℃。基本配方着色力为100%±5%。筛余物（40目筛）≤5%，水溶物≤1.5%。

（2）使用性能　黄色着色剂，着色力很高，略具透明性。在天然橡胶胶料中使用时对热空气硫化、蒸汽硫化和模压硫化颜色皆稳定。在橡胶中的迁移性较大，硫化胶颜色耐晒性及在沸水、稀酸中的渗色性均佳，但在碱、苯、汽油中的渗色性较差。

（3）毒性　本品无毒，可用于文教用品代替铬黄，亦可用于天然胶乳。

### 2. 耐晒黄 10G

（1）性质　艳绿光黄色粉末，耐光性≥7级，耐热性140～150℃，耐酸性1级，耐碱性1级，耐水性1～2级，耐乙醇性1～2级，耐石蜡性1级，耐油性1～2级，吸油量25%～45%。本品耐溶剂性能较差。基本配方着色力为100%±5%，筛余物（40目筛）≤5%，水溶物≤1.5%。

（2）使用性能　橡胶、油漆、油墨用黄色着色剂。在天然橡胶料中使用时对热空气、蒸汽和模型硫化颜色皆稳定。在橡胶中的迁移性较大。硫化胶耐晒性及在沸水、稀酸中的渗色性良好，但在溶剂（如乙醇、苯、汽油）中的渗色性差。一般用于不长期经受日晒的橡胶制品。

### 3. 1138 联苯胺黄

（1）性质　正黄色粉末。耐光性5～6级，耐热性170～180℃，耐酸性1～2级，耐碱性1～2级，耐水性1～2级，耐乙醇性1级，耐石蜡性2级，耐油性1～2级。吸油量50%±5%。

（2）使用性能　橡胶、油漆、油墨等用黄色着色剂，适用于天然橡胶、丁苯橡胶和氯丁橡胶，亦可用于胶乳，着色力较高，遮盖力较小，透明性较差。在模压硫化、无模蒸汽硫化及胶乳中颜色稳定。耐热性较1125耐晒黄G高，在硫化条件下也更加稳定。不扩散，在橡胶中亦不迁移。硫化胶耐晒性及在沸水、稀酸、稀碱中渗色性良好，但在苯和汽油中的渗色性较差。

本品可用于各种橡胶制品。

### 4. 3138 甲苯胺红

（1）性质　黄光红色粉末，耐光性≥6级，耐热性120℃，耐酸性3级，耐碱性3级，耐水性3级，耐石蜡性1～2级，耐油性1～2级，吸油量35%～50%。筛余物（40目筛）≤5%。

（2）使用性能　油漆、油墨、橡胶、胶乳用红色着色剂，着色力强，遮盖力较高，胶料硫化后色泽鲜艳。适用于低温硫化和模压硫化，硫化胶耐晒性能良好，但在沸水中渗色、迁移性差，本品能加快硫化速度，使用时需注意。

### 5. 5302 橡胶大红

（1）性质　红色粉末，着色力高，无迁移性。耐光性5级，耐热性160℃，耐酸性4

级，耐碱性 2 级，水渗性 4 级，耐油性 5 级，耐乙醇性 2～3 级，吸油量 45%～50%，筛余物（120 目筛）≤5%。

（2）使用性能　橡胶、胶乳、油墨、文教用品等用红色着色剂，着色力较橡胶大红 LG 高。

### 6. 立索尔宝红 BK

（1）性质　红色粉末，耐光性 5～6 级，耐热性 140℃，耐酸性 5 级，耐碱性 5 级，耐水性 4 级，耐油性 5 级。耐石蜡性 5 级，吸油量≤55%，筛余物（60 目干筛）≤5%，水溶物≤3.5%，pH 值为 7～7.5。与硫黄加热变色温度＞140℃。

（2）使用性能　橡胶、胶乳、塑料等用紫红色着色剂。着色力较强，透明性亦好，遮盖力低，适用于模压低温硫化。耐晒性较差，若以碳酸钙作填充剂，耐晒性能有所改善。迁移性不大，硫化胶在溶剂（如乙醇、汽油、苯）中的渗色性差。用量 1% 时，对天然橡胶的硫化有促进作用，特别是对 M、DM 与 D 的并用体系尤为明显。但对 CZ 和 DM 并用体系不明显。

### 7. 酞菁绿 G

（1）性质　艳绿色粉末，耐光性≥7 级，耐热性 180～200℃，吸油量 30%～45%，筛余物（80 目筛）≤5%，水溶物≤1.5%。与硫黄加热变色温度≥130℃。

（2）使用性能　橡胶、胶乳、油漆、油墨等用绿色着色剂。着色力强，透明性差。在天然橡胶中使用时对热空气硫化、蒸汽硫化及模压硫化颜色稳定性良好。在橡胶中不迁移。硫化胶耐晒性及在沸水、稀酸、稀碱、溶剂（乙醇、苯、汽油）中的渗色性均佳。可用于各种类型的橡胶制品。

### 8. 酞菁蓝 B

（1）性质　深蓝色粉末，耐光性 8 级，耐热性 200℃，耐酸、碱性 1 级，耐乙醇性、耐石蜡性及耐油性均为 1 级，吸油量 35%～50%，筛余物（30 目筛）≤5%，水溶物≤1.5%。与硫黄加热变色温度≥150℃。

（2）使用性能　橡胶、胶乳、塑料等用蓝色着色剂。在橡胶中使用时对硫化的稳定性高，对胶料的老化亦无影响，不迁移。用本品着色的天然橡胶制品耐晒性和在稀酸、稀碱及一般溶剂（如乙醇、苯、汽油）中的渗色性均佳。在天然橡胶中有使胶料软化的现象，使胶料可塑性增加。

### 9. 醇溶苯胺黑

（1）性质　本品能溶于油和蜡，筛余物（100 目筛）≤1%，灰分≤2%。

（2）使用性能　用于皮革、橡胶及塑料的黑色着色剂，主要用于胶面鞋亮油中，使用时需注意污染及渗透作用，同时亦可用于胶乳。

## 任务二　胶鞋海绵中底发泡剂的选择

発泡剂和发泡助剂是用以使塑料、橡胶等高分子材料发孔的一类物质。它主要用于制备海绵制品、泡沫塑料和空心制品。原则上，凡不与高分子材料发生化学反应，并能在特定条

件下产生无害气体的物质，都能用作发泡剂或发泡助剂。对发泡剂来说，总的要求是无毒或低毒，分解温度适宜，易于在高分子材料中分散及发孔率高等。发泡助剂的作用是降低发泡剂的分解温度，帮助发泡剂分散，或提高发气量。按化学组分，发泡剂和发泡助剂分为无机和有机两大类；按发泡剂所产生的气体，分为氮气和二氧化碳两大类。目前，橡胶工业广泛采用的是有机类发泡剂。

有机发泡剂主要包括如下几种：①偶氮化合物，如发泡剂 AC、偶氮二异丁腈等；②磺酰肼类化合物，如苯磺酰肼、对甲苯磺酰肼等；③亚硝基化合物，如发泡剂 H 等；④脲基化合物，如尿素、对甲苯磺酰基脲等。

无机发泡剂主要有碳酸铵、碳酸氢钠、碳酸钠、氯化铵、亚硝酸钠等。这类发泡剂除用以生产如胶球等一类少量空心制品外，现已不再大量使用。

## 一、无机发泡剂

### 1. 碳酸铵

(1) 分子式　$(NH_4)_2CO_3$。

(2) 性质　纯品是半透明白色结晶，工业品是氨基甲酸铵（$NH_2COONH_4$）及碳酸氢铵（$NH_4HCO_3$）的混合物。有强烈的氨味。置于空气中会失去氨，变成不透明的粉状物。本品不稳定，具有很大的挥发性。有蒸汽存在时分解更为迅速，分解出二氧化碳和氨气；在 60℃时完全挥发。遇热水也分解，应注意保存。本品溶于冷水，不溶于乙醇和二硫化碳。

(3) 使用性能　为通用无机发泡剂，同时具有硫化促进剂的作用。本品不易与橡胶混合，因此，成品海绵的孔径不均匀，本品可作为天然橡胶和胶乳海绵的发泡剂。

### 2. 碳酸氢铵

(1) 分子式　$NH_4HCO_3$。

(2) 性质　白色单斜或方斜晶体，或呈白色粉末。干燥品几乎无氨味。相对密度 1.586，在 36～60℃分解成氨、二氧化碳和水。溶于水，不溶于乙醇。发气量为 700～850mL/g。

(3) 使用性能　本品性能、作用与碳酸铵相似。易于操作，可用于天然橡胶、合成橡胶和胶乳海绵的发泡剂，可得均匀微孔制品。应用时直接加入胶料中，对硫化速度无影响。在橡胶中的用量视氨的含量而定，一般为 10%～15%。在所有化学发泡剂中，本品的发气量为最大，但分解温度低，易在混炼等过程中提前分解损失，故需要的配合量大，而且放出的氨气有难闻的臭味，有时会造成不良副反应。

### 3. 碳酸氢钠

(1) 分子式　$NaHCO_3$。

(2) 性质　纯晶为无色单斜晶体，工业品为白色细粉。相对密度 2.20。溶于水，几乎不溶于乙醇。在热空气中，能逐渐失去一部分二氧化碳。加热至 300℃左右分解为碳酸钠、水及二氧化碳。外国商品中有用 50%碳酸氢钠的矿物悬浮体出售，此晶为无臭、乳黄色液体。相对密度 1.27。分解温度 150℃。

(3) 使用性能　在橡胶中的用量为 5%～15%，使用时需配入 5%～10%的硬脂酸作发泡助剂以助分解。用本品制得的海绵制品孔径细小、均一。为天然橡胶、合成橡胶和胶乳用发泡剂，可直接加入胶料或胶乳中。

### 4. 碳酸钠

（1）分子式 $Na_2CO_3$。

（2）性质 本品为无水碳酸钠，纯品系白色粉末或细粒。相对密度 2.532。熔点为 851℃。本品具极强吸湿性，暴露于空气中逐渐吸水变成含一结晶水的碳酸钠（$Na_2CO_3 \cdot H_2O$），并结成硬块，还能从潮湿空气中逐渐吸收二氧化碳而成碳酸氢钠。本品溶于水并呈强碱性，不溶于乙醚、乙醇。工业品的碳酸钠含有少量的氮化物、硫酸盐和碳酸氢钠等杂质。

（3）使用性能 用法与碳酸氢钠相似，但效率低。与氯化铵作用生成二氧化碳和水蒸气，常作球类等空心制品的发泡剂。

## 二、有机发泡剂

### 1. 偶氮二甲酰胺（发泡剂 AC）

（1）结构式 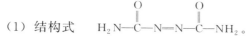。

（2）性质 淡黄色粉末，195℃左右分解。pH 值为 6～7。发气量为（240±5）mL/g，灰分 0.1%。由于本品在分解前无熔融态，到达分解温度后颜色消失并产生升华现象，因此，无确定分解点。分解能产生氮、一氧化碳和少量二氧化碳。本品溶于碱，不溶于醇、汽油、苯、吡啶和水。不助燃，且有自熄性。无毒，无臭味，不污染，不变色。

（3）使用性能 由于发泡剂 AC 的颗粒细小，因此容易在橡胶中分散，常压发泡和加压发泡均适用。因它的分解温度较高，故必须在较高的操作温度下使用，但是加入尿素、联二脲、缩二脲、乙醇胺、硼砂、甘醇、氧化锌及碳酸、苯二甲酸、亚磷酸、硬脂酸的铝或镉盐等活化剂，可大大降低其分解温度。本品作氯丁橡胶、丁腈橡胶、天然橡胶、丁基橡胶、丁苯橡胶、硅橡胶的发泡剂，用以制作闭孔海绵制品。用本品生产的制品无味、不变色、不污染。

本品分解产生的气体中有 10%～30% 的一氧化碳，这个含量在加工过程中是无毒的，但在贮存大量成品时，必须注意通风，以防一氧化碳过度集中引起中毒。本品在室温下贮存甚为稳定。

### 2. 偶氮二异丁腈

（1）性质 白色结晶粉末。相对密度 1.11。103℃时熔融并分解，分解时产生氮气和四甲基丁二腈，后者有毒。本品的标准发气量为 130mL/g。纯度＞98%，灰分＜0.01%，真空失重＜8%，酸度＜0.1%，氢化偶氮化合物含量＜1%。本品不溶于水和丙酮，溶于酮类、醇类、醚类、氯代烃、甲苯和苯胺等。在通常条件下其贮存稳定性好，分解温度较低，在 80℃温度下和紫外线照射下即分解。由于本品及其分解产物均具一定的毒性，在使用时必须通风。

（2）使用性能 本品有迟延硫化的作用，在使用本品时应予以考虑。本品易溶于单体和增塑剂中，稍溶于石蜡中，也容易在橡胶和塑料中分散。因为这种发泡剂具有不污染、不变色和低密度的特点，所以常用作微孔海绵的发泡剂，但是因分解产物含有毒性，不宜用作食品橡胶制品，而且在炼胶和硫化过程中应具备良好的通风条件。

### 3. 偶氮二甲酸二异丙酯

（1）性质　橙色油状液体。几乎溶于所有的有机溶剂和增塑剂，不溶于水。凝固点2.4℃，沸点（33.33Pa）75.5℃。单独加热时，直至240℃仍稳定。铅盐、有机锡化合物、镉皂和锌皂等热稳定剂可以有选择性地使其活化，降低分解温度。100℃左右熔融分解，并放出接近理论量的氮气（200～350mL/g）。

（2）使用性能　本品是橡胶工业中最早采用的有机发泡剂之一。极易溶于橡胶，能形成一种极细小而均匀的细孔结构。缺点是其分解产物会使发泡制品染上暗色，并污染与之接触的其他材料。因为本品是液体，故使用方便，发泡均匀。随配方和加工条件不同，可制得闭孔或开孔制品。

### 4. 苯磺酰肼

（1）性质　细微白色至浅黄色晶体或粉末。无味，相对密度1.41～1.43，纯度≥90%，灰分≤1%，真空失重≤2%。在空气中分解温度高于90℃，分解后产生氮气，并有恶臭。标准发气量（20℃，0.1MPa）为230mL/g。本品具两性特点，不但能溶于碱溶液中，同时又在磺酸中水解。

（2）使用性能　本品适于作天然橡胶、合成橡胶发泡剂，在制微孔橡胶时的用量为0.25%～0.50%。应用时需考虑本品是两性物质这一特点，所以在某些碱性或酸性介质中，它的分解温度降低，在冷碱液中溶解并发生分解，在有机溶剂中倒不易溶解。本品在生胶和塑料中的分散性较差，为此常加油制成油膏，以助分解。

（3）毒性　本品及其分解产物均无毒，操作时不必特殊防护。本品应在混炼的最后阶段，胶料温度降至80℃时加入，因它分解时放热，从而使硫化温度升高。本品在室温下贮存稳定，但不应在阳光下直接暴晒或受潮。不易燃。应特别注意避免与碱或强氧化剂随意混合。

### 5. 二亚硝基五亚甲基四胺（发泡剂H）

（1）性质　乳黄色细粉。相对密度1.4～1.45。100%通过120目筛。加热减量≤0.5%，灰分≤0.1%。易溶于丙酮，略溶于水、酒精，微溶于氯仿，几乎不溶于乙醚。200℃分解，但它与胶料中的硬脂酸混合后分解温度从200℃下降至130℃左右。本品不忌碱性物质，遇酸即分解。本品在胶料中的发孔力强，在110℃硫化时即有良好效果。但为达到最佳硫化效果，硫化温度不宜低于123℃，更高温度如134℃或141℃对发泡的性质影响极微。它的发气量在250mL/g以上。本品易分散于胶料中，工艺操作简单且安全。

（2）使用性能　本品为最常用的发泡剂。其特点是：①硫化发气量大，发泡效率高，且填充孔穴的氮气对橡胶的渗透性最小，可防止塌陷；②加入助发泡剂后本品的分解温度与胶料的硫化温度相适应；③在胶料中的分散性良好。本品可以单用，也可以与其他发泡剂并用，用量为2～10份。单用本品时，孔径较细，单用明矾、苏打时，孔径又太大，而且海绵较硬，如三者并用，发泡剂H、明矾和苏打的比例为11：25：45时，效果较好。此外，还可与重氮氨基苯或尿素和水并用。并用后由于分解温度降低，在发泡过程中能逐渐分解。由于本品的发气量大，若分散不好，对发泡有影响，故一般提前加入。在生胶和再生胶作海绵中底的胶料中，采用加入本品后进行薄通，然后进行混炼的操作工艺，可避免海绵分层。另外，由于本品的分解热大，用于厚制品时须小心处理。使用时微酸性能使它发挥最大效果。本品易燃，与酸雾接触亦能起火，故应远离无机酸和火炉。它的主要缺点是分解温度高，分解产物有臭味，但使用尿素等助发泡剂可使其分解温度降至与硫化温度相适应，并使制品几乎闻不到臭味。本品在中性时，室温贮藏性稳定，对各种促进剂的硫化特性无影响。

## 三、发泡助剂

1. A 型发泡助剂

（1）化学名称　尿素复合体。

（2）性质　表面覆以分散剂的尿素复合体，为极细的白色粉末。无毒，相对密度为 1.13～1.15，熔点 126～134℃，部分溶解于水。在正常情况下很稳定，无燃烧、爆炸的危险，但需贮藏于密闭容器中。

（3）使用性能　可代替明矾、水杨酸等作发泡剂 H 的发泡助剂。本品在橡胶和塑料中的分散性能极为良好，其使用量与发泡剂用量大致相等，为生胶的 5%～6%，用量越大，越促进硫化，同时增加发泡效果。使用时可减少硫化促进剂的用量。通过调节本品用量可以自由控制发泡剂 H 的分解温度。在刚硫化时，由于尿素的分解，微有氨臭，但其成品安全无臭味。

2. N 型发泡助剂

（1）化学名称　尿素复合体。

（2）性质　表面覆以分散的尿素复合体，白色半固体。部分溶于水，无毒。

（3）使用性能　与 A 型发泡助剂相似，代替明矾等作为发泡剂 H 的发泡助剂。在橡胶中的分散性比 A 型发泡助剂更为良好。用量稍大于发泡剂用量，为橡胶的 6%～7%。其他情况与 A 型发泡助剂基本相同。

3. M 型发泡助剂

（1）化学名称　尿素复合体。

（2）性质　尿素及热固性树脂的复合体，白色半固体。部分溶于水。

（3）使用性能　除用量稍低（为橡胶用量的 4%）这点稍与 A 型、N 型发泡助剂有差别外，其他与 A 型、N 型发泡助剂基本相同。

4. 尿素衍生物

（1）性质　白色润滑粉末。相对密度 1.25。pH 值 5～6。无毒。

（2）使用性能　本品为发泡剂 H 的发泡助剂，与发泡剂 H 等量使用可得无色无臭泡沫制品。并能使发泡剂 H 的分解温度降至 125～130℃。本品用量继续增加时，发泡剂 H 的分解温度不变，而当其量减少时，则分解温度提高且发气量减少。本品对天然橡胶和丁苯橡胶的硫化有促进作用。

5. 表面涂层脲

（1）性质　微细白色粉末。相对密度 1.32，熔点 129～134℃。溶于水（表面覆盖层不溶于水，但溶于橡胶），稍溶于丙酮，不溶于苯、汽油和二氯乙烯。应在密闭容器中保存并远离直接热源。本品能吸湿并因此延长贮存期。

（2）使用性能　用作氯丁橡胶、天然橡胶、丁腈橡胶、丁苯橡胶等的发泡助剂，常用来作分解释放出氮气（如偶氮二甲酰胺）一类发泡剂的助发泡剂。在通常的硫化温度范围内能降低偶氮甲酰胺的分解温度。本品也作为噻唑类促进剂的活化剂。本品较不易改变颜色或产生污染。与发泡剂 H 并用时，能减少由它分解产生的气味。

### 6. 硅氧烷-聚烷氧基醚共聚物（发泡灵）

（1）性质　淡黄色或橙黄色油状黏稠透明液体。黏度（50℃）（$2.0\sim6.0$）$\times10^{-4}\,\mathrm{m^2/s}$。相对密度（25℃）为 $1.04\sim1.08$。

（2）使用性能　本品为氯醚型聚氨酯泡沫体一步法发泡工艺使用的泡沫稳定剂，用量为 1%。

# 任务三　矿用输送带抗静电剂、阻燃剂的选用

## 一、抗静电剂的选择

橡胶制品在动态应力及摩擦作用下常产生表面电荷集聚，影响使用性能，这种现象可通过胶料中配以导电炭黑予以减少或消除，也可以添加抗静电剂使橡胶制品表面电荷定向排列很快导出，后者对浅色橡胶制品尤为重要。抗静电剂一般是阳离子型表面活性剂（如季铵盐型）和非离子型表面活性剂（如聚乙二醇酯），有时也用阴离子表面活性剂。本节只举几种常用的抗静电剂为例。

### 1. 十八酰胺乙基-β-羟乙基二甲基硝酸铵

（1）商品名称　抗静电剂 SN。

（2）性质　棕红色油状黏稠液体。易溶于丙酮、乙酸、丁醇、氯仿等有机溶剂。对 50% 酸、碱溶液稳定。温度高于 180℃时要分解。季铵盐含量 $60\%\pm5\%$。pH 值为 $4\sim6$。

（3）使用性能　本品可以防止多种物质（包括橡胶、塑料、树脂等）表面电荷积聚。能直接混入橡胶，亦能用作表面涂层。本品可与阳离子型表面活性剂混用，但不宜与阴离子表面活性剂一起使用。用于制造纺织胶辊时，可减少因胶辊静电集聚而引起的绕纱现象。使用本品时制品有变色现象。

### 2. 季铵盐和丁醇混合物

（1）商品名称　抗静电剂 P-6629。

（2）性质　橘黄色液体。有丁醇味，对人体无毒害作用。溶于醇、水、二甲苯及其他有机溶剂。pH 值为 $6\sim7$。

（3）使用性能　涂料、橡胶用抗静电剂。可用于制造纺织胶辊以减少胶辊使用时因静电造成的绕纱现象。使用时可与硫黄一起混入胶料。一般用量为 $1.5\sim2.0$ 份。本品对硫化有促进作用，能损害制品的耐老化性能，亦能使制品变色，使用时必须注意。

### 3. 十八烷基三甲基铵三氯化物

（1）化学成分　氯化十六烷基三甲基铵 6%，氯化十八烷基三甲基铵 93%，氯化十八烯基三甲基铵 1%。

（2）性质　含本品 50% 的异丙醇溶液，闪点 20.6℃。

（3）使用性能　胶板表面用抗静电剂。

### 4. 硬脂酸聚氧化乙烯酯

（1）商品名称　抗静电剂 PES，纺织助剂 PES。

（2）性质　黄褐色蜡状物质。中性，对酸碱稳定。溶于乙醇，在碱性水溶液中加热则水解。

（3）使用性能　用于橡胶纺织胶辊，热稳定性良好，本品对降低纺织胶辊因表面静电而引起的绕纱现象效果显著。

微课扫一扫

阻燃剂常见品种
及阻燃效果表征

## 二、阻燃剂的选择

### （一）阻燃剂的定义和分类

大多数的橡胶类高聚物中含有大量的碳氢元素，受热后很容易发生燃烧。加入橡胶中防止橡胶制品着火或使火焰延迟蔓延、易被扑灭的物质称为阻燃剂。阻燃剂按其化学结构可分为有机和无机两大类。也可按其作用分为阻燃剂、阻燃协同剂及其他阻燃助剂。目前常用的阻燃剂是含卤化合物、含磷化合物及一些无机化合物（如氧化锑、氢氧化铝等）。

### （二）阻燃剂的作用机理

#### 1. 阻燃的基本途径

橡胶等碳氢化合物的燃烧机理非常复杂，其过程可简单描述为：首先是橡胶在受热后发生熔融或有水分蒸发，然后发生降解或裂解，产生大量可燃性气体、不燃性气体、碳化残渣、焦油等物质，当橡胶表面达到足够的温度和足够的氧气浓度后，可燃性气体便自发燃烧，并进一步促使橡胶制品的燃烧。从上述橡胶制品燃烧的过程可以看出，燃烧需要满足一定的条件，如有可燃物、足够的温度和氧气。如果不能满足上述条件，燃烧将不能进行或自发停止。根据这一原理，阻燃剂的阻燃作用主要是以下几方面。

（1）稀释效应　包括稀释氧的浓度和燃烧过程中产生的可燃物的浓度。

（2）隔绝效应　在燃烧过程中产生不燃性气体或泡沫层，或形成一层液体或固体的覆盖层，使火焰与氧气隔绝。

（3）冷却效应　吸收橡胶制品在燃烧时释放出的热量，使橡胶温度下降，从而阻止橡胶分子继续降解或裂解，使挥发性可燃气体的来源中断。

（4）消除效应　通过钝化作用消除燃烧过程中链反应中产生的中间产物，使燃烧过程中的链反应中断。

#### 2. 含卤化合物的阻燃机理

可作阻燃剂使用的含卤化合物包括溴系和氯系化合物。其中溴系化合物的性能比较突出，其使用量仅次于无机阻燃剂，其作用包括：①隔绝效应，溴化物燃烧时生成的溴化氢可将可燃性气体与氧隔绝；②消除效应，溴化氢还消除燃烧过程中链反应产生的中间产物。

各类溴化物的阻燃能力好坏依次为：脂肪族＞脂环族＞芳香族。通常溴系阻燃剂与氧化锑共用，阻燃效果更好。

氯系阻燃剂与溴系阻燃剂的阻燃机理相同。但其阻燃效果较差，且燃烧时会放出有致癌作用的四氯化碳，因此用量较少。但其中氯化聚氯乙烯由于本身是高聚物，与其他可燃性高聚物并用时具有许多优点，如不降低制品性能等，因此有较多的应用。

### 3. 含磷化合物的阻燃机理

磷系阻燃剂包括磷酸酯、磷腈、膦酸酯、氧化膦等，其中最重要的是磷酸三甲苯酯。磷酸酯的阻燃机理是在其受热后会发生分解，生成磷酸，磷酸再聚合成有很强的脱水能力的聚磷酸，聚磷酸能促进高聚物的脱水碳化，而单质碳不进行产生火焰的蒸发燃烧，在橡胶的表面形成一层碳化膜，从而起隔绝效应。含卤素的磷酸酯由于卤素的作用阻燃效果更好。

### 4. 三氧化二锑的阻燃机理

氧化锑单独使用并没有阻燃性，但与卤素阻燃剂配合使用时，能表现出优良的阻燃效果。其机理在于氧化锑在燃烧过程中与有机卤化物作用，生成卤化锑（$SbX_3$）。

综上所述，氧化锑与有机卤化物并用时从以下三方面起阻燃作用：遮蔽表面（碳化作用）、降低系统温度、终止链反应。

在氧化锑中以三氧化二锑最为常用，五氧化二锑虽然效果很好，但由于价格较高，应用较少。

## （三）阻燃剂的主要品种与应用

### 1. 三氧化二锑

白色粉末状结晶，与卤素阻燃剂配合使用有优良的阻燃效果。在含氯高聚物材料中用量3～5份即能抑燃，对不含氯的高聚物需配以等量的氯化石蜡、氯化联苯或其他氯化物。本品用量较大，在含有炭黑的胶料中，常用20～70份氯化石蜡及2～15份三氧化二锑作阻燃剂可使橡胶制品获得较好耐燃效果。

用于丙烯酸酯橡胶、顺丁橡胶、丁苯橡胶、氯丁橡胶、丁腈橡胶、硅橡胶、聚氨酯橡胶及聚烯烃、聚酯、酚醛树脂、环氧树脂等，尤其适用于聚氯乙烯。三氧化二锑也可作白色着色剂，以制备白色或乳白色制品。

### 2. 氢氧化铝

属于常用的无机阻燃剂。其阻燃作用是受热后释放出的结晶水能够吸收热量，起冷却作用，同时，生成的水蒸气还可对可燃气体起稀释作用。与其他阻燃剂并用时效果更好。

用于泡沫胶乳配合剂（应将其研磨成6～35μm大小的粒子，防止其破坏泡沫）能降低聚合物的强度和注塑加工的流动性。与锑、磷、硼化合物以及锌盐和钙盐相比效率较高。与火焰接触时不会产生有毒气体，还能中和聚合物的酸性热分解产物，所以从保护环境不受污染的观点来看，该品具有很好的使用价值。经硅烷处理后的氢氧化铝可改善其在聚酯中的分散性及其强度和均匀度。因而氢氧化铝是使用最广泛的阻燃剂之一。

### 3. 硼酸锌

白色粉末，用作丁苯橡胶、氯丁橡胶、氯磺化聚乙烯、顺丁橡胶、氯化乙丙橡胶、胶乳用阻燃剂，一般与含卤化合物一起使用，并加入一定的氧化锑。

### 4. 硼酸钡

白色粉末，为了降低成本，用于部分或全部代替三氧化二锑。能减缓氯化聚合物的成烟速度，适用于聚丙烯、聚乙烯、乙丙橡胶、聚氯乙烯、聚苯乙烯、ABS 树脂、氯丁橡胶和丁苯橡胶等。

### 5. 氯化石蜡

（1）氯化石蜡70　氯化石蜡70为白色粉末，含氯量70%，通常与等量的氧化锑配合。

本品在硫化温度下会发生少量分解，放出氯化氢及氯气，妨碍硫化，因此不能应用于热硫化制品。一般在橡胶中用量可达 30～50 份，在塑料中用量可达 10～20 份。

多用于丁苯橡胶、天然橡胶、丁腈橡胶、氯丁橡胶及聚氯乙烯、聚烯烃、聚酯、聚苯乙烯、聚氨酯和酚醛树脂等。

（2）氯化石蜡 72　氯化石蜡 72 的含氯量为 72％，为高黏度透明的微黄色液体。可很好地降低天然橡胶、合成橡胶硫化胶的可燃性，若配合以氧化锑则阻燃效果更好。对于丁苯橡胶、丁基橡胶、顺丁橡胶混炼胶硫化制品的力学性能影响较小，且能提高丁腈橡胶的力学性能，但弹性和硬度降低，不影响耐低温屈挠性能。还可降低胶料黏度，但氯丁橡胶的黏度则略增。

本品对硫黄和促进剂硫化体系的胶料有迟缓硫化的作用，而对以金属氧化物硫化的氯丁橡胶略有促进硫化的作用。可用于输送带、电缆护套及其他耐燃工业橡胶制品。在天然橡胶、丁苯橡胶、丁腈橡胶、丁基橡胶中的用量可达 30 份，在氯丁橡胶中的用量为 5～15 份。同时，可根据耐燃要求，加入 3～10 份氧化锑。

### 6. 磷酸三甲苯酯

磷酸三甲苯酯为清澈几乎无色无味的液体，作合成橡胶（尤其是氯丁橡胶）及聚氯乙烯、聚酯、聚烯烃、软质聚氨酯泡沫的阻燃剂，与少量的氧化锑并用有协同效应。

磷酸三甲苯酯也可作增塑剂，与高聚物的相容性好，并能提高其他助剂的相容性。还能提高聚合物的耐磨性、耐候性、防霉性、耐辐射性及电性能等，且挥发性小，耐溶剂性好，但有毒，制品初期带黄色、低温性差，须加入 25％～30％的耐寒增塑剂改善低温性质。

### 7. 磷酸三苯酯

磷酸三苯酯为稍有芳香味的白色晶体，作橡胶、塑料的阻燃剂。

### 8. 磷酸三辛酯

磷酸三辛酯为几乎无色的透明液体，作阻燃剂，也作合成橡胶、涂料等的增塑剂，具有耐光性、低挥发性、耐水性及较优的电气性能。

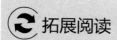 拓展阅读

#### 橡胶桥梁支座

桥梁支座是连接桥梁上部结构和下部结构的重要构件，其主要功能是将上部结构承受的各种荷载传递给墩台，并能适应上部结构由于荷载、温度变化、混凝土收缩等产生的变形（水平位移及转角），使上部结构的实际受力情况符合设计要求，还能阻抗风力和地震波等引起的结构平移、减轻振动对结构的不利影响。橡胶支座的传力通过橡胶板来实现，支座位移通过聚四氟乙烯板的滑动或橡胶的剪切来实现，支座转角则通过橡胶的压缩变形来实现。

桥梁橡胶支座的质量问题主要有：①龟裂裂纹。橡胶支座最为常见的质量问题就是由于不均匀鼓凸造成的裂缝，这种现象产生的根本原因是橡胶受力不当，在高压荷载作用下呈现的不均匀变形。施工人员没有重视坡度的范围以及侧重点，橡胶支座无法调节正确的转轴，导致橡胶表面出现密密麻麻的波点，不能稳定地粘贴在垫石上，但是这种现象也不

完全是施工不规范造成的，很多橡胶支座在一定年限的使用后由于长期荷载的作用出现受力疲劳而引起龟裂裂纹，但是其宽度和深度并不算严重，但是有一些支座由于裂缝进一步发展，引起大量的起鼓开裂现象。②钢板外露。一般而言，橡胶支座出现钢板外露的问题，是因为支座在制作过程中没有遵循内部构造原理造成的，内部应有防磨损的绝缘体，但是个别橡胶支座生产过程中，为了节省成本，对于内部防磨损绝缘体的要求不合格，在长期的使用过程中，导致橡胶支座磨损严重，钢板外露。③支座脱空。支座脱空问题极为严重，当橡胶支座在桥梁底面和支座承台垫石侧面形成的缝隙较大时，就容易造成外在的支座局部气压增加，无法抵消原有的垫石压力，从而被向上托起，造成局部脱空。另一方面，由于支座形成了局部脱空，就会直接与空气接触，加上个别橡胶支座并没有相应的防腐效果，同时由于转角角度过大，就会造成橡胶表皮急剧老化，从而造成桥梁崩塌的不良后果。

由于桥梁施工规模不断扩大，出现各种类型的橡胶支座。而不同种类的桥梁橡胶支座所产生的质量问题也各有不同，引起质量问题的原因主要是材料老化和施工不严谨，从而造成支座塌陷和磨损。在支座安装过程中，需要按照橡胶支座的安装技术和施工工艺进行规范安装。支座的安装质量将直接影响支座的受力状况，在重视竖向承载力验算的同时，也应该重视其耐久性能。同时，水平承载力、剪切变形和转角，尤其是支座变形验算需得到极大的重视。

## 思考题

1. 什么叫着色剂？无机着色剂和有机着色剂有何不同特点？
2. 什么叫发泡剂？何种发泡剂的发气量最大？做橡胶球使用何种发泡剂？
3. 简要介绍几种常见阻燃剂的阻燃机理。说明阻燃剂常常并用使用的原因。
4. 如何去除静电？简要介绍哪些橡胶制品需要添加抗静电剂。
5. 阻燃剂有哪些主要品种？简要介绍燃烧的三要素和阻燃的方法。

# 情境设计七
# 骨架材料的选用

## 学习目标

通过情境设计七的学习，让学生熟悉常用纤维材料的品种，掌握纤维性能参数的物理意义，掌握常用纤维材料的组成和性质，了解常用纺织材料的品种和应用，掌握纺织材料的结构组成，了解金属材料在橡胶中的应用；通过情境设计七的学习，掌握橡胶用骨架材料的基本知识，初步具备应用橡胶骨架材料的能力。

为增大橡胶制品的强度并限制其变形，如充气轮胎、胶管、胶带、胶鞋、胶布等，绝大多数的橡胶制品都必须用纺织材料或金属材料作骨架。骨架材料在橡胶制品中不仅用量大（如雨衣用的纤维材料占总质量的 $80\%\sim90\%$，运输带约占 $65\%$，橡胶水坝约占 $50\%$，轮胎类占 $10\%\sim15\%$），而且对制品的性能和结构有很大影响。

橡胶制品对骨架材料的性能要求是：强度高，伸长率适当，尺寸稳定性好，耐屈挠疲劳性和耐热性好，吸湿性小，与橡胶的黏合性好，耐腐蚀性和耐燃性好，价格低廉以及相对密度小，有利轻量化等。

# 任务一　轮胎用纤维材料的选用

## 一、纤维的分类、品种及性能

### 1. 纤维的分类

橡胶工业最早使用的纤维材料是棉纤维，同时还使用少量的麻。1936 年后开始使用人造纤维。人造纤维是以天然高聚物（如短棉绒和木浆等）经化学处理和机械加工而再生制得的纤维，如黏胶纤维、醋酯纤维等，其性能比棉纤维优越。1950 年以后，国外先进国家已逐渐以合成纤维取代了棉纤维。合成纤维是用煤、石油、天然气、农副产品等低分子化合物为原料，经一系列的化学反应合成高分子化合物，再经加工而制得的纤维，如锦纶（又称"尼龙"，是聚酰胺纤维的简称）、涤纶、维纶纤维等。近年来又采用了玻璃纤维和新型的化学纤维（如 B 纤维）等。今后，在纤维材料方面将向多样化发展，特别是随着子午线轮胎的发展，采用复合材料的趋向日益明显。纤维材料的分类如下。

（1）天然纤维　如棉、麻、羊毛、蚕丝、石棉纤维等。
（2）化学纤维　如黏胶纤维、醋酯纤维、锦纶、涤纶、维纶、丙纶、腈纶等。

（3）玻璃纤维。

2. 纤维的主要性能参数

纤维材料的
性能参数

不同纤维具有不同的性能，通常采用细度、强度、弹性、变形等性
能参数来表征各种纤维的特性。

（1）细度　表示纤维、纱线的粗细程度，它是纤维材料的重要指标
之一。细度一般采用与粗细度有关的间接指标纤度来表示，常用的有下述三种表示方法。

① 幺支（支数）——定重制。单位质量（以 g 计）的纤维、纱线所具有的长度（以 m
计）称为幺支或支数。例如 1g 质量的纱线长度为 60m，则称 60 支，记作 60Nm。

当纤维的密度相同时，支数越高，纤维越细。棉纤维的纤度一般用支数表示。

② 旦（denier）——定长制。单位长度（9000m）的纤维或纱线所具有的质量（以 g
计）称旦。对同一种纤维（即纤维的密度一定时）旦数越大，则纤维越粗。通常化学纤维的
纤度用旦表示。例如长度为 9000m 的一根纤维质量为 1650g，则其纤度为 1650 旦，记
作 1650d。

③ 特（tex）或分特（dtex）——定长制。单位长度（1000m）的纤维或纱线所具有的
质量（以 g 计）称"特"，质量若以 $10^{-1}$g 计，则称"分特"。

上述三种表示方法的换算关系如下：

$$旦数 \times 支数 = 9000$$
$$特数 \times 支数 = 1000$$
$$旦数 = \frac{9}{10} \times 分特数$$

（2）强度　当纤维、纱线及其纺织物在外力作用下破坏时，主要的或基本的方式是纤维
被拉断。表示纤维或纱线抵抗拉伸能力的指标主要有绝对强度和相对强度。

① 绝对强度是指纤维或纱线在连续增加负荷的作用下，直至断裂时所能承受的最大负
荷，单位为 N。

② 相对强度是指每特（或分特）纤维被扯断时所能承受的力，单位为 N/tex 或 N/dtex。

纤维的强度有干强度和湿强度之分。上述的强度是指在干燥状态下测定的，因此又称干
强度。纤维在湿润状态下测定的强度则称为湿强度。

（3）回弹率　把纤维拉伸到一定的伸长率（一般为 2%、3%、5%），当外力除去后在
60s 内形变恢复的程度称为回弹率，以 % 表示。回弹率越高，纤维的耐疲劳性越好。

（4）初始模量　纤维的模量是纤维抵抗外力作用下形变能力的量度。由于纤维的应力-
应变曲线仅在开始的一段为直线，故初始模量通常采用纤维伸长率为原长的 1% 时的应力值
来表示，其单位为 $N/m^2$、mN/dtex、N/tex 等。

初始模量表征纤维对延伸的抵抗能力，或表示纤维承受一定负荷后产生形变的大小。它
取决于纤维高聚物的化学结构及分子间相互作用力的大小。纤维的初始模量值高，表示施加
同样大小负荷时产生的形变小，即尺寸稳定性好。

（5）吸湿性　纺织材料的吸湿性是关系到纤维的加工性能和加工工艺的一项重要特性。
纤维的吸湿性是指纤维在标准温度和湿度（温度 20℃±3℃，相对湿度 65%±3%）条件下
的吸水率。一般采用回潮率（$R$）和含湿率（$M$）来表示。二者都是吸湿平衡后的含水百分
数，计算公式如下：

$$回潮率\ R = \frac{G_0 - G}{G} \times 100\%$$

$$回湿率\ M = \frac{G_0 - G}{G_0} \times 100\%$$

式中　$G$——试样干燥后的质量，g；

　　　$G_0$——试样未干燥时的质量，g。

二者间的换算关系式为：

$$R = \frac{100M}{100 - M}$$

$$M = \frac{100R}{100 + R}$$

### 3. 常用纤维的组成及性质

（1）棉纤维　可用作橡胶骨架材料的主要是纤维长度为 25～50mm 的优质长绒棉。成熟的棉纤维主要由纤维素组成（占 90%～94%），其次是水分、脂肪、蜡质和灰分等天然杂质。纤维素是一种碳水化合物，分子式为 $(C_6H_{10}O_5)_n$，式中聚合度 $n$ 一般可达 10000～15000（至少在 6000 以上）。

棉纤维的基本性能是湿强力较高，延伸率较低，与橡胶黏着性能好，但耐高温性差（在 120℃下强度下降 35%），强力较低，弹性较差，纤维较粗。因此，在要求强度高的制品中，就需要增加线的密度或布的层数，致使制品质量和厚度增加，从而造成生热大和耐疲劳性能下降。所以在近代橡胶制品生产中，棉纤维已经被化学纤维所代替。

（2）黏胶纤维　主要品种有普通黏胶纤维和高强度黏胶纤维，橡胶工业用的仅是具有高强力、高模量的高强度黏胶纤维。

黏胶纤维的基本组成是纤维素，但聚合度较低，普通的黏胶纤维在 250～500，高强度黏胶纤维在 550～650。黏胶纤维的许多性能取决于纤维分子链的取向度。一般随取向度的提高，强度增大，断裂伸长率减小，初始模量提高，尺寸稳定性增加。

黏胶纤维的纤维细长，强度较高，高温下强度损失小，导热性也好，摩擦较小，故使用时生热小、耐疲劳性和耐热性均比棉纤维优越，初始模量高，尺寸稳定性好，并且耐有机溶剂。因此广泛地应用于轮胎及其他橡胶制品中。例如，用黏胶纤维比用棉纤维制造的轮胎行驶里程可提高 20%～40%，翻新率增加 2～3 倍。黏胶纤维的缺点是吸湿性大，特别是吸湿后强度损失较大（损失 20%～30%），与橡胶的黏着性不如棉纤维好。

（3）合成纤维　与人造纤维不同，这种高分子物质在抽丝加工中能沿纤维轴进行一定的取向，并产生部分结晶，所以这种纤维具有一定的耐热性，干、湿强度均较高，初始模量较高，化学稳定性好。

合成纤维由于具有强度高、密度小、弹性大、吸湿率低、耐磨性和化学稳定性高、不霉蛀等特殊性能，在纺织纤维中很快占据了重要地位。橡胶工业中常用的合成纤维有锦纶纤维、涤纶纤维和维纶纤维等。

① 锦纶纤维的学名是聚酰胺纤维，美国称尼龙或耐纶。橡胶工业中主要使用聚酰胺 6 和聚酰胺 66 这两种纤维。聚酰胺 6 是由己内酰胺自聚而成，分子结构式为 $\text{[HN(CH}_2)_5\text{CO]}_n$。聚酰胺 66 则是由己二胺和己二酸缩聚而成，分子结构式为：

$$\text{—}HN(CH_2)_6NHOC(CH_2)CO\text{—}_n$$

聚酰胺是合成纤维中强度较高的一种。与黏胶纤维相比，强度高 1.5～1.8 倍，且吸湿率较低，耐疲劳性较高，耐冲击性能优越，所以大量应用于轮胎等橡胶制品中。但初始模量低，热收缩性大，尺寸稳定性差，与橡胶的黏着性差。生产中需进行热处理，制品硫化后要立即在模型内进行充分冷却。

② 涤纶纤维的学名是聚酯纤维。目前主要品种是聚对苯二甲酸乙二酯纤维，分子结构式为：

$$\text{—}CO\text{—}\bigcirc\text{—}COO(CH_2)_2O\text{—}_n$$

涤纶纤维的主要性能是强度稍低于锦纶，伸长率较低，回弹性接近于羊毛，耐热性、耐疲劳性和尺寸稳定性都很好，耐磨性仅次于锦纶。但与橡胶的黏着性差，并由于疲劳生热量高易引起胺化、水解等降解反应而降低帘线的强度，价格也高些。

③ 维纶纤维的学名是聚乙烯醇纤维（维尼纶）。此纤维是先由聚乙烯醇纺制成纤维，再经缩醛化（即用甲醛处理）而制得聚乙烯醇缩甲醛纤维，分子结构式为：

$$\text{—}CH_2\text{—}CH\text{—}CH_2\text{—}CH\text{—}_n$$
$$OCH_2O$$

这种纤维的强度和初始模量均比棉纤维高，不如锦纶好，与橡胶的黏着性比棉纤维差，比锦纶纤维和涤纶纤维好，耐化学腐蚀性也很好，但耐热性稍差，尤其是耐湿热性能差。适用于胶管、胶带、胶鞋等制品。

几种常用的纤维之间的性能对比如下。

强度：在干燥条件下，聚酰胺 6＞涤纶、维纶＞人造丝＞棉纤维；在潮湿条件下，涤纶＞聚酰胺 6＞维纶＞棉纤维＞人造丝。

耐热性：涤纶＞维纶＞聚酰胺 6＞人造丝＞棉纤维。

吸湿性：人造丝＞棉纤维＞维纶＞聚酰胺 6＞涤纶。

伸长率：聚酰胺 6＞涤纶＞人造丝＞维纶＞棉纤维。

（4）玻璃纤维 其具有耐热、强度高、耐腐蚀、电绝缘性好、隔热性好、耐湿性好等优点。在橡胶工业中主要是利用其耐高温、耐化学腐蚀的特性制造胶管和胶板等制品，并且已逐步用于轮胎和风扇带中。但与橡胶的黏着性很差，耐疲劳性能也不好。

（5）B 纤维 是高模量的芳香族聚酰胺纤维中的一种，是 20 世纪 70 年代出现的具有优良综合性能的新型纤维。它的学名是聚对二甲酰对苯二胺纤维，商品名为芳纶 1414，是由对苯二甲酰氯和对苯二胺缩聚制得，分子结构式为：

$$\text{—}HN\text{—}\bigcirc\text{—}NH\text{—}CO\text{—}\bigcirc\text{—}CO\text{—}_n$$

B 纤维兼有合成纤维和钢丝的优点，素有"合成钢丝"之称。它的强度是钢丝的 7 倍，比目前所有纤维都高，伸长率很小，只有 0.3%～4.2%，而且几乎不收缩（收缩率仅为 0～0.2%），耐疲劳性极好，密度小，耐化学腐蚀性好。其是钢丝帘布极好的代用品，是一种很有发展前途的新型纤维。

## 二、常用纺织材料的种类、规格表示及应用

目前橡胶工业中所用的纺织材料主要有帘布和帆布，其中用量最大的是帘布。

帘布和帆布

1. 帘布

帘布与普通布的结构不一样，主要由经线组成。经线是负荷的承受者，密度最大。而纬线很稀少，且极细。纬线的主要作用是将经线连接在一起，保持经线在帘布中的均匀排列而不致紊乱。帘布主要用于轮胎和胶带等制品中。帘布按纤维材料可分为棉帘布、黏胶帘布、合成纤维帘布等。

(1) 棉帘布  用棉纤维制成帘布，是将纤维纺成单纱，再将多根单纱捻合成一股，然后再将两股或多股线合股加捻成一根帘线，最后将帘线编织成帘布。

棉帘线的结构用棉纱的纤度、每根帘线包含的股数和每股线所含纱的根数来表示。例如，27tex/5×3(37Nm/5×3)，表示纱的纤度为27tex(37Nm)，5表示每根帘线含5根纤度为27tex(37Nm) 的纱线，3表示每根帘线由3股线捻合而成。

棉帘布根据不同的用途分为各种规格，用经线的密度和单根经线的强度表示，一般是四位数字，如1098、1070、8546等。每一组数字的前两位数表示帘线的单根强度分别为98N/根、83.3N/根；后两位数字则表示该帘布中经线的密度为沿经线垂直方向上每10cm距离内经线的根数分别为98根、70根和46根。所以这几种规格的帘布可以分别表示为1098×27tex/5×3(1098×37Nm/5×3)、1070×27tex/5×3(1070×37Nm/5×3) 和8546×27tex/5×3(8546×37tex/5×3)。

表7-1列举了一些常用棉帘布的规格。由于棉帘布强度低，耐热性差，多用于低速轮胎、农机轮胎以及其他使用条件要求不高的制品中。

表 7-1    几种常用的棉帘布规格

| 规　格 | 经 线 组 织 | 强度/MPa | 伸长率/% | 细度/mm | 10cm 内密度/根 | |
|---|---|---|---|---|---|---|
| | | | | | 经线 | 纬线 |
| 1088 | 27tex/5×3(37Nm/5×3) | 10 | 14 | 0.80 | 88 | 8 |
| 1068 | 27tex/5×3(37Nm/5×3) | 10 | 14 | 0.80 | 68 | 16 |
| 1040 | 27tex/5×3(37Nm/5×3) | 10 | 14 | 0.80 | 40 | 30 |
| 1098 | 27tex/5×3(37Nm/5×3) | 10 | 14 | 0.82 | 98 | 8 |
| 1070 | 27tex/5×3(37Nm/5×3) | 10 | 14 | 0.82 | 70 | 16 |
| 1098 | 27tex/5×3(37Nm/5×3) | 9 | 14 | 0.83 | 98 | 8 |
| 1070 | 27tex/5×3(37Nm/5×3) | 9 | 14 | 0.83 | 70 | 16 |
| 1098 | 27tex/5×3(37Nm/5×3) | 8.5 | 14 | 0.83 | 98 | 8 |
| 1070 | 27tex/5×3(37Nm/5×3) | 8.5 | 14 | 0.83 | 70 | 16 |
| 1046 | 27tex/5×3(37Nm/5×3) | 8.5 | 14 | 0.83 | 46 | 32 |

(2) 黏胶帘布  黏胶帘布的帘线强度较高，尺寸稳定性和耐热性较好，一般多用于乘用车胎、轻型载重轮胎、农机轮胎及其他制品。

从黏胶帘布的结构上看，22.2tex/2(1100d/2) 规格的黏胶帘线很少使用，183.3tex/2(1650d/2) 规格的帘线应用最为广泛（其经向密度有三种，即每10cm 104根、74根、50根），但目前有被183.3tex/3(1650d/3)、244.4tex/2(2200d/2) 及244.4tex/3(2200d/3) 取代之势。其中183.3tex/2 和244.4tex/3 表示分别由2根183.3tex 和3根244.4tex 的单丝捻成的帘线。

目前强力黏胶帘线和一超型黏胶帘线在轮胎中使用不多。二超、三超型黏胶帘线应用最为广泛，高模量黏胶帘线还处于研制或小量应用于子午线轮胎的阶段。其性能见表7-2。

表 7-2　黏胶帘线品种及性能

| 品种结构 | 强度 | 一超 | 二超 | 三超① | | 高模量② |
|---|---|---|---|---|---|---|
| | 183.3tex/2<br>(1650d/2) | 183.3tex/2<br>(1650d/2) | 183.3tex/2<br>(1650d/2) | 183.3tex/2<br>(1650d/2) | 183.3tex/2<br>(1650d/2) | 183.3tex/2<br>(1650d/2) |
| 强度/N | 126 | 137 | 162 | 172 | 185 | 237 |
| 伸长率(44.1N)/% | 3.1 | 4.2 | 2.7~3.3 | 2.3 | 3.3 | 1.1 |
| 拉断伸长率/% | 11.1 | 14.8 | 14 | 15 | 15.2 | 4.8 |

① 德国产。

② 日本产。

（3）锦纶帘布　锦纶帘布的帘线强度高，耐疲劳、耐冲击性好，可用于各种轮胎和胶带中。目前常用的规格如下：93.3tex/2（840d/2），强力 137.2~147.0N；140.0tex/2（1260d/2），强力 196.0~254.8N；186.7tex/2（1680d/2），强力 274.4N 以上；186.7tex/3（1680d/3），强力 401.8~411.6N。其中，140.0tex/2（1260d/2）的经向密度有三种，即每10cm 100 根、74 根和 52 根。

由于锦纶帘线强度高，若使用 93.3tex/2 帘布制造轮胎时，8 层帘布层相当于 10 层级棉帘布层；若用 140.0tex/2 帘布制造轮胎时，6 层帘布层即可相当于 10 层级棉帘布层。

（4）涤纶帘布　虽比锦纶帘布的耐热性和尺寸稳定性好，但因易于胺解、生热较高、成本高，故不及锦纶帘布应用广泛，主要用于乘用胎和子午线轻卡轮胎等。

目前涤纶帘线的结构规格主要有 111.1tex/2（1000d/2）、122.2tex/2（1100d/2）、166.7tex/2（1500d/2）、144.4tex/3（1300d/3）等。另外还有 111.1tex/3（1000d/3）、222.2tex/2（2000d/2），用于乘用子午线轮胎的带束层。

（5）维纶帘布　维纶帘布虽与橡胶有较好的黏着性，强力较高，尺寸稳定性好，但因耐湿热性和耐疲劳性较差，生产操作困难（发硬），所以仅在力车胎、摩托车胎及小型农机车胎中有应用。其帘线的规格和性能如表 7-3 所示。

表 7-3　维纶帘线的规格与性能

| 性　　能 | 34/3/2 | 34/2/2 | 29/2/2 |
|---|---|---|---|
| 强力/N | 67 | 46 | 36 |
| 拉断伸长率/% | 22 | 22 | 21 |
| 伸长率(19.6N)/% | 8 | 8 | 8 |
| 直径/mm | 0.59 | 0.51 | 0.48 |
| 热收缩率(160℃×10min)/% | 2.5 | 2.5 | 2.5 |

### 2. 帆布

其结构与普通的布一样，只是线比较粗，是一种经纬线密度较大的平纹布。帆布的经纬线密度一般相同，其强度也相同。但也有经纬线密度不相同的帆布。

帆布的结构和规格表示方法与帘布类似，以经纬线的密度和单根线的结构表示。例如，118.4×122.2×36Nm/5×5，表示该帆布的经纬线密度分别为 118.4 根/10cm 和 122.2 根/10cm，线的纤度为 36Nm 的棉纱 5 根组成一股，再由 5 股捻成一根线。如果经纬线的单根结构不同，则应予以分别标出。如 21Nm/3×21Nm/4，表明经线与纬线的结构不同，前面的数字表示经线结构，由 21Nm 的纱线 3 根组成；后面的数字表示纬线结构，由 21Nm 的纱线 4 根组成。对于合成纤维的帆布，其规格可仿照棉帆布的方法表示。但一般纤度以特或旦来代替纱支数。如 186.7tex/2×186.7tex/1（1680d/2×1680d/1）、140tex/5×2×140tex/

3(1260d/5×2×1260d/3) 等。

目前国内橡胶工业所用的帆布仍以棉帆布为主。由于棉帆布具有与橡胶的黏着性好、资源丰富、应用技术成熟、成本较低等优点，在一些使用条件要求不高的橡胶制品中得到广泛应用。

随着橡胶工业的发展及对制品强度要求的不断提高，合成纤维、人造纤维、玻璃纤维帆布也越来越多地用于各类产品。如一般长途高强力运输带、橡胶水坝、大型胶布制品（海上拖带、矿山用气袋等）可采用不同规格的锦纶帆布来制造；传动带、风扇带、耐燃运输带等可采用耐热性、尺寸稳定性优于锦纶帆布的涤纶帆布来制造；玻璃纤维帆布则广泛用于制造输水及农排胶管、耐热胶管、耐热运输带等。但涤纶和玻璃纤维的缺点是与橡胶的附着力差，表面需经特殊处理，同时玻璃纤维帆布的耐冲击力也差。

为了弥补合成纤维、人造纤维、玻璃纤维等性能的不足，可以采取混纺和交织的办法来制造各种帆布。如采取黏胶纤维与锦纶混纺、维纶与棉纤维混纺、维纶与涤纶混纺、涤纶与棉纤维混纺等，可改善强力和黏着性能；又如用锦纶作纬线，以棉、黏胶、维纶、涤纶纤维作经线交织而成的帆布，可用于运输带，这既可以利用锦纶弹性好、伸长大、强度高等特点，增大运输带的成槽性、横向柔软性、耐冲击性、抗撕裂性和耐疲劳性等性能，提高运输带的使用寿命，又可以避免经向伸长大的缺点；用锦纶作经线的交织布则可显著提高运输带的强力；玻璃纤维与棉、涤纶进行交织，可兼顾强力与黏着性两个方面。

# 任务二　轮胎用金属材料的选用

橡胶工业中使用的金属材料有两类：一类是作为橡胶制品的结构配件，如模型制品中的金属配件、胶辊铁芯及内胎气门嘴等；另一类是作为橡胶制品的结构材料，如钢丝帘布、钢丝和钢丝绳等。作为骨架材料而使用的钢丝又分为两类：一类是粗钢丝，用来做胎圈、胶管耐压层和外保护层等；另一类是细钢丝，主要用于钢丝帘布。

微课扫一扫

橡胶的骨架材料

对钢丝的性能要求是：①拉断强度必须在 2352Pa 以上；②镀层色泽均匀，并与橡胶有良好的黏着性能；③表面必须清洁，无油污和其他污物；④柔软性和耐疲劳性良好；⑤必须保持平直、有挺性、不卷曲。

## 一、钢丝帘线

钢丝帘线具有强度高、导热性和耐热性极好、变形小等特点，因此适用于大型轮胎、强力运输带等。在轮胎中用 2～4 层钢丝帘布就可以代替 10～14 层棉帘布，而在子午线轮胎中则用一层钢丝帘布即可。这样不仅使轮胎胎身减薄，改善散热性，而且可以大大提高载重量，行驶安全。钢丝帘线的主要缺点是弹性和耐疲劳性差，不易与橡胶黏合。目前生产的钢丝帘线均采用冷拔高碳钢钢丝。正在研制的熔喷钢丝帘线，其强度、耐疲劳性和黏着性均优于前者。

为了提高橡胶与钢丝的黏合强度，通常在钢丝表面镀黄铜，其铜/锌约为 70：30，镀层附着量为 4～8g/kg，也有镀纯锌的，镀层附着量为 2～3g/kg。

钢丝帘线一般是经"并线""合股"等工艺制出的。并线就是将几根钢丝按一定捻度缠绕在一起成为股线，例如 1×3 就是 3 根钢丝绕在一起，其中无芯子，如图 7-1 所示。而 1×7 就是将 7 根钢丝绕在一起，其中一根是中间的芯子。合胶就是将几股线捻在一起制成一根帘线。与股线一样，帘线可以有芯子，也可无芯子，如图 7-2 所示。

钢丝帘线的结构通常是根据轮胎的用途和使用部位来确定的。钢丝的直径目前大部分采用 0.175～0.38mm，也可用 0.15mm。一般较细的钢丝主要用于胎体帘线，较粗的则用于缓冲层帘线。

钢丝帘线有外缠和无缠之分。外缠的目的是使所有钢丝聚集更紧密，并改善帘线的疲劳性能及其与橡胶的黏着性能，但外缠法生产麻烦，成本较高。采用适宜的捻法也可以解决帘线松散的问题，并可省去外缠，降低成本。一种结构为 (1×3×0.20+6×1×0.38)+1×0.15 的钢丝帘线的断面结构如图 7-3 所示。

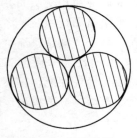

图 7-1　钢丝并线

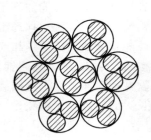

图 7-2　钢丝合股

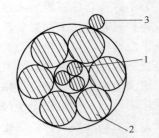

图 7-3　钢丝帘线的断面结构
直径：1—0.20mm；
2—0.38mm；3—0.15mm

由于钢丝帘线的材料为高碳钢，又受到高度拉拔加工，很容易受到氧化腐蚀，故应防潮。

## 二、钢丝

轮胎胎圈钢丝有镀铜和镀黄铜两种。前者用于普通轮胎，后者用于子午线轮胎。国产胎圈所用钢材为 65 钢，钢丝直径多为 1.00mm，破断力 1.76～2.21kN，弯曲次数≥12 次（$r=2.5$mm），扭转次数≥27 次。

力车胎胎圈钢丝为镀锌钢丝，其直径多为 (2.1±0.02)mm，破断力为 1.57～1.81kN，所用钢材是 70 钢。

胶管使用的钢丝直径为 0.02～0.71mm，表面镀锌或镀黄铜，以镀黄铜者使用较多。

## 三、钢丝绳

钢丝绳结构及所采用材料和钢丝粗度不同，钢丝绳的特性也不相同，应根据制品的性能要求合理选用。

在运输带中，钢丝绳用于带芯，强度高于目前任何一种纤维带芯，而且伸长率极低，耐热性及耐冲击性好。在胶管中，钢丝绳主要用于要求爆破强力高并具有一定挠性的胶管。

钢丝绳的结构不同，表示方法也有所不同。举例如下。

(1×3)+(5×7)，表示中心为一股 3 根钢丝，外包 5 股 7 根钢丝的钢丝绳。

(1×3)×7，表示每股 3 根钢丝，由 7 股构成的钢丝绳。

7×7×7，表示每股 7 根钢丝，由 7 股构成一根绳子，再由 7 根绳子组成一根钢丝绳。

(1×3)＋9＋(1×3)×9，表示中心一股 3 根钢丝，外包 9 根钢丝，再外包 3 根一股的 9 股钢丝绳。

(1×3)×7＋1，表示每股 3 根钢丝的 7 股钢丝绳外缠有一根钢丝。

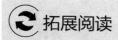

## 拓展阅读

### 中国橡胶骨架材料现状

我国橡胶骨架材料经过数十年的发展，已形成品种规格齐全、产品质量优秀、配套设施完善的完整工业体系，成为世界骨架材料的生产大国。目前，中国橡胶骨架材料生产企业已达百余家，总产量约占世界总量的四分之一。

中国橡胶骨架材料主要包括锦纶、涤纶和钢丝等，高性能芳纶纤维的用量也在逐渐增大，高强度合成纤维工业丝和高强度钢丝是橡胶工业用骨架材料的主导品种，轮胎骨架材料用量最大。

目前，我国橡胶骨架材料选用情况如下：斜交载重轮胎和工程轮胎，越野轮胎以传统聚酰胺 6 和聚酰胺 66 帘布为主；子午线载重轮胎以钢帘线为主；轻型载重子午线轮胎，胎体以高模量低收缩涤纶帘布为主，部分规格用钢丝和聚酰胺 66（改性聚酰胺 66），带束层用钢丝帘线；乘用子午线轮胎胎体以涤纶帘布为主，带束层用钢帘线；自行车胎、手推车胎、摩托车胎、农用轮胎以聚酰胺 6 为主；输送带以涤纶/锦纶交织帆布，或纯涤纶和纯锦纶类帆布以及涤纶为主的整体带芯帆布，部分输送带采用钢丝绳或芳纶作增强层；芳纶在部分工程胎用作缓冲层或在部分子午胎中作胎体层，在轮胎、橡胶管带中应用量日益增加[1]。

## 思考题

1. 橡胶工业中常用的纺织纤维有哪些？各有何特点？
2. 棉纱和化学纤维的纤度如何表示？怎样换算？
3. 何谓帘布和帆布？其规格如何表示？
4. 钢丝帘布的优缺点是什么？其规格如何表示？
5. 钢丝表面为什么要镀铜或锌？为什么要保持表面清洁？

---

[1]　相关数据来源于中国橡胶工业协会骨架材料专委会，轮胎世界网。

# 橡胶配方设计

# 情境设计八
# 橡胶配方设计

## 学习目标

通过情境设计八的学习，掌握配方设计的原则、设计方法、影响因素等，掌握输送带（耐热阻燃、抗静电）、胶鞋大底、耐热油密封件、耐腐蚀管道衬里等典型产品配方设计要点。

## 任务一　认识橡胶配方设计

单纯的天然橡胶或合成橡胶，如不加以适当的配合，就无法加工成型为符合要求的制品。如丁苯橡胶、顺丁橡胶等非结晶性橡胶，不配合补强剂时，硫化胶的强度很低，根本无法使用。因此长期以来，人们为提高橡胶性能、改善加工工艺、降低材料成本等进行了大量的实践。结果表明，必须通过合理的配方设计才能实现上述目的。

所谓配方设计，就是根据产品的性能要求和工艺条件，通过试验、优化、鉴定，合理地选用原材料，确定各种原材料的用量配比关系。

任何一种橡胶制品的胶料，都需要通过配方设计，把主体材料与各种配合剂配合在一起，组成一个多组分体系，其中每一组分都起一定的作用。例如：硫化体系（包括交联剂、助交联剂、促进剂、活性剂）可使线型的橡胶大分子通过化学交联，形成一个立体空间网络结构，从而使可塑的黏弹性胶料，转变成高弹性的硫化胶；补强填充剂则能保证胶料具有要求的力学性能，改善加工工艺性能和降低成本；软化剂等加工助剂可使胶料具有必要的工艺性能，改善耐寒性，也可降低成本；防老剂能提高硫化胶的耐老化性能，并对各种类型的老化起防护作用。

自 1839 年发现硫化技术以来，橡胶用的原材料品种不断增加。据不完全统计，橡胶配合剂已有 2000 多个品种。可供使用的主体材料，除数百个品种的天然橡胶和合成橡胶之外，随着橡塑共混、高分子合金等高新技术的发展，许多塑料等高分子材料均可与橡胶共混，进一步拓宽了配方设计的选择空间，为橡胶配合技术选用物美价廉的配合材料提供了广阔的天地。

综上可见，橡胶材料是生胶与多种配合剂构成的多相体系，橡胶材料中各个组分之间存在着复杂的化学作用和物理作用。目前虽然可借助计算机算出配方和某些物理性能之间的定量关系，但尚不能完全用理论计算的方法确定各种原材料的配比，在一定程度上仍依赖于长期积累的经验。早在 20 世纪 30 年代以前的天然橡胶时代，配方设计几乎是"包治百病的灵丹妙药"，各生产厂家的配方都秘不外传，从事配方设计工作的"配合师"备受尊崇，类似中国祖传中医的"开方抓药"一样,被蒙上了一层神秘色彩。随着合成橡胶的出现,硫化、老化、补强、共混等高分子理论的发展,特别是在计算机辅助设计和仪器测试方面开展了大量的工作,使橡胶配合技术有了很大的提高。但在橡胶配方设计的领域内尚有一些理论及技术问题没有突破,需要进行深入的研究和开发,因此橡胶配方设计工作任重道远,将是大有作为的。

## 一、橡胶配方设计的内容和要求

橡胶配方设计是橡胶制品生产过程中的关键环节,它对产品的质量、加工性能和成本均有决定性的影响。

配方设计人员应用各种橡胶和配合剂,通过试验设计优化组合,便可制出工艺性能不同的胶料和技术性能各异的硫化胶。橡胶配方设计的内容应包括:

① 确定符合制品工作性能要求的硫化胶的主要性能以及这些性能指标值的范围;

② 确定适合于生产设备和制造工艺所必需的胶料的工艺性能以及这些性能指标值的范围;

③ 选择能达到胶料和硫化胶指定性能的主体材料和配合剂,并确定其用量比。

这里应该强调指出,配方设计过程并不是各种原材料简单的经验搭配,而是在充分掌握各种配合原理的基础上,充分发挥整个配方系统的系统效果,从而确定各种原材料最佳的用量、配比关系。配方设计过程应该是高分子材料各种基本理论的综合应用过程,是高分子材料结构与性能关系在实际应用中的体现。因此配方设计人员应该具有深厚的基础理论和专业基础,特别是在高新技术不断涌现的今天,更应注意运用各相关学科的先进技术和理论,只有把它们和配方设计有机地结合起来,才能设计出技术含量较高的新产品。此外,配方设计人员在工作中应注意积累、收集、汇总有关的基础数据,并注意拟合一切可能的经验方程,从大量的统计数据中,找出某些内在的规律性。这对今后的配方设计和研究工作都会有借鉴和指导意义。

## 二、橡胶配方设计的原则与程序

### (一) 配方设计的原则

橡胶配方设计的原则可以概括如下:

① 保证硫化胶具有指定的技术性能,使产品优质;

② 在胶料和产品制造过程中加工工艺性能良好,使产品达到高产;

③ 成本低,价格便宜;

④ 所用的生胶、聚合物和各种原材料容易得到;

⑤ 劳动生产率高,在加工制造过程中能耗少;

⑥ 符合环境保护及卫生要求。

任何一个橡胶配方都不可能在所有性能指标上达到全优。在许多情况下,配方设计应遵循如下基本原则:

① 在不降低质量的情况下,降低胶料的成本;

② 在不提高胶料成本的情况下,提高产品质量。

要使橡胶制品的性能、成本和工艺可行性三方面取得最佳的综合平衡而用最少物质消耗、最短时间、最小工作量，通过科学的配方设计方法，掌握原材料配合的内在规律，设计出实用配方。

## （二）配方设计的程序

### 1. 基础配方

基础配方又称标准配方，一般是以生胶和配合剂的鉴定为目的。当某种橡胶和配合剂首次面世时，以此检验其基本的加工性能和物理性能。其设计的原则是采用传统的配合量，以便对比；配方应尽可能地简化，重现性较好。基础配方仅包括最基本的组分，由这些基本的组分组成的胶料，既可反映出胶料的基本工艺性能，又可反映硫化胶的基本物理性能。可以说，这些基本组分是缺一不可的。在基础配方的基础上，再逐步完善、优化，以获得具有某些特性要求的性能配方。不同部门的基础配方往往不同，但同一胶种的基础配方基本上大同小异。

天然橡胶（NR）、异戊橡胶（IR）和氯丁橡胶（CR）可用不加补强剂的纯胶配合，而一般合成橡胶的纯胶配合，其力学性能太差而无实用性，所以要添加补强剂。目前较有代表性的基础配方实例是以 ASTM（美国材料试验协会）作为标准提出的各类橡胶的基础配方，见表 8-1～表 8-7。表 8-2～表 8-16 列出了各种合成橡胶的基础配方。

橡胶代号

**表 8-1  天然橡胶（NR）基础配方（ASTM）**　　单位：质量份

| 原材料名称 | NBS标准试样编号 | 配方 | 原材料名称 | NBS标准试样编号 | 配方 |
|---|---|---|---|---|---|
| NR | — | 100.00 | 防老剂 PBN | 377 | 1.00 |
| 氧化锌 | 370 | 5.00 | 促进剂 DM | 373 | 1.00 |
| 硬脂酸 | 372 | 2.00 | 硫黄 | 371 | 2.50 |

注：硫化条件为 140℃×10min，140℃×20min，140℃×40min，140℃×80min。NBS 为美国国家标准局缩写。

**表 8-2  丁苯橡胶（SBR）基础配方（ASTM）**　　单位：质量份

| 原材料名称 | NBS标准试样编号 | 非充油SBR配方 | 充油SBR配方 | | | | |
|---|---|---|---|---|---|---|---|
| | | | 充油量25 phr[②] | 充油量37.5 phr | 充油量50 phr | 充油量62.5 phr | 充油量75 phr |
| 非充油 SBR | — | 100 | — | — | — | — | — |
| 充油 SBR | — | — | 125 | 137.5 | 150 | 162.5 | 175 |
| 氧化锌 | 370 | 3 | 3.75 | 4.12 | 4.5 | 4.88 | 5.25 |
| 硬脂酸 | 372 | 1 | 1.25 | 1.38 | 1.5 | 1.63 | 1.75 |
| 硫黄 | 371 | 1.75 | 2.19 | 2.42 | 2.63 | 2.85 | 3.06 |
| 炉法炭黑 | 378 | 50 | 62.5 | 68.75 | 75 | 81.25 | 87.5 |
| 促进剂 NS[①] | 384 | 1 | 1.25 | 1.38 | 1.5 | 1.63 | 1.75 |

注：硫化条件为 145℃×25min，145℃×35min，145℃×50min。
① N-叔丁基-2-苯并噻唑次磺酰胺。
② phr 指每百质量份橡胶的质量份。

**表 8-3  氯丁橡胶（CR）基础配方（ASTM）**　　单位：质量份

| 原材料名称 | NBS标准试样编号 | 纯胶配方 | 半补强炉黑（SRF）配方 |
|---|---|---|---|
| CR(W 型) | — | 100 | 100 |
| 氧化镁 | 376 | 4 | 4 |
| 硬脂酸 | 372 | 0.5 | 1 |

续表

| 原材料名称 | NBS标准试样编号 | 纯胶配方 | 半补强炉黑（SRF）配方 |
|---|---|---|---|
| SRF | 382 | | 29 |
| 氧化锌 | 370 | 5 | 5 |
| 促进剂 NA-22 | — | 0.35 | 0.5 |
| 防老剂 D | 377 | 2 | 2 |

注：硫化条件为 150℃×15min，150℃×30min，150℃×60min。

表 8-4　丁基橡胶（IIR）基础配方（ASTM） 单位：质量份

| 原材料名称 | NBS标准试样编号 | 纯胶配方 | 槽黑配方 | 高耐磨炭黑（HAF）配方 |
|---|---|---|---|---|
| IIR | | 100 | 100 | 100 |
| 氧化锌 | 370 | 5 | 5 | 3 |
| 硫黄 | 371 | 2 | 2 | 1.75 |
| 硬脂酸 | 372 | —① | 3 | 1 |
| 促进剂 DM | 373 | — | 0.5 | — |
| 促进剂 TMTD | 374 | 1 | 1 | 1 |
| 槽法炭黑 | 375 | — | 50 | — |
| HAF | 378 | — | — | 50 |

注：硫化条件为 150℃×20min，150℃×40min，150℃×80min；150℃×25min，150℃×50min，150℃×100min。
① 生产中可使用硬脂酸锌，因此纯胶中可不使用硬脂酸。

表 8-5　丁腈橡胶（NBR）基础配方（ASTM） 单位：质量份

| 原材料名称 | NBS标准试样编号 | 瓦斯炭黑配方 | 原材料名称 | NBS标准试样编号 | 瓦斯炭黑配方 |
|---|---|---|---|---|---|
| NBR | — | 100 | 硫黄 | 371 | 1.5 |
| 氧化锌 | 370 | 5 | 促进剂 DM | 373 | 1 |
| 硬脂酸 | 372 | 1 | 瓦斯炭黑 | 382 | 40 |

注：硫化条件为 150℃×10min，150℃×20min，150℃×40min，150℃×80min。

表 8-6　顺丁橡胶（BR）基础配方（ASTM） 单位：质量份

| 原材料名称 | NBS标准试样编号 | 高耐磨炭黑（HAF）配方 | 原材料名称 | NBS标准试样编号 | 高耐磨炭黑（HAF）配方 |
|---|---|---|---|---|---|
| BR | — | 100 | 促进剂 NS | 384 | 0.9 |
| 氧化锌 | 370 | 3 | HAF | 378 | 60 |
| 硫黄 | 371 | 1.5 | ASTM 型 103 油 | — | 15 |
| 硬脂酸 | 372 | 2 | | | |

注：硫化条件为 145℃×25min，145℃×35min，145℃×50min。

表 8-7　异戊橡胶（IR）基础配方（ASTM） 单位：质量份

| 原材料名称 | NBS标准试样编号 | 高耐磨炭黑（HAF）配方 | 原材料名称 | NBS标准试样编号 | 高耐磨炭黑（HAF）配方 |
|---|---|---|---|---|---|
| IR | — | 100 | 硬脂酸 | 372 | 2 |
| 氧化锌 | 370 | 5 | 促进剂 NS | 384 | 0.7 |
| 硫黄 | 371 | 2.25 | HAF | 378 | 35 |

注：硫化条件为 135℃×20min，135℃×30min，135℃×40min，135℃×60min。纯胶配方采用天然橡胶基础配方。

表 8-8　三元乙丙橡胶（EPDM）基础配方（ASTM） 单位：质量份

| 原材料名称 | 质量份 | 原材料名称 | 质量份 |
|---|---|---|---|
| EPDM | 100 | 促进剂 TMTD | 1.5 |
| 氧化锌 | 5 | 硫黄 | 1.5 |
| 硬脂酸 | 1 | HAF | 50 |
| 促进剂 M | 0.5 | 环烷油 | 15 |

注：硫化条件在第三单体为 DCDP 时为 160℃×30min，160℃×40min；第三单体为 ENB 时为 160℃×10min，160℃×20min。

**表 8-9　氯磺化聚乙烯（CSM）基础配方（ASTM）**　　　单位：质量份

| 原材料名称 | 黑色配方 | 白色配方 | 原材料名称 | 黑色配方 | 白色配方 |
|---|---|---|---|---|---|
| CSM | 100 | 100 | 促进剂 DPTT | 2 | 2 |
| SRF | 40 | — | 二氧化钛 | — | 3.5 |
| 一氧化铅 | 25 | — | 碳酸钙 | — | 50 |
| 活性氧化镁 | — | 4 | 季戊四醇 | — | 3 |
| 促进剂 DM | 0.5 | — | | | |

注：硫化条件为 153℃×30min，153℃×40min，153℃×50min。

**表 8-10　氯化丁基橡胶（CIIR）基础配方（ASTM）**　　　单位：质量份

| 原材料名称 | 质量份 | 原材料名称 | 质量份 |
|---|---|---|---|
| CIIR | 100 | HAF | 50 |
| 硬脂酸 | 1 | 促进剂 TMTD | 1 |
| 促进剂 DM | 2 | 氧化锌 | 3 |
| 氧化镁 | 2 | | |

注：硫化条件为 153℃×30min，153℃×40min，153℃×50min。

**表 8-11　聚硫橡胶（PSR）基础配方（ASTM）**　　　单位：质量份

| 原材料名称 | ST[1]配方 | FA[2]配方 | 原材料名称 | ST[1]配方 | FA[2]配方 |
|---|---|---|---|---|---|
| PSR | 100 | 100 | 氧化锌 | — | 10 |
| SRF | 60 | 60 | 促进剂 DM | | 0.3 |
| 硬脂酸 | 1 | 0.5 | 促进剂 DPG | | 0.1 |
| 过氧化锌 | 6 | | | | |

注：硫化条件为 150℃×30min，150℃×40min，150℃×50min。
[1] 该胶主要单体为二氯乙基缩甲醛，系美国固态聚硫橡胶牌号，不塑化也能包辊。
[2] 该胶主要单体为二氯乙烷、二氯乙基缩甲醛，系美国固态聚硫橡胶牌号，必须通过添加促进剂，在混炼前用开炼机薄通，进行化学塑解而塑化。

**表 8-12　丙烯酸酯橡胶（ACM）基础配方（ASTM）**　　　单位：质量份

| 原材料名称 | 质量份 | 原材料名称 | 质量份 |
|---|---|---|---|
| ACM | 100 | 防老剂 RD | 1 |
| 快压出炭黑(FEF) | 60 | 硬脂酸钠 | 1.75 |
| 硬脂酸钾 | 0.75 | 硫黄 | 0.25 |

注：硫化条件为一段硫化 166℃×10min；二段硫化 180℃×8h。

**表 8-13　混炼型聚氨酯橡胶（PUR）基础配方（ASTM）**　　　单位：质量份

| 原材料名称 | 配方 | 原材料名称 | 配方 |
|---|---|---|---|
| PUR[1] | 100 | 促进剂 Caytur4[2] | 0.35 |
| 古马隆 | 15 | 硫黄 | 0.75 |
| 促进剂 M | 1 | HAF | 30 |
| 促进剂 DM | 4 | 硬脂酸镉 | 0.5 |

注：硫化条件为 153℃×40min，153℃×60min。
[1] 选择 AdipreneCM（美国 Du Pont 公司产品牌号）。
[2] 促进剂 DM 与氧化锌的复合物。

**表 8-14　氯醇橡胶（CO）基础配方（ASTM）**　　　单位：质量份

| 原材料名称 | 配方 | 原材料名称 | 配方 |
|---|---|---|---|
| CO | 100 | 铅丹 | 1.5 |
| 硬脂酸铅 | 2 | 防老剂 NBC | 2 |
| FEF | 30 | 促进剂 NA-22 | 1.2 |

注：硫化条件为 160℃×30min，160℃×40min，160℃×50min。

表 8-15  氟橡胶（FKM）基础配方（ASTM）  单位：质量份

| 原材料名称 | 配方 | 原材料名称 | 配方 |
|---|---|---|---|
| FKM（Viton 型） | 100 | 氧化镁① | 15 |
| 中粒热裂炭黑（MT） | 20 | 硫化剂 Diak3#② | 3.0 |

注：硫化条件为一段硫化 150℃×30min；二段硫化 250℃×24h。
① 要求耐水时用 11 质量份氧化钙代替氧化镁，要求耐酸时用 PbO 作吸酸剂。
② N, N'-二亚肉桂基-1,6-己二胺。

表 8-16  硅橡胶（Q）基础配方（ASTM）  单位：质量份

| 原材料名称 | 配方 | 原材料名称 | 配方 |
|---|---|---|---|
| Q | 100 | 硫化剂 BPO | 0.35 |

注：硫化条件为一段硫化 125℃×5min；二段硫化 250℃×24h。

硅橡胶配方一般应包括补强剂（白炭黑）、结构控制剂。硫化剂的用量可根据填料用量而变化。硫化剂多用易分散的浓度为 50% 的膏状物。

在设计基础配方时，ASTM 规定的标准配方和合成橡胶厂提出的基础配方是很有参考价值的。基础配方最好是根据本单位的具体情况进行拟定，以本单位积累的经验数据为基础。还应该注意分析同类产品和类似产品现行生产中所用配方的优缺点，同时也要考虑到新产品生产过程中和配方改进中新技术的应用。

2. 性能配方

性能配方又称技术配方，是为达到某种性能要求而进行的配方设计，其目的是满足产品的性能要求和工艺要求，提高某种特性等。性能配方应在基础配方的基础上全面考虑各种性能的搭配，以满足制品使用条件的要求为准。通常研制产品时所作的试验配方就是性能配方，是配方设计者用得最多的一种配方。

3. 实用配方

实用配方又称生产配方，在试验室条件下研制的配方，其试验结果并不是最终的结果，往往在投入生产时会产生一些工艺上的困难，如焦烧时间短、压出性能不好、压延粘辊等，这就需要在不改变基本性能的条件下，进一步调整配方。在某些情况下不得不采取稍稍降低物理性能和使用性能的方法来调整工艺性能，也就是说在物理性能、使用性能和工艺性能之间进行折中。胶料的工艺性能虽然是个重要的因素，但并不是绝对的唯一的因素，往往由技术发展条件所决定。生产工艺和生产装备技术的不断完善，会扩大胶料的适应性，例如准确的温度控制以及自动化连续生产过程的建立，就有可能对以前认为工艺性能不理想的胶料进行加工了。但是无论如何，在研究和应用某一配方时，必须要考虑到具体的生产条件和现行的工艺要求。换言之，配方设计者不仅要负责成品的质量，同时也要充分考虑到现有条件下，配方在各个生产工序中的适用性。

实用配方即是在前两种配方（基本配方、性能配方）试验的基础上，结合实际生产条件所作的实用投产配方。实用配方要全面考虑使用性能、工艺性能、体积成本、设备条件等因素，最后选出的实用配方应能够满足工业化生产条件，使产品的性能、成本、长期连续工业化生产工艺达到最佳的平衡。图 8-1 为实用配方拟定程序。

综上所述，可以看出配方设计并不局限于试验室的试验研究，而是包括如下几个研究阶段：

① 研究、分析同类产品和近似产品生产中所使用的配方；

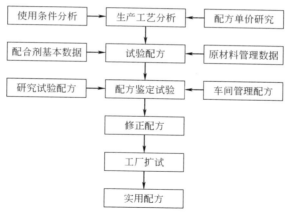

图 8-1　实用配方拟定程序

② 制订基本配方，并在这个基础上制订连续改进配方；

③ 根据确定的计划，在试验室条件下制订出改进配方的胶料，并进行试验，选出其中最优的配方，作为下一步试制配方；

④ 在生产或中间生产的条件下进行扩试，制备胶料进行工艺（混炼、压出、压延等）和物理性能试验；

⑤ 做出试制品，并按照标准和技术条件进行试验。

根据上述各个试验阶段所得到的试验数据，就可以帮助选定最后的生产配方。如不能满足要求，则应继续进行试验研究，直到取得合乎要求的指标时为止。

## 三、橡胶配方的组成及表示方法

橡胶配方简单来说，就是一份表示生胶、聚合物和各种配合剂用量的配比表。但生产配方则包含更详细的内容，其中包括：胶料的名称及代号、胶料的用途、生胶及各种配合剂的用量、含胶率、相对密度、成本、胶料的工艺性能和硫化胶的物理性能等。

同一个橡胶配方，根据不同的需要可以用 4 种不同的形式来表示，如表 8-17 所示。

表 8-17　橡胶配方的表示形式

| 原材料名称 | 基本配方/质量份 | 质量分数配方/% | 体积分数配方/% | 生产配方/kg |
|---|---|---|---|---|
| NR | 100 | 62.11 | 76.70 | 50.0 |
| 硫黄 | 3 | 1.86 | 1.03 | 1.5 |
| 促进剂 M | 1 | 0.62 | 0.50 | 0.5 |
| 氧化锌 | 5 | 3.11 | 0.63 | 2.5 |
| 硬脂酸 | 2 | 1.24 | 1.54 | 1.0 |
| 炭黑 | 50 | 31.06 | 19.60 | 25.0 |
| 合计 | 161 | 100.00 | 100.00 | 80.5 |

（1）基本配方　以质量份来表示的配方，即以生胶的质量为 100 份，其他配合剂用量都以相应的质量份表示。这种配方称为基本配方，常用于实验室中。

（2）质量分数配方　以质量分数来表示的配方，即以胶料总质量为 100%，生胶及各种配合剂都以质量分数来表示。这种配方可以直接从基本配方导出。

（3）体积分数配方　以体积分数来表示的配方，即以胶料的总体积为 100%，生胶及各种配合剂都以体积分数来表示。这种配方也可从基本配方导出，其算法是将基本配方中生胶及各种配合剂的质量分数分别除以各自的相对密度，求出它们的体积分数，然后以胶料的总体积分数为100%，分别求出它们的体积分数。体积分数配方计算示例见表8-18。

**表 8-18　体积分数配方计算示例**

| 原材料名称 | 基本配方/质量份 | 相对密度 | 体积份 | 体积分数/% |
|---|---|---|---|---|
| NR | 100 | 0.92 | 108.70 | 76.71 |
| 硫黄 | 3 | 2.05 | 1.46 | 1.03 |
| 促进剂 M | 1 | 1.42 | 0.70 | 0.49 |
| 氧化锌 | 5 | 5.57 | 0.90 | 0.64 |
| 硬脂酸 | 2 | 0.92 | 2.17 | 1.53 |
| 炭黑 | 50 | 1.80 | 27.78 | 19.60 |
| 合计 | 161 | — | 141.72 | 100.00 |

注：体积分数配方常用于按体积计算成本。

（4）生产配方　符合生产使用要求的质量配方，称为生产配方。生产配方的总质量常等于炼胶机的容量，例如使用开炼机混炼时，炼胶机的装胶量 $Q$ 用下列经验公式计算：

$$Q = DL\gamma K$$

式中　$Q$——炼胶机装胶量，kg；

　　　$D$——辊筒直径，cm；

　　　$L$——辊筒长度，cm；

　　　$\gamma$——胶料相对密度；

　　　$K$——系数（0.0065～0.0085）。

$Q$ 除以基本配方总质量即得换算系数：$a = \dfrac{Q}{基本配方总质量}$

用换算系数 $a$ 乘以基本配方中各组分的质量份，即可得到生产配方中各组分的实际用量。例如表8-17中生产配方的总质量（即装胶量 $Q$）为80.5kg，基本配方总质量为161g，则

$$换算系数\ a = \frac{80.5 \times 1000}{161} = 500$$

天然橡胶的实际用量＝0.1×500＝50(kg)，其他组分的实际用量也以此类推。

在实际生产中，有些配合剂往往以母炼胶或膏剂的形式进行混炼，因此使用母炼胶或膏剂的配方应进行换算。例如现有如下基本配方：

| 原材料名称 | 基本配方/质量份 | 原材料名称 | 基本配方/质量份 |
|---|---|---|---|
| NR | 100.00 | 硬脂酸 | 3.00 |
| 硫黄 | 2.75 | 防老剂 A | 1.00 |
| 促进剂 M | 0.75 | HAF | 45.00 |
| 氧化锌 | 5.00 | 合计 | 157.50 |

其中促进剂 M 以母炼胶的形式加入。M 母炼胶的质量分数配方为：

| | |
|---|---|
| NR | 90.00 |
| 促进剂 M | 10.00 |
| 合计 | 100.00 |

上述 M 母炼胶配方中 M 的含量为母炼胶总量的1/10，而原基本配方中 M 用量为0.75质量份，所需 M 母炼胶为：

$$\frac{0.75}{x} = \frac{1}{10}$$

$x=7.5$，即 7.5 质量份 M 母炼胶中含有促进剂 M 0.75 质量份，其余 6.75 质量份为天然胶，因此，原基本配方应作如下修改：

| 原材料名称 | 基本配方/质量份 | 原材料名称 | 基本配方/质量份 |
|---|---|---|---|
| NR | 93.25 | 硬脂酸 | 3.00 |
| 硫黄 | 2.75 | 防老剂 A | 1.00 |
| 促 M 母炼胶 | 7.5 | HAF | 45.00 |
| 氧化锌 | 5.00 | 合计 | 157.50 |

# 任务二　学习橡胶配方设计原理

## 一、配方设计与硫化橡胶物理性能的关系

配方中所选用的材料品种、用量不同，会产生性能各异的橡胶制品。

### （一）拉伸强度

拉伸强度表征制品能够抵抗拉伸破坏的极限能力。橡胶工业普遍用拉伸强度指标作为标准，来比较鉴定不同配方的硫化橡胶和控制硫化橡胶的质量。

1. 拉伸强度与橡胶结构的关系

（1）分子量与分子量分布的影响　分子量较小时，分子间相互作用的次价键也较少，因而分子间的相互作用力就较小。所以在外力大于分子间作用力时，就会产生分子间的滑动，而使材料开裂破坏。随着分子量的增大，分子间的次价键增多，范德华力增大，分子间的作用力增大，胶料的内聚力提高，拉伸时链段不易滑动，因此拉伸强度一般随分子量增加而增大。但是分子量大到一定程度时，分子间次价力之和已大于主链的化学键结合力，此时在拉伸力的作用下，分子间未能产生滑动前，化学键已遭破坏，出现主价键断裂，此时拉伸强度就与分子量的大小无关了，这就表明分子量对拉伸强度的影响有一定的限度。要保证具有较高的拉伸强度，橡胶的分子量应大于其临界值（$M_{kp}$）。根据实际应用结果，建议采用分子量为 $(3.0\sim3.5)\times10^5$ 的生胶。

分子量分布 $\overline{M}_w/\overline{M}_n$ 的影响，主要是低聚物部分的影响。低聚物部分含量大，即可能导致受拉伸力时分子间断裂，强度降低。如果分子量分布虽然很宽，但其低聚物部分的聚合度（$n$）都大于其临界聚合度 $n_0$（$n>n_0$）时，则分子量分布对强度的影响就较小。一般情况下，当平均分子量增加，分子量分布宽度也随之增大。因此，分子量相同时，分子量分布较窄的拉伸强度的提高程度比分子量分布宽的大。建议采用 $\overline{M}_w/\overline{M}_n$ 为 $2.5\sim3$ 的生胶。

（2）分子间作用力的影响　除上述分子量和分子量分布会影响分子间作用力以外，凡是影响分子间作用力的其他因素，均对拉伸强度有影响。例如主链上有极性取代基时，分子间次价力大大提高，拉伸强度也随之提高。氯丁橡胶（CR）、氯磺化聚乙烯橡胶（CSM）均有较高的拉伸强度。丁腈橡胶随极性取代基丙烯腈含量增加，拉伸强度也随之增大。聚氨酯橡

胶中的刚性链段，由芳香基、氨基甲酸酯基或取代脲基等组成，这些刚性链段内聚能很大，彼此缔合在一起，均匀分布在柔性链段的橡胶相中，常温下起着弹性交联点的作用，此即微相分离。微相分离程度越大，其分子间的作用力越大，拉伸强度越大。

（3）微观结构对拉伸强度的影响　橡胶的微观结构对硫化胶的性能有重要影响。随相同链节分布有规程度的提高，橡胶大分子的柔顺性以及在拉伸和结晶时定向性提高，导致胶料的内聚力提高，从而使硫化胶的拉伸强度提高。随 1,4-链节含量增加，拉伸强度也随之提高，这在顺丁橡胶中表现尤为明显。聚合过程中产生的支化度和凝胶颗粒，会使大分子排列不规整，拉伸时容易造成裂缝，致使拉伸强度降低。因此，要获得高强度的硫化橡胶，最好是使用微观结构高度规整的线型橡胶。

（4）结晶和取向对拉伸强度的影响　一般随结晶度提高，拉伸强度增大。因为结晶度提高则相应的分子链排列紧密有序，孔隙率低，微观缺陷少，分子间作用力增强，使大分子链段运动较为困难，从而使拉伸强度提高。对结晶性橡胶而言，在拉伸的条件下会产生应力而诱导结晶的形成，随之增强了分子间的作用，并能阻止裂缝的增长，使拉伸强度大大提高。当橡胶拉伸时，大分子链沿应力方向取向形成结晶。这些晶粒分散在无定形的大分子中，起到补强的作用，即所谓自补强作用。例如天然橡胶和氯丁橡胶就是属于生胶强度（格林强度）较高有自补强作用的橡胶。

高聚物分子取向后，其性能会由各向同性转变为各向异性。分子链取向后，与分子链平行方向的拉伸强度增加，而与分子链垂直方向的强度下降。造成这种各向异性的原因是，平行方向拉伸破坏需克服牢固的化学键能，即主价键力，而垂直方向的拉伸破坏只要克服分子间的范德华力（次价键力）就足够了。另外在取向过程中能消除橡胶材料中的某些微缺陷（如空穴等），导致拉伸强度提高。表 8-19 列出了各种常用橡胶的拉伸强度。

橡胶的拉伸强度除上述结构因素之外，试验时的形变速度和温度均对其有重要影响。在快速形变下，橡胶的拉伸强度比慢速形变时高；高温下测试的拉伸强度，远远低于室温下的拉伸强度。

表 8-19　各种常用橡胶的拉伸强度　　　　　单位：MPa

| 胶　　种 | 未填充硫化胶 | 填充硫化胶 | 胶　　种 | 未填充硫化胶 | 填充硫化胶 |
|---|---|---|---|---|---|
| 天然橡胶（NR） | 20～30 | 15～35 | 三元乙丙橡胶（EPDM） | 2～7 | 10～25 |
| 异戊二烯橡胶（IR） | 20～30 | 15～35 | 氯磺化聚乙烯（CSM） | 4～10 | 10～24 |
| 顺丁橡胶（BR） | 2～8 | 10～20 | 丙烯酸酯橡胶（ACM） | 2～4 | 8～15 |
| 丁苯橡胶（SBR） | 2～6 | 10～25 | 氟橡胶（FKM） | 3～7 | 10～25 |
| 丁腈橡胶（NBR） | 3～7 | 10～30 | 硅橡胶（Q） | 约1 | 4～12 |
| 氯醇橡胶（CO） | 2～3 | 10～20 | 聚氨酯橡胶（PUR） | 20～50 | 20～60 |
| 氯丁橡胶（CR） | 10～30 | 10～30 | SBS 热塑性弹性体 | — | 11～35 |
| 丁基橡胶（IIR） | 8～20 | 8～23 | 聚酯型热塑性弹性体 | — | 35～45 |

## 2. 拉伸强度与硫化体系的关系

（1）交联密度的影响　对常用的软质硫化胶而言，拉伸强度与交联密度的关系有一最大值。一般随交联密度增加，拉伸强度增大，并出现一个极大值；然后随交联密度的进一步增加，拉伸强度急剧下降。在拉伸的初始阶段，拉伸强度的提高与能在变形时承受负荷的有效链的数量增加有关。适当的交联可使有效链数量增加，而断裂前每一有效链能均匀承载，因而拉伸强度提高。但当交联密度过大时，交联点间分子量（$M_c$）减小，不利于链段的热运动和应力传递；此外交联度过高时，有效网链数减少，网链不能均匀承载，易集中于局部网链上。这种承载的不均匀性，随交联密度的加大而加剧，因此交联密度过大时拉伸强度下降。

拉伸强度随交联密度增加出现最大值的事实表明：欲获得较高的拉伸强度，必须使交联密度适度，即交联剂的用量要适宜。

（2）交联键类型的影响　　对于有效活性链相等的天然橡胶硫化胶来说，拉伸强度与交联链类型的关系，按下列顺序递减：离子键＞多硫键＞双硫键＞单硫键＞碳-碳键。硫化橡胶的拉伸强度随交联键键能增加而减小，因为键能较小的弱键，在应力状态下能起到释放应力的作用，减轻应力集中的程度，使交联网链能均匀地承受较大的应力。另外，对于能产生拉伸结晶的天然橡胶而言，弱键的早期断裂，还有利于主链的取向结晶。因此具有弱键的硫化胶网络会表现出较高的拉伸强度。

综上所述，欲通过硫化体系提高拉伸强度时，应采用硫黄-促进剂的传统硫化体系，并适当提高硫黄用量，同时促进剂选择噻唑类（如 M、DM）与胍类并用，并适当增加用量。但上述规律并不适用于所有的情况，例如添加炭黑的硫化胶强度对交联键类型的依赖关系就比较小。此外，在高温和热氧化条件下使用的橡胶制品，其硫化体系的设计，必须使硫化网络中的交联键是耐热的。

#### 3. 拉伸强度与填充体系的关系

补强剂是影响拉伸强度的重要因素之一。试验表明：填料的粒径越小，比表面积越大，表面活性越大，则补强效果越好。至于结构性与拉伸强度的关系则说法不一，其影响程度远不如粒径和表面活性那么大。

填充补强剂对不同橡胶的拉伸强度的影响，其规律性也不尽相同。以结晶型橡胶（如天然橡胶）为基础的硫化橡胶，拉伸强度随填充剂用量增加，可出现单调下降。而以非结晶型橡胶（如丁苯橡胶）为基础的硫化橡胶，其拉伸强度随填充剂用量增加而增大，达到最大值，然后下降。

这两类橡胶产生不同补强效果的主要原因是：天然橡胶属于结晶型橡胶，拉伸时可产生拉伸结晶而具有自补强性，生胶强度较高，因此炭黑加入后补强效果不明显；而丁苯橡胶属于非结晶型橡胶，其生胶强度很低，所以炭黑对它的补强效果很明显。

以低不饱和度橡胶（如三元乙丙橡胶、丁基橡胶）为基础的硫化橡胶，其拉伸强度随填充剂用量增加，达到最大值后可保持不变。对热塑性弹性体而言，填充剂使其拉伸强度降低。

填充剂的最佳用量与填充剂的性质、胶种以及胶料配方中的其他组分有关。例如炭黑的粒径越小、表面活性越大，达到最大拉伸强度时的用量趋于减少；胶料配方中含有软化剂时，炭黑的用量比未添加软化剂的要大一些。一般情况下，软质橡胶的炭黑用量在 40～60质量份时，硫化胶的拉伸性能较好。

#### 4. 拉伸强度与软化体系的关系

一般来说，加入软化剂会降低硫化橡胶的拉伸强度。但软化剂的用量如果不超过 5 质量份时，硫化胶的拉伸强度还可能增大，因为胶料中含有少量软化剂时，可改善炭黑的分散性。例如填充炭黑的丁腈橡胶胶料中，加入 10 质量份以下的邻苯二甲酸二丁酯（DBP）或邻苯二甲酸二辛酯（DOP）时，可使拉伸强度提高；拉伸强度达到最大值之后，如继续增加软化剂用量，则拉伸强度急剧下降。

软化剂对拉伸强度的影响程度与软化剂的种类、用量以及胶种有关。例如，在以天然橡胶为基础的胶料中，加入 10 质量份和 20 质量份石油系软化剂时，其硫化胶的拉伸强度分别降低 4% 和 20%。而同样加入 10 质量份和 20 质量份石油系软化剂，在丁苯橡胶中则分别降低 20% 和 30%；在顺丁橡胶/丁苯橡胶（1:1）并用的硫化胶中强度基本不变化。

不同种类的软化剂对胶种也有选择性。例如，芳烃油对非极性的不饱和橡胶（异戊二烯橡胶、顺丁橡胶、丁苯橡胶）硫化胶的拉伸强度影响较小；石蜡油对它则有不良的影响；环烷油的影响介于两者之间。因此非极性的不饱和二烯类橡胶应使用含环烷烃的芳烃油，而不应使用含石蜡烃的芳烃油。芳烃油的用量为 5～15 质量份。

### 5. 提高硫化胶拉伸强度的其他方法

（1）橡胶和某些树脂共混　例如天然橡胶、丁苯橡胶与高苯乙烯树脂共混，天然橡胶与聚乙烯共混，丁腈橡胶与聚氯乙烯共混，乙丙橡胶与聚丙烯共混等，都可以达到提高拉伸强度的目的。

（2）橡胶的化学改性　将具有反应能力的改性剂加入胶料中，通过改性剂与橡胶和填料相互作用，在橡胶分子之间及橡胶与填料之间生成化学键和吸附键，以提高硫化胶的拉伸强度。

（3）填料表面改性　使用表面活性剂和偶联剂，如硅烷偶联剂以及各种表面活性剂对填料表面进行处理，可改善填料与大分子间的界面亲和力，不仅有助于填料的分散，而且可以改善硫化胶的力学性能。

综合考虑影响强度的各种因素，提高硫化胶拉伸强度的途径可概括如下：

① 提高体系的黏度，使大分子链段运动受到牵制，从而在裂缝前消耗能量；

② 改善硫化网络中交联键的化学结构，使其能承受较高的负荷；

③ 提高结晶度和取向度，其结晶取向可提高硫化网络的强度，并有阻止裂缝发展的作用；

④ 加入粒径小、活性大的填料，增强填料粒子对橡胶大分子的吸附，通过大分子在填料表面滑移降低应力集中，提高拉伸强度；

⑤ 均匀分散可变形的塑性微区。

### （二）撕裂强度

橡胶的撕裂是由于材料中的裂纹或裂口受力时迅速扩大开裂而导致破坏的现象，这是衡量橡胶制品抵抗破坏能力的特性指标之一。橡胶的撕裂一般是沿着分子链数目最小即阻力最小的途径发展，而裂口的发展方向是选择内部结构较弱的路线进行，通过结构中的某些弱点间隙形成不规则的撕裂路线，从而促进了撕裂破坏。

### 1. 撕裂强度与橡胶分子结构的关系

随分子量增加，分子间的作用力增大，相当于分子间形成了物理交联点，因而撕裂强度增大；但当分子量增高到一定程度时，其强度不再增大，逐渐趋于平衡。结晶性橡胶在常温下的撕裂强度比非结晶性橡胶高，如表 8-20 所示。

表 8-20　各种橡胶的撕裂强度　　　　　　　　　单位：kN/m

| 橡胶类型 | 纯 胶 胶 料 | | | | 炭 黑 胶 料 | | | |
|---|---|---|---|---|---|---|---|---|
| | 20℃ | 50℃ | 70℃ | 100℃ | 25℃ | 30℃ | 70℃ | 100℃ |
| NR | 51 | 57 | 56 | 43 | 115 | 90 | 76 | 61 |
| CR（GN 型） | 44 | 18 | 8 | 4 | 77 | 75 | 48 | 30 |
| IIR | 22 | 4 | 4 | 2 | 70 | 67 | 67 | 59 |
| SBR | 5 | 6 | 5 | 4 | 39 | 43 | 47 | 27 |

由表 8-20 可见，常温下天然橡胶和氯丁橡胶的撕裂强度较高，这是由于结晶型橡胶撕裂时产生诱导结晶后，使应变能力大为提高。但是高温下，除天然橡胶外，撕裂强度均明显降低。填充炭黑后的硫化胶撕裂强度均有明显的提高，特别是丁基橡胶的炭黑填充胶料，由于内耗较大，分子内摩擦较大，将机械能转化为热能，导致撕裂强度较高。

2. 撕裂强度与硫化体系的关系

撕裂强度随交联密度增大而增大，但达到最大值后，交联密度再增加，则撕裂强度下降，交联密度比拉伸强度达到最佳值时要低。

多硫键具有较高的撕裂强度，故在选用硫化体系时，要尽量使用传统的硫黄-促进剂硫化体系。硫黄用量以 2.0～3.0 质量份为宜，促进剂选用中等活性、平坦性较好的品种，如 DM、CZ 等。在天然橡胶中，如用有效硫化体系代替普通硫化体系时，撕裂强度明显降低，但过硫对其影响不大。而用普通硫化体系时，过硫则对撕裂强度有显著的不良影响，撕裂强度会显著降低。

3. 撕裂强度与填充体系的关系

随炭黑粒径减小，撕裂强度增加。在粒径相同的情况下，能赋予高伸长率的炭黑，也即结构度较低的炭黑对撕裂强度的提高有利。在天然橡胶中增加高耐磨炭黑的用量，可使撕裂强度增大。在丁苯橡胶中增加高耐磨炭黑时，出现最大值，然后逐渐下降。一般合成橡胶使用炭黑补强时，都可明显提高撕裂强度。一般来说，撕裂强度达到最佳值时所需的炭黑用量，比拉伸强度达到最佳值所需的炭黑用量高。使用各向同性的补强填充剂，如炭黑、白炭黑、白艳华、立德粉和氧化锌等，可获得较高的撕裂强度；而使用各向异性的填料，如陶土、碳酸镁等则不能得到高撕裂强度。

4. 软化体系对撕裂强度的影响

通常加入软化剂会使硫化胶的撕裂强度降低，尤其是石蜡油对丁苯橡胶硫化胶的撕裂强度极为不利，而芳烃油则可保证丁苯橡胶硫化胶具有较高的撕裂强度。随芳烃油用量增加，其撕裂强度的变化如表 8-21 所示。

表 8-21　用普通硫化体系硫化的 SBR-1500 硫化胶的撕裂强度与芳烃油用量的关系

| 芳烃油用量/质量份 | 0 | 10 | 20 | 30 | 40 | 50 |
|---|---|---|---|---|---|---|
| 撕裂强度/（kN/m） | 64 | 61 | 59 | 54 | 55 | 45 |

大多数丁腈橡胶、氯丁橡胶硫化胶中都含有增塑剂。增塑剂的加入同样会使撕裂强度降低，例如在氯丁胶料中加入 10 质量份、20 质量份、30 质量份的癸二酸二丁酯，会使硫化胶的撕裂强度分别降低 32%、45% 和 55%。采用石油系软化剂作为丁腈橡胶和氯丁橡胶的软

化剂时，应使用芳烃含量高于 50%～60% 的高芳烃油，而不能使用石蜡环烷烃油。

### （三）定伸应力和硬度

定伸应力和硬度都是表征橡胶材料刚性（刚度）的重要指标，两者均表征硫化胶产生一定形变所需要的力。定伸应力与较大的拉伸形变有关，而硬度则与小的压缩形变有关。

1. 定伸应力与橡胶分子结构的关系

（1）分子量和分子量分布的影响　橡胶分子量越大，则游离末端数越少，有效链数越多，定伸应力也越大。为了得到规定的定伸应力，对分子量较小的橡胶应适当提高其硫化程度。分子量分布对定伸应力和硬度的影响如表 8-22 所示。

表 8-22　分子量分布对定伸应力和硬度的影响

| $\overline{M}_w/\overline{M}_n$ | 300%定伸应力/MPa | 硬度（邵氏 A） | $\overline{M}_w/\overline{M}_n$ | 300%定伸应力/MPa | 硬度（邵氏 A） |
|---|---|---|---|---|---|
| 2.57 | 82 | 67 | 3.89 | 70 | 62 |
| 3.00 | 79 | 65 | 4.34 | 68 | 60 |
| 3.47 | 76 | — | 4.77 | 65 | 59 |

随着分子量分布的加宽（$\overline{M}_w/\overline{M}_n$ 增加），硫化胶的定伸应力和硬度均下降。这是因为分子量分布较宽时，低分子量组分增加，游离末端效应加强，导致性能降低。因此，在分子量相近的情况下，应尽量减少多分散性，使分子量分布窄些。

（2）橡胶分子结构对定伸应力的影响　凡是能增加分子间作用力的结构因素，都可以提高硫化胶网络抵抗变形的能力。例如，在橡胶大分子主链上带有极性原子或极性基团的氯丁橡胶、丁腈橡胶、聚氨酯橡胶等，分子间的作用力较大，其硫化胶的定伸应力较高；结晶型的橡胶（如天然橡胶），结晶后分子链排列紧密有序，结晶形成的物理结点也增加了分子间的作用力。另外天然橡胶中的高分子量级分较多，相对减少了游离末端的不利影响，对硫化胶力学性能的贡献较大，因此其定伸应力也较高。

2. 定伸应力与硫化体系的关系

（1）交联密度对定伸应力的影响　定伸应力与交联密度的关系十分密切，影响显著。不论是纯胶、硫化胶还是填充炭黑的硫化胶，随交联密度增加，定伸应力和硬度也随之直线增加。

通常交联密度的大小是通过调整硫化体系中的硫化剂、促进剂、助硫化剂、活性剂等配合剂的品种和用量来实现的，其中主要是硫化剂和促进剂的品种和用量。

各类促进剂含有不同的官能基团，如防焦基团、促进基团、活性基团、硫化基团等。有的促进剂只有一种功能，而有的促进剂具有多种功能。活性基团（氨基）多的促进剂，例如，秋兰姆类、胍类和次磺酰胺类促进剂的活性较高，其硫化胶的定伸应力也比较高。TMTD 具有多种功能，兼有活化、促进及硫化的作用，因此并用 TMTD 可以有效地提高定伸应力。将具有不同官能基团的促进剂并用即可增强或抑制其活性，在一定范围内对定伸应力和硬度进行调整。

（2）交联键类型对定伸应力的影响　交联密度随硫化程度增大而增加。当硫化程度增大时，以—C—C—交联键为主的硫化胶，定伸应力迅速增大，而以多硫键为主的硫化胶，定伸应力增大的速度非常缓慢。总的说来，硫化程度增大到一定程度时，定伸应力按下列顺序递减：—C—C—＞—C—S—C—＞—C—S$_x$—C—。其原因是多硫键应力松弛的速度比较快。

在配方设计中，为了保持硫化胶定伸应力恒定不变，需要减少多硫键含量；而减少硫黄用量时，应当增加促进剂的用量，使硫黄用量和促进剂用量之积（硫黄用量×促进剂用量）保持恒定。

### 3. 定伸应力与填充体系的关系

填充剂的品种和用量是影响硫化胶定伸应力和硬度的主要因素，其影响程度比交联及橡胶的结构要大得多。

不同类型的填料对硫化胶定伸应力和硬度的影响是不同的：粒径小、活性大的炭黑，定伸应力和硬度提高的幅度较大。随填料用量增加，定伸应力和硬度也随之增大。

炭黑的性质对硫化胶定伸应力的影响，以结构性最为明显。结构性高的炭黑其定伸应力也较高。因为炭黑的结构性高，说明该炭黑聚集体中存在的空隙较多，其硫化胶中橡胶大分子的有效体积分数也相应减少较多。与未填充炭黑或填充低结构炭黑的硫化胶相比，欲达到相同的形变时，填充高结构炭黑的硫化胶中橡胶大分子部分的变形就得大一些，变形大所需的外力就相应增大，所以硫化胶的定伸应力随炭黑结构性增加而明显增大。

### 4. 提高硫化胶定伸应力和硬度的其他方法

通常提高硫化胶定伸应力和硬度的方法，就是增加炭黑和其他填充剂的用量。但是炭黑的填充量也是有一定限度的，因其用量过大，不仅给混炼工艺带来困难，而且硫化胶的硬度（邵氏 A）很难达到 90。

使用烷基酚醛树脂/固化剂并用体系增硬，效果非常显著。该树脂加入胶料后，在固化剂作用下，可与橡胶生成三维空间网络结构，使硫化胶的邵氏 A 硬度达到 95。常用的酚醛树脂有苯酚甲醛树脂、烷基间苯二酚甲醛树脂和烷基间苯二酚环氧树脂。所用的固化剂有六亚甲基四胺、RU 型改性剂和无水甲醛苯胺等含氮的杂环化合物。

在三元乙丙橡胶中添加液态二烯类橡胶和大量硫黄，可以制出硫化特性和加工性能优良的高硬度胶料。

在丁腈橡胶中采用多官能丙烯酸酯低聚物与热熔性酚醛树脂并用，可以有效地提高硫化胶的硬度。

此外，对填料表面进行活化改性处理，也有一定程度的增硬效果。

### （四）耐磨耗性

耐磨耗性表征硫化胶抵抗摩擦力作用下因表面破坏而使材料损耗的能力。耐磨耗性是与橡胶制品使用寿命密切相关的力学性能。许多橡胶制品，诸如轮胎、输送带、传动带、动态密封件、胶鞋大底等，都要求具有良好的耐磨耗性。橡胶的磨耗比金属的磨损复杂得多，它不仅与使用条件、摩擦副的表面状态、制品的结构有关，而且与硫化胶的其他力学性能和黏弹性能等物理-化学性质有密切的关系。其影响因素很多。橡胶的磨耗主要有如下三种形式。

### 1. 磨耗的形式

（1）磨损磨耗　橡胶在粗糙表面上摩擦时，由于摩擦表面上凸出的尖锐粗糙物不断切割、刮擦，致使橡胶表面局部接触点被切割、拉断成微小的颗粒，从橡胶表面上脱落下来，形成磨损磨耗（又称磨粒磨耗、磨蚀磨耗）。在粗糙路面上速度不高时胎面的磨耗，就是以这类磨耗为主。其磨耗强度为：

$$I = K\frac{\mu(1-R)}{\sigma_0}P$$

式中　$I$——磨耗强度；

　　　$K$——表面摩擦特性参数；

　　　$\mu$——摩擦系数；

　　　$R$——橡胶的回弹性；

　　　$\sigma_0$——橡胶拉伸强度；

　　　$P$——压力。

　　由上式可见，磨耗强度越大耐磨耗性越差，磨耗强度与压力成正比，与硫化胶的拉伸强度成反比，随回弹性提高而下降。

　　（2）疲劳磨耗　与摩擦面相接触的硫化胶表面，在反复的摩擦过程中受周期性压缩、剪切、拉伸等形变作用，使橡胶表面层产生疲劳，并逐渐在其中生成疲劳微裂纹。这些裂纹的发展造成材料表面的微观剥落。橡胶疲劳磨耗强度为：

$$I = K\left(R\frac{\mu E}{\sigma_0}\right)^t\left(\frac{P}{E}\right)^{1+\beta t}$$

式中　$I$——磨耗强度；

　　　$\sigma_0$——橡胶的拉伸强度；

　　　$E$——橡胶的弹性模量；

　　　$t$——橡胶动疲劳系数；

　　　$K$——表面摩擦特性参数；

　　　$R$——橡胶的回弹性；

　　　$\mu$——摩擦系数；

　　　$P$——压力；

　　　$\beta$——摩擦表面光洁度；

$$\beta = 1/(2V+1)$$

其中　$V$——表面粗糙度值。

　　由上式可见，疲劳磨耗强度，随橡胶弹性模量、压力提高而增加，随橡胶拉伸强度降低和疲劳性能变差（$t$增大）而加大。

　　（3）卷曲磨耗　橡胶与光滑表面接触时，由于摩擦力的作用，使硫化胶表面的微微凹凸不平的地方发生变形，并被撕裂破坏，成卷地脱落表面。

　　在不同的使用条件下，橡胶的磨耗机理不同，产生的磨耗强度也不同。

　　2. 胶种的影响

　　（1）顺丁橡胶　在通用的二烯类橡胶中，其硫化胶的耐磨耗性能按下列顺序递减：顺丁橡胶＞溶聚丁苯橡胶＞乳聚丁苯橡胶＞天然橡胶＞异戊橡胶。顺丁橡胶的耐磨耗性较好，从结构上分析，主要原因是它的分子链柔顺性好、弹性高、玻璃化温度较低（$-95\sim-105$℃）。硫化胶耐磨耗性一般随生胶的玻璃化温度（$T_g$）的降低而提高。顺丁橡胶硫化胶的耐磨耗性随顺式链节（1,4-结构）含量的增加而提高。

　　用顺丁橡胶制作的轮胎胎面胶，在良好路面和正常的气温下，耐磨耗性比丁苯橡胶和天然/顺丁并用胶高 30%～50%。

顺丁橡胶的相对耐磨性，随轮胎使用条件苛刻程度的提高而明显增加。这是由于在此条件下，顺丁橡胶的磨耗基本上属于疲劳磨耗，而此时天然橡胶和丁苯橡胶则以卷曲磨耗为主。

在道路平直、气温较高而使用条件不苛刻的情况下，顺丁橡胶胎面胶的耐磨耗性与丁苯橡胶胎面胶相近。

顺丁橡胶用作胎面胶的主要缺点是抗掉块能力低，因此实用中经常用天然橡胶或丁苯橡胶与它并用。当顺丁橡胶在并用胶中的并用比例增加到 60% 时，并用胶的耐磨耗性增加，但是顺丁橡胶的工艺性能不好，因此其并用比例通常不超过 50%。

（2）丁苯橡胶    丁苯橡胶的弹性、拉伸强度、撕裂强度都不如天然橡胶，其玻璃化温度（$T_g = -57℃$）也比天然橡胶高，但其耐磨性却优于天然橡胶。丁苯橡胶中苯乙烯的量为 23.5% 时，综合性能较好，而随苯乙烯含量增加，其硫化胶耐磨耗性下降。

丁苯橡胶的耐磨耗性随分子量的增加而提高。溶聚丁苯橡胶的耐磨耗性优于乳聚丁苯橡胶。用于轮胎胎面胶的丁苯橡胶在苛刻的使用条件下，不充油的 SBR-1500 比充油 37.5 份的 SBR-1712 的耐磨耗性提高 5%～10%；但在苛刻的条件下，特别是在高温时，则不如 SBR-1712。

（3）其他橡胶    在通用的二烯类橡胶中，天然橡胶的耐磨耗性不如顺丁橡胶和丁苯橡胶，但却优于合成的异戊橡胶。

丁腈橡胶硫化胶的耐磨耗性比异戊橡胶要好，其耐磨耗性随丙烯腈含量增加而提高。羧基丁腈橡胶耐磨性较好。

乙丙橡胶硫化胶的耐磨性和丁苯橡胶相当。随生胶穆尼黏度提高，其耐磨耗性也随之提高。第三单体为 1,4-己二烯的 EPDM，耐磨性比亚乙基降冰片烯和双环戊二烯为第三单体的 EPDM 好。

丁基橡胶硫化胶的耐磨耗性，在 20℃ 时和异戊橡胶相近；但当温度升至 100℃ 时，耐磨耗性则急剧降低。丁基橡胶采用高温混炼时，其硫化胶的耐磨耗性显著提高。

以氯磺化聚乙烯为基础的硫化胶，具有较高的耐磨耗性，高温下的耐磨性亦好。

丙烯酸酯橡胶为基础的硫化胶的耐磨耗性比丁腈橡胶硫化胶稍差一些。

聚氨酯橡胶是所有橡胶中耐磨耗性最好的一种。聚氨酯橡胶的耐磨性比其他橡胶高 10 倍以上，常温下具有优异的耐磨性，但在高温下它的耐磨性会急剧下降。

3. 硫化体系与耐磨耗性的关系

（1）交联密度的影响    硫化胶的耐磨耗性随硫化剂用量增加有一个最大值。耐磨耗性达到最佳状态时的最佳硫化程度，随炭黑用量增大及结构性提高而降低，如图 8-2 所示。在提高炭黑的用量和结构度时，由炭黑所提供的刚度就会增加。因此保持刚度的最佳值，就必须降低由硫化体系所提供的刚性部分，即适当地降低交联密度或硫化程度。

各种橡胶在不同的使用条件下，其最佳交联程度也不同。天然橡胶和异戊橡胶在卷曲磨耗时，最佳交

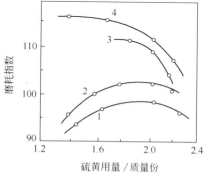

图 8-2    使用不同结构度炭黑的胎面胶的相对耐磨耗性与硫黄用量的关系
1—DBP 吸油值 1.00cm³/g；2—DBP 吸油值 1.25cm³/g；3—DBP 吸油值 1.35cm³/g；4—DBP 吸油值 1.50cm³/g

联程度为 300％ 定伸应力为 14～20MPa；顺丁橡胶在 300％ 定伸应力不高时，主要是疲劳磨耗，其最佳交联度比天然橡胶明显降低；丁苯橡胶的最佳交联程度介于天然橡胶和顺丁橡胶之间。

随轮胎使用条件苛刻程度提高，最佳交联程度呈增大的趋势。

（2）交联键类型的影响　轮胎实际使用试验表明，硫化胶生成单硫键可提高轮胎在光滑路面上的耐磨耗性，如表 8-23 所示。

由表 8-23 可见，单硫键含量愈多，硫化胶的耐磨耗性愈好。

一般硫黄＋促进剂 CZ 体系的耐磨耗性较好。以 DTDM＋硫黄（低于 1.0 份）＋促进剂 NOBS 体系硫化的硫化胶耐磨耗性和其他力学性能都比较好。在以硫黄＋CZ（主促进剂）＋ TMTD·DM·D（副促进剂）硫化天然橡胶时，硫黄用量为 1.8～2.5 质量份；顺丁橡胶为主的胶料，硫黄用量为 1.5～1.8 质量份。

**表 8-23　NR、SBR 胎面胶耐磨耗性与交联键类型的关系**

| 硫化体系（交联密度一定） | 单硫键含量/％ | | 耐磨耗指数（滑动角＝1°） | |
| --- | --- | --- | --- | --- |
| | NR | SBR | NR | SBR |
| CZ/S＝0.6/0.25 | 10 | 30 | 100 | 100 |
| DPG/S＝1.3/2.0 | 10 | 30 | 103 | 104 |
| CZ/S＝5.0/0.5 | 50 | 55 | 135 | 127 |
| TMTD＝3.8 | 50 | 90 | 162 | 142 |

注：硫化体系为质量份。

**4. 填充体系与耐磨耗性的关系**

通常硫化胶的耐磨耗性随炭黑粒径减小、表面活性和分散性的增加而提高。不同炭黑对 NR、SBR 胎面胶耐磨耗性的影响见表 8-24。

**表 8-24　不同炭黑对 NR、SBR 胎面胶耐磨耗性的影响**

| 炭黑品种 | 炭黑的性质 | | | 相对耐磨性/％ | |
| --- | --- | --- | --- | --- | --- |
| | 平均粒径/nm | 比表面积/(m²/g) | 氧含量 | NR | SBR |
| SAF(N110) | 23 | 136 | 1.6 | 123 | 127 |
| ISAF(N220) | 25 | 115 | 1.0 | 110 | 110 |
| HAF(N330) | 32 | 86 | 0.6 | 100 | 100 |
| FEF(N550) | 46 | 50 | — | 72 | 75 |
| GPF(N660) | 98 | 32 | 0.4 | — | 70 |
| SRF(N760) | 160 | 23 | 0.6 | 42 | 50 |
| FT(N880) | 200 | 17 | 0.25 | — | 38 |
| MT(N990) | 400 | 8 | 0.10 | — | 21 |

在 EPDM 胶料中添加 50 质量份的 SAF 和 ISAF 炭黑的硫化胶，其耐磨耗性比填充等量 FEF 炭黑的耐磨性高一倍。

炭黑的用量与硫化胶耐磨性的关系曲线有一最佳值，如图 8-3 所示。

各种橡胶的最佳填充量，按下列顺序增大：NR＜IR＜不充油 SBR＜充油 SBR＜BR。天然橡胶中的最佳用量为 45～50 质量份；异戊橡胶和非充油丁苯橡胶中为 50～55 质量份；充油丁苯橡胶中为 60～70 质量份；顺丁橡胶中为 90～100 质量份。一般用作胎面胶的炭黑最佳用量，随轮胎使用条件的苛刻程度提高而增大。

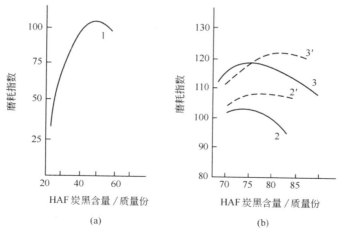

图 8-3　SBR、BR 胎面胶耐磨耗性与 HAF 用量的关系

1—SBR1500；2—SBR1712，良好的使用条件；2′—SBR1712，苛刻的使用条件；

3—BR，良好的使用条件；3′—BR，苛刻的使用条件

　　填充新工艺炭黑的硫化胶耐磨耗性比普通炭黑的耐磨耗性提高 5％。用硅烷偶联剂处理的白炭黑也可以提高硫化胶的耐磨耗性。

### 5. 软化剂对硫化胶耐磨耗性的影响

　　通常在胶料中加入软化剂能降低硫化胶的耐磨耗性。充油丁苯橡胶（SBR-1712）硫化胶的磨耗量比 SBR-1500 高 1～2 倍。在天然橡胶和丁苯橡胶中采用芳烃油，对耐磨耗性损失较小。

### 6. 耐磨耗性与防护体系的关系

　　在疲劳磨耗的条件下，胶料中添加防老剂可提高硫化胶的耐磨耗性。通过轮胎的实际使用试验证明，防老剂能提高轮胎在光滑路面上的耐磨耗性，如表 8-25 所示。

表 8-25　防老剂用量对轮胎耐磨性能的影响

| 防老剂用量/% | 耐 磨 指 数 | |
|---|---|---|
| | 牵引型公共汽车测试(滑动角＝1°) | 轮胎实际使用实验 |
| 0.0 | 100 | 100 |
| 0.4 | 106 | 111 |
| 0.8 | — | 124 |
| 1.6 | 129 | 120 |

　　防老剂最好采用能防止疲劳老化的品种。具有优异的防臭氧老化的对苯二胺类防老剂，尤其是 4010NA，效果突出。防老剂 H、防老剂 DPPD 也有防止疲劳老化的效果，但因为喷霜使其应用受到限制。防老剂 D 对 NR 的防止疲劳老化有一定的效果，但对 SBR 则无效。在 SBR 中，选用防老剂 IPPO 对其疲劳老化有防护效果。

### 7. 提高硫化胶耐磨耗性的其他方法

　　（1）炭黑改性剂　添加少量含硝基化合物的改性剂，可改善炭黑的分散度，提高炭黑与橡胶的相互作用，降低硫化胶的滞后损失，可使轮胎的耐磨耗性提高 3％～5％。

（2）硫化胶表面处理　使用含卤素化合物的溶液和气体，对丁腈橡胶硫化胶的表面进行处理，可以降低制品的摩擦系数、提高耐磨耗性。例如将丁腈橡胶硫化胶板浸入 0.4％溴化钾和 0.8％（NH₄）₂SO₄ 组成的水溶液中，经 10min 就能获得摩擦系数比原胶板低 50％的耐磨胶板。

用液态五氟化锑和气态五氟化锑处理丁腈橡胶硫化胶的表面时，可使其摩擦系数和摩擦温度较未氟化时大为降低。试验结果如表 8-26 所示。

表 8-26　在液相、气相中氟化的硫化胶性能特性

| 橡　胶　性　能 | | 橡胶表面 | 摩擦系数($f$) | 摩擦温度/℃ | 拉伸强度/MPa | 伸长率/％ |
|---|---|---|---|---|---|---|
| 液相氟化 | NBR-26 | 氟化 | 0.6 | 80 | 111 | 190 |
| | NBR-26 | 未氟化 | 1.2 | 200 | 132 | 250 |
| | NBR-40 | 氟化 | 0.5 | 82 | 130 | 205 |
| | NBR-40 | 未氟化 | 1.5 | 210 | 150 | 240 |
| 气相氟化 | NBR-26 | 氟化 | 0.45 | 78 | 120 | 220 |
| | NBR-26 | 未氟化 | 1.2 | 200 | 126 | 220 |
| | NBR-40 | 氟化 | 0.43 | 80 | 145 | 260 |
| | NBR-40 | 未氟化 | 1.48 | 210 | 150 | 250 |

由表 8-26 可见，液相氟化时，会使强度降低。通过显微镜观察橡胶表面发现，液相氟化时表面稍受破坏。而气相氟化则不会使硫化胶的拉伸强度降低，橡胶表面也未破坏，故气相氟化处理更为有利。

用含量为 0.3％～20％的一氯化碘或三氯化碘处理液，将不饱和橡胶（如天然橡胶、异戊橡胶、丁苯橡胶、丁腈橡胶、氯丁橡胶）硫化胶在处理液中浸渍 10～30min，橡胶表面不产生龟裂，且摩擦系数较低。所用处理液的组分、含量及处理效果见表 8-27。

表 8-27　处理液组分、含量及处理效果

| 处理剂 | 溶　剂 | 含量/％ | 处理层厚度/μm | 摩擦系数 |
|---|---|---|---|---|
| 一氯化碘 | 乙醇 | 1 | 3 | 0.7 |
| 一氯化碘 | 乙醇 | 10 | 10 | 0.3 |
| 一氯化碘 | 正己烷 | 5 | 5 | 0.3 |
| 一氯化碘 | 四氯化碳 | 5 | 7 | 0.4 |
| 三氯化碘 | 乙醇 | 10 | 10 | 0.25 |
| 三氯化碘 | 正己烷 | 5 | 5 | 0.3 |
| 三氯化碘 | 四氯化碳 | 5 | 6 | 0.5 |

（3）应用硅烷偶联剂和表面活性剂改性填料　使用硅烷偶联剂 A-189（γ-巯基丙基三甲氧基硅烷）处理的白炭黑，填充于丁腈橡胶胶料中，其硫化胶的耐磨耗性明显提高，见图 8-4。用硅烷偶联剂 A-189 处理的氢氧化铝填充的丁苯橡胶，以及用硅烷偶联剂 Si-69 处理的白炭黑填充的三元乙丙橡胶，其硫化的耐磨耗性均有不同程度的提高，见图 8-5。

使用低分子量高聚物羧化聚丁二烯（CPB）改性的氢氧化铝，也改善了丁苯橡胶硫化胶的耐磨耗性，见图 8-6。

用硅烷偶联剂处理陶土和用钛酸酯偶联剂处理碳酸钙，对提高硫化胶的耐磨性均有一定的作用，但其影响程度远不如白炭黑那样明显。

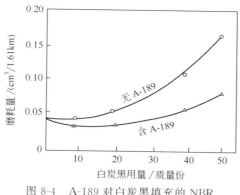

图 8-4   A-189 对白炭黑填充的 NBR
硫化胶耐磨性的影响

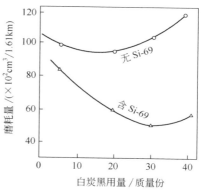

图 8-5   Si-69 对白炭黑填充的 EPDM
硫化胶耐磨耗性的影响

（4）采用橡胶-塑料共混的方法   橡塑共混是提高硫化胶耐磨耗性的有效途径。例如用丁腈橡胶和聚氯乙烯共混所制造的纺织皮辊，其耐磨性比单一的丁腈橡胶硫化胶提高 7～10 倍。丁腈橡胶与三元尼龙共混，与酚醛树脂共混均可提高硫化胶的耐磨耗性。

（5）添加固体润滑剂和减摩性材料   例如在丁腈橡胶胶料中，添加石墨、二硫化钼、氮化硅、碳纤维等，可使硫化胶的摩擦系数降低，提高其耐磨耗性。

**（五）疲劳与疲劳破坏**

硫化胶受到交变应力（或应变）作用时，材料的

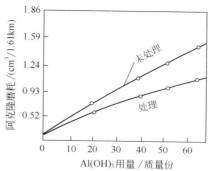

图 8-6   CPB 改性的氢氧化铝对 SBR
硫化胶耐磨耗性的影响

结构和性能发生变化的现象叫疲劳。随着疲劳过程的进行，导致材料破坏的现象叫疲劳破坏。

1. 硫化胶的耐疲劳性

耐疲劳性是以能够持久地保持原设计物理性能为目的。当橡胶制品在使用条件下，受到反复的外力作用时，其物理性能会发生一系列变化。在疲劳过程中，各项物理性能变化幅度较大。轮胎胎面胶在实际使用过程中，物理性能变化的趋势也有类似的情况。疲劳过程中，硫化胶物理性能的变化，是由于橡胶结构的变化所引起的。

在硫化胶拉伸疲劳中，可能发生这样一个过程：在疲劳的初期，橡胶分子间的各种键（化学键、氢键、配合键等）中，阻碍橡胶分子沿伸长方向排列的那部分键发生破坏，橡胶逐渐沿拉伸方向取向。基于这种观点，可以把弹性模量（$E$）在疲劳初期下降的原因，归结为橡胶分子间的键被破坏、分子间的作用力减小。拉伸强度的上升，是由于橡胶分子取向的结果而造成的。在沿分子排列的方向上，撕裂强度与力学损耗系数呈下降趋势。

通过炭黑填充的 NR 硫化胶在疲劳前后的核磁共振吸收饱和曲线（见图 8-7）发现，试样疲劳前是一条光滑的单调曲线（a），疲劳后则曲线变成了带肩的形状（b）。该结果说明，随着疲劳过程的进行，炭黑周围的橡胶发展为不同的相。在原本均匀的橡胶相中，贴近炭黑和远离炭黑的部分，由于分子运动特性明显不同，而发生相分离：贴近炭黑的橡胶相变得稠密，而远离炭黑的橡胶相变得稀疏，如图 8-8 所示。

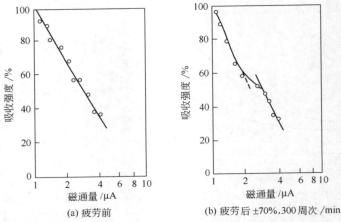

图 8-7　NR 硫化胶疲劳前后的核磁共振吸收饱和曲线

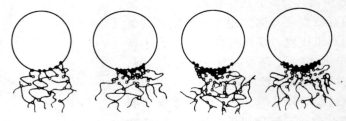

图 8-8　炭黑填充的硫化胶在疲劳过程中的结构变化模式
●—化学键；○—内聚力

　　随着疲劳过程的进行，贴近炭黑的橡胶相变得稠密，与此同时这种稠密状态又为单硫键所稳定。

　　综上所述，疲劳所引起的橡胶分子间的键破坏，不仅是次价键的破坏，而且还有多硫键的断裂，其结果是促成了橡胶分子链沿拉伸方向排列。与此同时，贴近炭黑周围的橡胶相变得稠密，并且由于单硫键的作用使之处于稳定状态。基于上述原因，造成了在疲劳初期表观交联密度增大。

　　在疲劳末期，情况则有很大的差别。由于疲劳初期橡胶分子间的键遭到破坏，从而引起橡胶分子沿拉伸方向取向排列，这种变化在达到某程度以后就会终止。这时橡胶相已不再具备吸收更多能量的机能，因此继续施加外力就有可能使橡胶分子本身发生局部断裂。结果导致橡胶的取向排列发生局部紊乱，使整个体系的自由体积减小，橡胶分子向着最紧密排列发展。这就解释了疲劳末期弹性模量回升、损耗系数增大、撕裂强度提高和拉伸强度降低的试验结果。对疲劳末期交联密度减小的现象解释如下：橡胶因疲劳而发生相分离过程，在初期是稠密状态的形成优先于稀疏状态的形成，而在稠密状态的形成进展到某种程度后，由于橡胶分子自身的断裂，稀疏状态的形成就占了优势，此时交联密度自然应该减小。

　　**2. 耐疲劳硫化胶配方设计**

　　综上所述，橡胶因疲劳而引起的结构变化，主要有如下三种：①橡胶分子间的弱键破坏；②橡胶分子沿作用力方向排列；③炭黑周围的橡胶相变得稠密。凡是对以上三者有利的因素，都会引起硫化胶物理性能发生较大的变化造成硫化胶的耐疲劳性下降。

下面将引用炭黑填充硫化胶的非均质模型（见图 8-9）说明硫化胶结构与上述三种结构变化的关系，从而推测出耐疲劳硫化胶的结构模式。

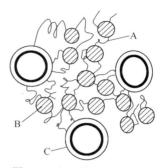

图 8-9 中的 B 相是受交联键束缚的橡胶相，称作交联团相；C 相是被填充剂束缚的橡胶相，是一种因疲劳而形成稠密状态的位于填充剂周围的橡胶相；A 相是既不属于 B 相，也不属于 C 相，能进行微布朗运动的橡胶分子链部分。

上述三种橡胶相（A、B、C）符合下列条件时，才能提高硫化胶的耐疲劳性。

图 8-9　炭黑填充硫化胶的
非均质模型

A 相：橡胶分子间的作用力小，分子链呈现活跃的微布朗运动，柔顺性好。

B 相：应减少结合力弱的多硫键，增加结合力强的单硫键，交联团相尽可能地小而密，减弱橡胶分子间的作用力。

C 相：尽量使炭黑周围的橡胶相不形成稠密状态，在使 C 相部分减少的同时，增加 C 相内部单硫键的数量，使次价键难以发生变化。

各配合体系有如下要求。

（1）橡胶结构的影响

① 玻璃化温度（$T_g$）低的橡胶耐疲劳性较好，因为 $T_g$ 低的橡胶，其分子链柔顺，易于活动，分子链间的次价力弱。

② 有极性基团的橡胶耐疲劳性差，因为极性基团是形成次价键的原因。

③ 分子内有庞大基团或侧基的橡胶，耐疲劳性差，因为庞大基团或侧链的位阻大，有阻碍分子沿轴向排列的作用。

④ 结构序列规整的橡胶，容易取向和结晶，耐疲劳性差。

（2）硫化体系的影响　不同的硫化体系产生的交联键类型不同，主要影响 B 相的结构。选择能生成单硫键的硫化体系，疲劳后性能变化最小，耐疲劳性较好。

交联剂的用量，主要影响 B 相的量，而 B 相又是橡胶在疲劳过程中结构变化的原因之一。一般说来增加交联剂的用量，会使硫化胶耐疲劳性降低，所以应尽可能减少交联剂的用量。

（3）填充体系的影响　填充剂周围的橡胶相（C 相）是最容易发生结构变化的部分。因此在设计耐疲劳配方时，应使 C 相部分尽可能小，并以单硫键来连接橡胶分子，减小物理键。实际上随意控制 C 相的结构几乎是不可能的，所以只能选取那些难以产生 C 相的填充剂，并控制其用量，以此来控制产生 C 相的量。表 8-28 列出了填充不同填料的天然橡胶硫化胶，用核磁共振法测得的 C 相体积分数，以及用溶胀法测得的疲劳后表观交联密度变化率。

表 8-28　填充不同填料的天然橡胶硫化胶 C 相体积分数和表观交联密度变化率

| 填充剂品种 | 用　　　量 | C 相体积分数 $\varphi_c$ | 表观交联密度变化率 $\Delta\varphi$ |
|---|---|---|---|
| HAF | 60 | 0.24 | 0.35 |
| HAF | 40 | 0.16 | 0.25 |
| HAF | 20 | 0.075 | 0.07 |
| FEF | 60 | 0.16 | 0.30 |
| FT | 90 | 0.04 | 0.08 |
| CaCO$_3$ | 60 | 0 | 0.03 |
| 纯胶 | — | 0 | 0.02 |

由表 8-28 可以看出，补强性能越好的填料，产生的 C 相越多，例如高耐磨炭黑产生的 C 相最多，并且随其用量增加，C 相的量也增加。疲劳后的结构变化（交联密度变化率）的规律和 C 相数量变化的规律一致。因此耐疲劳配方设计时，填充体系的选用原则是：①填充剂应尽可能选用补强性小的品种；②填充剂的用量尽可能地少。

（4）软化体系的影响　一般说来，软化剂可以减少橡胶分子间的相互作用力，而从硫化胶结构来看，它能影响 A 相橡胶分子的运动性。如前所述，A 相橡胶分子之间的作用力愈小，愈能使之接近于活跃的微布朗运动状态，由疲劳而引起的橡胶结构变化也就愈少，耐疲劳性也就愈小。

由表 8-29 可见，黏度较大的松焦油，耐疲劳性较差，而黏度较小的己二酸二异辛酯，耐疲劳性较好。

**表 8-29　不同软化剂对 NR 硫化胶疲劳后性能变化的影响**

| 性能变化/% | 松焦油 | 锭子油 | 己二酸二异辛酯 |
|---|---|---|---|
| 表观交联密度 | +30 | +22 | +13 |
| 300%定伸应力 | +15 | +10 | +9 |
| 损耗系数($\tan\delta$) | -14 | -10 | -8.5 |
| 拉伸强度 | -1.5 | -5 | 0 |
| 拉断伸长率 | -16 | -6 | -4 |

综上所述，耐疲劳配方的软化剂选择原则是：①尽可能选用软化点低的非黏稠性软化剂；②软化剂的用量要尽可能多一些，但反应性的软化剂用量不宜多。

但是软化剂会使硫化胶的强度等力学性能明显降低。所以在配方设计时还要全面考虑，认真权衡，以保证最佳的综合性能。

3. 硫化胶的耐疲劳破坏性

硫化胶的耐疲劳破坏性，即制品耐持久使用性能，也即使用寿命长短，应归结为橡胶的破坏现象。

橡胶疲劳破坏的方式，将根据制品的几何形状、应力的类型和环境条件而变。破坏的机理比较复杂，可能包括热降解、氧化、臭氧侵蚀以及通过裂纹扩展等方式的破坏。疲劳破坏严格说来是一种力学过程，橡胶在周期性多次往复形变下，材料中产生的应力松弛过程，往往在形变周期内来不及完成，结果使内部产生的应力来不及分散，便可能集中在某些缺陷处（如裂纹、弱键等），从而引起断裂破坏。此外，由于橡胶是一种黏弹体，它的形变包括可逆的弹性形变和不可逆的塑性形变。在周期形变中，不可逆形变产生的滞后损失的能量会转化为热能，使材料内部温度升高，而高分子材料的强度一般都随温度的上升而降低，从而导致橡胶的疲劳寿命缩短。另一方面，高温促进了橡胶的老化，亦促进了橡胶疲劳破坏过程。总之橡胶的疲劳破坏，不单纯是力学疲劳破坏，往往也伴随有热疲劳破坏。

4. 耐疲劳破坏的配方设计

（1）耐疲劳破坏性与胶种的关系　对天然橡胶和丁苯橡胶以多次拉伸的方式，进行了疲劳破坏试验（伸长应变用 $\varepsilon$ 表示，疲劳寿命次数用 $N_b$ 表示），试验结果如图 8-10 所示。

由图 8-10 可见，在应变量约为 120%时，天然橡胶和丁苯橡胶耐疲劳破坏性能的相对优势发生转化：在低应变区域，以丁苯橡胶为优，这是因为丁苯橡胶的 $T_g$ 高于天然橡胶，其分子的应力松弛机能在此时占支配地位；而在高应变区域（$\varepsilon > 120\%$），则以天然橡胶为优，其原因在于天然橡胶具有拉伸结晶性，在此时阻碍微破坏扩展占了支配地位。所以在低应变区域，$T_g$ 较高的丁苯橡胶，其耐疲劳破坏性优于天然橡胶；而在高应变区域，具有拉伸结晶性的天然橡胶的耐疲劳破坏性较好。

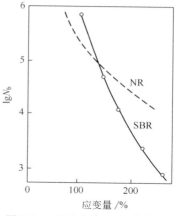

图 8-10　多次应变（$\varepsilon$）与疲劳
寿命次数（$N_b$）的关系

综上所述，耐疲劳破坏性与橡胶种类的关系，可归纳如下：①在低应变疲劳条件下，基于橡胶分子的松弛特性因素起决定作用，橡胶的玻璃化温度愈高，耐疲劳破坏性愈好；②在高应变疲劳条件下，防止微破坏扩展的因素起决定作用，具有拉伸结晶性的橡胶耐疲劳破坏性较好。

观察天然橡胶硫化胶和丁苯橡胶硫化胶多次变形时破坏情况发现：天然橡胶硫化胶疲劳破坏的特点是裂口形成速度快，但裂口扩展速度却较慢；而丁苯橡胶硫化胶多次变形时，裂口扩展速度比其形成速度快得多。该结果与上述结论是一致的。

大量试验表明，不同橡胶并用可提高其硫化胶的耐疲劳破坏性。例如天然橡胶和丁苯橡胶并用，天然橡胶和顺丁橡胶并用，丁苯橡胶和顺丁橡胶并用以及天然橡胶、丁苯橡胶、顺丁橡胶三胶并用等，均可提高并用硫化胶的耐疲劳破坏性。试验表明，天然橡胶和顺丁橡胶并用的硫化胶的抗裂口扩展强度和疲劳耐久性比天然橡胶和丁苯橡胶的并用胶高。

以氟橡胶为基础的硫化胶在高温下的疲劳破坏规律，与其他橡胶完全不同。当变形为 $5\% \sim 7\%$ 时，氟橡胶在 $90 \sim 190$℃ 范围内，耐疲劳破坏性很高。在这种情况下，变形值减少 $1/2$ 时，耐疲劳破坏性可提高 9 倍。在长达 $1000h$ 的动态试验过程中，直到试样破坏前半小时，试样也未出现任何变化。由此推断，氟橡胶硫化胶的耐疲劳破坏性，仅限于裂口的形成，而不是裂口的扩展。

（2）耐疲劳破坏性与硫化体系的关系　　选用容易形成柔性结构交联团相的硫化体系，也即选用容易形成多硫键的硫化体系，能提高硫化胶的耐疲劳破坏性。例如用传统的硫化体系和有效硫化体系硫化的硫化胶，当变形为 $0 \sim 100\%$ 时，其疲劳寿命分别为 340 千周和 225 千周。

交联剂的用量与疲劳条件有关，对于负荷一定的疲劳条件来说，应增加交联剂的用量。这是因为交联剂用量愈大，交联密度就愈大，承担负荷的分子链数目增多，相对每一条分子链上的负荷也相应减轻，从而使耐疲劳破坏性能提高。而对于应变一定的疲劳条件来说，应减少交联剂的用量，因为在应变一定的条件下，交联密度增大，会使每一条分子链的紧张度增大，其中较短的分子链就容易被扯断，结果使耐疲劳破坏性下降。

（3）耐疲劳破坏性与填充体系的关系　　填充剂的类型和用量对硫化胶耐疲劳破坏性的影响，在很大程度上取决于硫化胶的疲劳条件。

① 对于与橡胶有亲和性的炭黑而言：选用结构度较高的炭黑，容易在炭黑粒子周围产生较多的稠密橡胶相（C 相），可提高硫化胶的耐疲劳破坏性。

在应变一定的疲劳条件下，增加炭黑用量，耐疲劳破坏性降低，而在应力一定的条件下，增加炭黑用量，耐疲劳破坏性提高。

活性大补强性好的炭黑可提高天然橡胶、异戊橡胶、丁苯橡胶硫化胶的抗裂口扩展强度。在白色填料中，白炭黑可以提高硫化胶的耐疲劳破坏性能。

② 对于与橡胶没有亲和性的填充剂来说：对硫化胶的耐疲劳破坏性有不良的影响，惰性填料的粒径愈大，填充量愈大，硫化胶的耐疲劳性愈差。

（4）耐疲劳破坏性与软化体系的关系　软化剂通常可降低硫化胶的耐疲劳破坏性，尤其黏度低、对橡胶有稀释作用的软化剂，会降低橡胶的玻璃化温度（$T_g$），对拉伸结晶不利，因而会对耐疲劳破坏性能产生不良影响。但是那些反应型软化剂则能增强橡胶分子的松弛特性，使拉伸结晶更容易，反而能提高耐疲劳破坏性。因此在耐疲劳破坏配方设计时，应尽可能选用稀释作用小的黏稠性软化剂，或选用能增强橡胶松弛特性的反应型软化剂。

关于软化剂的用量，一般说来，应尽可能少用，以提高硫化胶的耐疲劳破坏性。但使用能增加橡胶分子松弛特性的软化剂时，增加其用量则能提高耐疲劳破坏性。

（5）耐疲劳破坏性与防护体系的关系　以不饱和橡胶为基础的硫化胶，在空气中的耐疲劳破坏性比在真空中低，这说明氧化作用能加速疲劳破坏。另外由于硫化胶的疲劳破坏发生在局部表面，因此加入能在硫化胶网络内迅速迁移的防老剂，对硫化胶的长时间疲劳可起到有效的防护作用。但此时应防止防老剂从制品表面上挥发或被介质洗掉。为提高其防护作用的持久性，建议采用芳基烷基和二烷基对苯二胺。防老剂的防护效果还与硫化体系有关，它对硫黄硫化胶防护效果最好，而对过氧化物硫化胶的防护效果最差。当防老剂使用适宜时，天然橡胶硫化胶的临界撕裂能可增加一倍。

### （六）弹性

橡胶最宝贵的特性，就是具有高弹性。这种高弹性来源于橡胶分子链段的运动，完全由卷曲分子的构象熵变化所造成。除去外力后，能立即恢复原状的称为理想弹性体。然而，真实橡胶分子之间的相互作用会妨碍分子链段运动，表现为黏性或黏度。作用于橡胶分子上的力一部分用于克服分子间的黏性阻力，另一部分才使分子链变形，它们构成橡胶的黏弹性。所以橡胶的特点是既有高弹性，又有黏性。

影响硫化胶弹性的因素，除形变大小、作用时间、温度等因素外，橡胶分子的结构以及各配合体系均有不同程度的影响。

#### 1. 弹性与橡胶分子结构的关系

分子量越大，不能承受应力的对弹性没有贡献的游离末端数就越少；另外分子量大，分子链内彼此缠结而导致的"准交联"效应增加。因此，分子量大有利于弹性的提高。

分子量分布（$\overline{M}_w/\overline{M}_n$）窄的高分子量级分多，对弹性有利；分子量分布宽的，则对弹性不利。

分子链的柔顺性越大，弹性越好。橡胶之所以有高弹性，是由于其链运动能够比较迅速地适应所受外力而改变分子链的构象，也即分子链的柔性增大，分子链的形态数增加。值得注意的是分子链的柔顺性，对于材料的弹性虽然是个重要的条件，但却不是唯一的条件，它是有前提条件的，也就是说，只有在常温下不易结晶的由柔性分子链组成的材料，才可能成为具有高弹性的橡胶。例如聚乙烯的分子链由—C—C—键组成，其内旋转也是相当自由的，然而聚乙烯在常温下并不能显示出高弹性，而是塑料。其原因就是聚乙烯在室温下能够结晶，所以它只能呈现出半结晶聚合物行为，而不表现高弹性。对于常温下容易结晶的柔性链组成的聚合物，如果设法改变其结构使其失去结晶能力，也可使这种聚合物由较硬的塑料转变为具有高弹性的类橡胶物质。

当分子间作用力增大，分子链的规整性高时，易产生拉伸结晶，有利于强度的提高，但结晶程度太大时，增加了分子链运动的阻力，使弹性变差。

在通用橡胶中，顺丁橡胶、天然橡胶的弹性最好，丁苯橡胶和丁基橡胶，由于空间位阻效应大，阻碍分子链段运动，故弹性较差。丁腈橡胶、氯丁橡胶等极性橡胶，由于分子间作用力较大，而使弹性有所降低。为降低天然橡胶的结晶能力，在天然橡胶胶料中并用部分顺丁橡胶，可使其硫化胶的弹性提高。

2. 弹性与硫化体系的关系

随交联密度增加，硫化胶弹性增大，并出现最大值，交联密度继续增大，弹性则呈下降趋势。因为分子链间无交联时，易在力场的作用下产生分子链间的相对滑动，形成不可逆形变，此时弹性较差。适度的交联，可以减少或消除分子链间彼此的滑移，有利于弹性的提高。交联过度又会因分子链的活动受阻，而使弹性下降。因此适当提高硫化程度对弹性有利，也就是说硫化剂和促进剂的用量可适当地增加。

交联键类型对弹性有影响。多硫键键能较小，对分子链段的运动束缚力较小，因而回弹性较高。这种影响在天然橡胶硫化胶中表现最明显。在丁苯橡胶与顺丁橡胶并用的硫化胶中，随多硫键含量增加，回弹性也随之增大，特别是在温度较高的情况下。但是交联键能较高、键较短的 C—C 键和 C—S—C 键，在高温下的压缩永久变形比多硫键小。

高弹性硫化体系配合，选用硫黄/次磺酰胺（例如 S/CZ＝2/1.5）或硫黄/胍类促进剂（例如 S/DOTG＝4/1.0）的硫化体系，硫化胶的回弹性较高，滞后损失较小。

3. 弹性与填充体系的关系

实践表明，硫化胶的弹性完全是由橡胶分子提供的，所以提高含胶率是提高弹性最直接、最有效的方法。因此为了获得高弹性，应尽量减少填充剂用量而提高生胶含量。但是为了降低成本，还要选用适当的填料。

炭黑粒径越小、表面活性越大、补强性能越好的炭黑，对硫化胶的弹性越是不利。补强性高的活性炭炭黑对硫化胶的回弹性有不利的影响；随各种炭黑用量增加，回弹性均下降。

无机填料的影响程度与其用量和胶种有关。白炭黑的影响和炭黑的影响相似，一般说来，硫化胶的弹性随无机填料用量增加而降低，但是比炭黑降低的幅度小。加入 50～70 质量份无机填料时，硫化胶的弹性降低 5%～9%。有些惰性填料（如重质碳酸钙、陶土），填充量不超过 30 质量份时，对硫化胶的弹性影响很小。

硬度相同的 SBR 硫化胶，填充无机填料的硫化胶弹性比含炭黑的硫化胶高；而三元乙丙橡胶硫化胶，则表现出相反的关系。

4. 软化剂（或增塑剂）对硫化胶弹性的影响

软化剂的影响与软化剂和橡胶的相容性有关。软化剂与橡胶的相容性越小，硫化胶的弹性越差。

一般说来，增加软化剂或增塑剂的用量，可使硫化胶的弹性降低（但三元乙丙橡胶是个例外）。所以在高弹性橡胶制品的配方设计中，应尽可能不加或少加软化剂。

许多橡胶制品，如轮胎、减震器、传动带、输送带、动态密封件等，都是在动态负荷条件下工作的，因此动态黏弹性能和动态力学性能对评价和预测这些制品的性能更为直接、有效，相关性更大。

### (七) 拉断伸长率

拉断伸长率与某些力学性能有一定的相关性，尤其是和拉伸强度密切相关。只有具有较高的拉伸强度，保证在形变过程中不破坏，才能有较高的伸长率，所以具有较高的拉伸强度是实现高拉断伸长率的必要条件。一般随定伸应力和硬度增大，则拉断伸长率下降；回弹性大、永久变形小的，拉断伸长率则大。

不同种类的橡胶其硫化胶的拉断伸长率也不同。分子链柔顺性好，弹性变形能力大的，拉断伸长率就高。天然橡胶最适合制作高拉断伸长率制品，而且随含胶率增加，拉断伸长率增大；含胶率在80％左右时，拉断伸长率可高达1000％。在形变后易产生塑性流动的橡胶，也会有较高的拉断伸长率，比如丁基橡胶也能得到较高的拉断伸长率。

拉断伸长率随交联密度增加而降低，因此制造高拉断伸长率的制品，硫化程度不宜过高，稍欠硫的硫化胶拉断伸长率比较高。降低硫化剂用量也可使拉断伸长率提高。

添加补强性的填充剂，会使拉断伸长率大大降低，特别是粒径小、结构度高的炭黑，拉断伸长率降低更为明显。随着填充剂用量的增加，拉断伸长率下降。

增加软化剂的用量，也可以获得较大的拉断伸长率。

## 二、配方设计与胶料工艺性能的关系

工艺性能通常指生胶或混炼胶（胶料）硫化前在工艺设备上可加工性的综合性能。工艺性能的好坏不仅影响产品质量，而且影响生产效率、产品合格率、能耗等一系列与产品成本有关的要素。研究生胶或胶料的工艺性能即解决加工工艺可行性问题，是橡胶加工厂至关重要的关键环节之一，也是配方设计的主要依据之一。

工艺性能主要包括如下几方面：①生胶和胶料的黏弹性，如黏度、压出性、压延性、收缩率、冷流性（挺性）；②混炼性，如分散性、包辊性；③自黏性；④硫化特性，如焦烧性、硫化速度、硫化程度、抗硫化返原性。

### (一) 生胶和胶料的黏度

生胶和胶料的黏度，通常以穆尼黏度表示，它是保证混炼、压出、压延、注压等工艺的基本条件，黏度过大或过小都不利于上述加工工艺。黏度过高的胶料，充满模型的时间长，容易引起制品外观缺陷；而黏度过小的胶料，混炼加工时所产生的剪切力不够，难以使配合剂分散均匀，压延、压出时容易粘到设备的工作部件上。一般认为黏度较小（但不能过小）的胶料工艺性能较好，因为黏度较小的胶料加工时能量消耗少，在开炼机或压延机上加工时的横压力小，在较小的注射压力下便可迅速地充满模腔。胶料的黏度可以通过选择生胶的品种、塑炼、添加软化剂和填料等方法加以调节和控制。

目前大多数橡胶的穆尼黏度范围都比较宽，为了保证胶料具备所需要的性能，可在较宽的范围内，选择具有一定穆尼黏度的生胶。大多数合成橡胶和SMR系列的天然橡胶的穆尼黏度在50～60。这些穆尼黏度适当的生胶，不需经过塑炼加工即可直接混炼。而那些穆尼黏度较高的生胶，如烟片、绉片、颗粒天然胶以及高穆尼黏度的合成胶，则必须先经塑炼加工，使其穆尼黏度值降低至60以下，才能进行混炼。一般需要填充大量填料或要求胶料的可塑度很大时（如制造胶浆和海绵橡胶的胶料），应选择穆尼黏度低的生胶；如要求半成品挺性大的胶料，则应选择穆尼黏度较高的生胶。

生胶的黏度主要取决于橡胶的分子量和分子量分布。分子量越大、分子量分布越窄，则橡胶的黏度越大。生胶的黏度可通过塑炼使其降低。一般天然橡胶、丁腈橡胶等高黏度的生胶，都需要塑炼，有时需进行二段或三段塑炼。虽然塑炼对于某些合成橡胶的可塑度影响不够显著，但适当塑炼可使橡胶质量均匀。

### 1. 塑解剂对生胶黏度的影响

配方中加入塑解剂，是提高塑炼效果、降低能耗、调整胶料黏度的常用方法。M 和 DM 即是一种有塑解剂功能的促进剂。在塑炼时加入 M 或 DM，可使天然橡胶的黏度降低，速度加快，如表 8-30 所示。

表 8-30　促进剂 M、DM 对 NR 的塑炼效果

| 塑炼方式 | 促进剂用量/质量份 | 薄通次数/次 | 辊温/℃ | 辊距/mm | 容量/kg | 可塑度 |
|---|---|---|---|---|---|---|
| 普通塑炼 | 0 | 15 | 50±5 | 1.2 | 50 | 0.20 |
| 加 M 塑炼 | 0.4 | 15 | 50±5 | 1.2 | 50 | 0.31 |
| 加 DM 塑炼 | 0.7 | 15 | 50±5 | 1.2 | 50 | 0.25 |

由表 8-30 可见，促进剂 M 的塑解作用明显地优于 DM。

某些合成橡胶，如丁苯橡胶、硫黄调节型氯丁橡胶、低顺式顺丁橡胶，采用高温塑炼时，有产生凝胶的倾向，从而引起黏度增大。因此在配方设计时，应选用适当的助剂加以抑制。亚硝基-2-萘酚有防止丁苯橡胶产生凝胶的作用，但有致癌作用，慎用。

### 2. 填充剂对胶料黏度的影响

填充剂的性质和用量对胶料黏度的影响很大。随炭黑粒径减小，结构度和用量增加，胶料的黏度增大；粒径越小，对胶料黏度的影响越大。

炭黑品种和用量对乙丙橡胶胶料黏度的影响较小。

胶料中炭黑用量增加时，特别是超过 50 质量份时，炭黑结构性的影响就显著起来。在高剪切速率下，炭黑的类型对胶料黏度的影响大为减小。增加炭黑分散程度（延长混炼时间），也可使胶料黏度降低。

### 3. 软化剂对胶料黏度的影响

软化剂（增塑剂）是影响胶料黏度的主要因素之一，它能显著地降低胶料黏度，改善胶料的工艺性能。

不同类型的软化剂，对各种橡胶胶料黏度的影响也不同。为了降低胶料黏度，在天然橡胶、异戊橡胶、顺丁橡胶、丁苯橡胶、三元乙丙橡胶和丁基橡胶等非极性橡胶中，添加石油基类软化剂较好，而对丁腈橡胶、氯丁橡胶等极性橡胶，则常采用酯类增塑剂，特别是以邻苯二甲酸酯和癸二酸酯的酯类增塑剂较好。在要求阻燃的氯丁橡胶胶料中，还经常使用液体氯化石蜡。

使用石油类软化剂和酯类增塑剂对氟橡胶效果不大，而且这些增塑剂在高温下容易挥发，因此不宜使用。使用低分子量氟橡胶、氟氯化碳液体，可使氟橡胶胶料黏度降低 $1/3 \sim 1/2$。

在异戊橡胶、丁苯橡胶、丁腈橡胶、三元乙丙橡胶和二元乙丙橡胶中，使用不饱和丙烯酸酯低聚物作临时增塑剂，可降低胶料的黏度，而且硫化后能形成空间网络结构，提高硫化

胶的硬度。采用液体橡胶例如低分子量聚丁二烯、液体丁腈橡胶等，也可达到降低胶料黏度的目的。

橡胶胶料属于非牛顿流体，其黏度随切变速率而变化。提高切变速率，可显著降低胶料的黏度。不同的加工工艺，其切变速率也不同。橡胶加工过程中各主要工艺方法的切变速率范围如下：

| | | | |
|---|---|---|---|
| 模压 | $1\sim10s^{-1}$ | 密炼机混炼 | $10^2\sim10^3s^{-1}$ |
| 开炼机混炼 | $10^1\sim10^2s^{-1}$ | 压出 | $10^2\sim10^3s^{-1}$ |
| 压延 | $10^1\sim10^2s^{-1}$ | 注压 | $10^3\sim10^4s^{-1}$ |

而穆尼黏度试验的切变速率为 $1.5s^{-1}$，压缩型可塑度试验的切变速率仅 $0.1\sim0.5s^{-1}$。可见穆尼黏度或可塑度都是在极低的切变速率下测得的，它们不能表征胶料在实际加工条件下的流变行为，而只能用在生产中控制胶料的质量，或者在研究时作对比试验用。

## （二）压出

压出是橡胶加工中的基本工艺过程之一，而压出膨胀率又是压出过程中普遍存在的工艺问题，因此在压出胶料的配方设计中，必须充分考虑。压出时，胶料流经口型后由弹性效应引起半成品长度减小（收缩）和断面增大（膨胀）。

胶料进入压出机后，在螺杆推动下向前流动的过程中，橡胶分子在外力作用下，产生两种形变：一种是不可逆的塑性形变；另一种是由分子链构象变化引起的可逆的高弹形变。前者是真实的流动，而后者则是非真实流动。压出膨胀即是由这种弹性形变所造成的。

压出时之所以产生高弹形变，主要是由橡胶分子的松弛特性造成的。因为胶料在压出机的机身内，流动速率较小，橡胶分子链基本上呈卷曲状态，而进入口型后，直径变小，流动速率变大，沿流动方向出现速度梯度，加上靠近内壁的分子链受到摩擦力的作用，对胶料产生拉伸力，因而使得分子链部分拉直，离开口型后易产生可恢复原状的高弹形变。如果胶料在口型中停留的时间较长，那么部分拉直了的分子链来得及松弛，即来得及消除高弹形变，只留下不可逆的塑性形变。这样，胶料离开口型后也不存在高弹形变，只有塑性形变，即压出后也不会产生膨胀和收缩现象。与此相反，如果流动速度较快，胶料在口型中停留时间较短，部分拉直了的分子链在口型里来不及松弛回缩，这时即把弹性形变带出口型之外。由于离开口型后胶料处于无应力约束的自由状态，那些部分拉直了的分子链就会卷曲回缩再转变为卷曲状态，结果出现长度回缩、径向膨胀现象。这种膨胀现象的产生，实质上是由于橡胶大分子链具有一种恢复原来卷曲状态的本能，仿佛有"记忆"一样，"记忆"着进入口型之前的状态（构象），压出后要恢复原状。这种现象即所谓的弹性记忆效应。弹性记忆效应最常用的表示方法是压出口型膨胀比：

$$膨胀比=\frac{压出半成品的尺寸}{口型尺寸}$$

式中的尺寸可以是直径、断面厚度、断面面积及有关部分的尺寸。

膨胀比能直观表示出半成品的形状和规格与口型的形状和规格不一致的膨胀现象。

弹性记忆效应的大小，主要取决于胶料流动过程中所产生的弹性形变量的大小和分子松弛时间的长短。可恢复的弹性形变量大，弹性记忆效应就大。松弛时间短，弹性记忆效应小；松弛时间长，则弹性记忆效应大。上述性能除与胶料本身的性质有关外，还与压出的温度、速度、口型设计、操作方法等工艺条件有关。

## 1. 橡胶分子结构的影响

（1）分子链的柔顺性和分子间作用力　分子链柔性大而分子间的作用力小的橡胶，其黏度小、松弛时间短、膨胀比则小；反之膨胀比则大。例如天然橡胶的膨胀比小于丁苯橡胶、氯丁橡胶、丁腈橡胶。这是因为丁苯橡胶有庞大侧基，空间位阻大，分子链柔顺性差，松弛时间较长；氯丁橡胶、丁腈橡胶的分子间作用力大，分子链段的内旋转较困难，松弛时间比天然橡胶长，所以膨胀比比天然橡胶大，压出半成品表面比天然橡胶粗糙。

（2）分子量　分子量大则黏度大，流动性差，流动过程中产生的弹性形变所需要的松弛时间也长，故压出膨胀比大；反之，分子量小，压出膨胀比则小。

（3）分子量分布　有时分子量分布对膨胀比的影响比分子量的影响还大。随着分子量分布变宽，膨胀比增大。

（4）支化度　支化度高，特别是长支链的支化度高时，易发生分子链缠结，从而增加了分子间的作用力，使松弛时间延长，膨胀比增大。

（5）含胶率　生胶是提供弹性形变的主体。生胶含量大，则弹性形变大，压出膨胀比也大。一般含胶率在 95％以上时，很难压出；而含胶率在 25％以下的胶料，如不选择适当的软化剂品种和用量，也不易压出。所以压出胶料的含胶率不宜过高或过低，以在 30％～50％时较为适宜。

## 2. 填充体系的影响

胶料中加入填充剂，可降低含胶率，减少胶料的弹性形变，从而使压出膨胀率降低。

一般说来，随炭黑用量增加，压出膨胀率减小。

炭黑性质中，以炭黑的结构性影响最为显著。结构度高的炭黑，其聚集体的空隙率高，形成的吸留橡胶多，减少了体系中自由橡胶的体积分数，所以结构度高，膨胀率小。粒径的影响比结构性的影响小。在结构度相同的情况下，粒径小、活性大的炭黑比活性小的炭黑影响大。

增加炭黑的用量和结构度，均可明显地降低压出膨胀率。实际上炭黑的结构度和用量对压出膨胀率来说，存在一个等效关系，即低结构-多用量的膨胀率降低程度，与高结构-少用量的膨胀率降低程度是等效的。

高结构或活性炭黑的用量过多时，会给压出带来困难。在这种情况下，炭黑的粒径对于低结构炭黑比较重要。压出胶料中填充剂的用量应不低于一定的数量，例如丁基橡胶胶料的炭黑用量应不少于 40 质量份，或无机填料的用量不应少于 60 质量份。

## 3. 软化剂的影响

压出胶料中加入适量的软化剂，可降低胶料的压出膨胀率，使压出半成品规格精确。但软化剂用量过大或添加黏性较大的软化剂时，有降低压出速度的倾向。对于那些需要和其他材料黏合的压出半成品，要尽量避免使用易喷出的软化剂。

除上述配方因素外，在进行压出胶料配方设计时，还要考虑压出半成品的外观质量、压出速度以及加料口的吃胶量。此外，压出胶料配方的硫化体系，应具有足够长的焦烧时间，以免压出过程中出现早期硫化现象。在压出胶料配方中，尽量不用易挥发的或含水分的配合剂，否则会在压出温度下，因其挥发而产生气泡。对于那些强度低或发黏的软胶料，压出时易卷入空气，压出后挺性不好而容易变形，此时可添加补强剂，以增加胶料的强度和穆尼黏度；也可加入适量的非补强性填料、蜡类，以降低胶料黏性，防止胶料窝气。并用少量交联橡胶（如硫化胶粉）也可以减小半成品变形，有利于排气。

为了提高压出速度，特别是丁基橡胶的压出速度，可使用少量的石蜡、低分子量聚乙烯、氯化聚乙烯等，作为胶料的润滑剂。

### （三）压延

压延在橡胶加工中是技术要求较高的工艺过程，其胶料应同时满足如下四个要求。

① 具有适宜的包辊性。胶料在压延机辊筒上，既不能脱辊，也不能粘辊，而要便于压延操作，容易出片。

② 具有良好的流动性。能使胶料顺利而均匀地渗透到织物或帘布线间。

③ 具有足够的抗焦烧性。因为压延前胶料要经过热炼（粗炼、细炼），经受 $60\sim80℃$ 的辊温和多次薄通，而且压延时通常在 $80\sim110℃$ 的高温下进行，因此压延胶料在压延过程中不能出现焦烧现象。

④ 具有较低的收缩率。应减小胶料的弹性形变，使压延胶片或胶布表面光滑，尺寸规格精确。

但上述要求很难达到同时满足，如包辊性和流动性两者是不一致的。包辊性好，需要生胶强度高，胶料中应含有一定量的高分子量组分；而流动性好，则要求分子链柔顺、黏度低，分子间易于滑动。因此设计压延胶料配方时，应在包辊性、流动性、收缩性三者之间取得相应的平衡。

**1. 生胶的选择**

（1）天然橡胶　高分子量级分较多，加上它本身具有自补强性，生胶强度大，为其提供了良好的包辊性。低分子量级分又起到内增塑作用，保证了压延所需的流动性。另外它的分子链柔顺性好，松弛时间短，收缩率较低。因此天然橡胶的综合性能最好，是较好的压延胶种。

（2）丁苯橡胶　侧基较大，分子链比较僵硬，柔顺性差，松弛时间长，流动性不是很好，收缩率也明显地比天然橡胶大。用作压延胶料时，应充分塑炼，在胶料中增加填充剂和软化剂的用量，或与天然橡胶并用。

（3）顺丁橡胶　仅次于天然橡胶，压延时半成品表面比丁苯橡胶光滑，流动性比丁苯橡胶好，收缩率也低于丁苯橡胶，但生胶强度低，包辊性不好。用作压延胶料时最好是与天然橡胶并用。

（4）氯丁橡胶　虽然包辊性好，但对温度敏感性大。通用型氯丁橡胶在 $75\sim95℃$ 时易粘辊，难以压延，需要高于或低于这个温度范围才能获得较好的压延效果。在压延胶料中加入少量石蜡、硬脂酸或并用少量顺丁橡胶，能减少粘辊现象。

（5）丁腈橡胶　黏度高，热塑性较小，流动性欠佳。收缩率达 $10\%$ 左右，压延性能不够好。用作压延胶料时，要特别注意生胶塑炼、压延时的辊温以及热炼工艺条件。

（6）丁基橡胶　生胶强度低，无填充剂时不能压延，只有填料含量多时才能进行压延，而且胶片表面易产生裂纹，易包冷辊。

无论选择哪种生胶，都必须使其具有较低的穆尼黏度值，以保证胶料良好的流动性。通常压延胶料的穆尼黏度应控制在 60 以下。其中压片胶料为 $50\sim60$；贴胶胶料为 $40\sim50$；擦胶胶料为 $30\sim40$。

## 2. 填充剂的影响

加入补强性填充剂能提高胶料强度，改善其包辊性。压延胶料添加填料后可使其含胶率降低，减少胶料的弹性形变，使收缩率减小。不同填料影响程度也不同，一般结构性高、粒径小的填料，其胶料的压延收缩率小。

不同类型的压延对填料的品种及用量有不同的要求。例如压型时，要求填料用量大，以保证花纹清晰，而擦胶时含胶率高达 40% 以上；厚擦胶时使用软质炭黑、软质陶土之类的填料较好，而薄擦胶时以用硬质炭黑、硬质陶土、碳酸钙等较好。为了消除压延效应，压延胶料中尽可能不用各向异性的填料（如碳酸镁、滑石粉）。

## 3. 软化剂的影响

胶料加入软化剂可以减小分子间作用力，缩短松弛时间，使胶料流动性增加、收缩率减小。软化剂的选用应根据压延胶料的具体要求而定。例如，当要求压延胶料有一定的挺性时，应选用油膏、古马隆树脂等黏度较大的软化剂；对于贴胶或擦胶，因要求胶料流动性好，能渗透到帘线之间，则应选用增塑作用大、黏度较小的软化剂，如石油基油、松焦油等。

## 4. 硫化体系的影响

压延胶料的硫化体系应首先考虑胶料有足够的焦烧时间，能经受热炼、多次薄通和高温压延作业，不产生焦烧现象。通常压延胶料 120℃ 的焦烧时间应在 20~35min。

### （四）焦烧性

胶料在存放或操作过程中产生早期硫化的现象叫焦烧。通常在设计胶料配方时，必须保证在规定的硫化温度下硫化时间最短，在加工温度下焦烧时间最长。胶料的焦烧性通常用 120℃ 时的穆尼焦烧时间 $t_5$ 表示。各种胶料的焦烧时间，视其工艺过程、工艺条件和胶料硬度而异。一般软的胶料为 10~20min；大多数胶料（不包括高填充的硬胶料或加工温度很高的胶料）为 20~35min；高填充的硬胶料为 35~80min。

## 1. 橡胶结构的影响

胶料的焦烧倾向性，与其主体材料的橡胶不饱和度有关。例如不饱和度小的丁基橡胶，焦烧倾向性很小，而不饱和度大的异戊橡胶则容易产生焦烧现象。丁苯橡胶并用不饱和度大的天然橡胶后，焦烧时间缩短。

## 2. 硫化体系的影响

从配方设计来考虑，引起焦烧的主要原因是硫化体系选择不当。为使胶料具有足够的加工安全性，应尽量选用迟效性或临界温度较高的促进剂，也可添加防焦剂来进一步改善。

选择硫化体系时，应首先考虑促进剂本身的焦烧性能，选择那些结构中含有防焦官能团（—SS—等）、辅助防焦基团（如羰基、羧基、磺酰基、磷酰基、硫代磷酰基和苯并噻唑基）的促进剂。次磺酰胺类促进剂即是一种焦烧时间长、硫化速度快、硫化曲线平坦、综合性能较好的促进剂，其加工安全性好，适用于厚制品硫化。各种促进剂的焦烧时间依下列顺序递增：ZDC＜TMTD＜M＜DM＜CZ＜NS＜NOBS＜DZ。单独使用次磺酰胺类促进剂时，其用量约为 0.7 质量份。为了保证最适宜的硫化性质，常常采用几种类型促进剂并用的体系，其中一些用于促进硫化，另一些则用于保证胶料加工安全性。

不同类型促进剂的作用特征取决于它们的临界温度。例如，在天然橡胶中各种促进剂的有效作用起始温度：ZDC 为 80℃；TMTD 为 110℃；M 为 112℃；DM 为 126℃。

常用的促进剂 TMTD，其硫化诱导期极短，可使胶料快速硫化。为了防止焦烧，可与次磺酰胺类（如 CZ）、噻唑类（如 DM）并用；但不能与促进剂 D 或二硫代氨基甲酸盐并用，否则将会使胶料的耐焦烧性更加劣化。单独使用秋兰姆类的胶料，即使不加硫黄或少加硫黄，其焦烧时间都比较短。在这种情况下，并用次磺酰胺类或噻唑类促进剂同时减少秋兰姆促进剂用量，则可延长其焦烧时间。

胍类促进剂（如促进剂 D）的热稳定性高，以其为主促进剂，胶料的焦烧时间长，硫化速度慢。

二硫代氨基甲酸盐类促进剂，会急剧缩短不饱和橡胶胶料的焦烧时间；并用胍类促进剂时，焦烧时间会进一步缩短。因此二硫代氨基甲酸盐类促进剂适于在低不饱和度橡胶（如丁基橡胶）中使用，也适于在低温硫化或室温硫化的不饱和橡胶中应用。

在含有噻唑类和次磺酰胺类的 NR 胶料中，加入 DTDM 可以提高胶料的抗焦烧性。在丁苯橡胶胶料中加入 DTDM，抗焦烧效果较小。用有机过氧化物硫化的胶料，一般诱导期较长，抗焦烧性能较好。

在氯丁橡胶胶料中，增加氧化镁用量，而减少氧化锌用量，可降低硫化速度，延长焦烧时间。当然，NA-22 的用量也是影响焦烧性的重要因素。

在含有 TMTD 和氧化锌的氯化丁基橡胶胶料中，加入氧化镁和促进剂 DM 均可延长胶料的焦烧时间。

### 3. 防焦剂的影响

防焦剂是提高胶料抗焦烧性的专用助剂，它可提高胶料在贮存和加工过程中的安全性。以往常用的防焦剂有苯甲酸、水杨酸、邻苯二甲酸酐、N-亚硝基二苯胺等。但上述防焦剂在使用中都存在一些问题。例如邻苯二甲酸酐在胶料中很难分散，还能使硫化胶物性降低，并且延迟硫化，当胶料中含有次磺酰胺类或噻唑类促进剂时，防焦效果很小；N-亚硝基二苯胺在以次磺酰胺为促进剂的胶料中，防焦效果较好，但加工温度超过 100℃时，其活性下降，120℃时防焦作用不大，135℃会分解而失去活性，分解后放出的气体产物，使制品形成气孔。此外这种防焦剂还会延迟硫化、降低硫化胶的物理性能。

为了解决上述防焦剂存在的问题，近年来研制了一些效果极佳的防焦剂，其中防焦剂 PVI（N-环己基硫代邻苯二甲酰亚胺）获得了广泛的应用。采用 PVI 不仅可以提高混炼温度，改善胶料加工和贮存的稳定性，还可使已焦烧的胶料恢复部分塑性。和以往常用的其他防焦剂不同，PVI 不仅能延长焦烧时间，而且不降低正硫化阶段的硫化速度。

### 4. 填充体系的影响

一般说来，N 字头炭黑能使胶料的焦烧时间缩短，降低胶料的耐焦烧性。其影响程度主要取决于炭黑的 pH 值、粒径和结构性。炭黑的 pH 值越大，碱性越大，胶料越容易焦烧，例如炉法炭黑的焦烧倾向性比槽法炭黑大。炭黑的粒径减小或结构性增大时，由于炭黑会使胶料在混炼时增加生热量，因此炭黑的粒径愈小，结构性愈高，则胶料的焦烧时间愈短。炭黑对胶料耐焦烧性的影响程度，还与所用的硫化促进剂类型有关。表 8-31 列出了不同促进剂对填充 50 质量份高耐磨炭黑和未填充炭黑胶料的焦烧时间的影响。在丁苯橡胶和顺丁橡胶胶料中，也有相似的结果。如果采用有效硫化体系时，炭黑的影响减少。

表 8-31    不同促进剂对炭黑填充 IR 胶料的焦烧时间的影响

| 促进剂 | 穆尼焦烧时间 $t_5$(127℃)/min | | 促 进 剂 | 穆尼焦烧时间 $t_5$(127℃)/min | |
|---|---|---|---|---|---|
| | 未填充炭黑胶料 | 填充 50 质量份 HAF 胶料 | | 未填充炭黑胶料 | 填充 50 质量份 HAF 胶料 |
| 次磺酰胺类 | 60 以上 | 20～27 | 促进剂 D | 25 | 12 |
| 促进剂 DM | 75 | 12 | 促进剂 PZ | 16 | 10 |
| 促进剂 TMTD | 12 | 9 | | 6 | 4 |
| 促进剂 TMTM | 13 | 6 | | | |

有些无机填料（如陶土）对促进剂有吸附作用，会迟延硫化。表面带有—OH 基团的填料，如白炭黑表面含有相当数量的—OH，会使胶料的焦烧时间延长，使用时应予以注意。

5. 软化剂和防老剂的影响

胶料中加入软化剂一般都有延迟焦烧的作用，其影响程度视胶种和软化剂的品种而定。例如在三元乙丙橡胶胶料中，使用芳烃油的耐焦烧性，不如石蜡油和环烷油。在金属氧化物硫化的氯丁橡胶胶料中，加入 20 质量份氯化石蜡或癸二酸二丁酯时，其焦烧时间可增加 1～2 倍，而在丁腈橡胶胶料中，只增加 20%～30%。

防老剂对胶料的硫化性质有一定影响。就焦烧性而言，不同防老剂的影响程度也不同，例如防老剂 RD 对胶料焦烧时间的延长，比防老剂 D 和 4010NA 显著。

除上述配方因素的影响之外，焦烧时间还与加工温度和加工时的剪切速率有密切关系。在考虑胶料的耐焦烧性时，必须予以全面考虑。

### （五）抗返原性

所谓返原性，是指胶料在 140～150℃ 长时间硫化或在高温（超过 160℃）硫化条件下，硫化胶性能下降的现象。出现返原现象后，硫化胶的拉伸强度、定伸应力及动态疲劳性能降低，交联密度下降。从硫化曲线上看，达到最大转矩后，随硫化时间延长，转矩逐渐下降。

引起硫化返原的原因可以归结为：①交联键断裂及重排，特别是多硫交联键的重排以及由此而引起的网络结构的变化；②橡胶大分子在高温和长时间硫化温度下，发生裂解（包括氧化裂解和热裂解）。

1. 胶种的选择

返原性与橡胶的不饱和度（双键含量）有关。为了减少和消除返原现象，应选择不饱和度低的橡胶。在 180℃ 硫化温度下，天然橡胶、顺丁橡胶、丁苯橡胶和三元乙丙橡胶的硫化返原率如图 8-11 所示。

从图 8-11 可以看出，上述几种橡胶在 180℃×30min 的返原率，依下列顺序递减：NR＞BR＞SBR＞EPDM。由于各种橡胶的耐热性、抗返原性不同，因此各种橡胶在高温短时间内的极限硫化温度也不同，如表 8-32 所示。

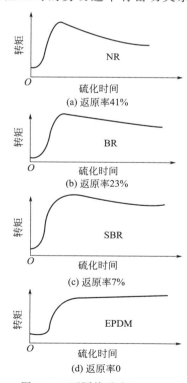

图 8-11    不同橡胶在 180℃ 正硫化 30min 后的返原率

表 8-32　在连续硫化中各种橡胶的极限硫化温度

| 胶　　种 | 极限硫化温度/℃ | 胶　　种 | 极限硫化温度/℃ |
|---|---|---|---|
| NR | 240 | CR | 260 |
| SBR | 300 | EPDM | 300 |
| 充油 SBR | 250 | IIR | 300 |
| NBR | 300 | | |

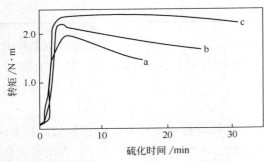

图 8-12　不同硫化体系对 NR 180℃硫化曲线的影响
a—传统硫化体系（CV）：S 2.5 质量份，CZ 0.6 质量份；
b—半有效硫化体系（Semi EV）：S 1.2 质量份，
CZ 1.8 质量份；c—有效硫化体系（EV）：
S 0.3 质量份，TMTD 2.0 质量份，CZ 1.0 质量份

综上可见，天然橡胶最容易发生硫化返原，所以在天然橡胶为基础的胶料配方设计时，特别是在高温硫化条件下，更要慎重考虑它的返原性问题。

**2. 硫化体系的影响**

硫化体系是影响天然橡胶硫化返原性的主要因素。不同硫化体系对天然橡胶 180℃的硫化曲线如图 8-12 所示。

由图 8-12 可见，传统硫化体系的 NR 胶料的返原性最为严重，半有效硫化体系的返原性也比较明显，而有效硫化体系则基本上无返原现象（在 180℃×30min 条件下）。

为了提高天然橡胶和异戊橡胶的抗返原性，最好减少硫黄用量，用 DTDM（$N,N'$-二硫代吗啉）代替部分硫黄。

对于异戊橡胶来说，采用如下硫化体系：S（0～0.5 质量份），DTDM（0.5～1.5 质量份），CZ 或 NOBS（1～2 质量份），TMTD（0.5～1.5 质量份），可保证其在 170～180℃下的返原性比较小。

丁基橡胶胶料使用 S/M/TMTD 或 S/DM/ZDC 作为硫化体系时，在 180℃下产生强烈返原。如采用树脂或 TMTD/DTDM 作硫化体系，则无返原现象。

丁苯橡胶、丁腈橡胶、三元乙丙橡胶等合成橡胶的硫化体系，对硫化温度不像天然橡胶那样敏感。但硫化温度超过 180℃时，会导致其硫化胶性能恶化，因此高温（180℃以上）下硫化这些橡胶时，其配方必须加以调整。

当天然橡胶和顺丁橡胶、丁苯橡胶并用时，可减少其返原程度。为了保持并用胶料在高温硫化时交联密度不变，减少其不稳定交联键的数目，提高其抗返原性，可采用保持硫化剂恒定不变的条件下，增加促进剂的用量的方法，目前这种方法已在轮胎工业中得到了广泛的应用。

**（六）包辊性**

在开炼机混炼、压片和压延机上进行压延作业时，胶料需要有良好的包辊性，否则很难顺利操作。研究发现：随辊温升高，生胶或胶料在开炼机辊筒上可出现四种状态，如图 8-13 所示。

由图 8-13 可以看出，在辊温较低的Ⅰ区，生胶的弹性大，硬度高，易滑动，难以通过辊距，而以"弹性楔"的形式留在辊距中，如强制压入，则变成硬碎块，所以不宜炼胶；随温度升高而进入Ⅱ区，此时橡胶比较容易变形，既有塑性流动又有适当的高弹形变，可在辊筒上形成一圈弹性胶带，包在辊筒上，不易破裂，便于炼胶操作；温度进一步升高，进入Ⅲ

区，此时橡胶黏度降低，流动性增加，分子间作用力减小，黏弹性胶带的强度下降，不能紧紧包在辊筒上，出现脱辊或破裂现象，很难进行炼胶操作；温度再升高，进入Ⅳ区，此时橡胶呈黏稠状而包在辊筒上，并产生较大的塑性流动，有利于压延操作。

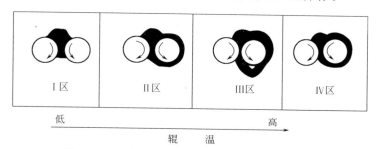

图 8-13　生胶或胶料在开炼机辊筒上的四种状态

影响包辊性的因素除了辊温、切变速率（辊距）之外，还有与生胶或胶料强度有关的各种配方因素，如橡胶分子结构、补强剂、软化剂和其他助剂等。

### （七）自黏性

所谓自黏性，是指同种胶料两表面之间黏合性能。通常制品成型操作中多半是将同一类型的胶片或部件黏合在一起，因此自黏性对半成品的成型如制品性能有重要作用。

自黏是黏合的一种特殊形式，大分子的界面扩散，对胶料的自黏性起着决定性的作用。扩散过程的热力学先决条件是接触物质的相容性；动力学的先决条件是接触物质具有足够的活动性。图 8-14 是胶料的自黏过程。

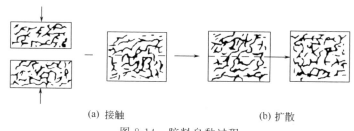

(a) 接触　　　　　　　　(b) 扩散

图 8-14　胶料自黏过程

（1）接触　在外力作用下，使两个接触面压合在一起，通过一个流动过程，接触表面形成宏观结合。

（2）扩散　由于橡胶分子链的热运动，在胶料中产生微空隙空间，分子链链端或链段的一小部分就能逐渐扩散进去。由于链端的扩散，导致在接触区和整体之间发生微观调节作用。活动性分子链端在界面间的扩散，导致黏合力随接触时间延长而增大。这种扩散最后造成接触区界面完全消失。

从上述自黏过程可以看出，橡胶分子的扩散需在一定的压力下进行，胶料的初始自黏强度随接触压力增大而增加；另外，橡胶分子的扩散过程也需要经历一段时间方能完成，因此胶料的自黏强度随接触时间增加而增大，自黏强度与接触时间的平方根呈线性关系。

#### 1. 橡胶分子结构的影响

（1）分子链柔性的影响　一般说来，链段的活动能力越大，扩散越容易进行，自黏强度越大。例如顺丁橡胶，随 1,2-结构含量增加，自黏强度明显增大，如图 8-15 所示。

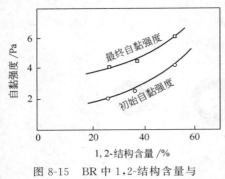

图 8-15　BR 中 1,2-结构含量与
胶料自黏强度的关系

因为 1,2-结构中的乙烯基侧链上的双键比较容易围绕—C—C—单键旋转而取向，而这种取向可增强两接触面之间的相互作用，所以随 1,2-结构含量增加，接触面上的乙烯基数量也增加，于是提高了初始黏合强度。在最终自黏强度区域，试样的断裂属于内聚破坏，不发生在原来的界面上。试样的内聚破坏是聚合物分子链滑动的结果，而不是化学键断裂的结果。乙烯基侧链可能给分子链的滑动造成困难，所以增加 1,2-结构的含量，即增加乙烯基含量，会导致最终自黏强度提高，但所需的接触时间要长一些。

当分子链上有庞大侧基时，阻碍分子热运动，因此其分子扩散过程缓慢。

(2) 分子极性的影响　极性橡胶其分子间的吸引能量密度（内聚力）大，分子难以扩散，分子链段的运动和生成空隙都比较困难，若使其扩散需要更多的能量。在丁腈橡胶胶料自黏试验中发现，随氰基含量增加，其扩散活化能也增加。

(3) 不饱和度的影响　含有双键的不饱和橡胶比饱和橡胶更容易扩散。这是因为双键的作用使分子链柔性好，链节易于运动，有利于扩散进行。如将不饱和聚合物氢化使之接近饱和，则其扩散系数只有不饱和高聚物的 47%～61%。

(4) 结晶的影响　两种乙丙橡胶的自黏性试验表明，结晶性好的乙丙橡胶缺乏自黏性，而无定形无规共聚的乙丙橡胶却显示出良好的自黏性。因为在结晶性的乙丙橡胶中，有大量的链段位于结晶区内，因而失去活动性，在接触表面存在结晶区，链段的扩散难以进行。同样，在氯丁橡胶中有部分结晶时，自黏性下降；高度结晶时，自黏性就完全丧失了。为使高度结晶的橡胶具有一定的自黏性，必须设法提高分子活动性。为此可提高接触表面温度，使之超过结晶的熔融温度，或以适当的溶剂使接触表面溶剂化。

### 2. 填充体系的影响

无机填料对胶料自黏性的影响，依其补强性质而变化，补强性好的，自黏性也好。各种无机填料填充的天然橡胶胶料的自黏性，依下列顺序递减：白炭黑＞氧化镁＞氧化锌＞陶土。炭黑可以提高胶料的自黏性。在天然橡胶和顺丁橡胶胶料中，随炭黑用量增加，胶料的自黏强度提高，并出现最大值，如图 8-16 所示。填充高耐磨炭黑的天然橡胶胶料，随炭黑用量增加，自黏强度迅速提高，在 80 质量份时自黏强度最大；顺丁橡胶胶料在高耐磨炭黑用量为 60 质量份时，自黏强度最高。当炭黑用量超过一定限度时，橡胶分子链的接触面积太少，造成自黏强度下降。天然橡胶比顺丁橡胶的自黏强度高，是因为天然橡胶的生胶强度和结合橡胶数量都比顺丁橡胶高。

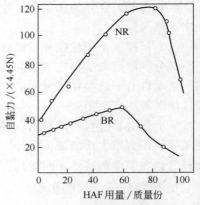

图 8-16　炭黑用量对 NR、
BR 胶料自黏性的影响

### 3. 增塑剂的影响

增塑剂（或软化剂）虽然能降低胶料黏度，有利于橡胶分子扩散，但它对胶料有稀释作用，使胶料强度降

低，结果使胶料的自黏力下降。

### 4. 增黏剂的影响

使用增黏剂可以有效地提高胶料的自黏性。常用增黏剂有松香、松焦油、妥尔油、萜烯树脂、古马隆树脂、石油树脂和烷基酚醛树脂等，其中以烷基酚醛树脂的增黏效果最好。

容易喷出的配合剂，如蜡类、促进剂TMTD、硫黄等应尽量少用，以免污染胶料表面，降低胶料的自黏性。

胶料焦烧后，自黏性急剧下降，因此对含有二硫代氨基甲酸盐类、秋兰姆类等容易引起焦烧的硫化体系要严格控制，使其在自黏成型前不产生焦烧现象。

### （八）喷霜

喷霜是指胶料中的液体或固体配合剂由内部迁移到表面的现象。常见的喷霜形式大体上有三种，即喷粉、喷油和喷蜡。喷粉是胶料中的硫化剂、促进剂、活性剂、防老剂、填充剂等粉状配合剂析出胶料（或硫化胶）表面，形成一层类似霜状的粉层；喷蜡是胶料中的蜡类助剂析出表面形成一层蜡膜；喷油是胶料中的软化剂、润滑剂、增塑剂等液态配合剂析出表面，而形成一层油状物。

喷霜不仅影响制品的外观质量，使制品表面出现泛白、泛黄、泛灰、泛蓝，有时还会出现亮点、表面失去光泽。而且还会影响胶料的工艺性能和硫化胶物理性能，降低胶料的自黏性而给成型带来困难，以及影响胶料与织物和金属骨架的黏合性能。喷霜严重还会造成胶料焦烧和制品老化。如果喷霜的主要成分是硫黄和促进剂，那么靠近胶料表面的硫化剂和促进剂浓度很大，在贮存和加工过程中很容易引起焦烧，硫化时会造成表面层和内部硫化程度不均，使硫化胶的物性下降。特别是医用和食品用橡胶制品，都不允许有喷霜现象。喷霜确有"百害"，但也有一利，有些工业制品如轮胎，需要喷蜡，形成一层蜡膜，以此防止臭氧老化。喷霜是橡胶加工厂经常出现的问题，到目前为止，仍然无法全部掌握或彻底解决这个难题。

导致喷霜的内在原因是，某些配合剂在胶料中发生过饱和或不相容。对于溶解性的配合剂而言，达到过饱和状态后，总是接近表面层的配合剂首先喷出表面，所以离表面层越近则浓度越稀。而胶料中的呈过饱和状态的配合剂，正如溶液中的溶质一样，总是由高浓度向低浓度扩散转移，因此造成这些配合剂由胶料内部向表面层迁移析出；当这些配合剂在胶料中降低到饱和状态时，则喷出过程终止。而对于那些无溶解性的配合剂，如某些填料的喷出，则属于不相容的问题。

造成配合剂在胶料中呈现过饱和状态的主要原因是配方设计不当，某些配合剂的用量过多，超过其最大用量。一般配合剂在一定的温度、压力条件下，在橡胶中都有一定的溶解度，达到配合剂溶解度的配合量为其最大用量。当配合剂用量超过其最大用量时，配合剂就不能完全溶解在橡胶中，在橡胶中呈过饱和状态。不能溶解的那部分便会析出表面形成喷霜。

某些加工工艺，如橡胶的可塑度过大、配合剂分散不均、炼胶时辊温过高、硫化温度过高、硫化不足等，都是导致喷霜的原因。而硫化后的制品在贮存和使用过程中，较高的温度、湿度及强烈的阳光照射是造成喷霜的外部因素。

### （九）注压

注压工艺是在模压法和移模硫化的基础上发展起来的一种新型硫化方法。其特点是把半成品成型和硫化合为一体，减少了工序，提高了机械化自动化程度，成型硫化周期短，生产效率高。注压工艺通过塑化注射、热压硫化，使内外胶层温度均一，质地致密，提高了产品质量，实现了高温快速硫化。目前注压工艺已广泛地用于密封制品、减震制品、胶鞋等模型制品中。

　　注压工艺的特点就是高温快速硫化工艺。要求胶料在高温下能顺利地通过喷嘴、流胶道并快速充满模腔。这就要求胶料必须具有良好的流动性；胶料在注压机的塑化室、注胶口、流胶道的切变速率较高，摩擦生热温度较高，加工硫化温度较高，因此胶料从进入加料口开始，经机筒、喷嘴、流胶道到充满模腔、开始交联之前的这段时间内，必须确保胶料不能焦烧，即要求胶料有足够的焦烧时间；胶料进入模腔后，应快速硫化，一旦开始交联，能很快达到正硫化。

　　硫化曲线的斜率应尽可能地小，$T_{90}-T_{10}\approx0$；起始黏度（常用 ML 表示）保持一定值以保证注压能力；硫化诱导期（$T_{10}$）应足够地长。若机筒的温度为 90～120℃，则胶料的穆尼焦烧时间必须比胶料在机筒中的停留时间长两倍以上。

　　综上可见，在进行注压胶料的配方设计时，必须使胶料的流动性、焦烧性和硫化速度三者取得综合平衡。

　　1. 橡胶的选择

　　一般常用的橡胶如天然橡胶、丁苯橡胶、顺丁橡胶、异戊橡胶、三元乙丙橡胶、丁基橡胶、氯丁橡胶、丁腈橡胶、氯磺化聚乙烯橡胶、丙烯酸酯橡胶、聚氨酯橡胶、甲基乙烯基硅橡胶（MVQ），都可以用于注压硫化。

　　橡胶的穆尼黏度对胶料的注压性能影响很大。橡胶的黏度低，胶料的流动性好，易充满模腔，可缩短注射时间，外观质量好。但穆尼黏度低时，塑化和注射过程中的生热小，因而硫化时间较长。相反，穆尼黏度高的胶料，注射时间长、生热大，对高温快速硫化有利，但黏度过高很容易引起焦烧。一般穆尼黏度在 65 以下较好。

　　2. 硫化体系的选择

　　注压胶料的焦烧性、硫化速度和抗高温硫化返原性，主要取决于它的硫化体系。实践表明，有效硫化体系对注压硫化较为适宜，因为有效硫化体系在高硫化温度下抗返原性优于传统硫化体系和半有效硫化体系。

　　近年来研究高温快速硫化时发现，以硫黄给予体二硫代吗啉（DTDM）和次磺酰胺类促进剂并用，可以组成"多能"无硫硫化体系，这种硫化体系能使加工和硫化特性完全适合于各种注压条件而不降低硫化胶的物理性能。例如在天然橡胶与顺丁橡胶并用的胶料中，用传统硫化体系（S/BLOBS＝2/0.75），在较高的硫化温度（170℃）下，会降低硫黄的效率，说明在发生交联键缩短反应的同时，主链改性程度也随之增大，交联键的分布也随硫化温度提高而改变。但是在同样的硫化条件下，使用无硫硫化体系（DTDM 1.0 质量份，TMTD 1.0 质量份，MOR 1.0 质量份）时，交联键分布的变化比使用传统硫化体系时小得多。用有效硫化体系时，交联密度也会因较高的硫化温度而降低，所以采用无硫硫化体系比有效硫化体系更为有利。

　　3. 填充体系的影响

　　填充剂对胶料的流动性影响较大；粒径越小，结构性越高；填充量越大，则胶料的流动性越差。例如超耐磨炭黑、中超耐磨炭黑、高耐磨炭黑粒径小，流动性差，快压出炭黑的结构性较高，其流动性也较差。而半补强炭黑和中粒子热裂炭黑粒径较大，胶料的流动性较好。对无机填料而言，陶土、碳酸钙等惰性填料对胶料的流动性影响不大，而补强性好；粒径小的白炭黑则会显著降低胶料的流动性。

胶料在塑化和通过喷嘴时，胶温都会升高。对于温升较小的胶种如硅橡胶、异戊橡胶，可用增加填料用量的方法来提高胶料通过喷嘴时的温升，以保证较高的硫化温度。相反，有些胶种（如丁苯橡胶、丁腈橡胶）通过喷嘴时温升较大，因此必须充分估计到填充剂加入后的生热因素，以免引起胶料焦烧。在各种填料中，陶土的生热量最小，半补强炭黑和碳酸钙的生热量也较小，超耐磨炭黑、中超耐磨炭黑、高耐磨炭黑的生热量比半补强炭黑高得多。

4. 软化剂的影响

软化剂可以显著提高胶料的流动性，缩短注射时间，但因生热量降低，相应降低了注射温度，从而延长了硫化时间。由于硫化温度较高，应避免软化剂挥发，宜选用分解温度较高的软化剂。

为提高耐热性、降低返原性，注压胶料中应选用适当的防老剂。

## 三、配方设计与产品成本的关系

如何降低橡胶产品的成本，是工厂普遍关心的实际问题，特别是在市场经济竞争十分激烈的情况下，该问题显得更为突出。因此在进行橡胶配方设计时，应充分应用价值工程加以分析，在首先保证物理性能和加工性能的基础上，再进一步考虑拟定低成本配方。

### （一）密度与配合单价的计算

橡胶制品的成本计算，包括质量成本和体积成本，而用体积单位来计算成本的制品属大多数，因此制品密度大小对单位体积成本影响很大。有时单位质量成本虽然很低，但由于密度大，使得单个或单位长度制品的质量增大，结果单位制品成本不但不便宜，有时甚至增高。

1. 胶料密度的计算方法

胶料密度的计算方法是：①测定配方中各种配合剂的质量，求出总质量；②用各种配合的质量分别除以其密度，计算出各自的体积，再求出总体积；③总质量除以总体积，其商即为胶料密度。

2. 硫化胶的密度

① 天然橡胶与硫黄结合后的密度变化，如表 8-33 所示。

表 8-33    NR 与硫黄结合后的密度变化

| 硫黄配合量(质量分数)/% | 游离硫的质量分数/% | 密度(25℃)/(g/cm³) | | 硫黄配合量(质量分数)/% | 游离硫的质量分数/% | 密度(25℃)/(g/cm³) | |
| --- | --- | --- | --- | --- | --- | --- | --- |
| | | 未硫化胶 | 硫化胶 | | | 未硫化胶 | 硫化胶 |
| 0 | — | 0.912 | — | 16 | — | 1.001 | 1.047 |
| 2 | 0.04 | 0.922 | 0.928 | 18 | 0.09 | 1.013 | 1.071 |
| 4 | 0.02 | 0.932 | 0.948 | 19 | — | 1.020 | 1.078 |
| 6 | 0.05 | 0.943 | 0.962 | 20 | 0.07 | 1.026 | 1.085 |
| 8 | 0.10 | 0.954 | 0.981 | 24 | 0.06 | 1.053 | 1.115 |
| 10 | — | 0.965 | 0.995 | 28 | 0.10 | 1.080 | 1.145 |
| 12 | — | 0.977 | 1.018 | 30 | 0.25 | 1.096 | 1.157 |
| 13 | 0.07 | 0.983 | 1.024 | 32 | 0.80 | 1.110 | 1.172 |
| 14 | 0.05 | 0.989 | 1.031 | | | | |

② 平板硫化过程中密度的变化，如表 8-34 所示。

表 8-34　混炼时间和硫化压力对密度的影响

| 类　别 | 密度/(g/cm³) | 测定温度/℃ | 按 25℃ 换算后的密度/(g/cm³) |
|---|---|---|---|
| 混炼胶(a)混炼 60min | 0.970 | 26 | 0.9760 |
| 混炼胶(b)混炼 150min | <0.970 | 26 | 0.9706 |
| 上述胶料在 20℃ 放置 24h 后 | | | |
| 混炼胶(a) | 0.9845 | 22.5 | 0.9830 |
| 混炼胶(b) | 0.9828 | 22.5 | 0.9813 |
| 上述胶料硫化后(硫化条件:143℃×60min,平板压力为 8MPa) | | | |
| 胶料(a) | 0.9845 | 22.5 | 0.9830 |
| 胶料(b) | 0.9830 | 22.5 | 0.9815 |
| 上述硫化胶放置 24h 后 | | | |
| 胶料(a) | 0.9884 | 21 | 0.9860 |
| 胶料(b) | 0.9846 | 21 | 0.9822 |

③ 硫化温度与硫化胶的收缩率如表 8-35 所示。

表 8-35　硫化胶收缩率与硫化温度的关系　　　　　　　　单位:%

| 胶　种 | 126℃ | 152℃ | 170℃ |
|---|---|---|---|
| NR | 1.82 | 2.08 | 2.28 |
| SBR | 2.21 | 2.68 | 3.00 |
| CR | 1.48 | 1.94 | 2.17 |

注:胶料中填充炭黑 32 质量份。

### 3. 海绵胶密度的测算

海绵橡胶可按下列沉锤附加法测量其假密度。

例如：海绵橡胶在空气中的质量为 1.6g，沉锤的质量为 12.6g，海绵橡胶＋沉锤在水中的质量为 3.8g。

沉锤以铅质计算，因铅的密度为 $11.34g/cm^3$，则沉锤的体积：

$$V_{沉锤}=12.6/11.34=1.11(cm^3)。$$

于是，沉锤在水中的质量＝12.6−1.11＝11.49(g)；胶料在水中的质量＝3.8−11.49＝−7.69(g)；又因物体的质量＝被排开的液体的质量（水的相对密度为 1），故胶料的体积＝7.69($cm^3$)。

$$胶料的密度＝1.6/7.69＝0.21(g/cm^3)$$

另外在用其他配合剂代替某一配合剂，而且希望体积相同时，配合剂的配合质量由下式计算：

$$代用配合剂质量＝(原配合剂的质量/原配合剂密度)×代用配合剂密度$$

### （二）低成本配方设计

#### 1. 生胶（主体材料）的选择

充油丁苯橡胶、充油顺丁橡胶即使增加炭黑和油的用量，其耐磨耗性能降低也不大。从成本上考虑，使用这些生胶比较有利。因此，近年来充油丁苯橡胶、顺丁橡胶多用于轮胎配合。

三元乙丙橡胶是橡胶中填充能力最大的一种橡胶。它可以填充500质量份中粒子热裂炭黑、半补强炭黑、快压出炭黑，而且能保持一定的物理性能，可以明显地降低成本。

近年来开发的氯化聚乙烯也是一种能填充大量填料的弹性体。试验表明，在氯化聚乙烯中添加300质量份廉价无机填料，仍能保持较好的拉伸性能，对降低成本也有显著的效果。

橡胶和某些塑料、树脂等共混作为配方的主体材料，不仅可以提高制品的某些性能，而且可以降低配方成本，是当前橡胶配方中广泛采用的方法。例如天然橡胶和聚乙烯、丁腈橡胶和聚氯乙烯以及乙丙橡胶和聚丙烯共混。

根据制品的特性要求，合理地选择代用材料或价廉的新型橡胶，也是降低材料成本的有效途径之一。例如摩托车、自行车、汽车轮胎内胎，其主要特性是要求气密性好，以用丁基橡胶作为主体材料才比较合理，但由于国内目前尚不能生产丁基橡胶，且进口丁基橡胶价格越来越高，严重影响了企业的经济效益。为此应寻找一种替代丁基橡胶的新型橡胶来制造内胎。近年来研制的环氧化天然橡胶具有优异的气密性和良好的综合性能，试验表明，其气密性与丁基橡胶相近，工艺性能则与天然橡胶接近，远远优于丁基橡胶，而价格比丁基橡胶便宜30%左右，通过合理的配方设计生产的内胎，各项性能指标均符合标准要求，而且使用性能和工艺性能良好。因此，采用这种新型橡胶制造的内胎不仅可保证气密性的要求，而且可以明显降低成本。

### 2. 合理利用再生资源

当胎面胶配方中使用再生胶时，发现其物理性能降低率较小。在减少天然橡胶、增加再生胶而其他助剂变化不大的情况下，胶料的拉伸强度降低率很小，而且胎面耐磨耗的平均耐久力增加。但触感稍差。用直接蒸汽硫化时制品的外观差一点，但用硫化机硫化时不存在该问题。

合理使用硫化胶粉也是降低成本的重要途径之一。多年来橡胶工业一直在探索回收利用废橡胶制品的有效方法，这对降低橡胶制品的成本有重要意义。从20世纪70年代开始，国外在回收利用废轮胎、提高废橡胶利用价值方面进行了大量的研究，并取得了重大的技术突破，其中最主要的技术进展，就是废橡胶的精细粉碎和胶粉的活化改性。

充分利用硫化后的废胶边及报废制品，也是某些橡胶制品降低配方成本的有效途径。中国轮胎生产厂家较多，每年都有大量废弃的丁基橡胶水胎、胶囊，如何充分利用这些再生资源，使之变废为宝，是一个和企业经济效益密切相关的研究课题。

充分、合理利用再生资源，增大废橡胶回收利用的数量，是降低配方成本的一条新途径。

### 3. 增加填充剂和油的用量

一般填充剂都比较廉价，无论使用哪一种，只要增加其用量，就能大幅度降低成本。但同时必须添加与其性能和用量相应的操作油。

作为廉价的填充剂，一般可使用碳酸钙和陶土等无机填料。通常这些无机填料的粒径较大，表面具有亲水性，与橡胶的相容性不好，因此其补强性能远不如炭黑，增加其用量往往会导致硫化胶性能大幅度下降。为改进无机填料和橡胶大分子的结合能力，增加其填充量，需要对它们进行各种表面改性处理。例如，用低分子量羧化聚丁二烯接枝的碳酸钙，可使硫化胶的撕裂强度、定伸应力、耐磨耗性明显提高，还能使胶料具有良好的抗湿性及电性能，并改善胶料的加工工艺性能，增加填充量，部分取代半补强炭黑。经钛酸酯偶联剂处理的碳酸钙与沉淀法白炭黑并用，能改善三元乙丙橡胶的加工性能，增加填充量，减少白炭黑用量，在保持性能指标的前提下，降低了胶料成本。

### 4. 使用廉价的填充剂增容

为了降低材料成本，国内近年来开发了多种廉价的填充剂。这些填充剂过去大多属于工业废料、环境污染源，经开发应用后取得了显著的经济效益和社会效益。

廉价的非补强填充剂，在橡胶制品中应用效果较好的有赤泥、油页岩灰、硅铝炭黑、硅灰石粉、石英粉、活性硅粉、高透明白滑粉等。

## 四、橡胶配方设计的试验设计方法

橡胶配方设计的试验设计方法主要包括单因素配方设计法和多因素配方设计法。

### (一) 单因素配方设计

单因素配方试验设计主要就是研究某单一试验因子，如促进剂、炭黑、防老剂或某一新型原材料，在某一变量区间内，确定哪一个值的性能最优。这要根据实际经验恰当选定该因子 $\dfrac{K_1 - K_2}{4}$ 的实际变量区间，然后在该范围内以最少的试验次数迅速找出最佳用量值。

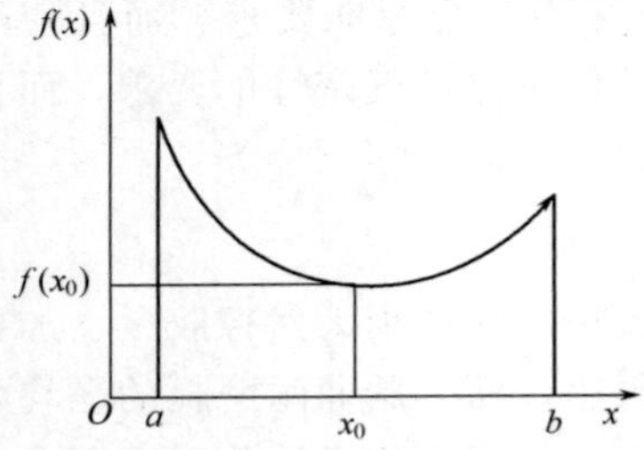

随着应用数学技术的普及，人们已将众多优化方法运用到了单因素试验设计方法之中，其简单原理如下。

性能指标 $f(x)$ 是变量 $x$ 在变量区间 $[a, b]$ 中的函数，假设 $f(x)$ 在 $[a, b]$ 区间内只有一个极值点，即 $x = x_0$ 时 $f(x_0)$ 取得极值，在这种情况下这个极值点（最大值或最小值）即是要寻求的目标试验点，如图 8-17 所示。如何以较少的试验次数快速寻到 $x_0$ 点，有如下几种试验方法。

图 8-17　最小目标函数图

### 1. 黄金分割法

黄金分割点在线段的 0.618 处，故此法又称 0.618 法。

这个方法的要点是先在配方试验范围 $[a, b]$ 的 0.618 点作第一次试验，再在其对称点（试验范围的 0.382 处）作第二次试验，比较两点试验的结果，去掉"坏点"以外的部分。在剩下的部分继续取已试验点的对称点进行试验、比较和舍取，逐步缩小试验范围。应用此法，每次可以去掉试验范围的 0.382，因此，可以用较少的试验配方，迅速找出最佳变量范围，即：

$$x_1 = a + 0.618(b - a) \tag{8-1}$$

$$x_2 = a + b - x_1 \tag{8-2}$$

如果 $a$ 为试验范围的小点，$b$ 为试验范围的大点，以上两式可通俗地写成：

第一点＝小点＋0.618×（大点－小点）

第二点＝小点＋大点－第一点

式(8-1) 和式(8-2) 叫作对称公式。

用 $f(x_1)$ 和 $f(x_2)$ 分别表示在 $x_1$ 和 $x_2$ 两个试验点上的试验结果。如果 $f(x_1)$ 比 $f(x_2)$ 好，则 $x_1$ 是好点，于是把试验范围的 $[a，x_2]$ 消去，剩下 $[x_2，b]$。

如果 $f(x_1)$ 比 $f(x_2)$ 差，则 $x_2$ 是好点，就应消去 $[x_1，b]$，而保留 $[a，x_1]$。

下一步是在余下的范围内找好点。在前一种情况中，$x_1$ 的对称点为 $x_2$。如在 $x_3$ 处安排第三次试验，用对称公式计算时：$x_3 = x_2 + b - x_1$。在后一种情形中，第三个试验点应是好点 $x_2$ 的对称点：$x_3 = a + x_1 - x_2$。

如果 $f(x_1)$ 和 $f(x_2)$ 一样，可同时划掉 $(a，x_2)$ 和 $(x_1，b)$，仅留下中间的 $(x_2，x_1)$，然后在范围 $(x_2，x_1)$ 中用对称公式继续试验。此法的每一步试验配方都要根据上次配方试验的结果决定，各次试验的原料及工艺条件都要严格控制，否则无法决定取舍方向，使试验陷入混乱。

【应用实例】　子午线轮胎子口包胶使用低聚酯增硬。

试验目的：在引发剂 DCP 存在的情况下，低聚酯在 $0 \sim 15$ 质量份的变量范围内试验。因低聚酯价格较高，要求尽量少用，并在不影响其他性能的前提下提高胶料的硬度。其要求如下。

硬度（邵氏 A）达到 85，拉伸强度不少于 20MPa，拉断伸长率不小于 200%。

第一次试验：在变量范围内，找出 0.618 点和 0.382 点，连同极限点共作 4 个配方试验。

（低聚酯用量/质量份）

第一次试验结果如下。

0 点：无低聚酯存在时，胶料硬度为 79，拉断伸长率为 250%，拉伸强度为 21.8MPa。

15 份点：加入低聚酯 15 质量份，胶料硬度为 89，拉断伸长率为 150%，拉伸强度为 35.1MPa。

0.618 点：加入低聚酯 9.3 质量份，胶料硬度为 88，拉断伸长率为 180%，拉伸强度为 31.2MPa。

0.382 点：加入低聚酯 5.7 质量份，胶料硬度为 86，拉断伸长率为 200%，拉伸强度为 22.8MPa。

比较上述 4 个试验点，显然 0.382 点较合理，故舍去 $9.3 \sim 15$ 质量份部分，继续进行第二次试验。

第二次试验：在留下的 $[0，9.3]$ 范围内，追加一个新试验段的 0.382 点（好点 $x_2$ 的对称点）继续试验。

（低聚酯用量/质量份）

新的试验点（$x_3$），加入低聚酯 3.6 质量份，胶料硬度为 85，拉断伸长率为 230%，拉伸强度为 22.1MPa。

比较上述试验结果，新的 0.382 点（$x_3$）更为合理，故舍去 5.7～9.3 质量份段，继续进行第三次试验。

第三次试验：在剩下的 [0,5.7] 范围内进行第三次试验。

（低聚酯用量/质量份）

新的 0.382 点（$x_4$），加入低聚酯 2.2 质量份，胶料硬度为 85，拉断伸长率为 235%，拉伸强度为 22.3MPa。

由上述结果可见，加入少量低聚酯即可显著提高胶料硬度，对其他性能影响不大，故可舍去（0,2.2）质量份段。

试验结果：低聚酯用量的合理范围为 2.2～5.7 质量份。

### 2. 平分法（对分法）

如果在试验范围内，目标函数是单调的，要找出满足一定条件的最优点，可以用平分法。平分法和黄金分割法相似，但平分法逼近最佳范围的速度更快，在试验范围内每次都可以去掉试验范围的一半，而且取点方便。

根据配方经验确定试验范围，设试验范围在 $a$～$b$ 之间。平分法的具体做法是总在试验范围 $[a,b]$ 的中点安排试验，中点公式为：

$$中点 = \frac{1}{2}(a+b)$$

第一次试验在 $[a,b]$ 的中点 $x_1$ 处做。如果第一次试验结果表明 $x_1$ 取大了，则舍去大于 $x_1$ 的一半，第二次试验在 $[a,x_1]$ 的中点 $x_2$ 处做。如果第一次试验结果表明 $x_1$ 取小了，便舍去 $x_1$ 以下的一半，则第二次就取在 $[x_1,b]$ 的中点。总之，做了第一个试验，就可将范围缩小一半；然后在保留范围的中点做第二次试验，再根据第二次试验的结果，又将范围缩小一半；如此继续下去，就可以很快找到所要求的点。这个方法的要点是，每次试验点都取在范围的中点上，将试验范围对分为两半，所以这种方法又称为对分法。

平分法的应用条件：①要求胶料物理性能要有一个标准或具体指标，否则无法鉴别试验结果好坏，以决定试验范围的取舍；②要知道原材料的化学性能及其对胶料物理性能的影响规律，能够从试验结果中直接分析该原材料的量是取大了或是取小了，并作为试验范围缩小的判别原则。

例如，考察炭黑用量对硬度的影响，选择硬度（邵氏 A）为 70 的配方中炭黑的用量。根据以往的经验，可将优选范围定在 40～80 质量份。由于硬度是炭黑用量的单调增函数，在其他配方组分不变的条件下，可用平分法进行单因素试验设计。

第一次试验加炭黑量：

$$M_1 = \frac{1}{2} \times (40 + 80) = 60$$

结果硬度小于 70，于是舍去 60 质量份以下的范围。

第二次试验加炭黑量：

$$M_1 = \frac{1}{2} \times (60 + 80) = 70$$

继续试验，直至达到试验指标为止。

【平分法应用实例】　子午线轮胎带束层胶料，加入英国铭坚公司生产的黏合促进剂 Manbond 680C 锭剂。该锭剂含有钴和硼，活性很高，可以增加胶料与钢丝帘线的黏合力。

试验目的：要求得到胶料与钢丝帘线的最高黏合力的 680C 用量。

按资料介绍，680C 的用量范围为 0～2 质量份，用平分法做三次试验。试验结果如表 8-36 所示。

表 8-36　平分法试验结果

| 试验次数 | 第一次试验 | | | 第二次试验 | 第三次试验 | |
| --- | --- | --- | --- | --- | --- | --- |
| Manbond 680C/质量份 | 0 | 1 | 2 | 1.5 | 1.25 | 0.5 |
| 黏合力/(kgf/1.27cm) | 30 | 56 | 44 | 51 | 55 | 53 |

注：1kgf=9.8N。

第一次在变量范围的对分点做试验后，舍去 0～1 质量份。在剩下的 1～2 质量份段对分，做第二次试验，发现黏合力稍有下降。第三次试验补做 1～1.5 质量份和 0～1 质量份变量范围的对分点，结果 680C 用量为 1 质量份、1.25 质量份和 0.5 质量份时，黏合力相接近。

试验结果：该胶料配方中应用 680C 锭剂的合适用量为 0.5～1.25 质量份。

3. 分批试验法

前面讲的黄金分割法和平分法有个共同的特点，就是要根据前面的试验结果，安排后面的试验，这样安排试验的方法叫作序贯试验法。它的优点是总的试验数目很少，缺点是试验周期长，要用很多时间。

与序贯试验法相反，也可以把所有可能的试验同时都安排下去，根据试验结果，找出最好点。这种方法叫作分批试验法，又叫同时法。如果把试验范围等分若干份，在每个分点上做试验，就叫均分法。同时法的优点是试验总时间短，缺点是总的试验数比较多。

分批试验法可分为均分分批试验法和比例分割分批试验法两种。

（1）均分分批试验法　这种方法是每批试验配方均匀地安排在试验范围内。例如：每批做 4 个试验，可以先将试验范围 $(a，b)$ 均分为 5 份，在其 4 个分点 $x_1$，$x_2$，$x_3$，$x_4$ 处做 4 个试验。

将 4 个试验结果比较，如果 $x_3$ 好，则去掉小于 $x_2$ 和大于 $x_4$ 的部分，留下 $(x_2，x_4)$ 的范围。然后将留下的部分再均分为 6 份，在未做过试验的四个点上再做 4 个试验。

这样不断地做下去，就能找到最佳的配方变量范围。在这个窄小的范围内等分的点，其结果较好而又互相接近时，则可中止试验。

对于一批作偶数个试验的情况，均可仿照上述方法进行。假设做 $Z_n$ 个试验（$n$ 为任意正整数），则将试验范围均分为 $Z_{n+1}$ 份，在 $Z_n$ 个分点 $x_1$，$x_2$，$x_3\cdots$，$x_i$，$\cdots x_{Z_n}$ 做 $Z_n$ 个试验，如果 $x_i$ 最好，则保留（$x_{i-1}$，$x_{i+1}$）部分，去掉其余部分。将留下部分均分为 $Z_n+2$ 份，在未做过试验的 $Z_n$ 个分点上再做试验，即将 $Z_n$ 个试验均匀地安排在好点的两旁。这样继续做下去，就能找到最佳的配方变量范围。用这个方法，第一批配方试验后范围缩短为 $\dfrac{2}{Z_{n+1}}$，以后每批试验后都缩短为前次留下的 $\dfrac{1}{n+1}$。

【均分分批试验法实例】 全钢丝载重子午胎钢丝帘布胶中试用 Co-MBT（促进剂 M 的钴盐）的变量试验。

试验目的：找出钢丝帘线与胶料的黏合力高、对胶料早期硫化影响较少的 Co-MBT用量。

第一次试验：根据资料介绍 Co-MBT 的用量范围为 0～5，在此范围内均分为 6 个试验配方。

六个试验配方的试验结果如表 8-37 所示。

表 8-37  均分分批试验法第一次试验结果

| 试　验　号 | $x_1$ | $x_2$ | $x_3$ | $x_4$ | $x_5$ | $x_6$ |
|---|---|---|---|---|---|---|
| Co-MBT 用量/质量份 | 0 | 1 | 2 | 3 | 4 | 5 |
| 穆尼焦烧($M_s$,120℃)/min | 24 | 20.5 | 12 | 9.5 | 7.5 | 3.1 |
| 黏合力/N | 89 | 111 | 124 | 118 | 95 | 90 |

试验结果以 $x_3$ 最好，则去掉小于 $x_2$ 和大于 $x_4$ 试验段部分，做第二次试验。

第二次试验：在 $x_2$ 和 $x_4$ 的变量范围内再均分为 6 个试验配方，其中 $x_2$ 和 $x_4$ 是已做过的试验，所以只补做 $x_7$，$x_8$，$x_9$，$x_{10}$ 四个试验配方。

将第二次试验结果和原 $x_2$ 和 $x_4$ 进行比较，结果如表 8-38 所示。

表 8-38  均分分批试验法第二次试验结果

| 试　验　号 | $x_2$ | $x_7$ | $x_8$ | $x_9$ | $x_{10}$ | $x_4$ |
|---|---|---|---|---|---|---|
| Co-MBT 用量/质量份 | 1.0 | 1.4 | 1.8 | 2.2 | 2.6 | 3.0 |
| 穆尼焦烧($M_s$,120℃)/min | 20.5 | 17.0 | 15.0 | 11.0 | 10.5 | 9.5 |
| 黏合力/N | 111 | 122 | 124 | 125 | 119 | 118 |

　　由上述结果可见，$x_7$，$x_8$，$x_9$ 三个点的变量范围中的胶料与钢丝帘线黏合力最高，其中 $x_7$，$x_8$ 的胶料焦烧性能可满足工艺要求。

　　试验结果：Co-MBT 的最佳用量范围为 $1.4 \sim 1.8$ 质量份。

　　（2）比例分割分批试验法　　这种方法是将第一批试验点按比例地安排在试验范围内。以每批做四个试验为例，第一批试验在 $\dfrac{5}{17}$、$\dfrac{6}{17}$、$\dfrac{11}{17}$、$\dfrac{12}{17}$ 四个点上进行；第二批试验将留下的好点所在线段六等分（共有 5 个分点），在没做过试验的四个点上进行试验；以下每批四个试验点也总是在上次留下的好点两侧，按比例均匀安排试验，如此继续下去。第一批试验后，范围缩短为 $\dfrac{6}{17}$，以后每批试验都缩短为前次留下的 $\dfrac{1}{3}$。

　　从效果上看，比例分割法比均分法好，但是由于比例分割法的试验点挨得太近，如果试验效果差别不显著的话，就不好鉴别。因此这种方法比较适用于因素变动较小而胶料质量却有显著变化的情况，例如新型硫化剂、促进剂的变量试验。

　　【比例分割分批试验法实例】　铜合金板和天然橡胶黏合配方中使用松香酸钴增黏。

　　试验目的：保持胶料焦烧性能的前提下，提高与铜合金板的黏合性能。

　　根据经验，松香酸钴用量在 $1 \sim 17$ 质量份，按一定比例在变量范围内安排试验点。

　　第一次试验：

（松香酸钴用量／质量份）

　　第一次试验数据如表 8-39 所示。

表 8-39　比例分割分批试验法第一次试验结果

| 试　验　号 | $x_1$ | $x_2$ | $x_3$ | $x_4$ | $x_5$ | $x_6$ |
|---|---|---|---|---|---|---|
| 松香酸钴用量/质量份 | 1 | 5 | 6 | 11 | 12 | 17 |
| 穆尼焦烧（$M_s$,120℃）/min | 17 | 25 | 26 | 24 | 24 | 23 |
| 剥离力/N | 36.1 | 50.9 | 49.2 | 45.0 | 43.4 | 47.1 |

　　$x_2 \sim x_3$ 试验段结果较好。

　　第二次试验：按比例在 $x_2 \sim x_3$ 试验段安排试验点 $x_7$，$x_8$，$x_9$，$x_{10}$。

（松香酸钴用量／质量份）

　　第二次试验数据如表 8-40 所示。

表 8-40　比例分割分批试验法第二次试验结果

| 试　验　号 | $x_2$ | $x_7$ | $x_8$ | $x_9$ | $x_{10}$ | $x_3$ |
|---|---|---|---|---|---|---|
| 松香酸钴用量/质量份 | 5.0 | 5.3 | 5.4 | 5.6 | 5.7 | 6 |
| 穆尼焦烧（$M_s$,120℃）/min | 25 | 26 | 27 | 23 | 23 | 23 |
| 剥离力/N | 50.9 | 50.8 | 51.1 | 46.6 | 46.8 | 47.1 |

$x_2$，$x_7$，$x_8$ 三个试验点，黏合性能较好，且焦烧时间较长。

试验结果：松香酸钴最佳用量范围是 5～5.4 质量份。

## （二）多因素配方设计

在大多数的橡胶配方研究中，需要同时考虑两个或两个以上的变量因子对橡胶性能的影响规律，这也是多因素橡胶配方试验设计的问题。借助于统计数学的数理统计方法，可以改变传统试验设计法中试验点分布不合理、试验次数多、不能反映因子间交互作用等诸多缺点。

在众多的橡胶配方试验设计法中，运用较多的是正交试验设计法和中心复合试验设计法。借助于计算机 CAD 技术的应用，可使这些方法大大简化，更有利于科学试验设计方法的推广应用。

与单因素试验配方的确定方法相同，可以根据经验新拟定试验的基本配方，也可以从配方数据库中调出参考配方后，再修订成待研究的基本试验配方。新修订的基本配方连同其分析研究结果，均可保存至计算机数据库之中。与单因素橡胶配方设计不同的是，在基本配方拟定中选择了两个或两个以上的不同组分因素，然后考察这些因素对配方性能的影响规律，这无疑使研究问题变得复杂化，试验次数也将增多。从某种意义上讲，多因素橡胶配方试验设计对计算机这种先进数据处理工具的依赖性远大于单因素橡胶配方试验设计。这不仅需要有计算机硬件设备，而更重要的是要有能专门处理橡胶配方设计的专用软件系统，这样才能将较复杂的问题变得简单易行。下面再重申几个名词的意义。

（1）因子　需要考察的影响试验性能指标的因素，如橡胶配方组分中的硫化剂、补强剂、防老剂等。

（2）水平　每个试验因子可能取值的状态。

（3）交互作用　各试验因子间的综合影响。

正交试验设计法是利用正交表进行多因素整体设计与综合比较和统计分析的一种重要的数学方法，目前已广泛应用在橡胶配方设计中。其特点是将试验点在试验范围内安排得"均匀分散、整齐可比"。"均匀分散"性使得试验点均衡地分布在试验范围内，每个试验点都有充分的代表性；"整齐可比"性使得试验结果的分析十分方便，易于估计各因子的主效应和交互作用。故该方法有效解决了以下几个比较典型的问题：

① 对性能指标的影响，哪个因素重要，哪个因素不重要？

② 每个因素中哪个水平为好？

③ 各因素以什么水平搭配起来对性能指标较好？

### 1. 正交表的概念

（1）正交表的表示　正交表是试验设计法中合理安排试验并对数据进行统计分析的主要工具。常用的正交表有：$L_4(2^3)$，$L_8(2^7)$，$L_{12}(2^{11})$，$L_{16}(2^{15})$，$L_{20}(2^{19})$，$L_{32}(2^{31})$，$L_8(4 \times 2^3)$，$L_{16}(4^2 \times 2^9)$，$L_{16}(4^3 \times 2^6)$，$L_{16}(4^4 \times 2^3)$，$L_{16}(8 \times 2^8)$，$L_{16}(2^{15})$，$L_{16}(2^{15})$，$L_{16}(2^{15})$，$L_9(3^4)$，$L_{27}(3^{13})$，$L_{16}(4^5)$，$L_{25}(5^6)$ …

正交表的符号以 $L_4(2^3)$ 为例，说明如下：

$L$——正交；

4——试验次数；

2——标准正交表上可安排的因子水平数；

3——列数（试验的因子数）。

例如：$L_4(2^3)$ 正交表（表 8-41）。

表 8-41　$L_4(2^3)$ 正交表

| 试　验　号 | 列　　号 | | |
|---|---|---|---|
| | 1 | 2 | 3 |
| 1 | 1 | 1 | 1 |
| 2 | 1 | 2 | 2 |
| 3 | 2 | 1 | 2 |
| 4 | 2 | 2 | 1 |

上述 $L_4(2^3)$ 正交表，表示该正交表做 4 次试验；因子可安排的水平数为 2；表中有三列可供安排因子和误差。

一橡胶配方设计的正交表，一般不宜过大，每批安排的试验配方数量不能过多，以免产生分批试验误差。在合理安排试验又能满足要求的前提下，尽可能使用较小的正交表。

（2）正交表的性质　在每一列中，代表不同水平的数字出现次数相等。即在正交表头的每一列，若安排某种配方因子，该因子的不同水平试验概率相同。如表 8-42 中，每一列的 1 水平均出现 4 次，2 水平均出现 4 次，各因子 1 水平和 2 水平的试验概率是一样的。任意二列中将同一横行的数字看成有序数对时，每种数对出现的次数相等。如 $L_8(2^7)$ 正交表中（表 8-42），任意两列中 1·1、1·2、2·1、2·2 数对各出现 2 次，说明任意两列之间两个因子水平数搭配均匀相等。正交表可以以计算机数据库的形式被保存、提取和打印。

表 8-42　$L_8(2^7)$ 正交表

| 试验号 | 序号 | | | | | | |
|---|---|---|---|---|---|---|---|
| | 1 | 2 | 3 | 4 | 5 | 6 | 7 |
| 1 | 1 | 1 | 1 | 1 | 1 | 1 | 1 |
| 2 | 1 | 1 | 1 | 2 | 2 | 2 | 2 |
| 3 | 1 | 2 | 2 | 1 | 1 | 2 | 2 |
| 4 | 1 | 2 | 2 | 2 | 2 | 1 | 1 |
| 5 | 2 | 1 | 2 | 1 | 2 | 1 | 2 |
| 6 | 2 | 1 | 2 | 2 | 1 | 2 | 1 |
| 7 | 2 | 2 | 1 | 1 | 2 | 2 | 1 |
| 8 | 2 | 2 | 1 | 2 | 1 | 1 | 2 |

## 2. 正交表的使用

（1）确定因子、水平、交互作用　在设计一项较大型的橡胶试验配方之前，先做一些小型的、探索性的配方试验，以决定这项大型试验的价值和可行性是很必要的。特别是对某些从未进行过试验的新型原材料或新的课题，这种小型的探索性试验就更为重要。

一般情况下，凭配方设计人员的专业理论和经验，结合实际情况即可确定配方的因子、水平及需要考查的交互作用。在确定因子、水平及需要考察的交互作用时，应注意以下几个问题。

① 根据试验的目的去选取配方因子是极为重要的一步，要特别注意那些起主要作用的因子。如果把与试验无关的配方因子选入，而忽略了起主要作用的因子，整个试验将归于

失败。

② 恰当的选取水平。两水平的间距要适当拉开，因为配方变量的最优化常常不是一个最优点，而是一个较窄的变量范围。

③ 橡胶配方中配合剂之间的交互作用较多，某些交互作用对胶料性能有影响。

两个因子间的交互作用称为一级交互作用。三个或三个以上因子间的交互作用称为高级交互作用。在配方设计中一般只考虑一级交互作用，而将高级交互作用忽略掉。针对配方因子之间存在交互作用较多的事实，对存在的交互作用和不知道能否忽略的交互作用都应当考虑。同时要尽量剔除那些不存在或可忽略的交互作用。

(2) 选择合适的正交表　根据配方因子的个数和水平选择合适的正交表。

① 对 $n$ 个配方因子的二水平试验设计，即 $2^n$ 因子的试验设计，一般选用 $L_4(2^3)$，$L_8(2^7)$，$L_{12}(2^{11})$，$L_{16}(2^{15})$，$L_{20}(2^{19})$，$L_{32}(2^{31})$ 正交表。

② 对 $n$ 个配方因子的三水平试验设计，即 $3^n$ 因子的试验设计，一般选用 $L_9(3^4)$，$L_{27}(3^{13})$ 正交表。

③ 对 $n$ 个配方因子的四水平试验设计，即 $4^n$ 因子的试验设计，一般选用 $L_{16}(4^5)$ 正交表。

④ 对 $n$ 个配方因子的五水平试验设计，即 $5^n$ 因子的试验设计，一般选用 $L_{25}(5^6)$ 正交表。

选用较小的正交表来制订试验计划，减少试验次数，是选择正交表的一个重要原则。对同一正交表最好能安排同一批试验配方，以减少误差，提高可比性，显然选择过大的正交表是不恰当的。另外每次试验设计，选用的配方因子应是重要的因子，数量不能多，凡是能够忽略的交互作用都要尽量剔除。一般讲，大部分的一级交互作用和绝大部分的高级交互作用都是可以忽略的，这样才可在配方设计中选用较小的正交表，减少试验次数。

例如 10 个因子的二水平试验中，如要考虑所有的因子和交互作用，总共有 1023 个，势必要选用 $L_{1024}(2^{1023})$ 正交表进行设计，这样就得做 1024 次试验，实际这是无法做到的。假如按上述原则，只选取几个影响最大的因子和其中一部分交互作用，采用 $L_{16}(2^{15})$，$L_8(2^7)$ 正交表，则试验次数可由 1024 次减少到 8 或 16 次。至于哪些因子和交互作用是重要的，哪些不必考虑，应由配方设计者根据其专业知识和实际经验去确定。

正交表的选用很灵活，没有严格规定。正交表选得太小，要考察的因子和水平放不下；正交表选得过大，试验次数又太多。在尽量选用小型正交表的原则下，必须要使所考察的因子及交互作用的自由度总和小于所选正交表的总自由度。有关自由度和自由度计算，一般数理统计书籍中都有详细说明，这里仅给出自由度计算的以下两条规定，以供参考应用。

① 正交表的总自由度 $f_{总}$＝试验次数－1；正交表每列的自由度 $f_{列}$＝此列水平数－1。

② 因子 $A$ 的自由度＝因子 $A$ 的水平数－1；因子 $A$、$B$ 间交互作用的自由度为：

$$f_{A \times B}＝因子 A 的自由度×因子 B 的自由度＝f_A×f_B$$

例如，$L_8(2^7)$ 正交表，总共做 8 次试验，则：

$$f_{总}＝8－1＝7（正交表的总自由度）$$

若有因子 $A$、$B$、$C$、$D$ 均是 2 水平，则：

$$f_{列}＝2－1＝1$$

$$f_A = f_B = f_C = f_D \quad (\text{各因子的自由度})$$

如果仅考虑 $A$、$B$ 因子间的交互作用，则：

$$f_{A \times B} = f_A \times f_B = 1 \times 1 = 1$$

因此要考察的因子和交互作用的自由度总和 $f_T$ 为：

$$f_T = f_A + f_B + f_C + f_D + f_{A \times B} = 1+1+1+1+1 = 5$$

和正交表总自由度 $f_{总}$ 相比，$f_T : f_{总} = 5 : 7$，即 $f_T < f_{总}$，说明这项试验选取正交表是合适的。

需要指出的是，根据上述原则而选取的正交表，并不一定能放下要考察的因子及交互作用。也就是说，上述原则只是提供选取合适正交表的可能性。至于是否合适，还要通过表头设计来具体实践。

（3）表头设计　正交表的表头设计实际上就是安排试验计划。表头设计的原则是，表头上每列至多只能安排一个配方因子或一个交互作用，在同一列里不允许出现包含两个或两个以上内容的混杂现象。一般表头设计可按以下步骤进行。

① 首先考虑有交互作用和可能有交互作用的因子，按不可混杂的原则，将这些因子和交互作用分别在表头上排妥。

② 余下那些估计可以忽略交互作用的因子，任意安排在剩下的各列上。

例如：有配方因子 $A$、$B$、$C$、$D$，因子各有 2 个水平；需考察的交互作用有 $A \times B$、$A \times C$、$B \times C$ 时，按上述原则和自由度计算可采用 $L_8(2^7)$ 正交表。表头设计如下：

| 表头设计 | $A$ | $B$ | $A \times B$ | $C$ | $A \times C$ | $B \times C$ | $D$ |
|---|---|---|---|---|---|---|---|
| 列号 | 1 | 2 | 3 | 4 | 5 | 6 | 7 |

③ 首先把最重要的配方因子 $A$ 和 $B$ 放入第 1、2 列；由 $L_8(2^7)$ 的交互作用表查得 $A \times B$ 占第 3 列；接着把有交互作用的因子 $C$ 放在第 4 列；而 $A \times C$ 由 $L_8(2^7)$ 交互作用表查得应占第 5 列。

| 列号 | 1 | 2 | 3 | 4 | 5 | 6 | 7 |
|---|---|---|---|---|---|---|---|
| | (1) | 3 | 2 | 5 | 4 | 7 | 6 |
| | | (2) | 1 | 6 | 7 | 4 | 5 |
| | | | (3) | 7 | 6 | 5 | 4 |
| | | | | (4) | 1 | 2 | 3 |
| | | | | | (5) | 3 | 2 |
| | | | | | | (6) | 1 |
| | | | | | | | (7) |

$B \times C$ 占第 6 列，仍有第 7 列放因子 $D$。于是可得到如下表头设计：

| 表头设计 | $A$ | $B$ | $A \times B$ | $C$ | $A \times C$ | $B \times C$ | $D$ |
|---|---|---|---|---|---|---|---|
| 列号 | 1 | 2 | 3 | 4 | 5 | 6 | 7 |

④ 上述表头设计亦可变成另一种形式：

| 表头设计 | $A$ | $C$ | $A \times C$ | $B$ | $A \times B$ | $B \times C$ | $D$ |
|---|---|---|---|---|---|---|---|
| 列号 | 1 | 2 | 3 | 4 | 5 | 6 | 7 |

只要交互作用不混杂，将不会影响试验的最终结果分析。

⑤ 倘若交互作用 $A \times B$、$A \times C$、$A \times D$、$B \times C$、$B \times D$、$C \times D$ 都是必须考查的因子，如果仍采用正交表，可能出现这样的表头设计：

| 表头设计 | $A$ | $B$ | $C \times D$ $A \times B$ | $C$ | $B \times D$ $A \times C$ | $A \times D$ $B \times C$ | $D$ |
|---|---|---|---|---|---|---|---|
| 列号 | 1 | 2 | 3 | 4 | 5 | 6 | 7 |

这种表头设计使交互作用产生混杂，显然是不合理的。因为 $L_8(2^7)$ 正交表总共有 $8-1=7$ 个自由度，而现在要考查 4 个配方因子和 6 对交互作用，故自由度总和为 $4 \times 1 + 6 \times 1 = 10$。可见只有 7 个自由度的 $L_8(2^7)$ 正交表容纳不下这个多因子的问题；只有选择更大的正交表，如 $L_{16}(2^{15})$ 有 15 个自由度，才能安排 10 个自由度的问题，不致产生混杂现象。用 $L_{16}(2^{15})$ 所做的表头设计为：

| 表头设计 | $A$ | $B$ | $A \times B$ | $C$ | $A \times C$ | $B \times C$ | | $D$ | $A \times D$ | $B \times D$ | | $C \times D$ | | | |
|---|---|---|---|---|---|---|---|---|---|---|---|---|---|---|---|
| 列号 | 1 | 2 | 3 | 4 | 5 | 6 | 7 | 8 | 9 | 10 | 11 | 12 | 13 | 14 | 15 |

正交表选择得合适，表头设计合理，则配方因子、水平、交互作用在正交表的配置组合构成了最佳配方试验计划。可见：一个配方设计方案的确定，最终都归结为选表和表头设计。把这关键的一步搞好，就可以运用正交试验设计省时、省力地完成试验任务，得到满意的结果。

对于几个配方因子、不同水平数的正交表，在表头设计时应充分注意以下几点。

① $2^n$ 因子的试验设计中，二水平正交表中每列的自由度总是 1，二水平因子的自由度也是 1。所以二水平因子在二水平正交表中正好占一列；交互作用的自由度也是 1，故也只占一列。

② $3^n$ 因子的试验设计中，采用三水平的正交表。三水平正交表和二水平正交表的重要区别是：它的每两列的交互作用列是另外两列，而不是一列。因为三水平正交表每列的自由度为 2，而两列的交互作用自由度等于两列自由度之积，即 $2 \times 2 = 4$，所以要占两个三水平列；例如在 $L_9(3^4)$ 中，第 1、2 列的交互作用列是第 3、4 列，第 1、4 列的交互作用列是第 2、3 列……各种交互作用可由相应的交互作用表查得。

③ $4^n$ 因子试验设计，采用 4 水平正交表，每两列的交互作用列是另外的三列。因此每列的自由度 $f_{列} = 4 - 1 = 3$，故 $f_{A \times B} = 3 \times 3 = 9$，占三列。

④ $5^n$ 因子试验设计，采用 5 水平正交表，每两列的交互作用列是另外的某 4 列。

对于较规律的一些表头设计，可通过专用程序自动实现。

（4）结果分析 正交试验设计的配方结果分析可采用两种方法进行：一种是直观分析法；另一种是方差分析。

直观分析法简便易懂，只需对试验结果做少量计算，再通过综合比较，便可得出最优的配方。但这种方法不能区分某因子各水平的试验结果差异，究竟是因子水平不同引起的，还是试验误差引起的。因此，亦不能估算试验的精度。

方差分析是通过偏差平方和、自由度等一系列的计算，估计试验结果的可信赖度。各配方因子的水平变化所引起的数据改变，落在误差范围内，则这个配方因子作用不显著；相反，如果因子水平的改变引起数据的变动，超出误差范围，则这个配方因子就是对该性能起作用的显著因子。方差分析，正是将因子水平变化所引起的试验结果间的差异与误差波动所引起的试验结果间的差异区分开来的一种数学方法。

下面主要说明比较简单的直观分析法。

直观分析法是指按所用正交表计算出各个因子不同水平时数据的平均值，比较不同因子、水平数据平均值的大小，选出影响较大的因子和对性能指标最有利的水平。对于三水平（或三水平以上）的因子，可作因子和指标的关系图，根据每个因子在坐标图上三个点（或三个点以上）高低相差的程度（散布的大小）来区分对物理性能指标影响的大小。各点高低相差大，表明此因子的三个水平对指标影响的差异大，说明此因子重要；各点高低相差小，表明此因子的三个水平对指标影响的差异小，即此因子是次要的。由此直观地分析出重要的因子和最好的水平，组合成较好的橡胶配方。

下面举例说明 $2^n$ 因子的试验设计和直观分析法。

【例】　某橡胶配方考虑的因子和水平如表 8-43 所示。

表 8-43　某橡胶配方的因子和水平

| 水平 | 因子 | | |
| --- | --- | --- | --- |
| | A（促进剂用量） | B（炭黑品种） | C（硫黄用量） |
| 1 | 1.5 | HAF | 2.5 |
| 2 | 1.0 | HAF+喷雾炭黑 | 2.0 |

要考查交互作用：$A \times B$，$A \times C$，$B \times C$。

考查的指标：弯曲次数。

首先计算因子和交互作用自由度总和：

$$3 \times 1 + 3 \times 1 = 6$$

这时可选用 $L_8(2^7)$ 正交表，试验安排和试验结果如表 8-44 所示。

表 8-44　试验安排和试验结果

| 试验号 | A 1 | B 2 | $A \times B$ 3 | C 4 | $A \times C$ 5 | $B \times C$ 6 | 弯曲次数 /万次 |
| --- | --- | --- | --- | --- | --- | --- | --- |
| 1 | 1 | 1 | 1 | 1 | 1 | 1 | 1.5 |
| 2 | 1 | 1 | 1 | 2 | 2 | 2 | 2.0 |
| 3 | 1 | 2 | 2 | 1 | 1 | 2 | 2.0 |
| 4 | 2 | 2 | 2 | 2 | 2 | 1 | 1.5 |
| 5 | 2 | 1 | 2 | 1 | 2 | 1 | 1.5 |
| 6 | 2 | 1 | 2 | 2 | 1 | 2 | 3.0 |
| 7 | 2 | 2 | 1 | 1 | 2 | 2 | 2.5 |
| 8 | 2 | 2 | 1 | 2 | 1 | 1 | 2.0 |
| $K_1$ | 7.0 | 8.5 | 8.0 | 8.0 | 8.5 | 7.0 | |
| $K_2$ | 9.5 | 8.0 | 8.5 | 8.5 | 8.0 | 9.5 | |
| $\dfrac{K_1 - K_2}{4}$ | −0.625 | 0.125 | −0.125 | −0.125 | 0.125 | −0.625 | |

$K_1$ 表示每列中凡是对应 1 水平的试验数据之和。

$K_2$ 表示每列中凡是对应 2 水平的试验数据之和。

$\dfrac{K_1-K_2}{4}$ 为两水平平均值之差，其绝对值大小反映了不同因子对试验结果的影响情况。绝对值大，表示因子（或交互作用）显著，此因子（或交互作用）重要；反之则不重要。

从上述结果看，$A$ 和 $B\times C$ 是主要的，其余是次要的。从 $A$ 因子的 $K_1$ 和 $K_2$ 看出以取 $A_2$ 为好。问题是如何取 $B$ 和 $C$ 的最优水平，因为 $B\times C$ 是主要的。把不同的水平组合结果进行比较，看哪一个组合效果最好。根据上述 $L_8(2^7)$ 正交表的试验结果，可算出 $B$、$C$ 间四种搭配下的平均值（表 8-45）。

表 8-45　$B$、$C$ 间搭配的平均值

| $C$ | $B$ | |
|---|---|---|
| | $B_1$ | $B_2$ |
| $C_1$ | (1.5+2.0)/2=1.75 | (2.0+2.5)/2=2.25 |
| $C_2$ | (2.0+3.0)/2=2.5 | (1.5+2.0)/2=1.75 |

比较四个值，以 2.5 最大，故选 $B_1C_2$ 组合。

通过直观分析法，得到最优水平组合为 $A_2B_1C_2$。

对于方差分析法比较复杂，本书中不作介绍。应用正交试验设计法，如何进行橡胶配方设计和数理统计分析，这是指配方因子的水平数都相同的情况下的一般计算方法和配方设计。事实上橡胶配方设计要复杂得多，多种配方因子试验水平数又不等，配方因子从属于几道工序，还要分批进行；或者是先做一批试验，有了趋势后再追加几个试验，因此，在多数情况下要灵活地运用正交表，来进行配方试验设计。此外，橡胶配方设计试验考察的指标常常不止一个，所考察的物理性能指标和工艺性指标之间又是相互制约的，一般地说应该根据具体情况取得统一和平衡，以获得实验范围内的最优配方。

# 任务三　设计耐热橡胶配方

橡胶制品的耐高温性能是橡胶特殊性能中最常见的一种性能。耐高温橡胶制品是指在高温条件下使用时，应该较长时间地保持正常的力学性能，如弹性、强度、伸长率和硬度等。橡胶在这种情况下性能稳定的本质原因是在高温下能够抵抗氧、臭氧、腐蚀性化学物质、高能辐射以及机械疲劳等因素的影响，橡胶分子结构不发生显著变化和损坏，且能够保持较好的使用性能。

## 一、橡胶品种的选择

橡胶制品的耐热性能，主要取决于所用橡胶的品种。所以在设计配方时，首先应考虑生胶的选择。

橡胶的耐热性表现在橡胶有较高的黏流温度、较高的热分解稳定性和良好的化学稳定性。橡胶的黏流温度取决于橡胶分子结构的极性以及分子链的刚性，极性和刚性愈大，黏流

温度愈高。橡胶分子的极性是由其所含极性基团和分子结构来决定的，分子链的刚性也与极性取代基及空间结构排列的规整性有关。在橡胶分子中引入氰基、酯基、羟基或氯原子、氟原子等都会提高耐热性。

橡胶热分解温度取决于橡胶分子结构的化学键性质，化学键能愈高，如硅橡胶、硅硼橡胶等大分子链都有较高的键能，愈具有优越的耐热性。

橡胶的化学稳定性是耐热的一个重要因素，因为在高温条件下，一些化学物质如果与氧、臭氧、酸、碱以及有机溶剂等接触，都会促进橡胶的腐蚀，降低耐热性。化学稳定性与橡胶分子结构密切相关，具有低不饱和度的丁基橡胶、乙丙橡胶和氯磺化聚乙烯等就表现有优良的耐热性能。此外，主链上若有单键连接的芳香族结构，分子链借助于共轭效应，也会促使结构稳定。按使用温度，可将几种常用橡胶分为以下几级，如表8-46所示。

表 8-46　各种橡胶的耐热程度

| 使用温度范围/℃ | 适用的橡胶 | 使用温度范围/℃ | 适用的橡胶 |
|---|---|---|---|
| <70 | 各种橡胶 | 150~180 | 丙烯酸酯橡胶、氢化丁腈橡胶 |
| 70~100 | 天然橡胶、丁苯橡胶 | 180~200 | 乙烯基硅橡胶、氟橡胶 |
| 100~130 | 氯丁橡胶、丁基橡胶、氯醚橡胶 | 200~250 | 二甲基硅橡胶、氟橡胶 |
| 130~150 | 丁基橡胶、乙丙橡胶、氯磺化聚乙烯橡胶 | >250 | 全氟醚橡胶、三嗪橡胶、硼硅橡胶 |

七级以上的耐热橡胶很少，当前研究的元素有机弹性体很有前途。常用的几种耐热橡胶如下。

### 1. 丁腈橡胶

丁腈橡胶的使用温度不超过150℃，可贵的是在此温度下，仍具有优越的耐油性，常用于制造飞机或油井中的橡胶配件。丁腈橡胶的耐热性随丙烯腈含量的增多而提高，但含量太高易产生热交联而导致力学性能变坏，故宜采用含有30%左右的中等丙烯腈含量的丁腈橡胶。

### 2. 氯丁橡胶

W型氯丁橡胶耐热性优于G型氯丁橡胶，它们有较好的耐热性，很大程度与其无硫硫化体系有关。配方中增加氧化锌用量可提高交联程度，防老剂MB对提高耐热性也有较好的效果。

### 3. 丁基橡胶

丁基橡胶是良好的耐热性橡胶，不饱和度愈低，耐热性愈好。采用酚醛树脂硫化体系配方可获得更好的耐热性，对苯醌二肟硫化的耐热性也远优于硫黄硫化体系。氯化丁基橡胶不仅具有优越的耐热性，而且具有较好的工艺性能。

### 4. 氯磺化聚乙烯

氯磺化聚乙烯的使用温度为130~160℃，性能稳定，且具有良好的耐臭氧、耐化学腐蚀以及耐燃烧等性能，在149℃下连续老化两星期仍可保持橡胶的原始性能。

### 5. 硅橡胶

硅橡胶是当前耐热性最好的橡胶品种之一，可在250℃长期使用。它的最大缺点是力学性能较差。

### 6. 氟橡胶

含氟橡胶的种类很多，目前用于耐高温的氟橡胶多采用 Kel-F 型和 Viton A 型，后者可在 300℃ 左右长期使用，并兼具耐化学腐蚀的特性。

### 7. 乙丙橡胶

其耐热性主要取决于它的不饱和度和第三单体。不饱和度很低的二元乙丙橡胶的耐热性优于三元乙丙橡胶。二者在空气中的热老化行为完全不同，二元乙丙橡胶降解占优势，而三元乙丙橡胶是以交联占优势。第三单体的影响，以物理性能变化为标准，其耐热性能按下列顺序递减：1,4-己二烯＜亚乙基降冰片烯＜双环戊二烯，随三元乙丙橡胶中第三单体和丙烯含量增加，其耐热性降低。

### 8. 丙烯酸酯橡胶

丙烯酸酯橡胶是由丙烯酸乙酯或丙烯酸丁酯与少量 2-氯乙基乙烯基醚或丙烯腈共聚而制得的橡胶。其耐热性高于丁腈橡胶低于氟橡胶，长期（1000h）使用温度为 170℃，短时间（70h）使用温度可提高到 200℃。在热老化过程中，通常以交联反应占优势，使定伸应力和硬度增加，拉伸强度和拉断伸长率降低。但是有些丙烯酸酯橡胶热老化时则产生降解。

各种类型的丙烯酸酯橡胶，在 150℃ 下老化 70h 后差别不大。在 200℃ 下则以 Hycar401 型丙烯酸乙酯橡胶为基础的硫化胶耐热性最好。美国 Du Pont 公司研制的乙烯丙烯酸甲酯橡胶（商品名为 Vamac）的耐热性仅次于氟橡胶和硅橡胶。在 150℃×4300h、170℃×1000h、177℃×670h、191℃×240h、200℃×168h 的热老化条件下，其拉断伸长率的降低不低于 50%。

## 二、硫化体系的选择

对于某些链烯烃类橡胶，如三元乙丙橡胶、丁腈橡胶或丁基橡胶等，采用过氧化物或树脂硫化体系的耐热性都较硫黄硫化体系优越。而硫黄硫化体系中，以采用硫载体硫化耐热效果好。其他如醌肟硫化体系也可使硫化胶具有良好的耐热性。上述原因都是与硫化胶网构中交联键热稳定性有关。树脂交联能赋予胶料以最好的耐热性，在丁基橡胶中采用这种硫化体系，更有显著的效果。用过氧化物交联，因所生成的交联键较为稳定，因而使硫化胶有较高的耐热性能。

不同的硫化体系会产生不同的交联键结构。通常 C—C 交联键耐热性最好，其解离能为 263.8kJ/mol；单硫键次之，为 146.5kJ/mol；多硫键的耐热性最差，其解离能仅为 113～117kJ/mol。为了获得耐热的交联键，应使用低硫高促系统、有效硫化体系、过氧化物硫化体系或其他无硫硫化系统。各种硫化体系的设计特点如表 8-47 所示。

表 8-47　各种硫化体系设计特点

| 硫 化 体 系 | 硫化剂用量/质量份 | 促进剂用量/质量份 | 典型配合剂 |
| --- | --- | --- | --- |
| 传统硫化体系（CV） | S＞1.5 | 0.5～1.5 | DM、CZ、NOBS、TMTD |
| 半有效硫化体系（SEV） | S 0.8～1.5 | 1～2 | CZ、TMTD、NS |
| 有效硫化体系（EV） | S 0.3～0.5 | 2～5 | CZ、DM、TMTD |
| 过氧化物硫化体系 | 2～5 | 0.2～1 | DCP |
| 无硫硫化体系 | 载硫体 3～4 | — | DTDM、TMTD、MDB、VA-1 |

在使用过氧化物硫化体系进行配方设计时，必须注意过氧化物的适宜用量。如用量过多，交联密度过高，性能下降；用量不足，则会造成交联密度降低，导致耐热性下降。此外，用过氧化物硫化时，硫化胶的力学性能较低，特别是热撕裂强度较低，对模压制品尤应特别注意。

不同橡胶耐热硫化体系的配合有不同的特点，除选用上述硫化体系外，还可选用以下几种较优体系：氯丁橡胶宜采用金属氧化物硫化体系，丁腈橡胶选用镉镁硫化体系，丁基橡胶用树脂硫化体系等，都能赋予制品较好的耐热性能。

### 三、防护体系的选择

耐热橡胶必须选用高效的耐热型防老剂，它可以明显地提高橡胶的耐热老化作用。实践表明，不同橡胶应选用不同的防老剂，如丁基橡胶选用胺类防老剂无显著效果，但酚类防老剂（如防老剂2246、二烷基苯酚硫化物以及4,4'-亚甲基双-6-叔丁基邻甲酚等）明显地提高了橡胶的耐热性。

耐热橡胶必须选用高效耐热型防老剂，各种橡胶常用的耐热防老剂如表8-48所示。

表 8-48　通用橡胶常用的耐热防老剂

| 胶　种 | 防　老　剂 | 胶　种 | 防　老　剂 |
|---|---|---|---|
| 天然橡胶 | BLE、AH、D、DNP、RD、4010NA | 丁腈橡胶 | BLE、RD、MB、4010、D |
| 丁苯橡胶 | BLE、AH | 氯丁橡胶 | BLE、AH、D、RD、D/H |

为了减少橡胶在高温下经多次变形而产生的疲劳破坏，可将耐疲劳性较好的防老剂与耐热防老剂并用，防老剂的用量为生胶的1.5%～2.0%。采用热稳定剂，如氯化亚锡、三氧化二锑、四硫化五亚甲基秋兰姆、海泊隆和少量的酚类防老剂，也可提高胶料的热稳定性。

### 四、填充体系的选择

一般无机填料比炭黑有更好的耐热性，在无机填料中对耐热配合比较适用的有白炭黑、活性氧化锌、氧化镁、氧化铝和硅酸盐。例如：在丁腈橡胶中，炭黑的粒径越小，硫化胶的耐热性越低；白炭黑则可提高其耐热性；氧化镁和氧化铝对提高丁腈橡胶的耐热性有一定的效果。

不同类型的填料对过氧化物硫化的耐热橡胶有一定的影响。如果填充剂在橡胶脱氢之前产生出质子，会使过氧化物自由基饱和，从而妨碍硫化。同样由于脱氢产生的橡胶自由基使填料产生的质子饱和时，也会妨碍硫化反应。

具有酸性基团的过氧化物，如过氧化二苯甲酰等，它们对酸性填料是不敏感的，而对那些没有酸性基团的过氧化物，如过氧化二异丙苯等，则有强烈的影响，会妨碍硫化反应。酸性填料对烷基过氧化物（二叔丁基过氧化物等）的影响，要比芳香族过氧化物（过氧化二异丙苯等）小。

碱性填料对含有酸性基团的过氧化物影响较大，也会使氧化物分解。

炭黑对过氧化苯甲酰的硫化有不良影响。炉法炭黑对过氧化二异丙苯几乎没有影响，而槽法炭黑因呈酸性而妨碍其硫化。

硅系填充剂一般呈酸性，会妨碍过氧化二异丙苯硫化，但对二叔丁基过氧化物没有什么影响。

### 五、软化剂的影响

一般软化剂的分子量较低，在高温下容易挥发或迁移渗出，导致硫化胶硬度增加、伸长率降低。所以耐热橡胶配方中应选用高温下热稳定性好、不易挥发的品种，例如高闪点的石油系油类，分子量大、软化点高的聚酯类增塑剂，以及某些低分子量的低聚物如液体橡胶等。耐热的丁腈橡胶最好使用古马隆树脂、苯乙烯-茚树脂、聚酯和液态丁腈橡胶作软化剂。氯磺化聚乙烯橡胶可以采用酯类、芳烃油和氯化石蜡。以氯化石蜡为软化剂时耐热性较好。对于耐热的丁基橡胶，建议使用古马隆树脂的用量不超过 5 质量份，也可以使用 10～20 质量份凡士林或石蜡油、矿质橡胶和石油沥青树脂。乙丙橡胶通常采用环烷油和石蜡油作软化剂。

# 任务四　设计耐寒橡胶配方

橡胶的耐寒性，即在规定的低温下保持其弹性和正常工作的能力。许多橡胶制品经常要在较低的环境温度下工作。硫化橡胶在低温下，由于松弛过程急剧减慢，硬度、模量和分子内摩擦增大，弹性显著降低，致使橡胶制品的工作能力下降，特别是在动态条件下尤为突出。

硫化胶的耐寒性能主要取决于高聚物的两个基本特性：玻璃化转变和结晶。两者都会使橡胶在低温下丧失弹性。

对于非结晶型（无定形）橡胶而言，随温度降低，橡胶分子链段的活动性减弱，达到玻璃化温度（$T_g$）后，分子链段被冻结，不能进行内旋转运动，橡胶硬化、变脆，呈类玻璃态，丧失了橡胶特有的高弹性。因此，非结晶型橡胶的耐寒性，可用玻璃化温度（$T_g$）来表征。实际上，即使在高于玻璃化温度的一定范围内，橡胶也会发生玻璃化转变过程，使橡胶丧失弹性体的特征。这一范围的上限称为脆性温度（$T_b$），也即硫化胶只有在高于脆性温度时才有使用价值。因此工业上常以脆性温度作为橡胶制品耐寒性的指标，但是脆性温度不能反映结晶性橡胶的耐寒性。

因为结晶性橡胶一般在比玻璃化温度高许多的低温下便丧失弹性，这些橡胶的最低使用温度极限，有时甚至可能高于玻璃化温度 70～80℃。橡胶结晶过程和玻璃化不同，结晶过程需要一定的时间，当其他条件相同时，弹性丧失的速度和程度，与持续的温度和时间有关。例如，在结晶速度最大的温度下，聚丁二烯橡胶只需经过 10～15min 即开始丧失弹性，而天然橡胶则需经过 120～180min 才开始丧失弹性。结晶性橡胶在低温下工作能力的降低，短则几小时，长则几个月不等。因此，对结晶性橡胶耐寒性的评价不能只凭试样在低温下短时间的试验，需考虑到在贮存和使用期间结晶过程的发展。例如甲基苯基乙烯基硅橡胶（MPVQ）在 −75℃下放置 5min 后，其拉伸耐寒系数为 1.0，但经过 30～120min 后，则降低为零。结晶性橡胶结晶最终结果和玻璃化时一样，硬度、弹性模量、刚性增大，弹性和变形时的接触应力降低，体积减小。例如 −50℃下，结晶的聚丁二烯橡胶的弹性模量，比无定形的同种橡胶高 19～29 倍。结晶硫化胶的硬度可以高达 90～100（邵氏 A）。形变加速结晶过程，使弹性下降的温度升高。

硫化胶的耐寒性与胶种和软化增塑剂关系密切。选择适当的硫化体系，亦可使耐寒性有所改善。

## 一、橡胶品种的选择

玻璃化温度是橡胶分子链段由运动到冻结的转变温度，而链段运动是通过主链单键内旋转实现的，因此分子链的柔性是关键。凡是能增加分子链柔性的因素，如加入软化剂或引入柔性基团都会使 $T_g$ 下降；反之，减弱分子链的柔性或增加分子间作用力的因素，例如引入极性基团，庞大侧基、交联、结晶都会使 $T_g$ 升高。

从橡胶结构上分析，橡胶主链中含有双键和醚键（如 NR、BR、氯醇橡胶）的橡胶具有高耐寒性。主链含有双键并具有极性侧基的橡胶（如 NBR、CR）其硫化胶的耐寒性居中。

主链不含双键而侧链具有极性基团的橡胶（如氟橡胶），其耐寒性最差。表 8-49 列出了各种橡胶的玻璃化转变温度（$T_g$）和脆性温度（$T_b$）。

**表 8-49　各种橡胶的耐低温性能**

| 胶　种 | 玻璃化温度 ($T_g$)/℃ | 脆性温度 ($T_b$)/℃ | 炭黑用量 /质量份 | 胶　种 | 玻璃化温度 ($T_g$)/℃ | 脆性温度 ($T_b$)/℃ | 炭黑用量 /质量份 |
|---|---|---|---|---|---|---|---|
| BR | $<-70$ | $<-70$ | SAF 50 | CIIR(HT-1068) | $-56$ | $-45$ | FEF 30 |
| NR | $-62$ | $-59$ | SAF 50 | CO(Hydrin 100) | $-25$ | $-19$ | FEF 30 |
| SBR | $-51$ | $-58$ | SAF 50 | CO(Hydrin 200) | $-46$ | $-40$ | FEF 30 |
| IIR | $-61$ | $-46$ | SAF 50 | CPE(Hypa 40) | $-27$ | $-43$ | FEF 40 |
| CR(W 型) | $-41$ | — | SAF 50 | ACM | — | $-18$ | FEF 45 |
| CR(WRT 型) | $-40$ | $-37$ | SAF 50 | FPM(G 501) | — | $-36$ | FT 30 |
| NBR(Hycar1041) | $-15$ | $-20$ | SAF 50 | T(聚硫橡胶) | $-49$ | — | FT 30 |
| NBR(Hycar1042) | $-27$ | $-32$ | SAF 50 | PU | $-32$ | $-36$ | FT 25 |

一般在低温下使用的橡胶，除低温性能外，还要求其他性能，例如耐油、耐介质等，因此单纯选用耐寒性好的橡胶往往不能满足实际要求，这时就要考虑并用。

## 二、耐寒橡胶的配合体系

硫化体系以含多硫键的传统硫化体系为好，对于非结晶性橡胶，交联密度较低的对耐寒性有利。当低温结晶成为影响耐寒性的主要矛盾时，则应提高交联密度以降低结晶化作用。

合理地选用软化增塑体系是提高橡胶制品耐寒性的有效措施，加入增塑剂可使 $T_g$ 明显下降。耐寒性较差的极性橡胶，如丁腈橡胶、氯丁橡胶等主要是通过加入适当的增塑剂来改善其低温性能。因为增塑剂能增加橡胶分子柔性，降低分子间的作用力，使分子链段易于运动，所以极性橡胶要选用与其极性相近、溶度参数相近的增塑剂。表 8-50 为各种增塑剂对丁腈橡胶耐寒性能的影响。

**表 8-50　各种增塑剂对丁腈橡胶耐寒性的影响**

| 增塑剂 | 无增塑剂 | DOP | DBP | BLP | BBP | TCP | TPP |
|---|---|---|---|---|---|---|---|
| 脆性温度/℃ | $-29.5$ | $-37.5$ | $-37.5$ | $-42$ | $-37$ | $-29.5$ | $-30$ |

| 增塑剂 | DOA | DOZ | DOS | G-25 | G-41 | 液体古马隆 | |
|---|---|---|---|---|---|---|---|
| 脆性温度/℃ | $-45$ | $-44.7$ | $-49$ | $-36.5$ | $-41.5$ | $-27.5$ | |

注：试验配方为丁腈橡胶 100，ZnO 5，SA 1，S 1.5，促进剂 DM 1.5，SRF 65，增塑剂 20。

对丁腈橡胶而言，最常用的增塑剂为 DOP 和 DBP，大剂量使用时，可有效地降低硫化

胶的 $T_g$。对氯丁橡胶较好的增塑剂有油酸丁酯、癸二酸二丁酯和癸二酸二辛酯，用量为 20～30 份，其中以油酸丁酯增塑效果最佳，见表 8-51。

表 8-51　不同增塑剂对氯丁橡胶 $T_g$ 的影响

| 增塑剂 | 无增塑剂 | 油酸丁酯 | 癸二酸二丁酯 | 己二酸二辛酯 | 癸二酸二辛酯 |
|---|---|---|---|---|---|
| $T_g/℃$ | -40 | -62 | -57 | -50 | -57 |

非极性橡胶如 NR、BR、SBR，可采用石油系碳氢化合物作软化剂，也可选用酯类增塑剂。在使用增塑剂时，还应注意增塑剂在低温下发生渗出现象。

## 三、硫化体系的选择

### 1. 交联密度对玻璃化温度 $T_g$ 的影响

交联生成的化学键，可使 $T_g$ 上升，其原因是交联后分子链段的活动性受到了限制。另一解释是，相邻的分子链通过交联键结合起来，随交联密度增加，网络结构中的自由体积减小，从而降低了分子链段的运动性。

随硫黄用量增加，天然橡胶、丁苯橡胶硫化胶的 $T_g$ 会随之上升。例如：在未填充填料的天然橡胶和丁苯橡胶硫化胶中，硫黄用量增加 1 质量份时，其玻璃化温度 $T_g$ 分别上升 4.1～5.9℃和 6℃；而丁腈橡胶无填料的硫化胶，加硫黄 3%质量份时，$T_g$ 从 -24℃上升到 -13℃，其后硫黄含量每增加 1 质量份，$T_g$ 值直线地提高 3.5℃。产生上述现象的原因，在于以下两个因素的影响：一是交联密度的提高；二是多硫键的环化作用，使分子内部也形成了交联。前者对丁腈橡胶起决定作用，而后者对天然橡胶、丁苯橡胶是主要的因素。随着交联密度的增加，聚氨酯橡胶的硬度（邵氏 A）从 64 上升到 87，玻璃化温度 $T_g$ 从 -10℃上升到 -5℃。可见，提高交联密度，会使玻璃化温度 $T_g$ 上升。但是，对于相对稀疏的网络结构而言，只要活动链段的长度不大于网状结构中交联点的间距，则 $T_g$ 大致上可能始终不变。也就是说，在稀疏的橡胶网络结构中，$M_c$ 值大（交联点间的分子量大），则链段的活性几乎不受限制。

### 2. 交联密度对耐寒系数的影响

为了评价硫化胶从室温降到玻璃化温度 $T_g$ 的过程中的弹性模量的变化，常使用耐寒系数 $K$ 来表征。$K$ 是用室温下和低温下的弹性模量的值来确定的。试验表明，丁苯橡胶生胶的弹性模量随温度降低而提高的程度，比无填料的丁苯橡胶硫化胶高得多。当温度从 20℃下降到 -10℃时，丁苯橡胶生胶的弹性模量提高了 3 倍，而硫化胶仅仅提高了 10%。这是因为未交联的生胶的应变性能取决于它的结构特性，其分子间的作用力主要来源于各种类型的物理键形成的范德华力、链的缠结和极性基团的作用力。随温度下降，链段的活动能量减弱，弹性模量提高。而交联的硫化胶内除物理键之外，还存在着由化学交联键构成的网络结构。化学键的键能比物理键大，稳定性高，对温度的敏感性比物理键小得多。在一定的温度范围内，交联键对其形变起决定性的作用，所以随温度下降，弹性模量变化不大。但是在交联密度过大时，会大大增强分子链之间的作用力，使弹性模量大增，耐寒性下降。

综上可知，化学键的形成削弱了对温度十分敏感的物理键的作用，所以低温下硫化胶的模量变化比生胶小。由此推论：随交联密度提高，耐寒系数 $K$ 会上升到某个最大值，但是当交联密度过大，交联点之间的距离小于活动链段的长度时，$K$ 值便开始下降。

3. 交联键类型对耐寒性的影响

对天然橡胶硫化所作的各项研究表明，使用传统的硫化体系时，随硫黄用量增加，直到 30 质量份，其剪切模量随之提高，玻璃化温度 $T_g$ 也随之上升（可上升 20～30℃）。使用有效硫化体系时，$T_g$ 比传统硫化体系降低 7℃。用过氧化物或辐射硫化时，虽然剪切模量提高也会达到与硫黄硫化同样的数值，但玻璃化温度 $T_g$ 变化却不大，始终处于 -50℃ 的水平。

产生上述差异的原因是，用硫黄硫化时，在生成多硫键的同时，还能生成分子内交联键，并且发生环化反应，因此使得链段的活动性降低，弹性模量提高，玻璃化温度 $T_g$ 上升。减少硫黄用量、使用半有效或有效硫化体系时，多硫键数量减少，主要生成单硫键和二硫键，分子内结合硫的可能性降低，因此 $T_g$ 上升的幅度较多硫键小。用过氧化物和辐射硫化时，其耐寒性优于有效硫化体系和传统硫化体系，这是因为过氧化物硫化胶的体积膨胀系数较大。过氧化物硫化胶的体积膨胀系数为 $6.04 \times 10^{-4}℃^{-1}$，而硫黄硫化胶的体积膨胀系数为 $4.56 \times 10^{-4}℃^{-1}$。体积膨胀系数大，可使链段活动的自由空间增加，有利于玻璃化温度降低。另外，过氧化物硫化时，形成牢固的、短小的 C—C 交联键，而用硫黄硫化时，则会形成牢固度较小、长度较大的多硫键，因此在发生形变时，要克服的分子间作用力会更大一些，同时弱键发生畸变，这样就增加了滞后损失，增大了蠕变速率，硫化胶中的黏性阻力部分比过氧化物硫化胶更大一些。也就是说，用硫黄硫化的橡胶中，分子间的作用力要大得多，这正是硫化胶耐寒性较差的原因。

## 四、填充体系的选择

填充剂对橡胶耐寒性的影响，取决于填充剂和橡胶相互作用后所形成的结构。活性炭黑粒子和橡胶分子之间会形成不同的物理吸附键和牢固的化学吸附键，会在炭黑粒子表面形成生胶的吸附层（界面层）。该界面层的性能与玻璃态生胶的性能十分接近，一般被吸附生胶的玻璃化温度 $T_g$ 上升。填充剂的加入会阻碍链段构型的改变，因此，不能指望加入填充剂来改善橡胶的耐寒性。

关于填充剂对硫化胶玻璃化温度 $T_g$ 是否有影响，说法不一，有人认为有影响，有的则持否定态度。但是填充剂对玻璃态橡胶强度的影响，却是不可忽视的。与高弹态相比，这种影响完全不一样；当填充剂用量很大时，填充剂的粒子既是裂隙扩展的位阻碍，同时又是破坏玻璃态橡胶的病灶。因此加入填充剂后，橡胶在脆性态中的强度，要么没有变化，要么降低 15%～30%，有时甚至降低 50%。所以填充剂的存在使脆性温度 $T_b$ 略有升高，缩小了非弹性态的范围。例如用弯曲试验法在速度为 2m/s 的情况下测定的脆性温度 $T_b$，随炭黑活性的提高，天然橡胶的 $T_b$ 可从 -60℃ 上升到 -55℃，丁腈橡胶（NBR-28）的 $T_b$ 从 -45℃ 上升到 -35℃，氯丁橡胶的 $T_b$ 从 -44℃ 上升到 -40℃。

总的来说，填充剂对玻璃化温度 $T_g$ 的影响不大，但在高于 $T_g$ 的温度时，还是有一定影响的。对填充橡胶的耐寒系数而言，填充剂的活性越高，耐寒系数 $K$ 值越小。填充剂的含量和活性越高，玻璃化起点的温度也越高。

综上所述，加入填充剂不会显著提高玻璃化温度 $T_g$，随炭黑分散度的提高和用量的增加，耐寒系数 $K$ 下降，这种效应在非极性橡胶中表现尤为明显。另外，增加填料用量还会使玻璃化温度的起点向温度高的方向移动。所有这一切，都是由于炭黑与橡胶之间的相互作用而造成的。

# 任务五    设计耐油橡胶配方

某些橡胶制品在使用过程中要和各种油类长期接触，这时油类能渗透到橡胶内部使其产生溶胀，致使橡胶的强度和其他力学性能降低。所谓橡胶的耐油性，是指橡胶耐油类作用的能力。

油类能使橡胶发生溶胀，是因为油类掺入橡胶后，产生了分子相互扩散，使硫化胶的网状结构发生变化。橡胶的耐油性，取决于橡胶和油类的极性。橡胶分子中含有极性基团，如氰基、酯基、羟基、氯原子等，会使橡胶表现出极性。极性大的橡胶和非极性的石油系油类接触时，两者的极性相差较大，从高聚物溶剂选择原则可知，此时橡胶不易溶胀。通常，耐油性是指耐非极性油类，所以带有极性基团的橡胶，如丁腈橡胶、氯丁橡胶、丙烯酸酯橡胶、氯醇橡胶、聚氨酯橡胶、聚硫橡胶、氟橡胶等对非极性的油类有良好的稳定性。

关于耐油性的评价，通常使用标准试验油。橡胶的耐油性若不借助于标准试验油作比较，则很难有可比性。因此，硫化胶的耐油试验，以 ASTM D471 为准，规定了三种润滑油、三种燃油和两种工作流体作为标准油，并对润滑油的黏度、苯胺点、闪点作了规定。

油中的添加剂对橡胶的耐油性有很大的影响，例如丁腈橡胶在齿轮油中硬度明显增加，硬化的程度远远大于在空气中和标准油中的硬化程度。这是因为齿轮油中的添加剂可使 NBR 交联的缘故。

近年来为了节约石油资源，国外正在使用添加甲醇的汽油。根据这种燃油发展的动向，今后可能要发展新型的耐油橡胶材料。

## 一、橡胶品种的选择

丁腈橡胶是一种通用的耐油橡胶，其耐油性优于氯丁橡胶。随丁腈橡胶中丙烯腈含量增加，其耐油性和耐热性提高，而耐寒性下降。在不同油中的溶胀值与丙烯腈含量、抽出物和配方设计有关。其溶胀值在 $-10\%\sim+30\%$。近年来开发的氢化丁腈橡胶，大幅度地改善了丁腈橡胶的耐热性和耐油性，是一种应用前景十分广阔的新型耐油橡胶。丁腈橡胶与聚氯乙烯、三元尼龙、酚醛树脂共混，也可显著提高耐油性，而且耐油性随树脂的并用量增加而增大。

氟橡胶的耐油性优于其他橡胶，且耐温性能好，可以在 $200\sim250℃$ 条件下使用，但它的耐寒性差，只有在 $-20℃$ 以上才有弹性。

丙烯酸酯橡胶具有良好的耐石油介质性能，在 $175℃$ 以下时，可耐含硫的油品及润滑油。其最大的缺点是不耐水，常温下弹性差，且不能用硫黄硫化，加工较困难。

氯丁橡胶在 $-50\sim+100℃$ 能保持弹性。在所有耐油橡胶中，氯丁橡胶耐石油介质的性能最差，但耐动物油性能较好。

聚乙烯醇是一种耐石油溶剂优良的树脂，通过改性和交联可得到耐油性优异的弹性体，这种弹性体最突出的特点是对芳香烃、苯乙烯、氟利昂（二氯二氟甲烷）等物质几乎不发生溶胀现象。它致命的缺点是耐水性差。

氟硅橡胶的耐热、耐寒性都好，可以在较宽的温度范围内保持耐油性，但强力较低，只能作固定密封件使用。

## 二、硫化体系的选择

丁腈橡胶的结构
分析

总的来说，提高交联密度可改善硫化胶的耐油性，因为随交联密度增加，橡胶分子间作用力增加，网络结构中自由体积减小，具有油类难以扩散的优点。

关于交联键类型对耐油性的影响，与油的种类和温度有密切关系。例如在氧化燃油中，用过氧化物或半有效硫化体系硫化的丁腈橡胶，比硫黄硫化的耐油性好。过氧化物硫化的丁腈橡胶，在 40℃时稳定性最高，但在 125℃的氧化燃油中则不理想；而用氧化镉和给硫体系统硫化的丁腈橡胶，在 125℃的氧化燃油中耐长期热油老化性能较好。

在 150℃的矿物油（ASTM No.3 油）中，用过氧化物和氧化镉/给硫体硫化的丁腈橡胶炭黑胶料（含 N762 炭黑 40 质量份）和白炭黑填充的丁腈胶料（含 Hisil EP 40 质量份）的耐油性对比如表 8-52 所示。

表 8-52    过氧化物和氧化镉/给硫体硫化体系对 NBR 耐油性的影响（在 ASTM No.3 油中 150℃×70h）

| 性　　能 | 过　氧　化　物 | | 氧化镉/给硫体 | |
|---|---|---|---|---|
| | 炭黑胶料 | 白炭黑胶料 | 炭黑胶料 | 白炭黑胶料 |
| 硬度（邵氏 A）变化 | +1 | −1 | −9 | −7 |
| 100%定伸应力变化率/% | +31 | +42 | −25 | −17 |
| 拉伸强度变化率/% | −9 | +8 | 14 | +2 |
| 拉断伸长率变化率/% | −22 | −32 | 17 | +9 |
| 体积变化率/% | +9 | +11 | +8 | +13 |

从对比结果可以发现，用氧化镉/给硫体硫化体系硫化的丁腈橡胶，耐热油老化的性能较好一些。用半补强白炭黑填充的丁腈橡胶，分别使用 CdS/S 给予体＋HVA（间亚苯基二马来酰亚胺）和 ZnO/S 给予体＋HVA 硫化体系，在 ASTM No.3 油中 150℃×168h 老化后和连续老化（在 ASTM No.3 油中 150℃×70h）后，接着在空气烘箱中 150℃×70h 老化后，试验结果见表 8-53 所示。

表 8-53    白炭黑填充的 NBR 不同硫化体系耐热油性对比

| 性　能　变　化 | 硫　　化　　体　　系 | |
|---|---|---|
| | Cd/S 给予体＋HVA | ZnO/S 给予体＋HVA |
| 在 ASTM No.3 油中 150℃×168h | | |
| 硬度（邵氏 A）变化 | −9 | −9 |
| 拉伸强度变化率/% | −20 | −47 |
| 拉断伸长率变化率/% | +7 | −15 |
| 体积变化率/% | +6 | +9 |
| 连续老化（在 ASTM No.3 油中 150℃×70h 老化后，接着在热空气中 150℃×70h 老化后） | | |
| 硬度（邵氏 A）变化 | +20 | +29 |
| 拉伸强度变化率/% | −65 | −77 |
| 拉断伸长率变化率/% | −86 | −88 |

### 三、填充体系和增塑剂的选择

一般降低胶料中橡胶的体积分数可以提高耐油性，所以增加填料用量有助于提高耐油性。通常活性越高的填充剂（如炭黑和白炭黑）与橡胶之间产生的结合力越强，硫化胶的体积溶胀越小。填充剂和软化剂或增塑剂对硫化胶溶胀度的影响，可以用下列公式表示：

$$\Delta V = (\Delta V_R V_p/100) - ES$$

式中　$\Delta V$——硫化胶的溶胀率，%；

　　　$\Delta V_R$——纯橡胶的溶胀率，%；

　　　$V_p$——硫化胶中橡胶的容积分数，%；

　　　$E$——抽出系数；

　　　$S$——硫化胶中软化剂或增塑剂、填充剂的容积分数，%。

由上式可见，当填充剂和软化剂用量增加时，硫化胶的溶胀率降低。当然，其影响程度比生胶聚合物小得多。

耐油橡胶配方中应选用不易被油类抽出的软化剂，最好是选用低分子聚合物，如低分子聚乙烯、氯化聚乙烯、聚酯类增塑剂和液体丁腈橡胶等。极性大、分子量大的软化剂或增塑剂，对耐油性有利。

### 四、防护体系的选择

耐油橡胶经常在温度较高的热油中使用，有些制品则在热油和热空气两者兼有的条件下工作。因此，耐油橡胶中的防老剂，在油中的稳定性至关重要。假如硫化胶中的防老剂在油中被抽出，则硫化胶的耐热老化性能会大大降低。为了解决这个问题，研制了把防老剂在聚合过程中结合到聚合物的网络上的聚稳丁腈橡胶，但是这种方法对配方设计者广泛选择防老剂受到限制。比较简单的方法，还是在混炼过程中加入不易被抽出的防老剂。

目前已经商品化的耐抽提防老剂有：$N,N'$-($\beta$-萘基）对苯二胺（DNP）、$N$-异丙基-$N'$-苯基-对苯二胺。前者不溶于烃类液体，故不易被油抽出；后者虽然能溶于某些溶剂中，但经过硫化后又变成不溶解的，因此也不易被油抽出。试验结果表明，只要在配合时加入耐抽提防老剂，就可使 NBR 硫化胶具有较好的耐连续油/空气热老化性能。

# 任务六　设计耐腐蚀橡胶配方

能引起橡胶的化学结构发生不可逆变化的介质，称为化学腐蚀性介质。当橡胶制品与化学介质接触时，由于化学作用而引起橡胶和配合剂的分解，而产生了化学腐蚀作用，有时还能引起橡胶的不平衡溶胀。进入橡胶中的化学物质使橡胶分子断裂、溶解并使配合剂分解、溶解、溶出等现象，都是化学介质（通常多为无机化学药品水溶液）向硫化胶中渗透的同时产生的。所以为了提高橡胶的耐化学药品性，首先必须采取耐水性的橡胶配方。

化学介质对橡胶的破坏作用与化学介质的反应性和选择性有关，也与橡胶的化学结构有关。化学介质对橡胶的破坏主要有两个过程：首先化学介质向橡胶内部渗透，然后与橡胶中的活泼基团反应，进而引起橡胶大分子中化学键和次价键的破坏。所以，对化学介质较稳定的橡胶分子结构应有较高的饱和度，以减少 $\alpha$-氢和双键的含量，且应不存在活泼的取代基团，或者是在某些取代基的存在下使结构中的活泼基团被稳定。其次，增大分子间作用力，使分子链排列紧密尽量减少空隙，如取向和结晶作用等，都会提高橡胶对化学介质的稳定性。

## 一、橡胶品种的选择

一般二烯类橡胶如 NR、SBR、CR 等，在使用温度不高、介质浓度较小的情况下，通过适当的耐酸碱配合，硫化胶具有一定的耐普通酸碱的能力。对那些氧化性极强、腐蚀作用很大的化学介质（如浓硫酸、硝酸、铬酸等），则应选用氟橡胶、丁基橡胶等化学稳定性好的橡胶为基础，进行耐腐蚀配方设计。现分述如下。

**1. 硫酸**

常温下除硅橡胶外，几乎所有橡胶对浓度 60% 以下的硫酸都有较好的抗耐性。但在 70℃ 以上，对浓度 70% 左右的硫酸，除天然橡胶硬质胶、丁基橡胶、氯磺化聚乙烯、乙丙橡胶、氟橡胶外，其他胶种皆不稳定。98% 以上的浓硫酸或浓度 80% 以上的高温硫酸，氧化作用都非常强烈，除氟橡胶以外皆不稳定。

**2. 硝酸**

即使是稀硝酸溶液，对橡胶的氧化作用也很强烈。在室温下浓度高于 5% 以上时，只有氟橡胶、树脂硫化的丁基橡胶、氯磺化聚乙烯有较好的稳定性，但温度在 70℃ 以上浓度达 60% 时，只有 23 型氟橡胶和四丙氟橡胶尚可使用，其他橡胶均严重腐蚀不能使用。

**3. 盐酸**

橡胶在高温、高浓度盐酸作用下，化学反应也较强烈。天然橡胶与盐酸反应后在表面形成一种坚硬的膜，可阻止反应向纵深发展，这种膜具有优异的耐酸碱性，但没有弹性。氯丁橡胶、丁基橡胶、氯磺化聚乙烯都有较好的耐盐酸性，其中树脂硫化的丁基橡胶较为突出。只有氟橡胶对高温、高浓度的盐酸有更好的稳定性。

**4. 氢氟酸**

氢氟酸多数是与硝酸、盐酸等混合使用，对橡胶作用与盐酸类似，但渗透性比盐酸大得多，与天然橡胶作用不能生成表面硬膜。常温下，浓度在 50% 左右时，氯丁橡胶、丁基橡胶、聚硫橡胶不失去使用价值，但浓度超过 50% 时，只有氟橡胶才有较好的抗耐性。在氢氟酸和硝酸混合液中，聚氯乙烯的抗耐效果较好。

**5. 铬酸**

铬酸也是一种氧化能力很强的物质，除氟橡胶、树脂硫化的丁基橡胶、氯磺化聚乙烯外，其他橡胶均不耐铬酸。氯磺聚乙烯只能在常温、含量 5% 以下的场合使用。氟橡胶、聚氯乙烯树脂对高浓度的铬酸具有良好的抗耐性。

**6. 乙酸**

在冰乙酸中，即使常温下一般的橡胶也会产生很大的膨胀。丁基橡胶和硅橡胶也会发生一定的膨胀现象。但几乎都不发生化学作用，所以即使含量高达 90%、温度在 70℃ 左右时，仍有相当的抗耐性。

### 7. 碱

橡胶和一些碱金属的氢氧化物或氧化物一般不发生明显的反应。但胶料中不应含有二氧化硅类的填充剂,因为这类物质易与碱反应而被腐蚀。此外,在高温、高浓度碱溶液中氟橡胶易被腐蚀,硅橡胶也不耐碱。

某些有代表性的化学介质与适用的橡胶材料列于表 8-54 中。

**表 8-54　代表性的化学药品及适用的橡胶**

| 化学药品类别 | 药品代表举例 | 适用橡胶 |
| --- | --- | --- |
| 无机酸类 | 盐酸、硝酸、硫酸、磷酸、铬酸 | IIR、EPDM、CSM、FPM |
| 有机酸类 | 乙酸、草酸、蚁酸、油酸、邻苯二甲酸 | IIR、MVQ、SBR |
| 碱类 | 氢氧化钠、氢氧化钾、氨水 | IIR、EPDM、CSM、SBR |
| 盐类 | 氯化钠、硫酸镁、硝酸盐、氯化钾 | NBR、CSM、SBR |
| 醇类 | 乙醇、丁醇、丙三醇 | NBR、NR |
| 酮类 | 丙酮、甲乙酮 | IIR、MVQ |
| 酯类 | 乙酸丁酯、邻苯二甲酸二丁酯 | MVQ |
| 醚类 | 乙醚、丁醚 | IIR |
| 胺类 | 二丁胺、三乙醇胺 | IIR |
| 脂肪族类 | 丙烷、二丁烯、环己烷、煤油 | NBR、ACM、FPM |
| 芳香族类 | 苯、二甲苯、甲苯、苯胺 | FPM、CO、ECO |
| 有机卤化物 | 四氯化碳、三氯乙烯、二氯乙烯 | PTFE |

## 二、硫化体系的选择

增加交联密度、提高硫化胶的弹性模量,是提高硫化胶耐化学腐蚀性介质的重要措施之一。在二烯类橡胶配合中,只要硬度和其他物理性能允许,应尽可能提高硫黄用量。硫黄用量在 30 质量份以上的硬质橡胶,耐化学腐蚀性较好,例如,配合 50~60 质量份硫黄的硬质天然橡胶防腐衬里,其耐化学腐蚀性比天然橡胶的软质胶要好得多。从耐化学腐蚀的角度考虑,即使是低硬度的胶料配方中,至少也应配合 4~5 质量份硫黄。

使用金属氧化物硫化的氯丁橡胶、氯磺化聚乙烯等,应以氧化铅代替氧化镁,这可明显提高硫化胶对化学药品的稳定性。不过使用氧化铅时,要注意其分散和胶料的焦烧问题。

对于饱和的碳链和杂链橡胶而言,交联键的类型对它们的化学稳定性有重要影响。例如,用树脂硫化的丁基橡胶的耐化学腐蚀性优于醌肟硫化的丁基橡胶,更远远优于硫黄硫化的丁基橡胶。用树脂硫化的乙丙橡胶,也比硫黄硫化胶耐腐蚀性好。用胺类或酚类硫化体系硫化的氟橡胶,耐化学腐蚀性明显降低;而用过氧化物和辐射硫化,则能保持它高的化学稳定性。一般说来,碳-碳键稳定性最高,而醚键稳定性最低。当硫化胶在腐蚀介质中形成表面保护膜时,硫化胶的溶胀会明显减小,此时交联键类型的影响则相应减小。

## 三、填充体系的选择

耐化学腐蚀性介质的胶料配方,所选用的填充剂应具有化学惰性,不易和化学腐蚀介质反应,不被侵蚀,不含水溶性的电解质杂质。推荐使用炭黑、陶土、硫酸钡、滑石粉等,其中以硫酸钡耐酸性能最好。碳酸钙、碳酸镁的耐酸性能差,不宜在耐酸胶料中使用。

在耐碱胶料中,不宜使用二氧化硅填料和滑石粉,因为这些填料易与碱反应而被侵蚀。白炭黑、硅酸钙对提高耐水性有利。因为加入 30 质量份以上的白炭黑,粒子能连接成网状,电解质离子可自由透过，使橡胶中的水溶性杂质逐渐溶出橡胶之外，从而提高了硫化胶的耐水性。在白炭黑中加入少量的乙二醇胺类和二甘醇，效果会更加显著。

在耐腐蚀橡胶配方中，应避免使用水溶性的和含水量高的填料和配合剂，因为胶料在高温下硫化时，水会迅速挥发而使硫化胶产生很多微孔，以致加大化学腐蚀性介质的渗透速度。为防止这一弊害，通常配入一定量的矿物油膏或生石灰粉吸收水分。

### 四、增塑体系的选择

应选用不会被化学药品抽出、不易与化学药品起化学作用的增塑剂，例如酯类和植物油类在碱液中易产生皂化作用，在热碱液中往往会被抽出，致使制品体积收缩，以致丧失工作能力，所以在热碱液中不能使用这些增塑剂。在这种情况下，可使用低分子聚合物或耐碱的油膏等增塑剂。

# 任务七　设计导电橡胶配方

橡胶材料的最大特点之一是具有高电阻率，所以橡胶是比较好的绝缘材料，被用来制造各种电绝缘制品。用作电防护制品时，还应有耐高电压性能。此外，合理选用生胶和配合剂还可以制出低电阻率的橡胶制品，甚至制造出具有一定导电性的橡胶制品。如纺织皮辊，为防静电蓄积，应具有一定的导静电性能，其他如抗静电医疗用橡胶制品和电极等，也都要求有一定的导电性能。所以，经过配方设计，能够制得具有 $10 \sim 10^{16} \Omega \cdot cm$ 电阻率范围的多种电性能制品，电阻率在 $10^5 \Omega \cdot cm$ 以下的，称为导电橡胶。

在橡胶中加入导电填料，可以制成导电橡胶。一般导电橡胶的体积电阻率为 $10^0 \sim 10^7 \Omega \cdot cm$，而超导电橡胶则为 $10^{-3} \sim 10^0 \Omega \cdot cm$。导电橡胶主要用于计算机的按键、开关、液晶显示（LCD）线路连接器、电磁波屏蔽等。随着高科技及电子工业的迅猛发展，对微型化和轻便化的要求越来越高，因此导电高分子材料备受关注。导电橡胶不仅具有橡胶的高弹性、易于加工成型、质量轻、体积小等特点，而且还具有与金属相似的导电性能，所以其应用范围越来越广泛。通过在橡胶中添加导电炭黑、石墨、碳纤维、金属粉等导电填料，可使原本绝缘电阻很大的橡胶获得新的功能——导电性。

### 一、导电原理和导电填料的选择

复合型导电高分子材料的导电机理有如下两种理论：一种是隧道效应，也即是在导体材料中夹入非常薄（10nm 以下）的非导体材料时，在电场的作用下，电子仅需越过很低的势垒而移动；另一种是粒子导电，即导电是通过接触的粒子链来实现的，因此粒子之间的接触电阻与接触的粒子数目是决定导电的主要因素。对导电橡胶而言，后者是起主要作用的。

当导电性填料粒子在橡胶中的分布形成链状和网状通路时，则产生导电作用。导电橡胶用的导电填料主要是炭黑，此外还有碳纤维、金属粉、金属箔、石墨、不锈钢细丝等。导电炭黑不仅能赋予橡胶优良的导电性，而且还能赋予橡胶良好的力学性能，如强伸性能、弹性、耐磨性；另外，炭黑的价格相对便宜，与橡胶的混溶性好，便于加工成型，因此炭黑是导电橡胶最主要的导电填料。各种炭黑在聚乙烯中的体积电阻率如图 8-18 所示。

由图 8-18 可见，具有中空结构的壳质炭黑，其导电功能优异。

　　中国近年来生产的华光导电炭黑，即是一种中空结构炭黑，因而其粒子质轻，与同样质量的 N472（BET 法比表面积为 $225m^2/g$，粒径为 35.9nm）相比，华光导电炭黑的粒子数是 N472 的 4～5 倍。

　　另外，其比电阻只有 $0.27\Omega \cdot cm$（N472 的比电阻是 $1.92\Omega \cdot cm$），可见华光导电炭黑良好的导电性是由其本身结构决定的。

　　在橡胶中添加导电填料时，随着导电填料粒子的增加，开始时电导率提高不明显，当导电填料粒子达到某一数值后，电导率就会发生一个跳跃，剧增几个或十几个数量级。导电填料用量达到或超过某一临界值之后，导电填料填充的橡胶就成为导电橡胶了。该临界值相当于复合物材料中导电填料粒子开始形成导电通路的临界值。不同导电填料在同一种橡胶中，或同一种导电填料在不同的橡胶中，该临界值是不同的。图 8-19 所示为乙炔炭黑和超导炭黑填充的天然橡胶、丁腈橡胶和三元乙丙橡胶硫化胶的电阻率，随炭黑用量而变化的情况。

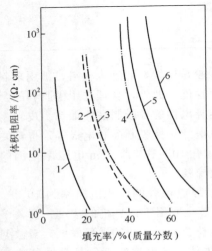

图 8-18　不同炭黑在 PE 中的体积电阻率
1—中空结构炭黑；2—特导电炉黑；3—乙炔
炭黑；4—SRF 炭黑；5—石墨；6—活性炭

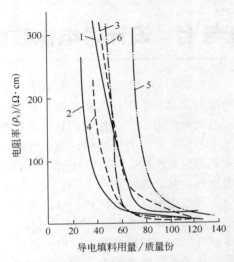

图 8-19　乙炔炭黑和超导炭黑填充的 NR、NBR
和 EPDM 胶料电阻率随炭黑用量的变化
1—NR/乙炔炭黑；2—NR/超导炭黑；3—NBR/
乙炔炭黑；4—NBR/超导炭黑；5—EPDM/
乙炔炭黑；6—EPDM/超导炭黑

　　当导电炭黑加入橡胶后，能形成导电通道，如图 8-20 所示。

　　导电炭黑以分散状态填充于橡胶绝缘体中，其导电性主要取决于炭黑的用量。随炭黑用量增加，橡胶绝缘体的电阻率减小，见图 8-21。炭黑用量对导电性的影响，可用图 8-22 所示的等效电路加以说明。炭黑用量不同会形成以下三种情况：一是当炭黑用量较大，有足够的炭黑粒子形成一个连续的导电链状结构时，电阻很小，相当于等效电路图 8-22(a)，例如在 100 质量份天然橡胶中加入 90 质量份炭黑，其体积电阻率仅为 $3.6～4.8\Omega \cdot cm$；二是炭黑用量不够，炭黑粒子只能形成部分连续的链状结构，各个链

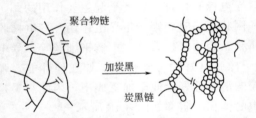

图 8-20　聚合物中炭黑形成的链状导电通路

段之间有一定的间隙，在等效电路中相当于增加了部分电容，故电阻率较大［见图 8-22（b）］，例如在 100 质量份天然橡胶中加入 70 质量份炭黑时，其体积电阻率为 $13\Omega\cdot cm$；三是胶料中炭黑粒子较少，各个粒子之间间距较大，相当于等效电路图 8-22（c），所以此时的电阻率很大，如炭黑用量在 50 质量份以下时，其电阻率比第一种情况大 60 倍以上。石墨为结晶的层状结构，化学性质稳定，纯度高，导电性强，体积电阻率可达 $10\Omega\cdot cm$ 以下，但石墨与橡胶的结合能力差，多次弯曲会使橡胶导电性能下降，其加工性能亦不好，故宜与导电炭黑并用。

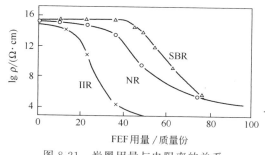

图 8-21　炭黑用量与电阻率的关系

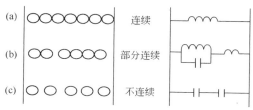

图 8-22　炭黑用量和等效电路的关系

在碳纤维中，端头稍蜷缩的沥青系的碳纤维导电性较为优异。这些碳纤维被分散于橡胶基体内，相互缠结而形成有效的导电通路。

胶料基体内形成高次结构，对体现导电功能极为有益。因此导电填料的长径比适当地大一些，对导电性有利。例如，对于 ABS 为基质的导电材料，使用银粉作为导电填料时，其配合量低于 20 质量份时，复合体的电阻率就达不到 $10^{-1}\sim 10^{-2}\Omega\cdot cm$，而使用银箔其配合量仅为 5 质量份即可达到这一电阻率。当基体材料为橡胶时，混炼中剪切力大，往往会因剪切作用而使填料的长径比降低，此时可以考虑采用抗剪切力强的不锈钢细纤维作导电填料。

## 二、橡胶的选择

导电橡胶的基体橡胶最好选择介电常数大的生胶，一般选用硅橡胶、氯丁橡胶、丁腈橡胶等。使用硅橡胶制作的导电橡胶，除具有导电、耐高低温、耐老化的特性外，工艺性能好，适合制造形状复杂、结构细小的导电橡胶制品；用于电器连接器材时，能与接触面紧密贴合，准确可靠，富有弹性并可起到减震和密封的作用。

上述这些特点，为一般导电橡胶所不及。在与油相接触的环境中使用的导电橡胶，最好选用耐油橡胶，如丁腈橡胶、氯醇橡胶、氯丁橡胶等。下面以硅橡胶作为导电橡胶的基质材料，来说明导电硅橡胶的配方设计。

## 三、导电填料的选择

以甲基乙烯基硅橡胶（MVQ）为基胶，DCP 作交联剂，分别加入工艺上最大允许用量的乙炔炭黑、碳纤维、石墨、铜粉、铝粉、锌粉作导电填料，测定其二段硫化胶在室温下的体积电阻率，作为判断导电性的指标。试验结果见表 8-55。

表 8-55  不同填料对导电硅橡胶导电性的影响

| 填料名称 | 乙炔炭黑 | 碳纤维(黏胶) | 石墨(橡胶级) | 铜粉(200目) | 铝粉(120目) | 锌粉(200目) | 白炭黑(4#) |
|---|---|---|---|---|---|---|---|
| 允许加入量/份 | 80 | 60 | 100 | 170 | 100 | 170 | 40 |
| 体积电阻率/(Ω·cm) | 1.3 | 1.3 | 2.8 | >$10^5$ | >$10^5$ | >$10^5$ | $2.5×10^{15}$ |
| 拉伸强度/MPa | 4.2 | 1.6 | 1.3 | 1.0 | 0.8 | 0.6 | 10.0 |

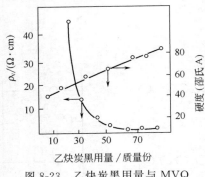

图 8-23  乙炔炭黑用量与 MVQ
体积电阻率和硬度的关系

试验结果表明,以乙炔炭黑、碳纤维、石墨为填料的硅橡胶导电性能较好,体积电阻率只有 1～3Ω·cm;而以铜粉、铝粉、锌粉为填料的硅橡胶,体积电阻率均大于 $10^5Ω·cm$。但是碳纤维和石墨在硅橡胶中的补强效果差,工艺性能也不如乙炔炭黑。

随乙炔炭黑用量增加,硫化胶的体积电阻率降低,见图 8-23。当乙炔炭黑在 30 质量份以下时,体积电阻率随炭黑用量增加而迅速降低。当乙炔炭黑达到 30 质量份以上时,体积电阻率缓慢降低。当乙炔炭黑超过 60 质量份时,电阻率变化很小。随乙炔炭黑用量增加,硬度几乎呈线性增加。硫化胶的回弹性、拉断伸长率、拉伸强度和撕裂强度与乙炔炭黑用量的关系,如图 8-24 所示。

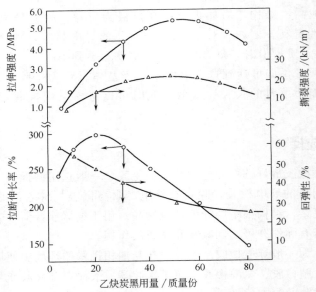

图 8-24  乙炔炭黑用量与 MVQ 硫化胶物理性能的关系

## 四、硫化体系的选择

乙炔炭黑粒子表面的 π 电子,能消耗酰基过氧化物分解产生的自由基,故酰基过氧化物如过氧化二苯甲酰(BPO)、2,4-二氯过氧化二苯甲酰(DCBP)均不能使乙炔炭黑填充的导电硅橡胶交联。芳基和烷基过氧化物,如过氧化二异丙基(DCP)、2,5-二甲基-2,5-二叔丁基过氧己烷（DBPMH）等均能使乙炔炭黑填充的导电硅橡胶交联，二者的体积电阻率和物理性能相近，由于 DCP 比 DBPMH 便宜，故选用 DCP 作导电硅橡胶交联剂较为适宜。当 DCP 用量在 1～3 份时，二段硫化胶的体积电阻率基本上变化不大，都在 3～4Ω·cm，说明交联剂达到一定量后，交联剂对乙炔炭黑填充的导电硅橡胶的导电性能影响不显著。

# 任务八　设计电绝缘橡胶配方

　　橡胶是一种电的不良导体，天然橡胶和大多数合成橡胶都具有很高的电阻率，所以一般把橡胶视为电绝缘材料。当对橡胶试样施加电压时，自由运动的离子或电子等带电载体进行移动，或者电子和离子等产生位移，或者偶极子产生定向等。电绝缘性高，就表示这种离子或电子等带电载体难以运动。电阻率很高时，电荷不能顺利通过。

　　电绝缘橡胶广泛用于各种橡胶电绝缘制品，例如各种电线、电缆、绝缘护套、高压输电线路用的绝缘子、绝缘胶带、绝缘手套、电视机的高压帽、绝缘阻燃楔子以及工业上和日常生活用品中的各种电绝缘橡胶制品。

　　电绝缘性一般通过绝缘电阻（体积电阻率和表面电阻率）、介电常数、介电损耗、击穿电压等基本电性能指标来表征和判断。

## 一、橡胶的选择

　　橡胶的电绝缘性与橡胶的分子结构有关，它主要取决于分子极性的大小。通常非极性橡胶例如天然橡胶、顺丁橡胶、丁苯橡胶、丁基橡胶、乙丙橡胶、硅橡胶的电绝缘性较好。其中硅橡胶、乙丙橡胶、丁基橡胶高压电绝缘性能较好，而且耐热性、耐臭氧、耐气候老化性能也比较好，是常用的电绝缘胶种。天然橡胶、丁苯橡胶、顺丁橡胶以及它们的并用胶，只能用于中低压产品。它们不仅耐热性和耐臭氧老化性能较差，而且丁苯橡胶、顺丁橡胶在合成过程中加入的乳化剂等残余物都是电介质，特别是水溶性离子对电绝缘性影响很大，因此这些橡胶用作电绝缘橡胶时，应严格控制其纯度。

　　极性橡胶不宜用作电绝缘橡胶，尤其是高压电绝缘制品。但氯丁橡胶、氯磺化氯乙烯橡胶、氯化丁基橡胶由于具有良好的耐气候老化性能，故可用于低绝缘程度的户外电绝缘制品。氟橡胶、氯醇橡胶、丁腈橡胶以及丁腈橡胶/聚氯乙烯的共混胶，可分别用作耐热、耐油、阻燃的电绝缘橡胶。各种橡胶（生胶）的电性能见表 8-56。

表 8-56　各种橡胶（生胶）的电性能

| 胶　　种 | 介电常数 ε | 介电损耗 tanδ | 体积电阻率/Ω·cm | 击穿电压/（MV/m） |
|---|---|---|---|---|
| NR | 2.4～2.6 | 0.16～0.19 | $(1\sim6)\times10^{15}$ | 20～30 |
| SBR | 2.4～2.5 | 0.1～0.3 | $10^{14}\sim10^{15}$ | 20～30 |
| NBR | 7～12 | 5～6 | $10^{10}\sim10^{11}$ | 20 |
| CR | 7～8 | 3 | $10^{9}\sim10^{12}$ | 20 |
| IIR | 2.0～2.5 | 0.04 | $>10^{15}$ | 24 |
| EPDM | 2.0～2.5 | 0.02～0.03 | $6\times10^{15}$ | 20～30 |
| MVQ | 3～4 | 0.04～0.06 | $10^{11}\sim10^{14}$ | 15～20 |

## 二、硫化体系的影响

硫化体系对橡胶的电绝缘性有重要影响，不同类型的交联键，可使硫化胶产生不同的偶极矩。单硫键、双硫键、多硫键、碳碳键，其分子的偶极矩各不相同，因此电绝缘性也不

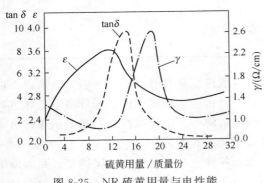

图 8-25　NR 硫黄用量与电性能
的关系（25℃，1kC）

同。天然橡胶、丁苯橡胶等通用橡胶，一般多以硫黄硫化体系为主。以天然橡胶为基础的硫化胶的电性能与硫黄用量的关系见图 8-25。随着硫黄用量的增加，初期电导率（$\gamma$）下降；当硫黄用量达到 18 质量份时，电导率呈最大值；再增加硫黄用量时，电导率又急剧下降。其介电常数（$\varepsilon$）和介电损耗（$\tan\delta$），随硫黄用量增加而增大；当硫黄用量达到 10～14 质量份时，出现最大值；超过该用量时，$\varepsilon$ 和 $\tan\delta$ 又下降，电绝缘性又变好。尽管硫黄用量较大时能改善硫化胶的电绝缘性，但其耐热性大为降低。所以综合考虑，在软质绝缘橡胶中，以采用低硫或无硫硫化体系较为适宜。

以丁基橡胶为基础的电绝缘橡胶，最好使用醌肟硫化体系。常用的醌肟硫化体系有对苯醌二肟/促进剂 DM 和二苯二甲酰苯醌二肟/硫黄（0.1 质量份以下）。使用对苯醌二肟时，胶料的电性能优良，但容易焦烧。二苯二甲酰苯醌二肟具有与对苯醌二肟相近的性能，但能显著改善焦烧性能。由于醌肟硫化剂硫化时必须首先氧化成二亚硝基苯，因此，该硫化体系中还必须加入氧化剂如一氧化铅、铅丹等。加入促进剂 DM、M 可提高交联效率，改善胶料的焦烧性能。表 8-57 是典型的醌肟硫化体系丁基橡胶电绝缘制品配方。

表 8-57　丁基橡胶绝缘制品配方

| 原 材 料 | A | B | 原 材 料 | A | B |
|---|---|---|---|---|---|
| IIR | 100 | 100 | 二苯二甲酰苯醌二肟 | — | 6 |
| 陶土 | 100 | 100 | 促进剂 DM | 4 | — |
| 氧化锌 | 5 | 5 | 铅丹 | 6 | 10 |
| 对醌二肟 | 2 | — | | | |

对某些力学性能要求较高而电性能要求不高的低压产品用丁基橡胶，可使用硫黄-促进剂硫化体系，其组成（质量份）为：硫黄 0.5，促进剂 TMTD 1，ZDC 3，促进剂 M 1。

使用醌肟硫化剂和过氧化物硫化的乙丙橡胶，电绝缘性和耐热性都比较优越。用过氧化物硫化时，与三烯丙基氰脲酸酯、二苯二甲酰苯醌二肟、少量硫黄等并用，可进一步改善其电绝缘性。促进剂以采用二硫代氨基甲酸盐类和噻唑类较好，秋兰姆类次之。碱性促进剂会增加胶料的吸水性，从而使电绝缘性下降，一般不宜使用。极性大和吸水性大的促进剂，会导致介电性能恶化，也不宜使用。

## 三、填充体系的选择

一般电绝缘橡胶配方中，填料的用量都比较多，因此对硫化胶的电绝缘性有很大的影响。一般炭黑都能使电绝缘性降低，特别是高结构、比表面积大的炭黑，用量较大时很容易

形成导电的通道，使电绝缘性明显降低，因此在电绝缘橡胶中一般不用炭黑。如果考虑到橡胶的强度等因素而不得不使用炭黑时，可选用粒径大、结构度低的中粒子热裂法炭黑（MT）和细粒子热裂法炭黑（FT）。其他炭黑除少量用作着色剂外，一般不宜使用。

电绝缘橡胶中常用的填料，有陶土、滑石粉、碳酸钙、云母粉、白炭黑等无机填料。高压电绝缘橡胶可使用滑石粉、煅烧陶土和表面处理过的陶土。低压电绝缘橡胶可选用碳酸钙、滑石粉和普通陶土。选用填料时，应格外注意填料的吸水性和含水率，因为吸水性强和含有水分的填料会使硫化胶的电绝缘性降低。为了减小填料表面的亲水性，提高填料与橡胶的亲和性，可以采用脂肪酸或硅烷偶联剂对陶土和白炭黑等无机填料进行表面改性处理。用硅烷偶联剂和低分子高聚物处理的无机填料，具有排斥胶与填料间水分的作用，这样就可以防止蒸汽硫化或长期浸水后电绝缘性的降低。

填料的粒子形状对电绝缘性能，特别是击穿电压影响较大。例如片状滑石粉填充胶料的击穿电压为46.7MV/m，而针形纤维状的滑石粉为20.4MV/m。因为片状填料在电绝缘橡胶中能形成防止击穿的障碍物，使击穿路线不能直线进行，所以片状的滑石粉、云母粉击穿电压较高。

增加填料用量，也可提高制品的击穿电压。电绝缘橡胶中合理的填料用量，应根据各种电性能指标和物理性能指标综合考虑。

### 四、软化剂、增塑剂的选择

用天然橡胶、丁苯橡胶、顺丁橡胶制造耐低压的电绝缘橡胶制品时，通常选用石蜡烃油即可满足使用要求，其用量为5~10质量份。但在需要贴合成型时，石蜡烃油用量大将会喷出表面而影响黏着效果，此时可用石蜡烃油和古马隆树脂并用，以增加胶料的自黏性。用乙丙橡胶和丁基橡胶制造耐高压的电绝缘制品时，软化剂、增塑剂的选择十分重要，它要求软化剂既要耐热，又要保证高压下的电绝缘性能，对耐热性要求不高的电绝缘橡胶，可选用高芳烃油和环烷油作为操作油，因为含有大量苯环的高芳烃油，对提高击穿电压有明显的效果。对既要求耐热又要求一定电阻性能的增塑剂，可选用低黏度的聚丁烯类低聚物和分子量较大的聚酯类增塑剂。但聚酯类化合物在用直接蒸汽硫化时，会引起水解，生成低分子极性化合物，从而使电绝缘性降低。

### 五、防护体系的选择

电绝缘橡胶制品，特别是耐高压的电绝缘橡胶制品，在使用过程中，要承受高温和臭氧的作用，因此在设计电绝缘橡胶配方时，应注意选择好防护体系，以延长制品的使用寿命。一般采用胺类、对苯二胺类防老剂，并适当地使用抗臭氧剂，可获得较好的防护效果。例如配方中加入3质量份防老剂H，能减少龟裂生成，加入3质量份防老剂AW，可使龟裂增长慢。微晶蜡能对臭氧起隔离防护作用，用它与其他防老剂并用，防护效果较好。选用防老剂时，应注意胺类防老剂对过氧化物硫化有干扰。另外，要注意防老剂的吸水性和纯度。

# 任务九　设计减震橡胶配方

减震橡胶用于防止振动和冲击传递或缓冲振动和冲击的强度。减震橡胶广泛用于各种机动车辆、设备仪器、自动化办公设施和家用电器中。近年来，一些大型建筑物和桥梁、计算机房等，也采用了隔离地震的层压橡胶垫支撑建筑物，以降低建筑物的地震响应。通常控制振动是通过以下三个途径：①降低震源的激发力；②将震动与激发源离开（隔震）；③缓和震动体的震动。减震橡胶主要用于后两者。从减震橡胶的减震原理和减震器的设计计算（可参阅有关专著）可知：当橡胶减震器的结构形状确定之后，减震橡胶的主要性能指标如下。

① 硫化胶的静态刚度（$K$），也即硫化胶弹性模量的大小。因为减震橡胶的固有频率（$\omega_0$）是随刚度 $K$ 而变化的，当机器的质量 $M$ 已知时，减震橡胶的总刚度 $K = M\omega_0^2$。

② 硫化胶的阻尼性能。作为减震器的减震橡胶，其主要功能是吸收震源发出的振动能量，特别是阻止由于振动波产生的共振效应所导致的同步振动，其减震效果与橡胶的阻尼性能密切相关。橡胶的阻尼来源于大分子运动的内摩擦，是高分子力学松弛现象的表现，是橡胶材料动态力学性能的主要参数之一。

橡胶阻尼性能通常用阻尼系数 $\tan\delta$ 表征。为了获得较好的减震效果，希望 $\tan\delta$ 能满足以下两点要求：第一，在制品使用的频率范围和温度区间，$\tan\delta$ 值较大；第二，$\tan\delta$ 峰较宽，以保证在较大的范围内，减震效果较好，降低其对温度和频率的敏感性。随着频率的增加，动态模量增大，损耗角达到峰值。这个峰值的出现是因为材料变为玻璃态，提高频率可以等效于降低温度。橡胶的阻尼系数是减震橡胶的重要指标之一，一般阻尼大一些对减震是有益的。但阻尼大会导致橡胶在动态下生热多，影响制品的老化性能。因此，为了兼顾橡胶的减震性和生热性，必须适当调节和控制橡胶的阻尼系数 $\tan\delta$。

③ 动态模量。按主载荷的方向分类，减震橡胶的形状有压缩型、剪切型、复合型。产品之所以具有这些形状，是为了使减震橡胶的三方向（横向、纵向、铅垂）的弹簧常数能适应广泛的要求。不同的减震制品对动态模量也有不同的要求。根据高聚物分子结构与动态力学性能的关系可知，用作减震橡胶的分子结构特点是分子链刚柔适当，因为柔性过大的分子，松弛时间太快，不能充分体现它的黏性行为。

减震橡胶的配方设计，除考虑上述关键性能指标之外，还应根据减震器的类型和使用条件，考虑疲劳、蠕变、耐热以及与金属黏合强度等性能。以汽车用减震橡胶为例，对各种类型减震橡胶的性能要求如表 8-58 所示。

表 8-58　汽车用减震橡胶制品的基本性能要求

| 性　　能 | 发动机架 | 压杆装置 | 悬挂轴衬 | 颠簸限制器 | 中心承托架 | 扭振减震器 |
|---|---|---|---|---|---|---|
| 弹簧特性 | | | | | | |
| 　静态 | ○ | ○ | ○ | ○ | ○ | — |
| 　动态 | ○ | ○ | ○ | — | ○ | ○ |
| 疲劳性能 | ○ | ○ | ○ | ○ | ○ | ○ |
| 耐热性能 | ○ | — | — | — | — | ○ |
| 耐光热性能 | ○ | — | — | — | — | — |
| 低温性能 | ○ | — | — | — | ○ | — |
| 耐臭氧性能 | — | — | — | — | ○ | — |
| 与金属件粘接的程度 | ○ | ○ | ○ | — | ○ | ○ |

注：○重要；—较不重要（或不需要）；对粘接型减震橡胶制品来说，○与—正好相反。

## 一、橡胶的选择

减震橡胶的刚度（弹性模量）主要是通过调节填充剂和增塑剂来达到，而受胶种的影响较小。其阻尼性能则主要取决于橡胶的分子结构，例如分子链上引入侧基或加大侧基的体积，可阻碍橡胶大分子的运动，增加分子之间的内摩擦。使阻尼系数 $\tan\delta$ 增大。结晶的存在也会降低体系的阻尼特性，例如在减震效果较好的氯化丁基橡胶中混入结晶的异戊二烯橡胶，并用体系的阻尼系数将随异戊胶含量增加而降低。几种橡胶的阻尼系数见表 8-59。

表 8-59　几种橡胶的阻尼系数

| 胶　种 | 阻尼系数（$\tan\delta$） | 胶　种 | 阻尼系数（$\tan\delta$） |
|---|---|---|---|
| NR | 0.05～0.15 | NBR | 0.25～0.40 |
| SBR | 0.15～0.30 | IIR | 0.25～0.50 |
| CR | 0.15～0.30 | Q | 0.15～0.20 |

在通用橡胶中，丁基橡胶和丁腈橡胶的阻尼系数较大；丁苯橡胶、氯丁橡胶、硅橡胶、聚氨酯橡胶、乙丙橡胶的阻尼系数中等；天然橡胶和顺丁橡胶的阻尼系数最小。天然橡胶虽然阻尼系数较小，但其综合性能最好，耐疲劳性好，生热低、蠕变小、与金属件黏合性能好。因此，天然橡胶广泛地应用于减震橡胶。如要求耐低温，可与顺丁橡胶并用；要求耐气候老化时，可选用氯丁橡胶；要求耐油时，可选用低丙烯腈含量的丁腈橡胶；对低温动态性能要求苛刻的减震橡胶，往往采用硅橡胶。一般要求低阻尼时，用天然橡胶；当要求高阻尼时，可采用丁基橡胶。

选择具有一定相容性和共硫化性的橡胶共混，是加宽阻尼峰宽度的有效方法，这对提高阻尼特性和改善其他性能都是有利的。

## 二、硫化体系的选择

硫化体系对减震橡胶的刚度、阻尼系数、耐热性、耐疲劳性均有较大的影响。一般在硫化胶的网络结构中，交联键中的硫原子及游离硫越少，交联越牢固，硫化胶的弹性模量越大，阻尼系数越小。使用传统硫化体系，并适当提高交联程度，对减震和耐动态疲劳性有利，但耐热性不够。例如天然橡胶采用有效硫化体系和半有效硫化体系时，虽然耐热性得到改善，但抗疲劳性能以及金属件的黏着性则有下降的趋势。因此，必须要使这些性能得到恰当的平衡。采用硫黄硫化体系所能达到的耐热性毕竟是有限的，因此对耐热等级更高的新型无硫硫化体系进行了研究。

某些耐热性较好的橡胶，如氟橡胶、丙烯酸酯橡胶、三元乙丙橡胶、硅橡胶、氢化丁腈橡胶、氯磺化聚乙烯、共聚氯醇橡胶，由于它们在高变形下的耐疲劳性能以及与金属粘接的可靠性都比较差，因而不宜用作减震橡胶。如果需要使用这些橡胶则必须克服上述缺陷，通过高变形下（实际使用条件考核）的试验鉴定后方可使用。

## 三、填充体系的选择

填充剂是除橡胶之外影响胶料动态阻尼特性最为显著的因素，它与硫化胶的阻尼系数和模量有密切关系。硫化胶在形变的情况下，橡胶分子运动时，橡胶链段与填料之间或填料与填料之间的内摩擦，会使硫化胶的阻尼增大。该增值与填料和橡胶的相互作用及界面尺寸有关。填料的粒径越小，比表面积越大，则与橡胶分子的接触表面增加，物理结合点较多，触变性较大，在动态应变中产生滞后损耗，而且粒子之间的摩擦也会因表面积增大而增大，因此表现出 tanδ 较大，动、静态模量也较大。填料的活性越大，则与橡胶分子的作用越大，硫化胶的阻尼性和刚度也随之增加。填料粒子的形状对胶料的阻尼特性和模量也有影响，例如片状的云母粉可使硫化胶获得更高的阻尼和模量。

在减震橡胶的配方中，天然橡胶使用半补强炉黑和细粒子热裂炭黑较好。在合成橡胶中，可使用快压出炭黑和通用炭黑。一般随炭黑用量增加，硫化胶的阻尼和刚度也随之提高。在炭黑用量一定的情况下，粒径小、活性大的高耐磨炭黑的阻尼性和刚度均高于半补强炭黑。另外，随炭黑用量增加，对振幅的依赖性也随之增大。

随振动振幅增加，炭黑用量越大，模量降低和阻尼增加越显著。在振幅很小（趋于 0 时），阻尼系数与填料含量关系不大。

综上可见，随炭黑粒径减小、活性增大、用量增加，减震橡胶的阻尼系数和模量也随之提高。但是从耐疲劳性来看，炭黑在减震橡胶中却有不良的影响：炭黑的粒径越小，则疲劳作用越显著，疲劳破坏也越重。

对于高阻尼隔震橡胶来说，在橡胶中加入炭黑等填充剂后，由于橡胶分子被炭黑粒子表面所吸附以及炭黑粒子间存在橡胶连续相和某些配合剂的不连续相，加上橡胶分子链本身的摩擦，使体系的表观黏度系数增大；且炭黑含量越高，黏度越大。若向橡胶、炭黑体系施加应力时，橡胶分子链产生的滑移从原来的炭黑-橡胶表面脱离，然后再重新吸附并使炭黑凝聚相破坏，而后再凝聚，产生很大的摩擦能。

为了尽可能提高减震橡胶的阻尼特性，降低蠕变及性能对温度的依赖性，往往在高阻尼隔振橡胶中配合一些特殊的填充剂，例如蛭石、石墨等，在由橡胶和特殊填充剂构成的体系内引起内摩擦，将施加到体系内的部分机械能转化为热能而耗散掉，这便是高阻尼隔振橡胶的减震原理。

白炭黑粒径小，补强效果仅次于炭黑，但是动态性能远不如炭黑。碳酸钙、陶土、碳酸镁等无机填料，补强性能一般较弱。为了获得规定的弹性模量，其用量比炭黑大，这对其他性能会产生不利的影响，所以一般很少采用。

## 四、增塑剂的选择

用作减震橡胶的增塑剂，除了具有降低玻璃化温度 $T_g$ 和改善加工性能的作用外，还要求使阻尼转变区增宽，这种增宽作用主要取决于增塑剂的特性及其与橡胶的相互作用。如果增塑剂在橡胶中只有一定限度的溶解度，或增塑剂根本不相容而纯属机械混合，则阻尼转变区就会变宽。

通常在减震橡胶中，随增塑剂用量增加，硫化胶的弹性模量降低，阻尼系数 tanδ 增大。在减震橡胶中添加增塑剂，虽然能改善橡胶的低温性能和耐疲劳性能，但同时也会使蠕变和应力松弛速度增加，影响减震橡胶的阻尼特性和使用可靠性，因此增塑剂的用量不宜过多。

一般增塑剂的分子结构与生胶的分子结构在极性上要匹配，即极性橡胶选用极性增塑剂，反之亦然。对于天然橡胶，通常使用松焦油、锭子油等增塑剂。对丁腈橡胶则以苯二甲酸二丁酯、癸二酸二辛酯、邻苯二甲酸二辛酯和己二酸二异辛酯等为主。

# 任务十　设计磁性橡胶配方

　　磁性橡胶是在橡胶中加入粉状磁性材料制得的一种挠性磁体。这种粉状磁性材料经加工后，由不显示各向异性的多晶，变成各向异性的单晶，使橡胶中非定向状态晶体粒子，在强磁场作用下，于橡胶基质内产生定向排列，能在一定的方向显示磁性。磁性橡胶既有一定的磁性，又保持了橡胶的性能，与其他磁性材料相比，具有独特的优点和用途。如常用作电冰箱、冷藏库磁性门的密封材料，还可用作铁粉过滤、磁性搬运、非接触式轴承、吸脱方便的标记、指示板以及计量仪器检测仪器、医疗器械等。

## 一、磁性材料的选择

　　磁性材料按其在外磁场作用下呈现的不同磁性可分为抗磁性、顺磁性、铁磁性、反铁磁性和亚铁磁性物质。铁磁性和亚铁磁性物质为强磁性物质，其余为弱磁性物质。实用的磁性材料为强磁性物质，按其特征和用途常分为软磁、硬磁或永久磁性材料。硬磁材料的矫顽力高、经饱和磁化后，能储存一定的磁性，在较长的时间内保持强而稳定的磁性，在一定的空间内，提供恒定的磁场。磁性材料的磁性能，取决于它们的结晶构造、结晶形状和粒子尺寸以及它们的均匀性。

　　磁性橡胶的磁性来自其中所含的磁性材料填充剂。磁性橡胶的要求是能大量填充磁性材料，在磁化后能保持磁性，且能牢固地吸着在有永磁材料的铁板上面，不是所有可磁化粉末均能达到这一要求。例如将纯铁、锰锌铁氧体及锰镍铁氧体等混入橡胶中所制得的材料就不是能量乘积很大的永磁材料。实际上有价值的磁性材料极为有限，主要有铁氧体型粉末磁性材料和某些金属型粉末磁性材料。铁氧体的化学式为 $M \cdot 6Fe_2O_3$（M 为 Ba、Sr、Pb 等两价金属）。铁氧体的原料是炼铁时的副产品，其价格低廉，是最常用的材料。金属型粉末磁性材料具有其他磁性材料所没有的强磁性，其中主要有铈钴等稀土类磁性材料。这种磁性材料价格昂贵，只用在小空间内产生大磁场的精密仪器。选择磁性材料时，有两种不同的侧重点：一种是侧重于它的磁性吸力；另一种则侧重于它的磁性特征。一般钡铁氧体的磁性吸力比较小，铝镍钴体的磁性吸力最强。为了提高钡铁氧体的磁性吸力，可选用各向异性的钡铁氧体，它与各向同性的钡铁氧体不同，具有明显的方向性，在特定的方向上具有较高的磁性。在磁性橡胶加工中要设法使各向异性的钡铁氧体沿磁化轴固定在与磁化方向一致的方向上。可以采取两种方法实现：一是通过压延、压出工艺；二是采用磁场作用的方法，即在加热条件下利用外来磁场使磁性体取向，而后骤冷固定。但使用各向异性的钡铁氧体时，如果不能使磁粉在橡胶中取向，则其磁性要比配用各向同性钡氧体的磁性还差。

　　磁性橡胶所必备的磁性特征是在受到反复冲击和磁短路的情况下，磁性不会降低。为达到这一目的，必须选择矫顽力很大的磁性材料，它必须在 $15000O_e$（$1O_e = 79.5775A/m$）的外加磁场作用下才能充分磁化，钡铁氧体就是能满足这种要求的磁性材料。具有高矫顽力的钡铁氧体，对外来干扰较为稳定的原因是，在外加磁场的作用下钡铁氧体的磁矩增大。钡铁氧体和铝镍钴体各有其特点，在实际应用时可酌情选用。

　　磁性橡胶制造工艺中需经磁化处理。磁化的原理是通过外加磁场作用，使磁性体中所含的磁性原子的磁矩按平行的方向排列。磁化所用的磁场强度相当于磁性材料的饱和磁通密度。

## 二、磁性橡胶的配方设计

### 1. 橡胶的选择

磁性橡胶的磁性基本上与聚合物的类型无关，但胶种对物理性能影响很大。氯丁橡胶的磁通量略高。由于氯丁橡胶分子中具有较强的极性，有利于各向异性晶体粒子有规则地排列，因此呈现出较大的磁性。在选择生胶种类时，要针对制品的不同要求，对强伸性能的要求并不突出，而更重要的原则是能够混入尽可能多的磁粉，选择能够大量填充磁粉、而又不丧失屈挠性的橡胶是最重要的。天然橡胶、氯丁橡胶、丁腈橡胶、丁基橡胶、乙丙橡胶、氯磺化聚乙烯等都可用于制作磁性橡胶。不同胶种可填充的磁粉极限量亦不同，各种橡胶每百份生胶中可填充的磁粉数为：天然橡胶 2200；丁基橡胶 2600；氯丁橡胶 1400；丁腈橡胶 1800；氯磺化聚乙烯 1600；聚硫橡胶 850。当磁粉填充量大时，以天然橡胶为基础的磁性橡胶的综合性能较好。用液体橡胶为原料制作磁性橡胶，工艺简单，用少量磁粉就能获得同干胶高填充量相近的磁性能，是一种有发展前途的技术路线。

### 2. 磁粉品种及用量与性能的关系

磁粉的种类、结构、粒径及用量是影响磁性橡胶磁性的主要的因素。在配方设计时应慎重地加以选择。铁氧体种类繁多，按其晶体结构主要分为尖晶石型、磁铅石型、石榴石型。按质量及用途可分为硬磁、软磁、矩磁、旋磁等。硬磁铁氧体性能较好的有钴铁氧体、铁铁氧体和钡铁氧体。综合来看钴铁氧体作磁性填料的磁性能和力学性能较好，钡铁氧体的磁性虽差些但其他综合性能较好，且来源丰富，价格低廉；铁铁氧体性能较差。磁粉粒径越小，退磁能力越小，一般磁粉粒径最好为 $0.5 \sim 3.0\mu m$。随磁粉用量增大，磁性橡胶的磁性也随之增加，但其物理性能下降。

# 任务十一　设计海绵橡胶配方

海绵橡胶是一种孔眼遍及材料整体的多孔结构材料。它的密度小，弹性和屈挠性优异，具有高度的减震、隔声、隔热性能。其制品种类繁多，形状各异，被广泛地应用于密封、减震、消声、绝热、服装、制鞋、家电、印染、健身器材和离子交换等许多方面。

海绵橡胶按孔眼的结构可分为开孔（孔眼和孔眼之间相互连通）、闭孔（孔眼和孔眼之间被孔壁隔离，互不相通）和混合孔（开孔、闭孔两者同时兼有）三种。

海绵橡胶可用于胶制造，也可用于胶乳制造。用于胶制造是通过发泡剂分解出的气体使橡胶发泡膨胀，形成海绵状的硫化胶；用胶乳制造是通过机械打泡，使胶乳成为泡沫，然后经凝固、硫化、形成海绵，所以这种橡胶也称为泡沫橡胶。此外，还有聚氨酯泡沫弹性体，它是用聚氨酯混炼胶、浇注胶和热塑胶，添加一定量的发泡剂，经特定的加工工艺而制成的一种合成泡沫弹性体。

胶乳泡沫橡胶和聚氨酯泡沫弹性体，可参阅已有的专著，本书只就量大面广的干胶制造海绵橡胶的配方设计加以讨论。用于胶制造海绵橡胶时，对胶料有如下要求。

① 胶料应具有足够的可塑度，胶料的可塑度与海绵橡胶的密度、孔眼结构及大小、起发倍率等有密切关系。海绵橡胶胶料的威氏可塑度一般控制在 0.5 以上。因此要特别注意其

生胶的塑炼，尤其是天然橡胶、丁腈橡胶等穆尼黏度较大的生胶，应采用三段或四段塑炼，薄通次数多达 40～60 次。胶料中的配合剂应分散均匀，不得有结团现象，也不得混入杂质，否则会造成孔眼大小不均、鼓大泡现象。最好是先制成母胶，停放 1d 后过滤，然后再加入发泡剂和硫化剂。全部混炼后的胶料，至少要停放 2～7d 后再使用，这样有利于配合剂的分散。

② 胶料的发泡速率要和硫化速度相匹配，这是海绵橡胶生产中最为重要的技术关键（详见硫化体系部分）。

③ 胶料的传热性要好，使内外泡孔均匀，硫化程度一致。

④ 发泡时胶料内部产生的压力应大于外部压力。

## 一、橡胶的选择

天然橡胶和大多数的合成橡胶、EVA（乙烯-乙酸乙烯酯）、高苯乙烯，以及橡塑共混的热塑性弹性体，均可用来制造海绵橡胶。具体胶种的选择，应根据制品的使用条件来确定。普通的海绵橡胶主要选用天然橡胶，档次较低的可使用再生胶。要求耐油的可选用丁腈橡胶、氯丁橡胶、丁腈橡胶/聚氯乙烯、环氧化天然橡胶等。要求耐热、耐臭氧老化时，可选用三元乙丙橡胶和硅橡胶。制造微孔鞋底可采用 EVA 或高苯乙烯与通用橡胶并用，或采用丁腈橡胶与聚氯乙烯共混。从使用寿命、工艺、成本等综合考虑，较为理想的胶种是三元乙丙橡胶、氯丁橡胶。天然橡胶、丁苯橡胶、顺丁橡胶及其与塑料的共混料，多用于制造民用海绵橡胶制品。三元乙丙橡胶、氯丁橡胶多用于制造工业海绵橡胶制品。

## 二、发泡剂、发泡助剂的选择

海绵橡胶的泡孔结构，不仅与混炼胶的穆尼黏度、硫化工艺条件有关，同时与发泡剂的品种、用量以及其在胶料中的分散度、溶解度有密切的关系。例如选用的发泡剂发气量大、膨胀力大，胶料的穆尼黏度又低，则易形成开孔结构的海绵橡胶；反之，则不能形成海绵橡胶。因此，发泡剂是海绵橡胶配方中极为重要的组分之一，选用时应特别注意。

用于海绵橡胶的发泡剂，应满足以下要求：①贮存稳定性好，对酸、碱、光、热稳定；②无毒、无臭、对人体无害，发泡后不产生污染，无臭味和异味；③分解时产生的热量小；④在短时间内能完成分解作用，且发气量大，可调节；⑤粒度均匀、易分散，粒子形态以球形为好；⑥在密闭的模腔中能充分分解。

发泡剂 H、AC 等的分解温度都较高，在通常的硫化温度下，不能分解发泡，因此必须加入发泡助剂调节其分解温度。此外，加入发泡助剂还可减少气味和改善海绵制品表皮厚度。

常用的发泡助剂有有机酸和尿素及其衍生物。前者有硬脂酸、草酸、硼酸、苯二甲酸、水杨酸等，多用作发泡剂 H 的助剂；后者有氧化锌、硼砂等无机物，多用作发泡剂 AC 的助剂，但分解温度只能降低至 170℃ 左右。发泡助剂的用量一般为发泡剂用量的 50%～100%，使用发泡助剂时，要注意对硫化速度的影响。

## 三、硫化体系的选择

设计海绵橡胶硫化体系的原则是：使胶料的硫化速度与发泡剂的分解速度相匹配。不同的胶种选择不同的硫化体系。通用胶种可选用硫黄作硫化剂，用量为 1.5～3.0 份；硅橡胶、三元乙丙橡胶可选用过氧化物作硫化剂；氯丁橡胶常用氧化锌和活性氧化镁作硫化剂。促进

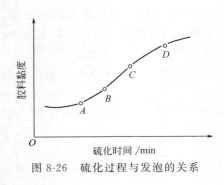

图 8-26　硫化过程与发泡的关系

剂 M、DM、CZ、DZ、TMTD、PZ 等单用或并用均可作海绵橡胶的促进剂，但用量较实心制品多一些。无论选择哪一个硫化体系，必须注意的是，要使硫化速度与发泡速度相匹配，这是胶料能否发泡以及形成气孔状态好坏的关键。硫化过程中硫化速度与发泡速度的关系，可用图 8-26 说明。图中 $A$ 为焦烧时间，$AB$ 为热硫化的前期，$BC$ 为热硫化的中期，$CD$ 为热硫化后期，$D$ 为正硫化点。如果在 $A$ 点前发泡，此时胶料尚未开始交联，黏度很低，气体容易跑掉，得不到气孔。当在 $AB$ 阶段发泡时，这时黏度仍然较低，孔壁较弱，容易造成连孔。如果在 $BC$ 阶段发泡，这时胶料已有足够程度的交联，黏度较高，孔壁较强，就会产生闭孔海绵。若在 $D$ 点开始发泡，这时胶料已全部交联，黏度太高，亦不能发泡。因此必须根据发泡剂的分解速度来调整硫化速度。

　　一般按胶种来选择硫化体系。通用橡胶如天然橡胶、丁苯橡胶、顺丁橡胶等，采用硫黄-促进剂硫化体系，硫黄的用量为 1.5～3.0 质量份。促进剂采用 DM（或 CZ）与 TMTD、PZ、D、M 等并用。硅橡胶、三元乙丙橡胶、丁腈橡胶、EVA、聚氯乙烯/丁腈橡胶以及某些橡塑共混材料，可选用过氧化物硫化体系。此时应注意，过氧化物的用量是按聚合物的交联效率来计算的，其用量的增减只能控制交联密度的大小。使用过氧化物硫化的硫化时间，应按它在硫化温度下的半衰期来决定，一般取其硫化温度下半衰期的 5～10 倍即可。氯丁橡胶常用氧化锌、活性氧化镁作硫化剂，用 NA-22 作促进剂。活性氧化镁的吸碘值以 100～150mg/g 较好，它在空气中易吸收二氧化碳和水，会影响海绵橡胶的质量。

　　总之，无论选择什么硫化体系，都要使硫化速度和发泡速度相匹配，这是胶料能否发泡以及形成多孔结构的关键。

## 四、填充体系的选择

　　海绵橡胶对填充剂的要求是密度小、分散好，不会使胶料硬化，能调整胶料的可塑性和流动性，以及有助于海绵的发泡过程。一般说来，各种填充剂对发泡剂的分解温度和分解速度基本上没有影响，但是填充剂的分散性很重要，其粒子的均匀分散能促进孔胚的形成。分散好的填充剂有半补强炭黑、易混槽黑、轻质碳酸钙等。油膏可作为增容剂使用，兼有软化剂的作用，但用量不宜过大。白炭黑、陶土、碳酸镁也可使用，但要注意分散性。最好采用几种填充剂并用，但用量不宜过大，否则会增大海绵橡胶的密度。

　　最近有人将微粉透闪石（简称 MFT，一种微观呈链状结构的硅酸盐，颗粒呈针状晶体，粒度为 1250 目）用作丁腈橡胶耐油海绵橡胶的填充剂，并与陶土、碳酸钙、透明白炭黑和钛白粉（二氧化钛）进行了比较，试验结果如表 8-60 和表 8-61 所示。

表 8-60　MFT 在模压海绵橡胶中的对比试验结果

| 项　　目 | MFT | 陶土 | 轻质碳酸钙 | 白炭黑 | 钛白粉 |
|---|---|---|---|---|---|
| 穆尼黏度（$ML_{1+4}^{100}$） | 36.1 | 40.0 | 38.0 | 47.0 | 38.0 |
| 穆尼焦烧（120℃）$t_5$/min | 20.5 | 25.9 | 18.9 | 24.0 | 11.5 |
| 视密度/(g/cm³) | 0.40 | 0.70 | 0.58 | 0.67 | 0.70 |

续表

| 项　　目 | MFT | 陶土 | 轻质碳酸钙 | 白炭黑 | 钛白粉 |
|---|---|---|---|---|---|
| 硫化工艺性能 | 优 | 尚可 | 好 | 尚可 | 差 |
| 产品外观 | 白 | 深灰色 | 灰色 | 灰白 | 最白 |

注：试验配方为 NBR（2707）100，氧化锌 10，硬脂酸 1.5，防老剂 MB 1，石蜡 3，多功能助剂 4，软化剂 15，促进剂 3，发泡剂 5，硫黄 1.5，填料 60。硫化条件为一段硫化 130℃×8min；二段硫化 150℃×20min。

表 8-61　MFT 在压出海绵橡胶中的对比试验结果

| 项　　目 | MFT | 白炭黑 | 陶　土 | 轻质碳酸钙 |
|---|---|---|---|---|
| 穆尼黏度（$ML_{1+4}^{100}$） | 32.0 | 42.7 | 37.0 | 35.0 |
| 穆尼焦烧（120℃）$t_5$/min | 21.5 | 26.0 | 18.2 | 15.4 |
| 视密度/（g/cm$^3$） | 0.47 | 0.58 | 0.62 | 0.51 |
| 挤出工艺 | 优 | 尚可 | 良 | 差 |
| 半成品外观 | 白，表面光滑 | 白，表面有毛刺 | 深灰，表面光滑 | 白，毛刺较多 |

注：试验配方为 NBR（2707）100，氧化锌 5，硬脂酸 4，防老剂 MB，加工助剂 5，软化剂 20，促进剂 3，发泡剂 6，填料 50。硫化条件为在硫化罐内蒸汽硫化 0.47MPa×20min。

试验结果表明，1250 目微粉透闪石（MFT），用于耐油海绵橡胶中，胶料的穆尼黏度较低，工艺性能较好，且发泡均匀细密，视密度小，回弹性好，是一种较好的浅色填充剂。

## 五、软化剂的选择

海绵橡胶的发泡倍率和泡孔结构与胶料的穆尼黏度有密切关系。一般胶料的穆尼黏度控制在 30～50，过大或过小都不能制出理想的海绵制品，所以对软化剂的品种选择和用量设计要适宜，并应注意与橡胶的相容性好和对发泡过程无不利的影响。常用的软化剂有机油、变压器油、凡士林、环烷油、石蜡油、氧化石蜡、油膏和有机酯类等。硬脂酸虽可作软化剂使用，但因它同时又是活性剂、发泡助剂，所以其用量应比实心制品多一些。软化剂的用量一般为 10～30 质量份。

## 六、防护体系的选择

海绵橡胶是多孔结构，表面积较大，容易老化，因此配方中必须配用高效防老剂。其选用原则是既有良好的防老化的效果，又对发泡无不良的影响，用量则比一般实心橡胶制品多。黑色海绵橡胶多用防老剂 D、4010；浅色海绵橡胶多用非污染性的防老剂如 2246、MB、DOD 等。对于氯丁橡胶海绵，在要求耐热老化时，使用防老剂 D 和 RD 比较好；在要求耐臭氧老化时，可使用防老剂 D、4010NA 和石蜡并用，效果较好。防老剂 AW 虽然也有防止臭氧老化的效果，但有污染性和迟延硫化的缺点。

## 七、其他配合体系的影响

为了便于加工工艺操作（防粘辊、易脱模），以及防止海绵橡胶制品受压缩时，海绵孔壁发生黏着现象，通常要加入加工助剂。常用的加工助剂有硬脂酸和石蜡。某些海绵橡胶制品要求色泽鲜艳，如旅游鞋、海绵大底、乒乓球拍等，因此要特别注意着色剂的选择和搭配，此时应注意不能使用含有污染性防老剂的生胶。有时为了获得理想的色泽效果，需要几种着色剂并用，此时应特别注意并用比的恒定，以保证批量生产时色调一致。碳酸钙可能引起某些着色剂的迁移，制作彩色海绵橡胶制品时，应加以注意。

一般海绵橡胶胶料的可塑度较大，不易焦烧。但有时也加入适量的防焦剂，目的不是防止焦烧，而是调节发泡剂的分解速度和硫化速度。其用量一般为 0.1～0.5 质量份，最高可达 1 质量份。

在海绵橡胶制品要求阻燃时，必须添加阻燃剂。常用的阻燃剂有氯化石蜡、三氧化二锑、氢氧化铝等。

最后还要强调指出：制造海绵橡胶除了配方设计外，还要控制好加工工艺，如塑炼、混炼、返炼、硫化工艺等，由于海绵橡胶工艺条件范围很窄，所以其工艺条件的控制往往比选用原材料更困难。

# 任务十二　设计阻燃橡胶配方

所谓阻燃橡胶，是指能延缓着火、降低火焰传播速度，且在离开外部火焰后，其自身燃烧火焰能迅速自行熄灭的橡胶。一般聚合物属于可燃性材料，而研究和评价聚合物材料可燃性的方法有很多，例如：动力法（根据燃烧速度或引燃速度以及火焰扩散速度来评价）；热量法（根据燃烧热和可燃性指标等）；温度法（根据着火温度和自燃温度等）；浓度法（根据燃烧所产生的混合物组分的浓度）。但是这些方法相关性差，不同测试方法测得的结果可能不同，甚至是相互矛盾的。评价聚合物可燃性，最常用的方法是氧指数法。氧指数表示试样在氧气和氮气的混合物中燃烧时所需的最低含氧量。氧指数越大，表示聚合物可燃性越小，阻燃性能越好。一般是氧指数（OI）大于 27% 的为高难燃材料，如聚四氟乙烯、聚氯乙烯等；OI<22% 的为易燃材料，如天然橡胶、聚乙烯、三元乙丙橡胶等；OI 在 22%～27% 范围内的为难燃材料，如氯化聚乙烯、聚碳酸酯、聚酰胺等。在 100℃、200℃ 和 300℃ 时的氧指数值，为 25℃ 时氧指数值的 92%、78% 和 55%，且与聚合物的组成无关。在一定的温度下，物质与空气中的氧发生化学反应，产生热和光的现象称为燃烧。燃烧的基本条件是：具有可燃物、氧（空气）和一定的温度。

高分子材料的燃烧是一个复杂的物理、化学反应过程，可分为如下五个阶段。

（1）受热熔融　开始是外面的热源完成最初的加热，但以后便由燃烧时的放热反应来继续向聚合物供热。聚合物受热后，物理性能急剧降低，继之软化成黏稠状。

（2）降解　大分子的破坏从最弱的化学键开始。温度继续升高时，大多数化学键发生断裂破坏，从而导致整个大分子链断裂解体。

（3）分解　进一步受热，断裂的分子链开始分解，产生出可燃性气体（甲烷、乙烷、乙烯、甲醛、丙酮和一氧化碳等）、不燃性气体（卤化氢、二氧化碳等）、液体（部分已分解的聚合物）、固体残余物（炭化物）、聚合物碎片或漂浮的固体颗粒（烟）。分解产物的成分，与聚合物材料的成分、温度和升温速度及能否排出挥发性热分解产物有关。

（4）燃烧　由于聚合物分解生成的可燃性气体，与空气中的氧相互作用而发生化学反应，放出热和光即燃烧。燃烧的程度取决于燃烧区可燃性气体和氧气的供给情况。

（5）延燃　燃烧放出的热，促使材料的固态、液态和气态温度上升，进一步引起聚合物材料分解；在有充足的空气供给条件下，使燃烧继续维持并传播。

高分子材料受热后，分解出各种可燃性气体物质。这些可燃性气体物质进一步分解，产生活性很大的 OH・和 H・。这些自由基能立即与其他分子反应，生成新的自由基。高分子材料的燃烧速度，与产生活泼自由基 OH・和 H・有十分密切的关系。其燃烧过程是个连锁反应的恶性循环过程。

聚合物燃烧过程中存在四个区域。一是聚合物材料区。聚合物的低分子热分解和热氧分解产物，从聚合物中分离出来，进入外部环境。由于热量大量损失、燃烧速度降低时，聚合物材料将碳化；有空气流通时，可能出现无焰燃烧。碳化后的焦化残留物将阻止聚合物材料继续燃烧。二是气态预燃区。在该区域，低分子分解产物受热，继续分解，被氧气氧化并与自由基相作用。三是火焰区。在该区域，可燃性低分子产物积聚到足够的浓度，并由于燃烧放热，温度急剧升高。四是燃烧产物区。在该区域，反应产物和周围较冷的介质相混合。

综上可见，橡胶的燃烧，实质上是在高温下橡胶发生分解，生成可燃性气体，进而在氧和热的作用下发生燃烧。所以，阻燃的主要方法是断绝燃烧时所需要的氧气或隔离热源。提高橡胶制品阻燃性，可以从两个方面考虑：一方面要设法抑制橡胶高温分解所产生的可燃性气体，例如加入卤素化合物，使之产生难燃性气体，以隔离热源和氧气；另一方面是尽可能降低体系温度、吸收热量，例如加入氢氧化铝，它在受热时放出结晶水、吸收热量或提高热传导性，也可起到阻燃作用。当然还应选用自身阻燃性好、氧指数高、耐热性好、与阻燃剂和填充剂相容性好、燃烧传播速度较低的材料作为主体材料。

## 一、主体材料的选择

阻燃橡胶的主体材料多选用难燃橡胶、难燃树脂或两者并用，其阻燃性能与橡胶或树脂的结构有密切关系。

在有机化合物中引入不同的官能团，对化合物的阻燃性将产生不同的影响，加入 $-NH_2$、$-OH$、$-CH_3$、$-COOH$ 等基团后，对其氧指数没有多大影响，如苯胺、苯酚、苯甲酸与苯的氧指数相差不多。但引入卤素却能显著提高其氧指数，如氯苯、溴苯都比苯的氧指数高得多。卤素引入的数目越多，氧指数越高，阻燃性越好。如二氯苯、三氯苯、四氯苯与苯相比，随氯含量增加，其氧指数增大，阻燃性变好。橡胶与树脂阻燃性能与其结构同样有密切的关系。含卤素、苯环或共轭双键的橡胶，氧指数高，如氯丁橡胶的氧指数为33%，属于难燃橡胶；非极性烃类橡胶的氧指数最低，如三元乙丙橡胶的氧指数只有20%，属于易燃橡胶。树脂分子链中含有苯环和卤素的，其氧指数较高，阻燃性较好。例如聚氯乙烯的氧指数比聚乙烯高50%，聚四氟乙烯的氧指数比聚乙烯高75%。因此，阻燃橡胶的主体材料应选择氯丁橡胶、氯磺聚乙烯、氯醚橡胶、氯化聚乙烯、聚氯乙烯、聚四氟乙烯等含卤聚合物。硅橡胶也是较好的耐燃聚合物。

阻燃橡胶胶种选择应注意以下三项标准：①橡胶本身具有阻燃性；②燃烧时发热量小；③具有优良的高温耐热性。

## 二、阻燃剂的选择及其阻燃作用

### 1. 反应型阻燃剂

反应型阻燃剂作为中间体（环氧中间体、聚酯中间体、聚碳中间体、苯乙烯中间体），在高分子材料合成过程中参加反应，它键合到高分子的分子链上起阻燃作用。因此，反应型阻燃剂比较稳定，阻燃作用较持久，可避免喷霜、析出等问题，并可减少对高聚物物理性能的影响，而且毒性小，是一种较为理想的阻燃剂。但由于这种阻燃剂操作及加工工艺比较复杂，实际使用并不普遍，目前仅用于环氧树脂、聚酯、聚氨酯等，仅占阻燃剂用量的 10% 左右。

2. 添加型阻燃剂

它是在高分子材料加工过程中，通过物理力学方法，与高分子材料混合在一起。其热分解温度要高于高聚物的加工成型温度（约高 30℃）。如果阻燃剂的分解温度低于加工成型温度，在加工过程中即行分解，不但达不到阻燃效果，还会产生污染；相反，如果阻燃剂的热分解温度过高，使用中则不能充分发挥其阻燃效率。添加型阻燃剂按其化学组成可分为以下几种。

(1) 有机阻燃剂    有机阻燃剂可分为卤系和磷系两大类。卤系阻燃剂中，主要是氯和溴的化合物。卤系阻燃剂在分解区、预燃区和火焰区，均有良好的阻燃效果：第一，含卤气体可抑制燃烧，能和火焰中的自由基发生化学作用；第二，含卤气体能生成防护层，阻止氧气和热向聚合物扩散；第三，卤素可使大量双键进行化学反应，造成聚合物的残留物增多，有利于碳化。卤系阻燃剂的阻燃性与其结构有关，其阻燃效果由大到小的顺序是：脂肪族卤化物＞脂环族卤化物＞芳香族卤化物。脂肪族卤化物的碳-卤键强度较低，能够在较低的温度下熔化和分解，是最有效的阻燃剂。脂环族卤化物的碳-卤键强度比脂肪族卤化物大，相应的阻燃性也低一些。芳香族卤化物的碳-卤键强度最大，因而其阻燃性最弱，但其稳定性最好，可达 315℃。

① 氯系阻燃剂。最常用的是氯化石蜡、全氯环戊癸烷和氯化聚乙烯。在中国，氯化石蜡价廉易得，应用最为广泛。氯化石蜡的含氯量一般为 40%～70%，其中含氯低的为液态，含氯高的为固态。全氯环戊癸烷含氯量高达 78.3%，阻燃效果更好些，但价格高、产量小，应用不广。氯化聚乙烯含氯量为 30%～40%，既是阻燃剂，又是含氯的高分子材料，可以单独用于制造阻燃制品。含氯阻燃剂的阻燃效果虽然很好，但毒性较大，不环保，不符合无烟、低毒的要求，因此其用量有减少的趋势。

② 溴系阻燃剂。其阻燃机理与氯系相同，但由于 H—Br 键比 H—Cl 键键能小，反应速率大，活性强，因此溴系阻燃剂在燃烧时，捕捉自由基 H· 和 OH· 的能力较氯系阻燃剂强，阻燃效果比氯系高 2～4 倍；而且受热分解产生的腐蚀性气体毒性小，在环境中残留量少，达到同样阻燃效果时的用量少，对制品的加工和使用性能影响较小。因此，溴系阻燃剂是卤系阻燃剂中最为重要、发展最快的一种。常用的溴系阻燃剂有四溴乙烷、四溴丁烷、六溴环十二烷、六溴苯、十溴联苯、十溴二苯醚、四溴双酚 A 等。其中四溴双酚 A 和十溴二苯醚，以其在加工中热稳定性好、毒性低，而受到人们的重视。溴系阻燃剂与氯系阻燃剂相比价格较贵。

③ 磷系阻燃剂。使用含磷阻燃剂时，可能进行氧化反应，随后脱水，生成水和不燃性气体及炭；在聚合物表面形成由炭和不挥发的含磷产物组成的保护层，降低了聚合物材料的加热速度。磷酸酯，尤其是含卤素的磷酸酯是磷系阻燃剂中重要的一类，在常温下多数为液体，有增塑作用，但有毒、发烟大、易水解、稳定性较差，在固相和液相中均有阻燃作用。磷酸酯在燃烧时分解生成的磷酸，在燃烧温度下脱水生成偏磷酸；偏磷酸又聚合生成聚偏磷酸，呈黏稠状液态膜覆盖于固体可燃物表面。磷酸和聚偏磷酸都有很强的脱水性，能使高聚物脱水碳化，使其表面形成炭膜。这种液态和固态膜可以阻止 HO·、H· 逸出，起到隔绝

空气而阻止燃烧的效果。同时，磷和卤素起作用生成卤化磷，这是不可燃性气体，不仅可以冲淡可燃性气体，而且由于浓度较大，可笼罩在可燃物周围，起隔离空气的作用。此外，卤化磷还可捕捉自由基 HO·和 H··，从而起到阻燃的作用。常用的磷酸酯类阻燃剂有磷酸三甲苯酯（TCP）、磷酸甲苯二苯酯（CDPP）、磷酸三苯酯（TPP）、磷酸三辛酯（TOP）、磷酸三芳基酯、辛基磷酸二苯酯（DPOP）等。其中，辛基磷酸二苯酯被美国 FDA（食品医药局）确认为磷酸酯中唯一的无毒阻燃增塑剂，允许用于食品医药包装材料。磷酸酯类阻燃剂对含有羟基的聚氨酯、聚酯、纤维素等高分子材料的阻燃效果非常好，而对不含羟基的聚烯烃阻燃效果较小。含磷阻燃剂的最宜用量和聚合物的类型有关，燃烧时不生成炭的聚合物用量较高。与卤系阻燃剂相比，磷系阻燃剂可提高硫化胶的耐寒性，对硫化胶的耐热性降低较少。

（2）无机阻燃剂　无机阻燃剂热稳定性好，燃烧时无有害气体产生，符合低烟、无毒要求，安全性较高，既能阻燃又可作填充剂，降低材料成本。鉴于无机阻燃剂具有上述优越性，所以近年来备受用户青睐，其用量急剧增加。常用的无机阻燃剂主要有氢氧化铝、氢氧化镁、氧化锑和硼酸锌等。

① 氢氧化铝。其阻燃机理是脱水、吸热。脱水所产生的水蒸气能稀释可燃性气体，吸热就降低了燃烧系统的温度。氢氧化铝在 200℃ 时分解出结晶水，是吸热反应，吸热量为 1.97kJ/g。

氢氧化铝要根据制品的使用要求综合考虑，一般说来粒径愈小，阻燃性能愈好。

② 金属氧化物阻燃剂。三氧化二锑是应用最为广泛的金属氧化物阻燃剂。三氧化二锑对火焰的抑制作用，必须与当作活化剂的卤化物并用，发挥协同作用，才具有阻燃效力。如体系中不含卤素，则不能起到阻燃作用。卤化物受热分解，释放出氢卤酸和卤元素，它们与氧化锑反应，生成三卤化锑、氧化卤锑和水。

氧化锑-卤化物最有效的组合，是能在高聚物的分解温度或者在此温度以上产生三卤化锑的混合物。氯化石蜡与氧化锑相组合的阻燃效果较佳。氯化石蜡的用量在 20～25 质量份时，阻燃效果较好；在 20 质量份以下阻燃效果较差。氧化锑相对密度较大，价格较贵，用量不宜过多。

③ 硼酸锌。硼酸锌也是常用的无机阻燃剂，硼酸锌在 300℃ 以上时能释放出大量的结晶水，起到吸热降温的作用。它与卤系阻燃剂和氧化锑并用时，有较为理想的阻燃协同效应；当它与卤系阻燃剂 RX 并用接触火焰时，除放出结晶水外，还能生成气态的卤化硼和卤化锌。卤化硼和卤化锌可以捕捉气相中的易燃自由基 OH·和 H··，干扰并中断燃烧的连锁反应。硼酸锌是较强的成炭促进剂，能在固相中促进生成致密而坚固的炭化层。在高温下，卤化锌和硼酸锌在可燃物表面形成玻璃状覆盖层，气态的卤化锌和卤化硼笼罩于可燃物的周围。这三层覆盖层，既可隔热又能隔绝空气。硼酸锌是阻燃（无焰燃烧）抑制剂，它与氢氧化铝并用有极强的协同阻燃效应。

## 三、其他配合剂的影响

在三元乙丙橡胶为基础的阻燃电缆胶料中，试验了硫化剂 DCP、共硫化剂 TAIC、HVA-2 和硬脂酸对硫化胶阻燃性能的影响。试验结果如下。

1. 硫化剂 DCP 的影响

随 DCP 用量增加，三元乙丙橡胶胶料的交联密度和氧指数（OI）增大，但 DCP 用量过大时，可能导致可燃性物质增加。因此，DCP 用量不宜太大，一般以 3 质量份为宜。

### 2. 共硫化剂的影响

共硫化剂 TAIC（三烯丙基三异氰脲酸酯）用量对三元乙丙橡胶胶料阻燃性能的影响：当共硫化剂 TAIC 的用量为 0.5～2.0 质量份时，三元乙丙橡胶硫化胶的氧指数显著增大，为 32%～40%；当 TAIC 用量为 3.0 质量份以上时，其氧指数趋于平稳。在加有 TAIC 的三元乙丙橡胶胶料中，再并用共硫化剂 HVA-2 时，胶料的氧指数进一步增大。

# 任务十三　设计吸水膨胀橡胶配方

随着科学技术在人类生活各个领域的渗透和扩大，吸水膨胀橡胶材料的应用不断扩大。近年来在土木建筑工程方面的应用已日益受到人们的关注，比如隧道、涵洞、住宅屋顶混凝土板材或块材之间的防水堵漏，就大量使用吸水膨胀橡胶。吸水膨胀橡胶的作用原理是在橡胶中加入吸水树脂后，吸水树脂遇水膨胀，使具有高弹性的橡胶扩张起来。吸水膨胀橡胶富有弹性，在吸水后可膨胀数倍乃至数百倍，即使在挤压的情况下，仍具有保持水的能力，所产生的膨胀压力能够起到止水、堵漏的作用。

## 一、橡胶的选择

橡胶品种的选择主要以弹性好、具有一定的强度、工艺性能好为原则。常用的橡胶有天然橡胶、氯丁橡胶、三元乙丙橡胶以及热塑性的 SBS 等。如选择非结晶性橡胶与吸水树脂共混制成的吸水膨胀橡胶，易发生冷流现象，用作止水材料时会丧失止水效果，因此最好采用常温下结晶区域或玻璃化区域达到 5%～50% 的 1,3-二烯类橡胶，如氯丁橡胶。

橡胶的疏水性是由于这些大分子中没有诸如羟基、羧基和醚基等亲水基团所造成的。如能在这些疏水性橡胶中引入上述亲水基团，则可制成吸水膨胀橡胶。最近的研究发现，以亲水性的聚合物，如聚环氧乙烷、聚环氧丙烷、聚乙二醇和氯磺化聚乙烯橡胶接枝可以制取能保持橡胶性状又具有相当吸水性的吸水膨胀橡胶。

## 二、吸水树脂

吸水树脂是指结构中含有亲水性基团的聚合物，是吸水膨胀橡胶组成的关键组分。目前常用的吸水树脂主要有以下几种。

(1) 淀粉类　如淀粉-丙烯腈接枝聚合物的皂化物、淀粉-丙烯酸的接枝聚合物等。

(2) 纤维素类　如纤维素-丙烯腈接枝聚合物、羧甲基纤维素的交联产物等。

(3) 聚乙烯醇类　如聚乙烯醇的交联产物、丙烯腈-乙酸乙烯酯共聚物的皂化产物等。

(4) 丙烯酸类　如聚丙烯酸盐（主要是钠盐）、甲基丙烯酸甲酯-乙酸乙烯酯共聚物的皂化产物等。

(5) 聚亚烷基醚类　如聚乙烯醇与二丙烯酯交联的产物等。

(6) 马来酸酐类　如异丁烯-马来酸酐的交替共聚物。

吸水树脂应选择粒度小、吸水率大、保持水的能力强、在橡胶中易分散、不会析出的品种。一般吸水树脂的用量越大，膨胀率就越大。但用量过大会影响橡胶的力学性能。

吸水性树脂大多是由水溶性树脂经部分交联或皂化而制成，一般为颗粒状粉末，它们绝大多数不易在橡胶中分散。吸水树脂在橡胶中分散不均匀，遇水时表面的树脂就会被水抽出，从而影响产品的吸水率。将吸水树脂与水溶胀性聚氨酯并用一起与橡胶混炼，则可制出具有不同吸水膨胀率和力学性能的吸水膨胀橡胶。在橡胶中掺用其他吸水性树脂也能制成吸水膨胀橡胶。可选用吸水倍率高、吸水后强度较好的吸水树脂，如部分交联的聚丙烯酸钠、异丁烯-马来酸酐的共聚物等。其中以含羧酸盐的高分子电解质作为吸水性树脂最为适宜，特别是以乙烯基醚和烯烃不饱和羧酸或其衍生物为主要成分的共聚物的皂化物以及聚乙烯醇/丙烯酸盐的接枝共聚物，不但吸水后的强度高，而且还能提高吸水后材料的刚性。

为了克服吸水性树脂与橡胶基材脱离的现象，吸水树脂的粒径应控制在 $100\mu m$ 以下，小于 $50\mu m$ 则更好。除了粒度之外，吸水树脂的共混工艺对制品的外观、物理性能等也有重要影响。

### 三、硫化体系

一般吸水膨胀橡胶的吸水率，随交联密度增加而减小。因为交联密度大，交联网络紧密，橡胶分子链的移动或扩张便不容易，树脂吸水后的膨胀力，不能克服致密交联网络的束缚，从而使树脂在橡胶中的吸水膨胀受到较大的压抑，导致膨胀率减小。反之，交联网络稀松，吸水树脂的膨胀力大于网络束缚力则能均匀膨胀。所以在保证硫化胶物理性能的同时，应尽量减小交联密度。具体措施是减少硫化剂、促进剂的用量。

### 四、其他配合体系

吸水膨胀橡胶大多是在潮湿恶劣的环境下使用，所以在配方中必须增加防老剂的用量，而且所用的防老剂不应被水抽出。此外还要加入适量的防霉剂。特别是当水中含有多价金属离子时，例如用于与海水接触的海洋工程，当雨水或淤泥水中含有金属离子时，它的吸水膨胀性能就会受到影响。为了避免这种影响，可在配方中加入金属离子封闭剂，如缩合磷酸盐和乙二胺四乙酸及其金属盐那样的氨基羧酸衍生物，其用量在 1～50 份之间，视水质情况而定。在某些对金属有腐蚀性的应用场合中还要加入 0.5～1.0 份的抗金属腐蚀剂。

# 任务十四　设计透明橡胶配方

所谓透明性，就是可见光对橡胶的透过性。透明橡胶广泛用于透明和半透明鞋底、潜水镜、导尿管、光纤包覆材料、各种面罩的柔韧透镜、汽车玻璃窗夹层或涂层、透明隔墙板、路灯罩、机器装备中的观察窗、罩盖，以及包装、电线电缆护套、温室、遮阳光镜等。多年来也出现了一些非常透明的塑料材料，但这些材料总是有这样或那样的缺点，要么太硬不能满足材料柔韧性的需要，要么有着热塑性材料的弊病，即耐热性差和在压力下的流动性。而使用透明橡胶，可以具有高透明度、低光学畸变，在一定温度范围内的柔韧性，足够的强度以及良好的耐老化性能，避免了透明塑料本身固有的缺陷。因此，透明橡胶的应用前景也十分广阔。

制造透明橡胶必须满足以下三个条件：①生胶本身是透明的，特别是硫化后能表现出良好的透明性；②各种配合剂与橡胶的折射率相近，对橡胶的透明性没有影响；③工艺条件如温度、压力和共混条件等，不改变橡胶和配合剂原有的光学性质。

## 一、橡胶的选择

　　一般说来，凡是生胶本身呈透明状态的橡胶，它的硫化胶也有一定的透明性。用于透明橡胶的生胶可根据其用途加以选择，例如透明鞋底、某些医用透明橡胶制品等，可选用溶聚丁苯橡胶、顺丁橡胶、非污染性乳聚丁苯橡胶（SBR-1502）、异戊橡胶、天然橡胶中的白绉片、风干胶。用于光学上具有高透明度的橡胶可选用乙丙橡胶、乙烯-乙酸乙烯酯、氯醇橡胶、丁基橡胶。其中最有实用价值的是具有最低凝胶含量的低分子量乙丙橡胶。经多次筛选试验后，人们发现穆尼黏度为 18 的乙烯-丙烯-己二烯乙丙橡胶最符合高透明度橡胶要求。

　　一般的三元乙丙橡胶很难满足光学镜片方面的用途要求。研究的结果表明，采用分子量、凝胶含量低的三元乙丙橡胶（第三单体为 1,4-己二烯），共聚物的组成为乙烯约 65%，1,4-己二烯约为 10% 以下，其余为丙烯。用上述三元乙丙橡胶可制得透光率在 90% 以上、浊度在 7% 以下的透明柔性材料。

　　用于玻璃黏合剂、潜水镜、导尿管、光纤包覆材料和浇注封闭材料的透明橡胶，主要使用硅橡胶。未填充的液体硅橡胶的强度较低，作为眼镜片材料使用时，需用特殊的硅烷聚合物改善其拉伸强度，这就是用铂化合物作催化剂，通过加成反应而制得的硅橡胶。如果使用气相法白炭黑补强，由于二甲基硅橡胶的折射率为 1.40，而气相法白炭黑的折射率为 1.43，两者折射率的差异会造成固体表面的不规则反射，使硫化胶成为半透明，而失去原有的透明性。在聚合物中引进苯基合成的二甲基硅氧烷与甲基苯基硅氧烷的共聚物以及二甲基硅氧烷与二苯基硅氧烷的共聚物，其折射率与白炭黑相一致，可达到光学透明性。这种高透明硅橡胶的代表性牌号有 SC107 光学胶料、SE777 超级透明密封胶、DY32-379U（主要用于潜水镜）。

## 二、填料的选择

　　透明橡胶中填料的选择应符合下列条件：①折射率与所用橡胶的折射率一致或接近，这样才不会干扰光线在橡胶中的透射方向；②粒径要尽可能小，当小到可见光波长的 1/4 以下时，光线则可以绕射，使粒子不致阻挡光线在橡胶中的进程。在橡胶配合剂中，填充剂和氧化锌对硫化胶的透明性影响最大。因为填充剂用量较大，而氧化锌对光线有极大的遮盖力，故必须选用不影响透明性的填充剂和氧化锌。透明橡胶中最常用的填料为透明白炭黑和碱式碳酸镁。氧化锌一般选用碱式碳酸锌或活性氧化锌。表 8-62 列出了部分橡胶和助剂的折射率。

表 8-62　部分橡胶和助剂的折射率

| 橡胶和配合剂 | 折 射 率 | 橡胶和配合剂 | 折 射 率 | 橡胶和配合剂 | 折 射 率 |
|---|---|---|---|---|---|
| NR | 1.519 | Q | 1.403 | 白炭黑(沉淀法) | 1.45 |
| BR | 1.5159 | 钛白粉 | 2.6 | 透明白炭黑 | 1.46 |
| SBR | 1.5342 | 氧化锌 | 1.9 | 碳酸钙 | 1.51~1.60 |
| IIR | 1.46 | 碳酸镁 | 1.500~1.525 | 陶土 | 1.53 |
| CR | 1558 | 钛白粉(锐钛型) | 2.55~2.70 | 松香 | 1.54 |
| PIB | 1.5126 | 群青 | 1.50~1.54 | 硫黄 | 1.59~2.24 |
| NBR | 1.522 | 云母粉 | 1.56~1.59 | 氢氧化铝 | 1.57 |
| EPR | 1.46 | 硫酸钡 | 1.64 | | |

由表 8-62 可见，与通用的天然橡胶、顺丁橡胶、丁苯橡胶、氯丁橡胶、丁腈橡胶和聚异丁烯折射率相近的填料是碳酸镁。碱式碳酸镁是一种比容较大的白色粉末，其化学成分为 $5MgCO_3 \cdot 2Mg(OH)_2 \cdot 5H_2O$ 或 $4MgCO_3 \cdot Mg(OH)_2 \cdot 4H_2O$。电子显微镜观察为薄片形。碱式碳酸镁可以改善胶料的物理和加工性能，但 pH 值较高，在胶料中促进硫化，易发生焦烧，而且硫化后经一定时间后硬度增大，耐老化性也不太好。碱式碳酸镁虽然在折射率方面能满足透明性要求，但与它的性状、组成与制造方法及条件有很大关系。碳酸镁是一种无定形粉末，它的折射率最低可达 1.45～1.46，最高可达 1.70 以上。已知氧化镁的折射率大于 1.70，在橡胶中的透明性很差，所以在碱式碳酸镁中含有氧化镁时对透明性是不利的。另外，在碱式碳酸镁中往往混有中性碳酸镁，而中性碳酸镁的粒子呈针状结晶，对光线的透射方向有很大的干扰作用，会严重损害硫化胶的透明性。总之，当碱式碳酸镁的折射率偏离 1.525 时，主要是成分不纯引起的，因此实际使用中要特别注意选用较纯的碱式碳酸镁，否则很难得到透明性好的透明橡胶制品。

经多次筛选试验表明，粒径小于 $15\mu m$ 的白炭黑最为适宜。例如用高纯度的粒径为 $14\mu m$ 的白炭黑制造的三元乙丙橡胶透明片材的透光率可达 93%（片厚 4mm）；浊度仅为 2%～7%。美国道康宁公司近年来研制开发的新型沉淀法白炭黑（wet process hydrophobic silicon），商品名称 WPH，与从前的白炭黑相比，其粒子小，粒径的差别也小。它与硅橡胶混合后，可制得透明性特优，且物理性能良好的透明硅橡胶。这样的透明硅橡胶，在宽广的温度范围内具有光学透明度，可以制作飞机座舱窗的中间膜、血液循环泵装置、导尿管等。其白炭黑的用量非常重要，如果增加白炭黑的用量，就会使拉伸强度、撕裂强度、硬度和透明度增加，但柔韧性降低。其一般用量在 30～60 质量份；当需要比较高的柔韧性时，白炭黑用量的最佳范围为 30～40 质量份。

### 三、硫化体系的选择

由于氧化锌对可见光的遮盖力很强，所以在透明橡胶中氧化锌的用量应尽可能地低，一般为 1.5～2.0 质量份。氧化锌的用量少时，就要求它在胶料中有更好的分散性，因此透明橡胶中通常都使用透明氧化锌或活性氧化锌。透明氧化锌的化学成分为碱式碳酸锌，其用量为 1.5～3.0 质量份。活性氧化锌是一种粒子很细、活性很高的氧化锌，在透明橡胶中的用量为 0.5～1.0 质量份。

在透明橡胶中用硫黄作交联剂时，硫黄用量不宜过大，一般以 1.8～2.0 质量份为宜。主促进剂可用噻唑类、秋兰姆类或氨基甲酸盐类。副促进剂用促进剂 H（六亚甲基四胺），可使透明橡胶色相变浅，其原因可能是 H 能稳定天然橡胶中的蛋白质。促进剂 M 硫化速度快、透明性好，但易焦烧。用促进剂 DM 代替 M 后，会影响其透明度。胍类和秋兰姆类促进剂都可能影响透明度，或使色相变差。用作天然橡胶的促进剂，最好采用促进剂 M、H、TMTS 并用，但此时胶料容易产生焦烧，为安全起见，胶料贮存时间不宜过长。

在以顺丁橡胶或顺丁橡胶/丁苯橡胶为基础的透明橡胶中，可使用 DM/H/PX/S 硫化体系或 DM/H/TMTD/PX/S 硫化体系，制出的透明鞋底透明性和物理性能都比较好。

透明橡胶的硫化体系，应尽可能减少由于化学反应而产生的有色副产物。通常硫黄硫化体系至少包括三种配合剂（硫化剂、活性剂、一种或多种促进剂），容易产生有色的副产物，对透明性不利。而用过氧化物硫化时，体系最为简单。目前广泛使用的过氧化二异丙苯（DCP），由于硫化后残留在胶料中的臭味，而不宜用作透明橡胶的硫化剂。最初用于乙丙橡胶的过氧化物是双"2,5",但它受防老剂影响会产生颜色,影响硫化胶的透明度。通过大量试验表明,在用三元乙丙橡胶、硅橡胶的透明橡胶中使用的过氧化物,应当是无色透明的液体。考察结果指出,二叔丁基过氧化物(DTBP)较好,例如熔点低于30℃的透明的二叔丁基过氧化物。在上述过氧化物硫化的三元乙丙橡胶中,还要添加共交联剂。通常共交联剂是液态的,它会提高硫化胶的交联密度,减少表面黏性,不产生喷霜。常用的共交联剂是三羟甲基丙烷三异丁烯酸酯和低分子量的1,2-聚丁二烯,或二者的混合物。

## 四、防老剂的选择

为了使透明橡胶制品获得最佳的色彩透明度和抗氧化性,选择适当的防老剂是非常重要的。根据防老剂在三元乙丙橡胶中对颜色和黏着性的影响,确定最好的防老剂是1,3,5-三甲基-2,4,6-三(3,5-二叔丁基-4-羟基苯)及3,5-二叔丁基-4-羟基肉桂酸酯和1,3,5-三(2-羟乙基)三嗪-2,4,6-三酮。防老剂的用量为0.2~1.0质量份。在天然橡胶、顺丁橡胶、丁苯橡胶透明橡胶中,常用的防老剂有264、SP、MB、BHT等,用量为0.3~0.6质量份。

## 五、其他助剂的选择

其他配合剂的选择以无污染性为原则,硬脂酸在胶料中不仅起软化剂、分散剂的作用,而且用作硫黄硫化的活性剂,用量为1~2质量份。为了提高制品的透明度,应使用无色的操作油作为软化剂,目前用得最多的是变压器、锭子油等,用量为8~16质量份。

由于白炭黑能显著延迟硫化,使用时应添加活性剂或偶联剂。活性剂通常用醇类和胺类。醇类中常用的有丙三醇、乙二醇、二甘醇。胺类活性剂有三乙醇胺、环己胺等。加入硫代乙酰胺能提高制品的透明度。胺类活性剂的用量为白炭黑用量的2%~3%,醇类为其4%~6%。使用硅烷偶联剂的效果比用上述活性剂好得多,在高透明度三元乙丙橡胶中可使用2质量份甲基丙烯酰丙基三甲氧基硅烷。

# 任务十五　设计医用橡胶配方

合成橡胶发展迅速,在医学领域的应用逐步扩大,现已深入医学的各个部门,而且逐步朝着替代人体内脏器官方向发展。目前每年都有千百万人需要用人工材料修补或替代被损坏的组织或器官。在疾病诊断和治疗中使用的医疗器械,很多部件也是用橡胶制作的。由于人体的大部分是由软体组织构成的,所以弹性体作为医用材料,其适用的范围非常大,功能性的特点也尤为突出。能够用于人体的医用橡胶,除应具有相应的生物稳定性、力学性能和加工成型性之外,还应具有生物安全性、生物功能性、可灭菌性及生物适用性。根据临床情况,医用橡胶大体上可分为以下四种类型:①不直接接触生物组织;②接触皮肤与黏膜的医用橡胶;③暂时接触生物组织的医用橡胶;④长时间埋入人体内的医用橡胶。

对于那些直接接触生物组织或埋入人体内的医用橡胶,要求具有以下特性:①对血液与体液等组织液不会引起变性;②不会引起周围组织炎症,无异物反应;③无致癌性;④不会引起变态反应及过敏性;⑤尽管在人体内时间很长,其主要物理性能,如弹性、拉伸强度等不下降；⑥不会因灭菌操作而产生变性；⑦容易加工造型；⑧用作软组织的医用橡胶，应具有足够的柔软性。特别是与血液直接接触的医用橡胶，应具有良好的血液相容性，不应是诱发血栓形成及溶血性的物质。

对于不直接接触生物组织的体外医用橡胶制品的要求，虽然比直接接触生物组织的体内医用橡胶制品低，但比一般橡胶制品的技术要求还是严格得多，特别是卫生指标的要求比较严格。如药物瓶塞类的医用橡胶，要求具有一定的弹性，按规定的针刺数刺穿后不掉胶屑，并仍能保持原有的封闭性和气密性；不含铅、汞、砷、钡等有毒性的化合物；不与所封装的药剂起作用，破坏药剂的效果和影响药剂的澄明度；表面不能有喷出物，如游离硫、蜡和其他有机、无机物质；表面光滑而有一定的润滑性，不得有杂质和异物存在，能适应酸洗、碱洗、水洗等洗涤和消毒灭菌处理；有的药剂需长期在低温下贮存，则需要考虑耐寒性；用于贮存血浆容器的胶塞，不能有与血液起化学作用的物质；此外对 pH 值、易氧化物、重金属离子等均有严格的要求。

## 一、橡胶的选择

不直接接触生物组织的体外医用橡胶，主要使用天然橡胶、丁基橡胶、卤化丁基橡胶、异戊橡胶。当药品和油性介质组合或药品本身是油性时，可选用氯丁橡胶和丁腈橡胶。要求耐热性时，可选用三元乙丙橡胶。

天然橡胶是最早使用的医用橡胶，主要用于外科手套、导管、胶塞等。由于天然橡胶中含有较多的非橡胶烃杂物，对人体常产生不良的影响。但是由于天然橡胶具有良好的弹性、加工性，加之采用脱胶乳蛋白质等净化方法，掺入肝素、蛋白质、非离子表面活性剂等物质进行改性，以及采用适宜的介质萃取和产品后处理等措施，天然橡胶在医用橡胶中仍占有一定的地位。

合成橡胶主要用于体外医用橡胶制品。最好选用为医疗目的专门制造的合成橡胶，因为一般的合成橡胶制造厂家很少能提供出残留单体、残留催化剂及其分解物、阻聚剂、改性剂以及抗氧化剂等具体数据。而这些低分子量化学物质对人体影响较大，特别是硫化后可能抽提的副产物变得更为复杂、更加困难。因此，大部分工业上通用的合成橡胶，几乎都不能使用，而符合生物体用质量标准的合成橡胶为数很少。目前主要有硅橡胶、聚氨酯橡胶、卤化丁基橡胶。

## 二、其他配合体系的选择

### 1. 硫化体系的选择

以天然橡胶为基础的医用橡胶，硫化剂仍以硫黄为主，但对硫黄的纯度要特别加以精选。如果纯度不高，即便含有微量的砷也是不允许的。硫黄的用量应以满足橡胶的交联而又没有多余的剩余量为原则，否则会产生多方面的危害，如毒性、热源等生物方面副作用。硫黄是一种低毒物质，对皮肤和眼睛有轻度的刺激作用，因此其用量应严格控制，不宜过量。

以卤化丁基橡胶为基础的医用橡胶，多选用金属氧化物如氧化锌作硫化剂。对于这种硫化剂，仍以纯度要求放在首位，否则镉、铅等重金属离子含量就会提高，达不到标准要求。氧化锌的用量按理论计算在 $0.55 \sim 0.85$ 质量份即可满足交联需要，但考虑到分散均匀性以及与其他配合剂相互作用的影响，通常选用 2~3 质量份。由于用氧化锌作交联剂时交联度不高，因此填充剂、操作助剂等配合剂易迁移，抽提物组分较多。所以，氧化锌的采用无助于提高"洁净度"，特别是对 pH 值变化较大的药液的封装更为不利。另外还要考虑氧化锌对某些药物的敏感性和配合禁忌问题。可供无硫无锌硫化体系选择的硫化剂是多元胺类。采用多元胺类硫化体系可避免硫黄和氧化锌的不利影响。目前无硫无锌硫化已广泛用于溴化丁基橡胶高品质胶塞的生产。

医用橡胶中，促进剂的选用应慎之又慎，因为促进剂的品种和用量对药品性能会产生直接的影响。应选用无毒的促进剂。

促进剂的用量应尽可能小，品种应尽量少，这样才能不至于产生副作用，对用药者无危害。

### 2. 填充剂的选择

填充剂的选择应考虑以下几个因素：①无毒性；②化学纯度高；③pH 值；④挥发性物质含量少；⑤憎水性；⑥粒径、结构度、粒子形状以及在橡胶中的分散性。体外医用橡胶多选用无机填充剂，例如重质碳酸钙、轻质碳酸钙、活性碳酸钙、白炭黑、陶土、煅烧陶土、硫酸钡、滑石粉等。煅烧陶土以其极低的吸水性、良好的分散性和较高的莫氏硬度而成为丁基胶塞的首选填料。

### 3. 防老剂的选择

在耐热、耐氧、耐臭氧老化性能较好的丁基橡胶或卤化丁基橡胶中，防老剂对它们的防护作用甚微，故一般可以少加或不加。而以天然橡胶为基础的体外医用橡胶，在制造、贮存、使用过程中受光、热、应力、射线、氧、臭氧、金属重离子、化学介质等物理、化学因素及生物因素的作用，会造成橡胶老化、使用性能降低甚至失去使用价值，因此防老剂的选用也是十分必要的。体外医用橡胶防老剂，应选择与橡胶相容性好，不易喷出、挥发、析出，在加工温度下稳定，不和其他助剂发生化学反应的品种，而更为重要的则是污染性小，无毒性或低毒性，不变色。

非污染性的防老剂 264、2246，毒性小、不污染，是体外医用橡胶常用的防老剂。一般情况下，如果能够满足 121℃×2h 的消毒条件，能不使用防老剂就不使用；在必须要使用防老剂时，一定要把防老剂的用量限制在最低量。

### 4. 操作助剂的选择

操作助剂和软化剂、增塑剂、分散剂、均匀剂等的选用，应符合以下要求：与主体材料及填料有良好的相容性，对人体无毒害影响，可抽提性低，迁移小。常用的操作助剂有医用凡士林、硬脂酸、石蜡、低分子聚乙烯、低分子量聚异丁烯等。

# 任务十六　设计低透气性和真空橡胶配方

## 一、低透气性橡胶配方设计

气体透过材料的性质称为气体透过性，简称透气性。充气轮胎的内胎、输送气体的胶管和某些密封制品，均要求透气性低，气体难以通过。透气机理是基于高压侧的气体分子溶解、扩散于橡胶中，由低压侧逸散的过程。气体在橡胶中透过一般要经过溶解、扩散、蒸发三个过程。过程的第一阶段是气体被聚合物表面层吸附（溶解）；第二阶段是被吸收或溶解的气体在聚合物内部进行扩散；第三阶段是穿过聚合物的气体在另一侧解吸出来。所以橡胶的透气率与气体在橡胶中的溶解度、扩散速度、橡胶制品的表面积及经过的时间成正比，而与制品的厚度成反比。当橡胶制品的结构尺寸确定后，透气性主要取决于气体在橡胶中的溶解度和扩散速度。

气体在橡胶中的溶解度，与气体的分子结构和橡胶的分子结构有关。一般，沸点高的气体容易溶于橡胶中；在化学组成上与橡胶相近的气体溶解度也较大。

气体在橡胶中的扩散性，则与气体分子的质量、体积大小、形状和化学性质以及橡胶的结构性质有关。气体的透过率（透过系数）$P = SD$（$S$ 为溶解度；$D$ 为扩散系数）。$D$ 值随气体分子体积、长度的增大而减小，尤其是气体分子呈不规则的分支形态时，$D$ 值减少。就一定分子大小的气体而言，在橡胶中的扩散系数随橡胶分子链间的距离增大而增大。含有极性基团的极性橡胶，因其分子间的吸引力大，分子链之间的空隙小，因而能有效地阻止气体分子的扩散。当橡胶分子链上含有大侧基时，空间位阻较大，也能阻碍气体分子扩散。因此这两类橡胶的扩散系数都比较低。结晶性橡胶，因结晶时分子链排列紧密有序，所以气体也不易透过。

## 1. 胶的选择

极性橡胶如丁腈橡胶、氯丁橡胶、氟橡胶等都有很好的耐气体透过性。分子链侧基体积较大的橡胶，如丁基橡胶、聚异丁烯橡胶，其耐透气性很优越。而玻璃化温度 $T_g$ 低、分子链柔性好、链段易于活动的橡胶，如硅橡胶、顺丁橡胶、天然橡胶，其透气性则较大。

用能够使大分子链段活动性降低的基团，代替硅原子上的部分甲基，可使硅橡胶的透气系数降低。例如氟硅橡胶对 $H_2$、$N_2$、$O_2$ 和 $CO_2$ 的透过系数，比硅橡胶小 $2/3 \sim 4/5$。

综上所述，要求透气性小的橡胶制品，应选用侧基位阻较大的丁基橡胶、聚异丁烯橡胶以及极性较大的均聚氯醚橡胶、高丙烯腈含量的丁腈橡胶、聚氨酯橡胶、氟橡胶和环氧化天然橡胶。

## 2. 其他配合体系

在进行低透气性橡胶配方设计时，除选用透气性小的橡胶之外，在其他配合体系的选择上应注意以下几点。

① 高交联密度，增加硫化胶的致密性，可使透气过程的活化能增大，使气体难以透过。因此，应适当增加硫黄用量，提高硫化程度。

② 填充剂的影响比较复杂，但在大多数情况下，加入填充剂能使透气性减小。具有片状结构的无机填料，如云母粉、滑石粉、石墨等，比球形粒子填料更能有效地降低透气性，只是这类填料对其他性能有不利的影响。增加填料用量，相当于降低了硫化胶中橡胶的体积分数，有助于提高硫化胶的耐透气性。

③ 加入增塑剂会增大硫化胶的透气性。例如，丁腈橡胶、氟橡胶、三元乙丙橡胶的硫化胶，即使在油中有很少量的溶胀（2%），也会使氮气和氢气的透过性增加 $1 \sim 2$ 倍。充油丁苯橡胶的透气性，比不充油的一般丁苯橡胶大。胶料中加入凡士林油时，氮气的透过性变大。因此，低透气性橡胶应尽量少用增塑剂和操作油等，因其用量增加时，透气性会显著增大。

④ 无论是生胶或配合剂都不应含有杂质。因为这些杂质会造成制品内部和表面的缺陷，严重损坏气密性，所以混炼胶应过滤后方可使用。同样的理由，所有配合剂特别是填充剂，在胶料中要分散均匀，不能有结团现象，否则将使硫化胶的透气性增大。

## 二、真空橡胶配方设计

在真空系统中使用的橡胶制品，除了应具有高度的气密性之外，还要求漏气率小，升华量小，有优异的耐热、耐寒、耐辐射性能。

橡胶在真空中的漏气率，取决于橡胶密封件的密封性能。密封性能与硫化胶的压缩永久变形及耐老化性能有关。只要结构设计合理、橡胶材料选择适宜，即可满足这一要求。

硫化胶在真空中可以产生内包气体的挥发，聚合物中低分子物的挥发，以及软化剂、防老剂等配合剂的挥发。特别是在真空中，由于高温、高能辐射和某些介质的作用，硫化胶中可能会发生化学反应，并由此而产生低分子挥发物。这些低分子挥发物在高度真空的减压情况下，就会发生升华现象，因而使硫化胶失重。通常在真空中的聚合物，大多数挥发性组分都会被抽出，从而引起硫化胶质量损失（失重）。表 8-63 是各种合成橡胶在真空中的失重情况。合成橡胶中残留的低分子组分，更容易在减压下升华，所以在进行真空橡胶配方设计时应加以注意。

表 8-63　各种合成橡胶在真空中的失重率

| 胶　　种 | 真空度/Pa | 温度/℃ | 真空中放置时间/d | 失重率/% |
|---|---|---|---|---|
| PUR | $1.33 \times 10^{-4}$ | 室温 | 5 | 12.0 |
| IIR | $1.33 \times 10^{-5}$ | 室温 | 5 | 2.0 |
| IIR | $2.66 \times 10^{-6}$ | 室温 | 5 | 31.0 |
| IIR | $5.32 \times 10^{-5}$ | 71.1 | 1 | 39.0 |
| CR(WRT) | $5.19 \times 10^{-6}$ | 室温 | 5 | 6.0 |
| NBR | $3.99 \times 10^{-6}$ | 室温 | 5 | 5.0 |
| FPM(VitonA) | $2.50 \times 10^{-7}$ | 室温 | 5 | 2.1 |
| FPM(VitonA) | $2.66 \times 10^{-6}$ | 71.1 | 1 | 3.0 |
| FPM(VitonB) | $2.66 \times 10^{-7}$ | 室温 | 5 | 2.3 |

由于升华，失重还会引起硫化胶性能的变化。例如软化剂的挥发，会使硫化胶逐渐变硬、发脆，低温屈挠性劣化。由于升华作用而产生的低分子物的挥发，还可使硫化胶的透气性增大。硫化胶在真空中的失重率，随温度升高而增大，拉断伸长率则随温度升高而降低。

制造真空橡胶应以透气性小、升华量小为基本前提，一般选用氟橡胶和丁基橡胶较好。在高度为 $200 \sim 320km$ 的高空中，真空度为 $0.133 \times 10^{-3} Pa$ 时，氯丁橡胶、丁腈橡胶、丁基橡胶、氟橡胶皆可满足使用要求。当高度超过 $643km$ 时，就只有氟橡胶才能满足要求。

在进行真空橡胶配方设计时，应严格控制各种配合剂的挥发性。凡是容易挥发、喷出的配合剂，如增塑剂、操作油、石蜡、硫黄等，应注意用量不宜过多。此外，填料的品种和用量要适宜。采用辐射硫化工艺对真空橡胶有利。

## 拓展阅读

### 一个橡胶 O 形圈引发的灾难

1986 年 1 月 28 日，卡纳维拉尔角上空万里无云。美国"挑战者"号航天飞机在顺利上升：7s 时，飞机翻转；16s 时，机身背向地面，机腹朝天完成转变角度；24s 时，主发动机推力降至预定功率的 94%；42s 时，主发动机按计划再降低到预定功率的 65%，以避免航天飞机穿过高空湍流区时由于外壳过热而使飞机解体。这时，一切正常，航速已达 677m/s，高度 8000m。50s 时，地面曾有人发现航天飞机右侧固体助推器侧部冒出一丝丝黑烟，这个现象没有引起人们的注意。52s 时，地面指挥中心通知指令长斯克比将发动机恢复全速。59s 时，高度 10000m，主发动机已全速工作、助推器已燃烧了近 450t 固体燃料。此时，地面控制中心和航天飞机上的计算机上显示的各种数据都未见任何异常。65s 时，斯克比向地面报告"主发动机已加大"，而"明白，全速前进"是地面测控中心收听到的最后一句报告词。第 73s 时，高度 16600m，航天飞机突然闪出一团亮光，外挂燃料箱凌空爆炸，航天飞机被炸得粉碎，与地面的通信猝然中断，监控中心屏幕上的数据陡然全部消失。挑战者号变成了一团大火，两枚失去控制的固体助推火箭脱离火球，呈 V 字形喷着火焰向前飞去，眼看要掉入人口稠密的陆地，航天中心负责安全的军官比林格眼疾手快，在第 100s 时，通过遥控装置将它们引爆了。价值 12 亿美元的航天飞机，顷刻化为乌有，七名机组人员全部遇难，全世界为此震惊，各国领导人纷纷致电表示哀悼。

事故调查发现，发射时气温过低，发射台上已经结冰，造成燃料舱的橡胶 O 形圈硬化，失效。在点火时，火焰从上往下烧时橡胶 O 形圈要及时膨胀，但橡胶 O 形圈已经失效，火焰往外冒，断断续续冒出了黑烟。但是由于燃料中添加了铝，燃烧形成的铝渣堵住了裂缝，在明火冲出裂缝前临时替代了橡胶 O 形圈的密封作用。在爆炸前十几秒，宇航飞船遭到一股强气流，威力相当于卡特里娜飓风。凝结尾出现了不同寻常的"Z"字尾，接下来的震动让铝渣脱落，移除了阻碍明火从接缝处泄漏出来的最后一个屏障，火焰喷射在主燃料舱上，在爆炸前一秒，火焰烧灼让主燃料舱的橡胶 O 形圈脱落，造成了主燃料舱底部脱落。助推器的顶端也撞上了主燃料舱的顶部，灼热的气体窜入顶端充满氧气的舱室，导致了大爆炸。在发射后 73s，"挑战者"号在 40000L 燃料的爆炸下，炸成了几千个碎片。

其实这场事故本来可以避免。在发射前 13h，一位工程师与公司上级召开了电话会议，指出了上次"挑战者"号的发射由于助推器橡胶 O 形圈失效差点毁灭，但上级由于急着完成快捷而便宜的太空旅行，坚持了自己的观点。

## 思考题

1. 橡胶配方设计的内容是什么？
2. 橡胶配方设计的原则是什么？
3. 橡胶配方设计的程序是什么？
4. 什么是基础配方、性能配方和生产配方，它们在配方设计的过程中各起什么作用？

5. 橡胶配方由什么组成？

6. 橡胶配方的表示方法有哪些，它们之间有什么关系？

7. 简要介绍透明橡胶制品生胶和配合剂的选用方法。

8. 哪些橡胶可以用来制造耐热橡胶制品？请你设计一个耐热食品用橡胶运输带的配方。

9. 写出能够耐—50℃的耐油橡胶制品的配方设计原则。

10. 简要介绍透明橡胶制品的生胶与各种配合剂的选用方法。

11. 如何选择耐170℃热油的生胶和配合剂？说明原因。

12. 耐浓硫酸的橡胶制品如何配制原料？

13. 橡胶海绵中底的胶料配方如何设计？

14. 简要介绍橡胶止水带的配方如何进行设计，哪些树脂是吸水的？为什么？

15. 高空飞行的热气球，可以选用哪些原材料？

16. 哪些橡胶具有阻燃性？阻燃剂为什么并用效果优于单用？

17. 常用的磁性材料有哪些？橡胶硫化后如何充磁？

# 附录

# 实验一　常用硫化体系性能对比实验

## 一、实验目的

通过本次实验，比较常用硫化体系——传统硫黄硫化体系、有效硫化体系、硫载体硫化体系、过氧化物硫化体系的硫化特性及其对硫化胶性能的影响。

## 二、实验原理

在橡胶的配合中，硫化体系起着很重要的作用，它可决定橡胶的硫化焦烧性能、硫化速度、平坦性能、硫化胶结构及硫化胶性能。

本实验通过在天然橡胶配合中，用不同硫化体系绘制硫化历程曲线及性能测试作对比实验，反映出不同硫化体系的硫化特性和性能。

## 三、实验仪器、设备及材料

仪器与设备：台秤、工业天平、$\phi160 \times 320$ 开炼机、$400 \times 400$ 平板硫化机、硫化试片模具、冲片机、硬度计、厚度计、强力试验机、秒表。

实验用材料：天然橡胶，硫黄，氧化锌，硬脂酸，促进剂 DM、TT 及 DCP 等。

## 四、实验配方及混炼、硫化工艺条件

1. 实验配方

常用硫化体系性能对比实验实验配方见附表 1-1。

附表 1-1　常用硫化体系性能对比实验实验配方

| 配方编号 | 1 | | 2 | | 3 | | 4 | |
|---|---|---|---|---|---|---|---|---|
| 配方 | 配合量/份 | 实际用量/g | 配合量/份 | 实际用量/g | 配合量/份 | 实际用量/g | 配合量/份 | 实际用量/g |
| NR | 100.00 | 1000.00 | 100.00 | 1000.00 | 100.00 | 1000.00 | 100.00 | 1000.00 |
| 硫黄 | 3.00 | 30.00 | 1.50 | 15.00 | | | 1.00 | 10.00 |
| ZnO | 5.00 | 50.00 | 5.00 | 50.00 | 5.00 | 50.00 | | |
| 轻质 CaCO$_3$ | 50.00 | 500.00 | 50.00 | 500.00 | 50.00 | 500.00 | 50.00 | 500.00 |
| 硬脂酸 | 1.50 | 15.00 | 1.50 | 15.00 | 1.50 | 15.00 | | |
| 促进剂 DM | 1.50 | 15.00 | 4.00 | 40.00 | | | | |

续表

| 配方编号 | 1 | | 2 | | 3 | | 4 | |
|---|---|---|---|---|---|---|---|---|
| 配方 | 配合量/份 | 实际用量/g | 配合量/份 | 实际用量/g | 配合量/份 | 实际用量/g | 配合量/份 | 实际用量/g |
| 促进剂 TT | | | | | 4.00 | 40.00 | | |
| DCP | | | | | | | 4.00 | 40.00 |
| 合计 | 161.00 | 1610.00 | 162.00 | 1620.00 | 160.50 | 1605.00 | 155.00 | 1550.00 |

### 2. 混炼工艺条件

设备规格：$\phi 160 \times 320$ 开炼机。

辊温：前辊 55~60℃，后辊 50~55℃。

辊距：(1.4±0.2) mm（1,2,3 号配方），(1.7±0.2)mm（4 号配方）。

挡板距离：250~270mm。

加料顺序：生胶包辊→硬脂酸→氧化锌、促进剂→硫黄→割刀 4 次→打三角包 1 个→下片。

### 3. 试片硫化工艺条件（硫化仪测定硫化工艺条件设置 150℃ × 20min，测定 $t_{10}$ 和 $t_{90}$）

设备规格：400×400 平板硫化机。

硫化压力：2.0~2.5MPa

硫化温度和时间：如附表 1-2 所示。

附表 1-2  常用硫化体系性能对比实验（硫化温度和时间）

| 配方编号 | 1 | 2 | 3 | 4 | |
|---|---|---|---|---|---|
| 硫化温度/℃ | 143±1 | 143±1 | 143±1 | 143±1 | 143±1 |
| 硫化时间/min | 10、20、30、40、50 | 10、20、30、40、50 | 20、30、40、50、60 | 5、10、15、20、40 | 10、20、30、40、50 |

## 五、实验步骤及要求

### 1. 配料

配料操作前，根据配方中的原材料名称、规格备料，认真核对标签，检查各药品的外观色泽有无差异。然后进行称量。称量时要根据配方中生胶和各种配合剂质量的大小选用不同精度的天平或台秤，使称量精确到 0.5%。并要注意清洁，防止混入其他杂质。配料完毕后，必须按配方进行核对，并进行质量的抽验，以确保配合的精确、无误。

### 2. 混炼

将炼胶机的前后辊筒加热至规定温度，并待稳定后方可开始炼胶。在混炼全过程中也应注意温度的调节与测量，使之保持在规定的温度范围内。

混炼时，先将生胶于 0.5~1.0mm 辊距下破碎。然后按规定调节辊距和挡板距离，使胶料包于前辊上，直至生胶表面平整光滑和积胶量很少时，即可按加药顺序加入配合剂进行混炼。在加配合剂的过程中不宜割刀。待配合剂吃净后，按规定次数割刀捣炼、打三角包。最后放厚下片［下片厚度为（2.4±0.2）mm］。

在放厚下片前，胶料应进行称量，最大损耗应小于总质量的 0.3%，否则应予报废，重新进行配炼。

3. 硫化试片

（1）试片的准备　混炼结束后，下片胶料在 20~30℃下放置不少于 2h 后，检验其厚度是否符合要求，如下片胶料厚度不符合规定要求时，则应按混炼时的辊温进行返炼重新下片。厚度符合要求的下片胶料最好用裁片样板在胶料上按胶料的压延方向划好裁料线痕，然后用剪刀裁片。裁下的胶片用粗天平称量，其质量应与按胶料密度和稍大于模具容积的数值而得出的计算质量相近，以避免硫化后缺胶。最后按压延方向在剪下的胶片边角处贴好记有编号和硫化条件的标签，并摆放整齐。剩余的胶料应放回存放处，以备核查。

（2）试片的硫化　硫化前先检查胶片的编号及硫化条件，并将冷模具在规定的硫化温度下预热 30min。硫化时应将胶片置于模腔中央，合模后再将试片模具放入硫化平板中央，然后按预定的硫化压力和硫化时间进行硫化。试片的硫化时间是指自平板压力升至规定值时起至平板降压时止的一段时间范围。硫化过程中，操作要迅速一致，硫化时间要准确，并随时注意平板温度（或蒸汽压力）的变化与调节。

4. 性能试验

硫化好的试片在室温下冷却存放 6h 后，根据国家标准进行硬度、拉伸强度、定伸应力、拉断伸长率及 3min 永久变形等各项试验。试验时应注意操作要点，认真做好记录，对各项试验的计算要认真核对，确保无误。

## 六、实验数据处理

1. 根据各配方的硫化历程曲线，确定每个胶料的焦烧时间、正硫化时间，进行硫化特性比较。

2. 根据各配方的性能试验结果，比较几种硫化体系的力学性能特点。

## 七、实验报告内容

1. 实验报告名称。

2. 实验日期。

3. 实验室温度。

4. 试验编号、硫化温度、正硫化时间及在正硫化条件下的硬度、拉伸强度、定伸应力、拉断伸长率、3min 永久变形等试验结果。

5. 实验分析。

① 比较在相同温度下不同硫化体系胶料的硫化速度和在正硫化条件下的各项性能，比较不同硫化体系胶料硫化后的各项性能。

② 对试验结果进行理论分析。

③ 对可能出现的异常试验数据提出个人分析意见。

## 八、思考题

1. 本实验几种硫化体系的硫化胶结构键型各如何？各有何特点？

2. 什么叫拉伸强度、定伸应力、拉断伸长率、永久变形？

# 实验二　促进剂性能对比实验

## 一、实验目的

在确定的配方下，通过促进剂不同品种和用量的小配合试验，比较常用促进剂 M、NOBS、D、TMTD 的硫化特性及其对硫化胶性能的影响。

## 二、实验原理

在橡胶的硫化体系中，促进剂具有举足轻重的作用，它可起到提高硫化速度、降低硫化温度、减少硫黄用量、改善硫化胶力学性能的作用。但不同化学结构的促进剂，因作用机理不同，其硫化特性和硫化胶性能差别很大。

本实验就不同促进剂在天然橡胶配合中，以不同用量和不同硫化温度下的硫化胶性能作为对比，以反映出不同促进剂的硫化活性、硫化速度、平坦性能、硫化胶的交联程度及其对性能的影响；以及同一促进剂在不同硫化温度下对胶料硫化速度和硫化胶性能的影响。

## 三、实验仪器、设备及材料

仪器与设备：台秤、天平、$\phi160\times320$ 开炼机、$400\times400$ 平板硫化机、硫化试片模具、冲片机、硬度计、厚度计、拉力试验机、秒表。

实验用材料：天然橡胶、硫黄、氧化锌、硬脂酸、促进剂 M、促进剂 NOBS、促进剂 D、促进剂 TMTD 等。

## 四、实验配方及混炼、硫化工艺条件

### 1. 实验配方

促进剂性能对比实验实验配方见附表 2-1。

附表 2-1　促进剂性能对比实验实验配方

| 配方编号 | 1 | | 2 | | 3 | | 4 | |
|---|---|---|---|---|---|---|---|---|
| 配方 | 配合量/份 | 实际用量/g | 配合量/份 | 实际用量/g | 配合量/份 | 实际用量/g | 配合量/份 | 实际用量/g |
| NR | 100.00 | 300.00 | 100.00 | 300.00 | 100.00 | 300.00 | 100.00 | 300.00 |
| 硫黄 | 3.00 | 9.00 | 3.00 | 9.00 | 3.00 | 9.00 | 3.00 | 9.00 |
| 氧化锌 | 5.00 | 15.00 | 5.00 | 15.00 | 5.00 | 15.00 | 5.00 | 15.00 |
| 硬脂酸 | 0.50 | 1.50 | 0.50 | 1.50 | 0.50 | 1.50 | 0.50 | 1.50 |
| 促进剂 M | 1.00 | 3.00 | | | | | | |
| 促进剂 NOBS | | | 0.60 | 1.80 | | | | |
| 促进剂 D | | | | | 1.00 | 3.00 | | |
| 促进剂 TMTD | | | | | | | 0.60 | 1.80 |
| 轻质碳酸钙 | 50 | 150 | 50 | 150 | 50 | 150 | 50 | 150 |
| 合计 | 159.5 | 478.50 | 159.10 | 477.30 | 159.50 | 478.50 | 159.10 | 477.30 |

### 2. 混炼工艺条件

设备规格：$\phi 160 \times 320$ 开炼机。

辊温：前辊 55～60℃，后辊 50～55℃。

辊距：$(1.4 \pm 0.2)$mm（1，2，3 号配方），$(1.7 \pm 0.2)$mm（4 号配方）。

挡板距离：250～270mm。

加料顺序：生胶包辊→硬脂酸→氧化锌、促进剂→硫黄→割刀 4 次→打三角包 1 个→下片。

### 3. 试片硫化工艺条件（硫化仪测定 $t_{10}$ 和 $t_{90}$，150℃）

设备规格：$400 \times 400$ 平板硫化机。

硫化压力：2.0～2.5MPa。

硫化温度和时间：如附表 2-2 所示。

**附表 2-2　促进剂性能对比实验（硫化温度和时间）**

| 项目 | 配方 1 | 配方 2 | 配方 3 | 配方 4 | |
|---|---|---|---|---|---|
| 硫化温度/℃ | 143±1 | 143±1 | 143±1 | 143±1 | 143±1 |
| 硫化时间/min | 10，20，30，40，50 | 10，20，30，40，50 | 20，30，40，50，60 | 5，10，15，20，40 | 10，20，30，40，50 |

## 五、实验步骤及要求

### 1. 配料

配料操作前，根据配方中的原材料名称、规格备料，认真核对标签，检查各药品的外观色泽有无差异。然后进行称量。称量时要根据配方中生胶和各种配合剂质量的大小选用不同精度的天平或台秤，使称量精确到 0.5%。并要注意清洁，防止混入其他杂质。配料完毕后，必须按配方进行核对，并进行质量的抽验，以确保配合的精确、无误。

### 2. 混炼

将炼胶机的前后辊筒加热至规定温度，并待稳定后方可开始炼胶。在混炼全过程中也应注意温度的调节与测量，使之保持在规定的温度范围内。

混炼时，先将生胶于 0.5～1.0mm 辊距下破碎。然后按规定调节辊距和挡板距离，使胶料包于前辊上，直至生胶表面平整光滑和积胶量很少时，即可按加药顺序加入配合剂进行混炼。在加配合剂的过程中不宜割刀。待配合剂吃净后，按规定次数割刀捣炼、打三角包。最后放厚下片［下片厚度为 $(2.4 \pm 0.2)$mm］。

在放厚下片前，胶料应进行称量，最大损耗应小于总质量的 0.3%，否则应予报废，重新进行配炼。

### 3. 硫化试片

（1）试片的准备　混炼结束后，下片胶料在 20～30℃下放置不少于 2h 后，检验其厚度是否符合要求，如下片胶料厚度不符合规定要求时，则应按混炼时的辊温进行返炼重新下片。厚度符合要求的下片胶料最好用裁片样板在胶料上按胶料的压延方向划好裁料线痕，然后用剪刀裁片。裁下的胶片用粗天平称量，其质量应与按胶料密度和稍大于模具容积的数值而得出的计算质量相近，以避免硫化后缺胶。最后按压延方向在剪下的胶片边角处贴好记有编号和硫化条件的标签，并摆放整齐。剩余的胶料应放回存放处以备核查。

（2）试片的硫化　硫化前先检查胶片的编号及硫化条件，并将冷模具在规定的硫化温度下预热 30min。硫化时应将胶片置于模腔中央，合模后再将试片模具放入硫化平板中央，然后按预定的硫化压力和硫化时间进行硫化。试片的硫化时间是指自平板压力升至规定值时起至平板降压时止的一段时间范围。硫化过程中，操作要迅速一致，硫化时间要准确，并随时注意平板温度（或蒸汽压力）的变化与调节。

4. 性能试验

硫化好的试片在室温下冷却存放 6h 后，根据国家标准进行硬度、拉伸强度、定伸应力、拉断伸长率及 3min 永久变形等各项试验。试验时应注意操作要点，认真做好记录，对各项试验的计算要认真核对，确保无误。

## 六、实验数据处理

根据各配方的性能试验结果，绘制每种促进剂胶料的硫化曲线，确定每个胶料的正硫化时间。

以硫化时间为横坐标，测得的各项性能为纵坐标，便可作出每个胶料的硫化曲线。在绘制硫化曲线时要注意：①选择纵坐标的比例应适宜，一般可采用定伸应力和拉伸强度用 1cm 长度表示 2MPa，拉断伸长率用 1cm 表示 100%，永久变形用 1cm 表示 10%；②作曲线时按试验结果先在图中标出各点，画出一平滑的曲线，使曲线通过或接近最多的点。

根据对硫化曲线的分析，可很容易地确定出胶料的正硫化时间。一般，当胶料的定伸应力、硬度、拉断伸长率和永久变形的各个曲线急剧转折，而拉伸强度达最大值或比最大值略低一些时所对应的时间则可视为正硫化时间。

找出正硫化时间后，整理各个胶料在正硫化条件下的各项性能。

## 七、实验报告内容

1. 实验报告名称。
2. 实验日期。
3. 实验室温度。
4. 试验编号、硫化温度、正硫化时间及在正硫化条件下的硬度、拉伸强度、定伸应力、拉断伸长率、3min 永久变形等试验结果。
5. 实验分析。
① 比较在相同温度下不同促进剂胶料的硫化速度和在正硫化条件下的各项性能，比较促进剂 TMTD 胶料在不同硫化温度下的硫化速度和在正硫化条件下的各项性能。
② 对试验结果进行理论分析。
③ 对可能出现的异常试验数据提出个人分析意见。

## 八、思考题

1. 促进剂 M，促进剂 NOBS、D，促进剂 TMTD 对 NR 的性能有何影响？

2. 理想的硫化历程曲线应具备哪些特性？本实验几种促进剂能否达到？如何调整才能达到？

# 实验三　促进剂性能并用实验

## 一、实验目的

比较不同促进剂并用体系（AB 型、AA 型）和不同并用比例的硫化特性及对橡胶特性（硬度、定伸应力、拉伸强度、永久变形）的影响。

## 二、实验原理

橡胶配方中，常采用两种或三种促进剂并用，以达到取长补短或相互活化的效果，从而改善工艺性能，提高产品的质量。

最常用的并用类型是 AB 型、AA 型。本实验即通过这两种中的典型 DM/D（AB 型）、DM/TT（AA 型）并用体系和不同并用比例对橡胶的硫化特性和物性对比实验，反映出不同并用体系对硫化胶的性能影响。

## 三、实验仪器、设备及材料

仪器与设备：台秤、工业天平、$\phi 160 \times 320$ 开炼机、$400 \times 400$ 平板硫化机、硫化仪（LH-Ⅱ型）、硫化试片模具、冲片机、硬度计、厚度计、强力试验机、秒表。

实验用材料：NR、ZnO、SA、促进剂 DM、促进剂 D、促进剂 TT、硫黄、轻质碳酸钙。

## 四、实验配方及混炼、硫化工艺条件

### 1. 实验配方

促进剂性能并用实验实验配方见附表 3-1。

附表 3-1　促进剂性能并用实验实验配方

| 配方 | 配方 1 | | 配方 2 | | 配方 3 | | 配方 4 | | 配方 5 | | 配方 6 | |
|---|---|---|---|---|---|---|---|---|---|---|---|---|
| | 配合量/份 | 实际用量/g | 配合量/份 | 实际用量/g | 配合量/份 | 实际用量/g | 配合量/份 | 实际用量/g | 配合量/份 | 实际用量/g | 配合量/份 | 实际用量/g |
| NR | 100.00 | 300.00 | 100.00 | 300.00 | 100.00 | 300.00 | 100.00 | 300.00 | 100.00 | 300.00 | 100.00 | 300.00 |
| 硫黄 | 3.00 | 9.00 | 3.00 | 9.00 | 3.00 | 9.00 | 3.00 | 9.00 | 3.00 | 9.00 | 3.00 | 9.00 |
| ZnO | 5.00 | 15.00 | 5.00 | 15.00 | 5.00 | 15.00 | 5.00 | 15.00 | 5.00 | 15.00 | 5.00 | 15.00 |
| 硬脂酸 | 1.50 | 4.50 | 1.50 | 4.50 | 1.50 | 4.50 | 1.50 | 4.50 | 1.50 | 4.50 | 1.50 | 4.50 |
| 轻质 $CaCO_3$ | 20.00 | 60.00 | 20.00 | 60.00 | 20.00 | 60.00 | 20.00 | 60.00 | 20.00 | 60.00 | 20.00 | 60.00 |
| DM | 0.50 | 1.50 | 0.60 | 1.80 | 0.80 | 2.40 | 1.00 | 3.00 | 1.00 | 3.00 | 1.00 | 3.00 |
| D | 0.50 | 1.50 | 0.40 | 1.20 | 0.20 | 0.60 | | | | | | |
| TT | | | | | | | 0.06 | 0.18 | 0.02 | 0.06 | 0.20 | 0.60 |
| 合计 | 130.50 | 391.50 | 130.50 | 391.50 | 130.50 | 391.50 | 130.56 | 391.68 | 130.52 | 391.56 | 130.70 | 392.10 |

### 2. 混炼工艺条件

设备规格：$\phi 160 \times 320$ 开炼机。

辊温：前辊 55～60℃，后辊 50～55℃。

辊距：$(1.4 \pm 0.2)$mm（1，2，3 号配方），$(1.7 \pm 0.2)$mm（4 号配方）。

挡板距离：250～270mm。

加料顺序：生胶包辊→硬脂酸→氧化锌、促进剂→硫黄→割刀 4 次→打三角包 1 个→下片。

### 3. 试片硫化工艺条件（硫化仪测定 $t_{10}$ 和 $t_{90}$，150℃）

设备规格：$400 \times 400$ 平板硫化机。

硫化压力：2.0～2.5MPa。

硫化温度：143℃。

硫化时间：由硫化曲线定。

## 五、实验步骤及要求

### 1. 配料

配料操作前，根据配方中的原材料名称、规格备料，认真核对标签，检查各药品的外观色泽有无差异。然后进行称量。称量时要根据配方中生胶和各种配合剂质量的大小选用不同精度的天平或台秤，使称量精确到 0.5%。并要注意清洁，防止混入其他杂质。配料完毕后，必须按配方进行核对，并进行质量的抽验，以确保配合的精确、无误。

### 2. 混炼

将炼胶机的前后辊筒加热至规定温度，并待稳定后方可开始炼胶。在混炼全过程中也应注意温度的调节与测量，使之保持在规定的温度范围内。

混炼时，先将生胶于 0.5～1.0mm 辊距下破碎。然后按规定调节辊距和挡板距离，使胶料包于前辊上，直至生胶表面平整光滑和积胶量很少时，即可按加料顺序加入配合剂进行混炼。在加配合剂的过程中不宜割刀。待配合剂吃净后，按规定次数割刀捣炼、打三角包。最后放厚下片［下片厚度为 $(2.4 \pm 0.2)$mm］。

在放厚下片前，胶料应进行称量，最大损耗应小于总质量的 0.3%，否则应予以报废，重新进行配炼。

### 3. 硫化试片

（1）试片的准备　混炼结束后，下片胶料在 20～30℃下放置不少于 2h 后，检验其厚度是否符合要求，如下片胶料厚度不符合规定要求时，则应按混炼时的辊温进行返炼重新下片。厚度符合要求的下片胶料最好用裁片样板在胶料上按胶料的压延方向划好裁料线痕，然后用剪刀裁片。裁下的胶片用粗天平称量，其质量应与按胶料密度和稍大于模具容积的数值而得出的计算质量相近，以避免硫化后缺胶。最后按压延方向在剪下的胶片边角处贴好记有编号和硫化条件的标签，并摆放整齐。剩余的胶料应放回存放处以备核查。

（2）试片的硫化　硫化前先检查胶片的编号及硫化条件，并将冷模具在规定的硫化温度下预热 30min。硫化时应将胶片置于模腔中央，合模后再将试片模具放入硫化平板中央，然后按预定的硫化压力和硫化时间进行硫化。试片的硫化时间是指自平板压力升至规定值时起至平板降压时止的一段时间范围。硫化过程中，操作要迅速一致，硫化时间要准确，并随时注意平板温度（或蒸汽压力）的变化与调节。

4. 性能试验

硫化好的试片在室温下冷却存放 6h 后，根据国家标准进行硬度、拉伸强度、定伸应力、拉断伸长率及 3min 永久变形等各项试验。试验时应注意操作要点，认真做好记录，对各项试验的计算要认真核对，确保无误。

### 六、实验数据处理

根据各配方的硫化仪曲线，确定每个胶料的焦烧时间，和正硫化时间进行比较。

根据各配方的性能试验结果，比较两种并用体系及不同并用比例对硫化橡胶力学性能的影响。

### 七、实验报告内容

1. 实验报告名称。
2. 实验日期。
3. 实验室温度。
4. 试验编号、硫化温度、正硫化时间及在正硫化条件下的硬度、拉伸强度、定伸应力、拉断伸长率、3min 永久变形等试验结果。
5. 实验分析。
① 比较在相同温度下不同促进剂并用的胶料的硫化速度和在正硫化条件下的各项性能，比较促进剂 DM/D、DM/TT 胶料在不同硫化温度下的硫化速度和在正硫化条件下的各项性能。
② 对试验结果进行理论分析。
③ 对可能出现的异常试验数据提出个人分析意见。

### 八、思考题

DM/D 及 DM/TT 与实验二中 DM、D、TT 单用相比特性有何不同？哪个并用比例较好，与书中所讲比例是否相符？如不符请分析原因。

# 实验四　防老剂性能对比实验

## 一、实验目的

在确定的配方下，通过不同品种防老剂的小配合试验，比较常用防老剂 RD、防老剂 264、防老剂 MB 等对橡胶热空气老化的防护效能以及防老剂 RD 和防老剂 MB 并用后的协同效应。

## 二、实验原理

橡胶的氧化老化是橡胶老化中最普遍的一种老化形式。加入抗氧剂可延缓和抑制橡胶的自动催化氧化过程，从而延长橡胶制品的使用寿命。不同化学结构的抗氧剂，因作用机理不同或防护能力的差别对橡胶热氧老化的防护效果不同。而抗氧剂并用得当时，可产生对热氧老化防护的协同效应。老化系数可表征橡胶抗热氧老化的性能。

$$老化系数 = \frac{橡胶老化后抗强积（即老化后拉伸强度×拉断伸长率）}{橡胶老化前抗强积（即老化前拉伸强度×拉断伸长率）}$$

从老化系数的计算公式可以看出，老化系数一般为小于 1 的数值。老化系数越高，表明橡胶抗热氧老化性能越好。

实验是通过测试不同品种防老剂和防老剂并用所得硫化胶的老化系数，对比防老剂 RD、防老剂 264、防老剂 MB 单用时和防老剂 RD/MB 并用时对橡胶热氧老化的防护能力。并从中认识自由基链终止剂和过氧化氢物分解剂并用后所产生的非均匀协同效应。

## 三、实验仪器、设备及材料

仪器与设备：台秤、工业天平、$\phi160×320$ 开炼机、$400×400$ 平板硫化机、硫化试片模具、冲片机、强力试验机、厚度计、老化试验箱。

实验用材料：天然橡胶、硫黄、氧化锌、硬脂酸、促进剂 M、半补强炉黑、防老剂 RD、防老剂 264、防老剂 MB 等。

## 四、实验配方及混炼、硫化工艺条件

### 1. 实验配方

防老剂性能对比实验实验配方见附表 4-1。

附表 4-1　防老剂性能对比实验实验配方

| 配方 | 配方 1 | | 配方 2 | | 配方 3 | | 配方 4 | |
|---|---|---|---|---|---|---|---|---|
| | 配合量/份 | 实际用量/g | 配合量/份 | 实际用量/g | 配合量/份 | 实际用量/g | 配合量/份 | 实际用量/g |
| NR | 100.00 | 300.00 | 100.00 | 300.00 | 100.00 | 300.00 | 100.00 | 300.00 |
| 硫黄 | 3.00 | 9.00 | 3.00 | 9.00 | 3.00 | 9.00 | 3.00 | 9.00 |
| 氧化锌 | 5.00 | 15.00 | 5.00 | 15.00 | 5.00 | 15.00 | 5.00 | 15.00 |
| 硬脂酸 | 3.00 | 9.00 | 3.00 | 9.00 | 3.00 | 9.00 | 3.00 | 9.00 |
| 促进剂 M | 1.00 | 3.00 | 1.00 | 3.00 | 1.00 | 3.00 | 1.00 | 3.00 |
| 半补强炉黑 | 60.00 | 180.00 | 60.00 | 180.00 | 60.00 | 180.00 | 60.00 | 180.00 |
| 防老剂 RD | 1.00 | 3.00 | | | | | 0.50 | 1.50 |
| 防老剂 264 | | | 1.00 | 3.00 | | | | |
| 防老剂 MB | | | | | 1.00 | 3.00 | 0.50 | 1.50 |
| 合计 | 173.00 | 519.00 | 173.00 | 519.00 | 173.00 | 519.00 | 173.00 | 519.00 |

### 2. 混炼工艺条件

设备规格：$\phi160×320$ 开炼机。

辊温：前辊 55～60℃，后辊 50～55℃。

辊距：$(1.7±0.2)$mm。

挡板距离：250～270mm。

加料顺序：生胶包辊→硬脂酸、氧化锌、促进剂→炭黑→硫黄→割刀 4 次→薄通 2 次（打三角包）→放厚下片。

3. 试片硫化工艺条件（硫化仪测定 $t_{10}$ 和 $t_{90}$，150℃）。

设备规格：400×400 平板硫化机。

硫化压力：2.0～2.5MPa。

硫化温度：（143±1）℃。

硫化时间：10min、15min、20min、25min。

## 五、实验步骤及要求

实验的配料、混炼、硫化试片的方法步骤与要求见实验一和实验二的具体规定。

试片硫化后，首先进行拉伸试验，通过拉伸试验结果找出各配方胶料的正硫化时间。再按规定的硫化温度和测出的正硫化时间，每个配方胶料再同时硫化出两个试片。其中一个试片用于做老化前的拉伸试验；另一个试片按国家标准进行热空气老化试验。老化试验条件为100℃×24h。试片经热空气老化后，再做拉伸试验。

## 六、实验数据处理

根据各配方胶料老化前后拉伸试验测得的拉伸强度、拉断伸长率数据进行计算，得出各配方胶料的老化系数。

## 七、实验报告内容

1. 实验报告名称。

2. 实验日期。

3. 实验室温度。

4. 试验编号、硫化温度、正硫化时间、老化条件、老化前后的拉伸强度、拉断伸长率及老化系数的试验结果。

5. 实验分析。

① 对比不同配方胶料的老化系数。

② 对试验结果进行理论分析。

③ 对可能出现的异常试验数据提出个人分析意见。

## 八、思考题

1. 防老剂 RD、防老剂 264、防老剂 MB 各属何种类型的防老剂？它们的防老机理如何？

2. 防老剂 RD 与防老剂 MB 产生何种协同效应？实验与理论吻合吗？试说明理由。

# 实验五　炭黑性能对比实验

## 一、实验目的

在确定的配方下，通过不同品种炭黑的小配合试验，比较常用炭黑（中超耐磨炉黑、高耐磨炉黑、天然气槽黑、半补强炉黑）的工艺性能和硫化胶的力学性能，从而进一步理解炭黑的基本性质和性能间的关系。

## 二、实验原理

炭黑是橡胶制品中最主要的补强剂。它不仅能显著提高橡胶的硬度和机械强度（包括拉伸强度、定伸应力、撕裂强度、耐磨性等），也能改善胶料的加工性能。

炭黑对胶料工艺性能和制品力学性能的影响主要决定于炭黑的基本性质，即炭黑的粒径、结构性及粒子表面性质。

炭黑的粒径越小、表面活性越大，结合胶的生成量越多，对橡胶的补强作用越大，可显著提高硫化胶的拉伸强度和撕裂强度。但粒径过小，混炼时分散困难，可塑性下降，压出性能变坏。

炭黑的结构性越高，吸留橡胶的生成量越多，补强作用越大，使硫化胶的定伸应力、硬度显著提高，而且在胶料中也越易分散，压出性能得到改善。但结构性较低时，对结晶性橡胶（如天然橡胶）的拉伸强度和撕裂强度贡献较大，而结构性较高时，对非结晶性橡胶（如丁苯橡胶）的拉伸强度和撕裂强度贡献较大。

炭黑的表面粗糙度越大，则不仅影响对橡胶的补强作用，也使混炼时的分散性变坏，但可提高硫化胶的拉断伸长率和撕裂强度。

不同品种炭黑等量使用于天然橡胶配合时，通过测定它们的混炼时间、混炼胶料的可塑度（威氏）和硫化胶的拉伸强度、定伸应力、拉断伸长率、永久变形等，以反映出不同品种炭黑。由于基本性质不同，因而对橡胶加工性能和力学性能的影响程度有所区别。

## 三、实验仪器、设备及材料

仪器与设备：台秤、工业天平、φ160×320 开炼机、400×400 平板硫化机、硫化试片模具、冲片机、硬度计、拉力试验机、秒表、威氏可塑计、切片机、厚度计等。

实验用材料：天然橡胶、硫黄、氧化锌、硬脂酸、促进剂 M、20# 机油、中超耐磨炉黑、高耐磨炉黑、天然气槽黑、半补强炉黑等。

## 四、实验配方及混炼、硫化工艺条件

1. 实验配方

炭黑性能对比实验实验配方见附表 5-1。

附表 5-1　炭黑性能对比实验实验配方

| 配方 | 配方 1 | | 配方 2 | | 配方 3 | | 配方 4 | |
|---|---|---|---|---|---|---|---|---|
| | 配合量/份 | 实际用量/g | 配合量/份 | 实际用量/g | 配合量/份 | 实际用量/g | 配合量/份 | 实际用量/g |
| NR | 100.00 | 300.00 | 100.00 | 300.00 | 100.00 | 300.00 | 100.00 | 300.00 |
| 硫黄 | 3.00 | 9.00 | 3.00 | 9.00 | 3.00 | 9.00 | 3.00 | 9.00 |
| 氧化锌 | 5.00 | 15.00 | 5.00 | 15.00 | 5.00 | 15.00 | 5.00 | 15.00 |
| 硬脂酸 | 3.00 | 9.00 | 3.00 | 9.00 | 3.00 | 9.00 | 3.00 | 9.00 |
| 20# 机油 | 3.00 | 9.00 | 3.00 | 9.00 | 3.00 | 9.00 | 3.00 | 9.00 |
| 促进剂 M | 1.00 | 3.00 | 1.00 | 3.00 | 1.00 | 3.00 | 1.00 | 3.00 |

续表

| 配方 | 配方 1 | | 配方 2 | | 配方 3 | | 配方 4 | |
|---|---|---|---|---|---|---|---|---|
| | 配合量/份 | 实际用量/g | 配合量/份 | 实际用量/g | 配合量/份 | 实际用量/g | 配合量/份 | 实际用量/g |
| 中超耐磨炉黑 | 40.00 | 120.00 | | | | | | |
| 高耐磨炉黑 | | | 40.00 | 120.00 | | | | |
| 天然气槽黑 | | | | | 40.00 | 120.00 | | |
| 半补强炉黑 | | | | | | | 40.00 | 120.00 |
| 合计 | 155.00 | 465.00 | 155.00 | 465.00 | 155.00 | 465.00 | 155.00 | 465.00 |

2. 混炼工艺条件

设备规格：$\phi 160 \times 320$ 开炼机。

辊温：前辊 55～65℃，后辊 50～55℃。

辊距：$(1.7 \pm 0.2)$mm。

挡板距离：250～270mm。

加料顺序：生胶包辊→硬脂酸、氧化锌、促进剂→炭黑→机油→硫黄→割刀 4 次→薄通 2 次（打三角包）→放厚下片。

3. 试片硫化工艺条件（硫化仪测定 $t_{10}$ 和 $t_{90}$，150℃）

设备规格：$400 \times 400$ 平板硫化机。

硫化压力：2.0～2.5MPa。

硫化温度：$(143 \pm 1)$℃。

硫化时间：10min、20min、30min、40min。

## 五、实验步骤及要求

实验的配料、混炼、硫化试片、性能试验等与以前实验基本相同。但要注意：①混炼操作时为使炭黑均匀分散于胶料中，需薄通两次，薄通时的辊距为 0.5～1.0mm，并在硫化试片前，将胶料在混炼温度下进行返炼，重新下片；②在胶料混炼完毕后放厚下片前，胶料进行称量时的最大损耗可小于总量的 1%；③混炼时要对每个配方胶料的混炼时间进行记录；④混炼完毕后，取可塑度试料，并按国家标准进行混炼胶料的威氏可塑度试验。

## 六、实验数据处理

1. 根据性能试验数据，计算出各配方胶料在不同硫化时间下的硬度、拉伸强度、定伸应力、3min 永久变形等试验结果，找出每个配方胶料的正硫化时间。

2. 根据可塑度试验数据计算出各配方胶料的可塑度数值。

## 七、实验报告内容

1. 实验报告名称。

2. 实验日期。

3. 实验室温度。

4. 试验编号、胶料的混炼时间、可塑度及在正硫化条件下的硬度、拉伸强度、定伸应力、拉断伸长率、3min 永久变形等试验结果。

5. 实验分析。

① 比较不同品种炭黑胶料的混炼时间、可塑度及在正硫化条件下的各项性能结果。

② 对实验结果进行理论分析。

③ 对可能出现的异常试验数据提出个人分析意见。

## 八、思考题

中超耐磨炉黑、高耐磨炉黑、混气槽黑、半补强炉黑，各自的基本性能（粒径、结构性及粒子表面性质）如何？对胶料混炼时间及力学性能有何影响？对实验出现的异常试验数据提出个人分析意见。

# 实验六　软化增塑剂性能对比实验

## 一、实验目的

在确定的配方中，通过不同品种软化增塑剂的小配合试验，比较常用软化剂增塑剂（机油古马隆、松香、邻苯二甲酸二丁酯）的工艺性能和力学性能。

## 二、实验原理

软化增塑剂能改善胶料加工性能，使胶料柔软，增大塑性，提高填料的分散性，增大黏着性，对硫化胶性能也有一定的影响。

不同类型和品种的软化增塑剂对加工性能和力学性能影响不同，如润滑性、增黏性、补强性、促进硫化性、延迟硫化性等，本实验就四种常用软化（增塑）剂对胶料加工性能和力学性能的影响作比较。

## 三、实验仪器、设备及材料

仪器与设备：台秤、工业天平、$\phi 160 \times 320$ 开炼机、$400 \times 400$ 平板硫化机、硫化试片模具、冲片机、硬度计、拉力试验机、秒表、威氏可塑计、切片机、厚度计等。

实验用材料：天然橡胶、硫黄、氧化锌、硬脂酸、促进剂 M、高耐磨炉黑、机油、古马隆树脂、松香、邻苯二甲酸酯等。

## 四、实验配方及混炼、硫化工艺条件

1. 实验配方

软化增塑剂性能对比实验实验配方见附表 6-1。

2. 混炼工艺条件

设备规格：$\phi 160 \times 320$ 开炼机。

辊温：前辊 55～65℃，后辊 50～55℃。

辊距：$(1.7 \pm 0.2)$mm。

附表 6-1　软化增塑剂性能对比实验实验配方

| 配方 | 配方 1 | | 配方 2 | | 配方 3 | | 配方 4 | |
|---|---|---|---|---|---|---|---|---|
| | 配合量/份 | 实际用量/g | 配合量/份 | 实际用量/g | 配合量/份 | 实际用量/g | 配合量/份 | 实际用量/g |
| NR | 100.00 | 300.00 | 100.00 | 300.00 | 100.00 | 300.00 | 100.00 | 300.00 |
| 硫黄 | 3.00 | 9.00 | 3.00 | 9.00 | 3.00 | 9.00 | 3.00 | 9.00 |
| 氧化锌 | 5.00 | 15.00 | 5.00 | 15.00 | 5.00 | 15.00 | 5.00 | 15.00 |
| 硬脂酸 | 3.00 | 9.00 | 3.00 | 9.00 | 3.00 | 9.00 | 3.00 | 9.00 |
| 促进剂 M | 2.00 | 6.00 | 2.00 | 6.00 | 2.00 | 6.00 | 2.00 | 6.00 |
| 高耐磨炉黑 | 30.00 | 90.00 | 30.00 | 90.00 | 30.00 | 90.00 | 30.00 | 90.00 |
| 机油 | 3.00 | 9.00 | | | | | | |
| 古马隆树脂 | | | 3.00 | 9.00 | | | | |
| 松香 | | | | | 3.00 | 9.00 | | |
| 邻苯二甲酸酯 | | | | | | | 3.00 | 9.00 |
| 合计 | 146.00 | 438.00 | 146.00 | 438.00 | 146.00 | 438.00 | 146.00 | 438.00 |

挡板距离：250~270mm。

加料顺序：生胶包辊→硬脂酸、氧化锌、促进剂→炭黑→软化剂→硫黄→割刀 4 次→薄通 2 次（打三角包）→放厚下片。

3. 试片硫化工艺条件

设备规格：400×400 平板硫化机。

硫化压力：2.0~2.5MPa。

硫化温度：(143±1)℃。

硫化时间：10min、20min、30min、40min。

## 五、实验步骤及要求

实验的配料、混炼、硫化试片、性能试验等与实验一基本相同。

## 六、实验数据处理

根据性能试验数据，计算出各配方胶料的硬度、拉伸强度、定伸应力、3min 永久变形等试验结果，记录硫化仪正硫化时间及混炼时间等，进行各项性能比较。

## 七、实验报告内容

1. 实验报告名称。

2. 实验日期。

3. 实验室温度。

4. 试验编号、胶料的混炼时间、可塑度及在正硫化条件下的硬度、拉伸强度、定伸应力、拉断伸长率、3min 永久变形等试验结果。

5. 实验分析。

① 比较添加不同品种软化剂胶料的混炼时间、可塑度及在正硫化条件下的各项性能结果。

② 对实验结果进行理论分析。

③ 对可能出现的异常试验数据提出个人分析意见。

## 八、思考题

1. 橡胶中使用软化（增塑）剂的目的是什么？

2. 将机油、古马隆树脂、松香、邻苯二甲酸二丁酯按溶剂型、滑润型、增黏性、补强性、促进硫化、迟延硫化等进行分类。

# 实验七　配方设计实验

## 一、实验目的

根据所给产品的性能要求及所给原材料进行配方设计，从而进一步掌握配方设计的原理和程序。

## 二、实验原理

配方设计对产品质量起着决定性的作用，也是制品加工过程的重要依据，配方设计应遵循设计原则，按照程序设计。首先调查和搜集资料，然后依据产品性能指标和加工性能初步制订出一系列性能配方，进行性能试验，再反复试验，筛选出最佳配方。

## 三、实验仪器、设备及材料

仪器与设备：开炼机、平板硫化机、台秤、工业天平、硫化试片模具、冲片机、强力试验机、厚度计。

实验用材料：各种常用生胶及配合剂，如 NR、SBR、BR、NBR、IIR、S8、ZnO、SA；促进剂 M、DM、CZ、TT；防老剂 RD、A、D、264、MB、石蜡；软化剂机油、邻苯二甲酸二丁酯、二辛酯、凡士林、古马隆、松香、补强填充剂、半补强炭黑、高耐磨炭黑、中超耐磨炭黑、混气槽黑、快压出炭黑、碳酸钙、陶土、白炭黑等。应视实验室现有材料而定。

## 四、实验步骤及要求

1. 设计配方。本实验针对吸水的胶管外胶层、耐油密封圈胶、汽车门窗密封胶料、足球胶进行配方设计，要求能达到附表 7-1 所示技术指标。

附表 7-1　胶料性能指标

| 性　　能 | | 指　　标 | | | |
| --- | --- | --- | --- | --- | --- |
| | | 胶管外胶层 | 耐油密封圈 | 汽车门窗密封胶 | 足球胶 |
| 拉伸强度/MPa | ≥ | 6 | 10 | 8 | 12 |
| 伸长率/% | ≥ | 300 | 300 | 400 | 450 |
| 永久变形率/% | ≤ | | 25 | 25 | |

续表

| 性　　能 | 指　　标 | | | |
|---|---|---|---|---|
| | 胶管外胶层 | 耐油密封圈 | 汽车门窗密封胶 | 足球胶 |
| 热空气老化 老化系数(70℃×72h) ≥ | | 0.7(96h) | 0.85(96h) | 0.8(48h) |
| 拉伸强度变化率(70℃×72h)/% | +25～-25 | | | |
| 伸长率变化率(70℃×72h)/% | +10～-30 | | | |
| 硬度(邵氏 A) | | 65±5 | 55±5 | 50～70 |
| 耐 15# 机油[(70±2)℃,24h] | | ±5 | | |
| 质量变化率/% ≤ | | -3 | | |

设计配方要根据配方设计的原理和设计程序来进行。最后将基本配方换算成生产配方、炼胶容量 1～2kg。

2. 配料、塑炼、混炼，正硫化时间（硫化仪法）、硫化均同前面的试验。

3. 硫化胶性能测试。依据技术指标要求对各有关性能进行测试，如胶管外胶层的拉伸强度、伸长率、热空气老化时拉伸强度和伸长率的变化率等，其他均按附表 7-1 进行，测试方法同前面实验。

4. 修改配方。将上述性能结果与附表 7-1 指标相对照，找出达不到或超值甚大的原因，针对性地对原配方进行修改。

5. 重复第 2、3 步实验，再与附表 7-1 指标对照，找出不符的原因，进行配方修改，因实验周期长，须视情况而定修改和重复实验次数。

## 五、实验数据处理

参照各有关性能试验的数据处理方法进行计算和取值，并与附表 7-1 指标相比较。

## 六、思考题

1. 配方设计的依据是什么？
2. 配方设计的程序是怎样的？

# 参 考 文 献

[1]  谢遂志，刘登祥，周鸣峦. 橡胶工业手册：第一分册  生胶与骨架材料 [M]. 修订版. 北京：化学工业出版社，1998.

[2]  王梦蛟，龚怀耀，薛广智. 橡胶工业手册：第二分册  配合剂 [M]. 修订版. 北京：化学工业出版社，1998.

[3]  梁星宇，周木英. 橡胶工业手册：第三分册  配方与基本工艺 [M]. 修订版. 北京：化学工业出版社，1998.

[4]  于清溪. 橡胶原材料手册 [M]. 2版. 北京：化学工业出版社，2007.

[5]  杨清芝. 现代橡胶工艺学 [M]. 北京：中国石化出版社，1997.

[6]  王文英. 橡胶加工工艺 [M]. 北京：化学工业出版社，1993.

[7]  张殿荣，辛振祥. 现代橡胶配方设计 [M]. 北京：化学工业出版社，2002.

[8]  朱信明. 再生橡胶制作机理、工艺及质量检验 [M]. 北京：化学工业出版社，1998.

[9]  山西化工研究所. 塑料橡胶加工助剂 [M]. 北京：化学工业出版社，2000.

[10]  崔树阳，张继川，张立群，等. 蒲公英橡胶产业的研究现状与未来展望 [J]. 中国农学通报，2020，36（10）：33-38.

[11]  庞澍华. 生态橡胶——行业发展的曙光 [J]. 中国轮胎资源综合利用，2021（7）：21-26.

[12]  郑宏伟. 桥梁橡胶支座质量问题及防治措施分析 [J]. 交通世界，2021，566（8）：149-150.

[13]  王者辉，孙红. 橡胶加工工艺 [M]. 北京：化学工业出版社，2023.

[14]  侯亚合，聂恒凯. 现代橡胶加工工艺 [M]. 北京：化学工业出版社，2017.

[15]  翁国文. 实用橡胶配方技术 [M]. 2版. 北京：化学工业出版社，2014.